빅데이터 / R / PYTHON

STATISTICAL MACHINE LEARNING

이관제 지음

KYOWOO

머리말

2016년 2학기 대학원 학생 세 명이 석사 논문을 준비하고 있다. 한 학생은 SCOPUS 데이터베이스에서 논문들의 초록과 인용 자료를 다운받아 사용하고 있고, 다른 두 학생은 Web에서 크롤링 crawling 과 스크래핑 scraping 을 하여 얻은 자료를 사용하고 있다.

세 학생들이 쓰고 있는 자료들은 상당한 양의 비정형 자료 unstructured data 라는 것과 이들을 바로 사용하지 못하고 긴 시간을 들여서 원하는 형태로 전처리 preprocessing 한 후에 사용이 가능하다는 것이 공통점이다. SCOPUS 데이터를 이용하는 학생은 다른 사람이 만든 데이터 베이스를 이용하는 것이고, 다른 두 학생은 사이버 공간에서 자기가 필요로 하는 자료들을 일정 부분 직접 생산하여 사용한다는 점이 다른 점이라고 할 수 있다.

이것이 Big Data 시대의 큰 변화이다. 저자는 40년 전에 통계학에 입문하여 많은 시간동안 신약개발과 관련한 자료를 분석하여 왔다. 이 자료들은 모두 정형화 structured data 된 자료들이다. 그런데 문자나 문장이 통계적 분석 대상이 된다는 것은 저자에게 매우 흥미로운 일이다. 또 한 가지 이전과 달리 Big Data 시대에서만 나타나는 아주 흥미로운 일은 Web에 있는 자료들을 웹 크롤링 Web crawling 과 스크래핑 scraping 을 통하여 직접 자기 컴퓨터에 가지고 올 수 있다는 점이다. 신약개발을 위해 자료 분석을 할 때, 표본수와 분석모형을 다 결정하여도 실험실로부터 자료를 받지 못하면 분석을 시작하지 못하던 상황과는 많은 차이가 있다. Big Data 시대에서의 변화이다.

영어 big에 대응하는 단어는 small이다. 그러므로 Big Data 시대의 대척점에 있는 데이터의 시대를 Small Data 시대라고 명명할 수 있다. Big Data 시대의 다양한 정의와 달리 Small Data 시대 정의는 간단하다. 표본수를 통계분석가가 결정하고 자료의 형태는 정형자료이며 자료의 분포 모양은 단봉낙타 모양이다. 이러한 Small Data 시대에서 Big Data 시대로의 변화가 너무 크기 때문에 이 둘을 이어줄 다른 한 시대가 있어야 한다고 생각한다. 바로 Large Data 시대이다.

Large Data 시대에는 통계분석가의 표본 수 결정에 따른 자료의 생산 단계가 생략되고, 컴퓨터 하드웨어와 소프트웨어로 무장한 데이터베이스 전문가들이 대용량의 정형화된 또는 준정형화된 자료를 데이터 웨어하우스에 퍼 담는 시대이다. 그래도 이 Large Data 시대에는 전문가의 손에 의하여 자료가 생산되었다. Big Data 시대에는 모든 일반인이 자료를 생산하고 있다. 이것이 Big Data 시대의 시작이다.

Internet과 컴퓨터가 있고 스마트 폰이 우리 손에 있는 한 Big Data는 계속 생산될 것이다. 이 책에서는 Small Data 시대에서의 자료와 달리 자료의 형태가 다양하고 용량이 큰 자료들을 분석하기 위한 다양한 machine learning 방법의 이론을 설명하였고, 실습을 위해 분석 소프트웨어인 R과 Python을 이용한 프로그램 코드와 결과를 실었다.

이 책을 준비하는 몇 년 동안 강의도 듣고 조교로써 강의도 하면서 이론과 R과 Python 프로그램을 보다 읽기 쉽고 보기 좋게 다듬어준 제자들 - 박승희, 하이얀, 김혜원, 주해지, 이소희 - 에게 감사의 마음을 전합니다. 이들이 없었으면 이 책은 더 오래 걸려서 만들어 졌을 것입니다. 또한 Big Data에 관한 관심을 갖게 하고, 책 내용에 대하여 많은 조언을 해준 제자 박 경숙에게 감사의 마음을 전합니다. 프레스코 그림을 이 책의 겉표지로 사용할 수 있도록 허락해 주신 오원배 교수님께 특별한 감사의 마음을 전합니다. 이 책을 출간해 주시는 교우사 오판근 사장님과 교정을 보아주신 박선영님께도 감사의 마음을 전합니다.

2017년 1월

저자 이관제

목 차

PART Ⅲ Unsupervised Learning

PART Ⅳ 텍스트 분석 및 네트워크 분석

제 1 장

행렬

우리 인간 주위의 현상들을 측정하고자 한다. 이 현상들은 크게 자연현상과 사회현상으로 구분할 수 있으며, 이들을 측정하는 이유는 다양한 분석을 통하여 넓게는 인류에 도움이 되거나 좁게는 연구자가 일하고 있는 분야에 유익한 정보 information 을 얻고자 함일 것이다. 자연 현상에서 얻을 수 있는 자료들은 지질, 수질, 날씨, 화재, 질병 및 우주관련 자료 등 수많은 범주에서 쉽게 헤아릴 수 없을 만큼의 자료들을 측정할 수 있다. 사회 현상에서 얻을 수 있는 자료는 정치, 사회, 경제 등등에서 또한 무수히 많은 자료를 측정할 수 있다. 또 이러한 자료들을 한 번만 측정하는 것이 아니라 시간적 간격을 두고 지속적으로 측정하여 축적하고 있다. 이들 자료를 체계적으로 축적한 것이 데이터 베이스 data base 이다. 그러면 어떻게 체계적으로 자료를 수집하고 저장할 것인가?

먼저 사람들의 키를 측정하여 저장하고자 하면 측정자료에 170cm, 154cm, 185cm 등의 무수히 많은 숫자들이 기록되고, 사람들의 몸무게를 측정하여 저장하고자 하면 70kg, 52kg, 87kg 등의 또 다른 숫자들이 기록될 것이다. 또한 사람들의 이름을 저장하고자 하면 철수, 영희, 광수 등의 많은 문자들이 기록된다. 이 기록되는 숫자들이나 문자들의 나열인 관측값들은 서로 다르다. 통계학에서는 이들을 체계적으로 수집하고 구분하기 위하여 먼저 각각의 숫자들이나 문자들의 대표를 정하고 이름을 부여한다. 이 대표를 변수 variable 이라고 이 대표의 이름을 변수명 variable name 이라고 한다. 이때 변수가 갖는 숫자나 문자들을 이 변수의 관측값 observed value 라 한다. 변수는 마치 그릇으로 비유될 수 있겠다. 하나의 오묵한 그릇은 그 그릇에 여러 가지 음식을 담을 수 있듯이, 변수도 하나의 변수에 여러 가지 관측값을 담을 수 있다. 그러므로 위 설명에서 사람의 키를 측정하여 기록하고자 하면 먼저 변수 이름을 '키 height '로 정의하고, 실제 측정된 숫자인 170, 154, 185 등을 관측값들로 기록한다. 위 설명에 의하면 변수가 셋 - 키, 몸무게, 이름 - 이 된다. 이들 세 변수와 관측치를 아래와 같이 표로 정리하면 편리하다.

표 1-1 세 개의 변수로 이루어진 자료

키	몸무게	이름
170	70	철수
154	52	영희
185	87	광수

일반적으로 어느 현상을 파악하기 위하여 자료를 수집하는 경우에 하나의 변수만 측정하기 보다는 여러 개의 변수를 동시에 측정하여 수집한다. 사람의 체형을 연구하기 위하여 키나 몸무게를 따로 분석하기 보다는 키와 몸무게를 동시에 고려하는 것이 사람의 체형을 잘 설명할 수 있으며, 의사가 외래 환자의 건강상태를 판단하기 위해서는 하나의 측정치보다는 여러 가지 검사 자료를 종합적으로 고려하는 것이 올바른 판단을 할 수 있다. 이럴 때에 여러 개의 변수를 합쳐서 하나의 변수를 정의하는데, 위의 설명에서 예로 들은 키, 몸무게 그리고 이름을 (키, 몸무게, 이름)으로 함께 나열하여 하나의 변수로 정의한다. 이러한 변수를 다변량 변수 multivariate variable 라 한다. 이때 키, 몸무게, 이름은 각각 변수 또는 변량 variate 이라 한다. 그러므로 변량이 하나인 변수는 단변량 변수 univariate variable 라 하고, 변량이 두 개인 변수를 이변량 변수 bivariate variable, 그 이상의 요소를 갖는 변수를 다변량 변수라 한다. 그러므로 위 표에서 다변량 변수는 (키, 몸무게, 이름)이며 첫 번째 관측치는 (170, 70, 철수)이고 두 번째 관측치는 (154, 52, 영희)이다.

관측값들이 모두 실수인 경우 변수와 관측값들을 기하학적으로 설명하고 표시할 수 있다. 단변량 변수는 요소가 하나이므로 그 관측값들을 직선 line 위에 표시할 수 있으며, 이

변량 변수의 관측값들도 요소가 두 개이므로 두 개의 직선이 교차하여 만들어진 평면 plane에 표시할 수 있다. 세 변량 변수는 요소가 세 개 있으므로 3차원 공간 3-dimensional space에 관측값들을 표시할 수 있다. 그러므로 단변량 변수의 개수가 관측값을 표시할 수 있는 공간의 차원 dimension 을 나타낸다. 즉 다변량 변수의 관측값은 다차원 공간에서 하나의 점으로 표시되며, 여러 개의 다변량 자료가 다차원 공간 multidimensional space 에 표시되면 이 자료점들이 그 공간에 구름과 같이 보인다 하여 data cloud 라고도 부른다. 이제 다변량 변수의 관측값인 다변량 자료가 다차원 공간에 표시되므로 공간 space 와 그 공간의 점들 points 에 관한 기하학적 이론을 공부할 필요가 있다.

1. 점 그리고 벡터

앞에서 다변량 변수를 구성하고 있는 변수의 수와 이 변수들의 관측값을 표시할 공간에 관하여 설명하였다. 즉, 변수를 구성하고 있는 요소의 수가 그 변수를 표시할 공간의 차원 dimension 이다. 따라서, 단변량 변수의 관측값은 직선, 즉 1차원 공간(직선)위에 점 point 으로 표시하고, 이변량 변수의 관측값들은 두 개의 직선이 교차하여 만드는 2차원 공간(평면)에 점들로 표시를 하며, 요소가 셋인 삼변량 변수의 관측값들은 세 개의 직선이 교차하여 만들어 지는 3차원 공간에 표시한다. 그 이상의 요소를 가지고 있는 다변량 변수 multivariate variable 의 관측값들은 우리가 실질적으로 그릴 수는 없고 요소의 개수만큼의 직선이 교차하여 만드는 다차원 공간 multidimensional space 에 표시한다.

자연이나 사회 현상을 측정하여 자료로 저장하기 위해서는 여러 개의 변수로 구성된 다변량 변수를 먼저 정의하고, 이 다변량 변수의 관측값들을 위의 표 table 형식으로 수집 저장하는 것이 매우 편리하다. 이 관측값들은 다차원 공간에 점들로 표시할 수 있음을 설명하였다. 이렇게 수집되고 다차원 공간에 표시된 점들은 단지 보관만 하고자 하는 목적이 아니다. 자연과 사회현상을 파악하고 이해하며 변수들 간의 상관관계 correlation 이나 인과관계 causality 를 알아냄으로써 미래의 추이 future transition 을 추정할 수 있는 중요한 정보 information 을 추출하기 위해서이다. 그러기 위해서는 공간과 그 공간에 표시된 점들 간의 관계를 설명하는 기하학적 이론을 이용하여 다변량 자료들을 설명하고 이해하는 것이 필요하다. 그래서 이 절에서는 기본적인 기하학 Geometrics 을 소개한다.

기하학에서 공간의 점들을 표시하는 것을 벡터 vector 라 한다. 하나의 점은 하나의 유일한 벡터로 표시할 수 있고, 하나의 벡터는 공간의 하나의 점을 의미한다. 한 공간의 여러 개의 점들은 여러 개의 벡터가 합쳐서 만들어진 행렬 matrix 로 나타낼 수 있다. 그러므로 다변량 변수의 여러 개의 관측치는 그 공간의 점들로 표시할 수 있고 이들을 data cloud 라고도 한다. 이 다차원 공간의 data cloud는 기하학의 행렬로 나타낼 수 있다.

예제 1-1

우리가 하루에 섭취하는 영양소들을 연구하기 위하여 몇 가지의 음식물들의 하루 섭취량을 측정하고 한다. 일반적으로 많이 먹는 계란, 바나나, 토마토, 당근, 오이 등이 관심의 대상이다. 자료를 여러 사람들로부터 얻을 계획이므로 체계적으로 이를 저장하여야 한다. 측정되는 자료 종류가 5가지이므로 얻어지는 자료는 5차원 다변량 자료가 될 것이다. 먼저 이들 관측치들을 담을 그릇에 해당하는 다변량 변수와 변수명 variable name 을 다음과 같이 정의하자.

음식 = (계란, 바나나, 토마토, 당근, 오이)

여기서 계란, 바나나, 토마토, 당근, 오이가 변수 '음식'을 구성하고 있는 요소들이며, 요소의 개수는 5개이다. 그러므로 이 변수는 5차원 다변량 자료 또는 5변량 변수이며, 이 변수의 관측값들은 5차원 공간의 점들로 표시된다. 이 요소와 7개의 관측값들을 표로 정리하면 아래와 같다.

표 1-2 음식물들의 하루 섭취량 자료

계란	바나나	토마토	당근	오이
1.2	2	0	1	1
2	1	2	1.5	0.5
0.4	1	7	0.5	0.7
0.9	3	3	0.7	2
3	1.5	3	1.2	0.4
1.5	1.4	5	0.7	1
2	2.5	4	1.5	1.5

첫 번째 관측값은 {1.2, 2, 0, 1, 1}이고 2 번째 관측값은 {2, 1, 2, 1.5, 0.5}이며, 7번째 관측값은 {2, 2.5, 4, 1.5, 1.5}이다. 각각의 관측값은 5개의 숫자가 한 묶음으로 이루어져 있고 이것을 하나의 벡터 vector 라 한다. 숫자의 개수가 5개이므로 5차원 벡터라 한다. 이 5차원 벡터들을 아래 방향으로 합치면 기하학에서 말하는 7행 5열(7x5)의 행렬 matrix 이 된다.

$$\begin{bmatrix} 1.2 & 2 & 0 & 1 & 1 \\ 2 & 1 & 2 & 1.5 & 0.5 \\ 0.4 & 1 & 7 & 0.5 & 0.7 \\ 0.9 & 3 & 3 & 0.7 & 2 \\ 3 & 1.5 & 3 & 1.2 & 0.4 \\ 1.5 & 1.4 & 5 & 0.7 & 1 \\ 2 & 2.5 & 4 & 1.5 & 1.5 \end{bmatrix}$$

이 행렬에서 각각의 관측값들은 행벡터 row vector 라고 하고, 각 변량이 취하는 값들 — 예를 들면,

$$\text{계란} = \begin{bmatrix} 1.2 \\ 2 \\ 0.4 \\ 0.9 \\ 3 \\ 1.5 \\ 2 \end{bmatrix}$$

— 이 세로로 열거되어 있는데 이를 열벡터 column vector 라 한다. 즉, 행렬에서 숫자들이 가로로 열거되어 있으면 행벡터이고 세로로 열거되어 있으면 열벡터이다. 또한 행렬은 벡터들의 모임이므로 벡터를 $(1 \times n)$ 행렬이라고 부른다고 문제될 것은 없다.

2. 벡터공간의 용어들

다음은 행렬로 정리된 자료들에 관한 통계분석을 하기 위해서는 다차원 공간에 표시된 자료점들 간의 관계를 분석하여야 하는데, 그렇게 하기 위해 필요한 벡터 이론을 공부하여야 한다. 여기서는 통계분석에 필요한 공간 이론의 용어들에 대한 정의를 간단하게 설명한다.

2.1 벡터의 길이

공간의 점을 기하학에서 벡터로 표현할 수 있다고 설명하였다. 또 이 점들은 변수의 관측값이라고 하였으므로, 이 관측값들 간의 관계를 알기 위해서는 제일 먼저 점들 간에 얼마나 떨어져 있는지를 알아야 할 필요성이 있다. 그러기 위해서는 벡터의 길이 vector length 를 정의할 필요가 있다. 벡터의 길이는 이 벡터가 나타내는 점이 원점에부터 얼마

나 떨어져있는지를 측정하는 측도이다. 하나의 벡터를 $v=[v_1, v_2, \cdots, v_n]$이라고 하면 이 벡터 v의 길이는 $|v|$로 나타내고 구하는 식은 다음과 같다.

$$|v| = (\sum_{i=1}^{n} v_i^2)^{1/2}$$

예제 1-2

예를 들어 $v=[3, 7]$이면, 이 벡터의 길이는

$$|v| = \sqrt{3^2+7^2} = \sqrt{58} = 7.616$$

이다.

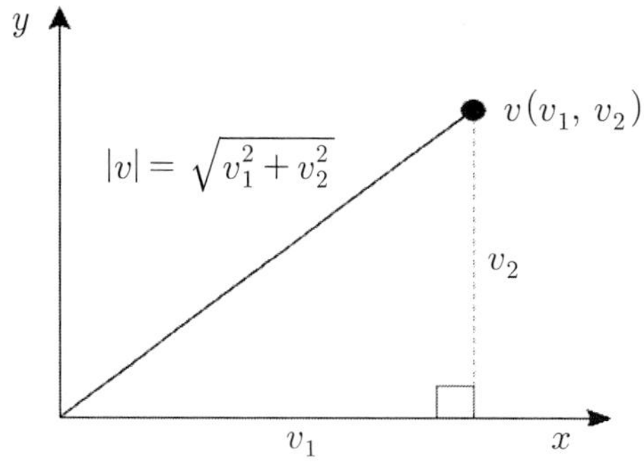

그림 1-1 벡터의 길이

2.2 벡터의 덧셈과 빼셈

두 벡터간의 덧셈 addition 과 빼셈 subtraction 은 두 벡터들의 각각의 요소들 간에 덧셈과 빼셈을 하여 새로운 벡터를 만드는 것이다. 위에서 정의한 벡터 v 외에 또 다른 벡터를 $w=[2,5]$ 라 하면 두 벡터 간의 덧셈과 빼셈은 다음과 같다.

$$v+w=[3,7]+[2,5]=[5,12]$$
$$v-w=[3,7]-[2,5]=[1,2]$$

여기서 유의할 점은 두 벡터 간의 덧셈과 빼셈은 두 벡터의 차원이 같아야 한다. 두 벡터의 차이는 두 벡터간의 빼셈으로 정의되는데, 이를 이용하여 두 벡터 간의 거리를 정의한다. 두 벡터 v와 w간의 거리는 $|v-w|$ 또는 $|w-v|$로 나타내며 아래와 같이 정의한다.

$$|v-w| = |w-v| = (\sum_{i=1}^{n}(v_i-w_i)^2)^{1/2}$$

즉,

$$|v-w| = \sqrt{(3-2)^2+(7-5)^2} = \sqrt{5} = 2.236$$

이다. 그러므로 앞서 계산한 벡터 v의 길이는 이 벡터가 나타내는 점과 원점 사이의 거리를 말하므로 다음과 같이 계산되었음을 알 수 있다.

$$|v| = \sqrt{(3-0)^2+(7-0)^2} = \sqrt{58} = 7.616$$

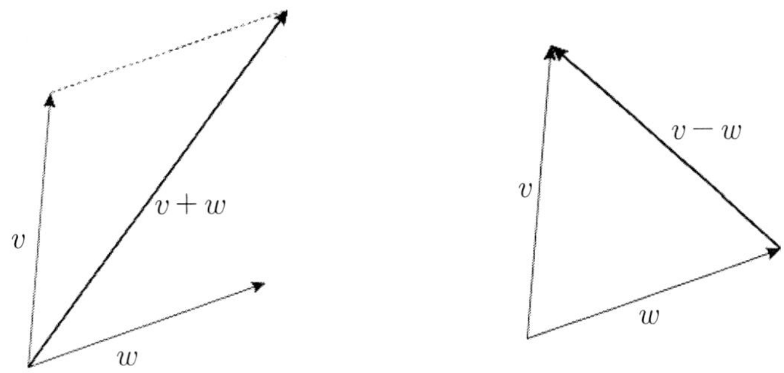

(A) 벡터의 덧셈 (B) 벡터의 뺄셈

그림 1-2 벡터의 덧셈과 뺄셈

2.3 벡터에 대한 상수 곱셈과 나눗셈

임의의 상수를 c라 하고, 이 상수를 벡터 v에 곱하고 나누는 것은 벡터의 각각의 요소에 상수 c를 곱하고 나누는 것이다. 벡터에 양수 c를 곱하거나 나누는 것은 기하학적으로 그 벡터에 방향을 바꾸지 않고 길이만 c배 만큼 늘리거나 줄이는 것이다. 음수 c를 곱하거나 나누면 벡터의 방향이 반대 방향이 된다. 상수 c를 2라 하면, 벡터 v에 대한 상수 곱셈 multiplication과 나눗셈 division은 다음과 같이 계산된다.

$$v \times 2 = [3,7] \times 2 = [3 \times 2, 7 \times 2] = [6,14]$$

$$v \div 2 = v \times (1/2) = [3/2, 7/2] = [1.5, 3.5]$$

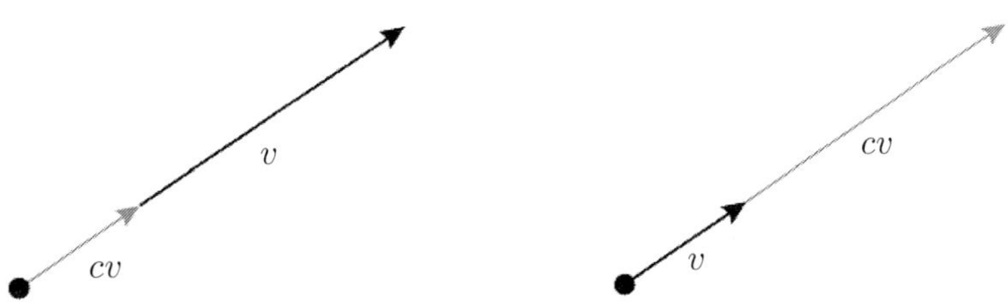

(a) $0 < c < 1$ (b) $c \geq 1$

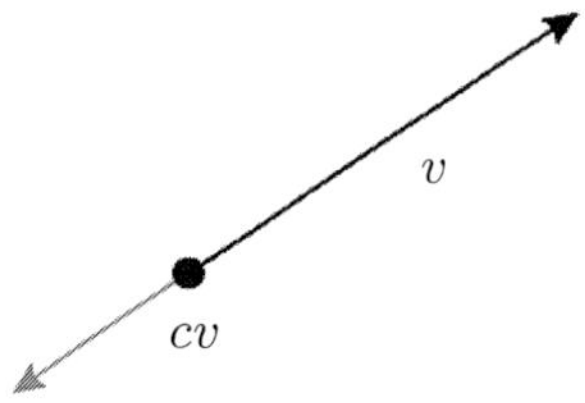

(c) $-1 < c < 0$

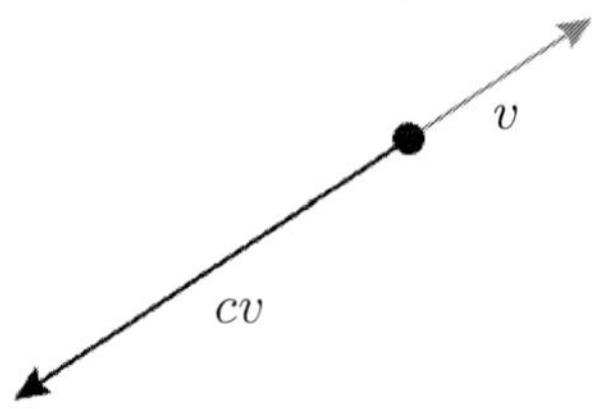

(d) $c \leq -1$

그림 1-3 벡터의 상수 곱셈

2.4 두 벡터의 내적 Inner Product

바로 위에서 설명한 벡터에 상수를 곱하는 것과 달리 두 벡터 간에 곱셈을 하는 것이다. 벡터 간의 몇 가지 곱셈하는 방법이 있는데, 그 중의 하나가 내적 inner product 이다. 이 두 벡터 간의 내적의 정의는 두 벡터를 구성하고 있는 같은 위치에 있는 요소들 간에 곱셈을 하고 이 곱셈 결과를 모두 더하는 것이다. 그러므로 두 벡터의 내적을 구하기 위해서는 두 벡터의 차원이 같아야 하고 내적의 결과는 1차원의 값 scalar 가 된다. 그래서 이 내적을 스칼라 곱 scalar product 또는 dot(•) product라고도 한다. 두 벡터 v 와 w를 이용하여 정의식을 나타내면 다음과 같다.

$$v \cdot w = \sum_{i=1}^{n} v_i w_i$$

예제 1-3

예를 들면 다음과 같다. $v=[3,7]$이고 $w=[2,5]$일 때, 두 벡터간의 내적은 다음이 구한다.

$$v.w = [3,7] \cdot [2,5] = [3 \times 2] + [7 \times 5] = 41$$

2.5 두 벡터의 직교 Orthogonality

위에서 정의한 두 벡터 간의 내적은 여러 용도가 있는 이론이지만 특히 두 벡터가 직교한다는 이론을 정의하는데 꼭 필요하다. 두 벡터가 직교 orthogonal 한다는 정의는 두 벡터의 내적이 0임을 말한다. 2차원 공간에 있는 두 벡터가 직교한다는 것은 두 벡터가 이루는 각도가 90°, 즉 직각으로 만남을 말한다. 예를 들면

$$[3,2] \cdot [-2,3] = (3 \times (-2)) + (2 \times 3) = 0$$

이므로, 두 벡터 $[3,2]$와 $[-2,3]$은 서로 직교함을 알 수 있다.

2.6 단위벡터 Unit Vector

벡터의 길이가 1인 벡터를 단위벡터 unit vector 또는 정규벡터 normal vector 이라고 한다. 모든 벡터를 그 벡터의 길이로 나누어주면 단위벡터로 만들 수 있는데 이것을 벡터의 정규화 normalization 라고 한다. 임의의 벡터 v를 다음과 같은 단위벡터 u로 만들 수 있다.

$$u = \frac{v}{|v|}$$

여기서 $|v|$는 벡터 v의 길이이다.

예제 1-4

예를 들어, $v=[3,7]$의 단위 벡터를 구하면 다음과 같다.

$$u = \frac{v}{|v|} = \frac{1}{\sqrt{58}} \times [3,7] = [\frac{3}{\sqrt{58}}, \frac{7}{\sqrt{58}}]$$

이 u는 v의 단위벡터이므로, u의 길이를 구하면 1임을 확인할 수 있다.

$$|u| = \sqrt{(\frac{3}{\sqrt{58}})^2 + (\frac{7}{\sqrt{58}})^2} = \frac{\sqrt{(9+49)}}{58} = \sqrt{\frac{58}{58}} = 1$$

2.7 정규직교벡터 Orthonormal Vectors

두 벡터의 길이가 각각 1이고 또 이 두 벡터가 직교한다면 이 두 벡터를 정규직교벡터 orthonormal vectors 라 한다.

예제 1-5

예를 들어 벡터 $v=[\frac{\sqrt{2}}{2}, \frac{\sqrt{2}}{2}]$ 와 $w=[-\frac{\sqrt{2}}{2}, \frac{\sqrt{2}}{2}]$ 의 길이를 각각 구하면 모두 길이가 1임을 확인할 수 있다.

$$|v| = \sqrt{(\frac{\sqrt{2}}{2})^2 + (\frac{\sqrt{2}}{2})^2} = \sqrt{\frac{2+2}{4}} = 1$$
$$|w| = \sqrt{(-\frac{\sqrt{2}}{2})^2 + (\frac{\sqrt{2}}{2})^2} = \sqrt{\frac{2+2}{4}} = 1$$

또한 이들의 내적을 구하면

$$v.w = (\frac{\sqrt{2}}{2} \times (-\frac{\sqrt{2}}{2})) + (\frac{\sqrt{2}}{2} \times \frac{\sqrt{2}}{2}) = -\frac{2}{4} + \frac{2}{4} = 0$$

이므로 벡터 v와 w는 직교함을 알 수 있다. 또, 이들의 길이가 모두 1이므로 벡터 v와 w는 정규직교 벡터이다.

2.8 벡터의 투영 Projection

벡터 w를 벡터 v에 투영시키면, 벡터 v 위에 어느 길이를 갖는 다른 벡터가 만들어진다. 이 새로운 벡터의 길이는 벡터 w와 v의 단위벡터의 내적을 이용해 정의되고 방향은 벡터 v의 단위벡터를 이용하여 정의한다. 먼저 벡터 v에 의하여 만들어지는 단위 벡터 u_v는

$$u_v = \frac{v}{|v|}$$

이고, 이 단위벡터와 벡터 w의 내적은 $w.u_v$이다. 이들을 이용하여 벡터 w를 벡터 v에 투영시켜 얻어지는 벡터인 $P_v w$는 다음과 같이 정의된다.

$$P_v w = (w.u_v)u_v$$

그러므로 벡터 w를 벡터 v에 투영시켜서 새로 만들어지는 벡터는 벡터 v와 같은 방향이고 길이는 $|w.u_v|$이다. 단위 벡터를 사용하지 않고 나타내면

$$P_v w = \left(w.\frac{v}{|v|}\right)\frac{v}{|v|} = (v.v)^{-1}(v.w)v$$

그리고 벡터 w는 아래 [그림 1-4]와 같이 서로 직교하는 두 벡터의 합으로 나타내진다.

$$w = P_v w + (w - P_v w)$$

여기서 벡터 $P_v w$와 $w - P_v w$는 서로 직교한다.

예제 1-6

예를 들어 두 벡터 $v = [3,7]$, $w = [2,5]$라 하고 벡터 w를 벡터 v에 투영시킨 벡터는 다음과 같다.

$$\begin{aligned} P_v w &= (v.v)^{-1}(v.w)v = \frac{3\times 2 + 7\times 5}{3^2 + 7^2}[3,7] = \frac{41}{58}[3,7] \\ &= [\frac{123}{58}, \frac{287}{58}] = [2.121, 4.948] \end{aligned}$$

이다.

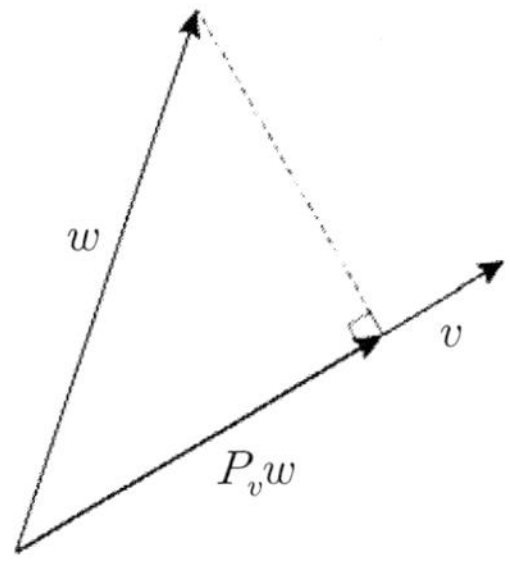

그림 1-4 벡터의 투영

2.9 그램 슈미트 정규직교화 Gram-Schmidt Orthonomalization

여러 개의 벡터 $v_1, v_2, \cdots, v_m$이 있고 이들은 직교하지 않는다고 가정하자. 이때 위에서 설명한 벡터의 투영 projection 을 이용하여 서로 직교하는 새로운 벡터들 $u_1, u_2, \cdots, u_m$을 만들 수 있다. 먼저 새롭게 만들어지는 직교벡터들 중에서 첫 번째 벡터인 u_1은 기존 벡터 v_1과 같이 놓는다. 다음 단계는 두 번째 벡터 u_2를 만들기 위해서 먼저 벡터 v_2를 벡터 u_1에 투영시켜, 위에서 설명한 대로

$$v_2 = P_{u_1} v_2 + (v_2 - P_{u_1} v_2)$$

로 v_2를 직교하는 두 벡터 $P_{u_1} v_2$와 $(v_2 - P_{u_1} v_2)$의 합으로 나타낸다. 다음에

$$u_2 = v_2 - P_{u_1} v_2$$

로 놓으면 u_1과 u_2는 서로 직교한다.

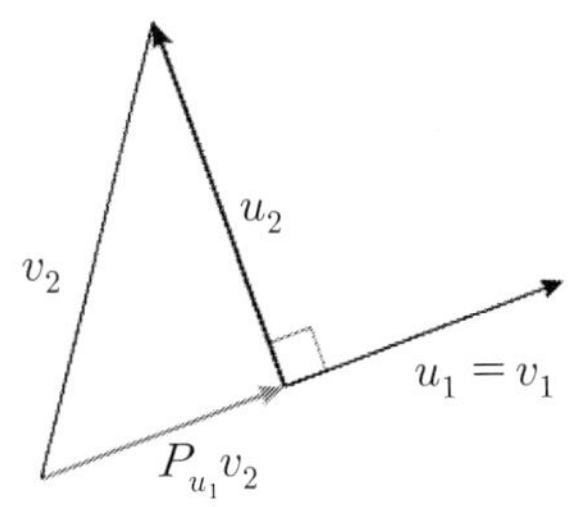

그림 1-5 그램 슈미트 직교화(2개 벡터)

같은 방법으로 세 번째 벡터 v_3를 서로 직교하는 벡터 u_1과 u_2에 투영하여 만들어지는 두 벡터로 표시할 수 있다.

$$v_3 = P_{u_1} v_3 + P_{u_2} v_3 + (v_3 - P_{u_1} v_3 - P_{u_2} v_3)$$

다시 u_3를

$$u_3 = v_3 - P_{u_1}v_3 - P_{u_2}v_3$$

로 놓으면 u_1, u_2와 u_3는 서로 직교한다.

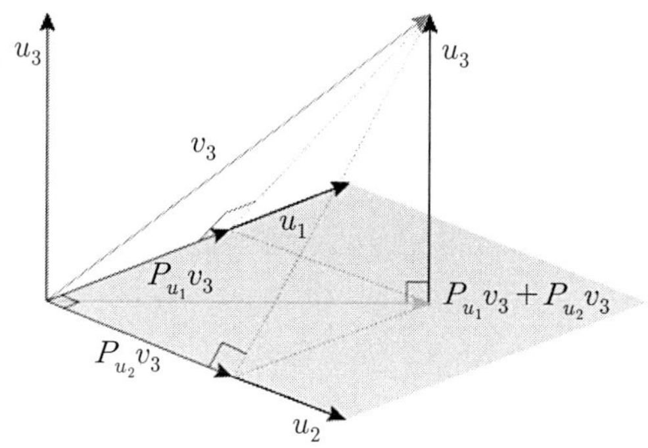

그림 1-6 그램 슈미트 직교화(3개 벡터)

이를 정리하면 다음과 같은 공식이 만들어진다.

$$u_1 = v_1$$

$$u_2 = v_2 - P_{u_1}v_2$$

$$u_3 = v_3 - P_{u_1}v_3 - P_{u_1}v_3$$

$$\vdots$$

$$u_m = v_m - P_{u_1}v_m - P_{u_2}v_m - \cdots - P_{u_{m-1}}v_m$$

그러면 새로 만들어진 벡터들 $u_1, u_2, \cdots, u_m$은 서로 직교한다.

이 방법을 덴마크의 그람 Gram 이라는 사람과 독일의 슈미트 Schmidt 에 의하여 개발되어 그람(그램) 슈미트 직교화 Gram-Schmidt orthogonalization 이라고 한다. 이렇게 만들어진 직교벡터들을 각각의 길이로 나누면 정규직교벡터들을 만들 수 있다. 즉

$$e_i = \frac{u_i}{|u_i|}$$

로 변환하면 새로운 벡터 e_i는 서로 직교하면서 길이가 모두 1이다. 즉 모두 정규직교 orthonormal 이다. 여기까지 완료하게 되면 그램 슈미트 정규직교화 Gram-Schmidt orthonormalization 하였다고 한다.

예제 1-7

예를 들어 $v_1=[3,7]$, $v_2=[2,5]$을 이용하여 정규직교벡터인 $e_{1,}\ e_2$을 구해보자. 먼저 서로 직교인 $u_{1,}\ u_2$를 구하면 다음과 같다.

$$u_1=v_1=[3,7]$$

$$\begin{aligned}u_2&=v_2-P_{u_1}v_2\\&=[2,5]-(u_1.u_1)^{-1}(u_1.v_2)u_1\\&=[2,5]-\frac{41\times[3,7]}{58}\\&=[-\frac{7}{58},\frac{3}{58}]\\&=[-0.121,0.052]\end{aligned}$$

u_1를 정규화하면,

$$e_1=\frac{u_1}{|u_1|}=[\frac{3}{\sqrt{58}},\frac{7}{\sqrt{58}}]=[0.394,0.919]$$

이다. 같은 방법으로 e_2를 구하면

$$e_2=[-0.919,0.394]$$

이고, 벡터 $e_{1,}\ e_2$는 서로 정규직교한다.

3. 행렬에 관한 용어들

3.1 정방행렬 Square Matrix 와 전치행렬 Transposed Matrix

행과 열의 수가 같은 행렬을 정방행렬 square matrix 라고 한다. 또한 행렬의 전치행렬 transposed matrix 는 행과 열을 바꾸어 만들어지는 행렬을 말한다. 즉, 첫 번째 행은 첫 번째 열이 되고 두 번째 행을 두 번째 열이 된 행렬을 그 행렬의 전치행렬 transpose 라 한다. 예를 들어 다음과 같은 2행 2열 (2×2)의 정방행렬 A가 있을 때, 이에 대한 전치행렬 A^T은 다음과 같다.

$$A=\begin{bmatrix}1&2\\3&4\end{bmatrix}$$

$$A^T=\begin{bmatrix}1&3\\2&4\end{bmatrix}$$

3.2 행렬의 곱셈 Matrix Multiplication

두 개의 행렬이 있다고 가정하자. 행렬 A는 행이 a개이고 열이 r개인 $(a \times r)$행렬이고 행렬 B는 행이 s개 있고 열은 b개 있는 $(s \times b)$ 행렬이다. 이 두 행렬의 곱 matrix multiplication 는 오직 $r=s$인 경우, 즉 앞의 행렬 A의 열의 개수와 뒤의 행렬 B의 행의 개수가 같을 때만 가능하다. 이때 두 행렬의 곱으로 만들어진 새로운 행렬의 결과는 $(a \times b)$ 행렬이다.

$$A_{(a \times c)}B_{(c \times b)} = C_{(a \times b)}$$

새롭게 만들어진 행렬 C의 원소들은 각각 행렬 A의 행벡터 row vector 와 행렬 B의 열벡터 column vector 의 내적 inner product 로 만들어진다. 즉, 행렬 A의 행벡터들을 $A_1, A_2, \cdots, A_a$라 하고, 행렬 B의 열벡터들을 $B_1, B_2, \cdots, B_b$라고 하면, 새로 만들어진 행렬 C의 원소들은 다음과 같이 만들어진다.

$$C_{11} = A_1 \cdot B_1$$

$$C_{12} = A_1 \cdot B_2$$

$$C_{21} = A_2 \cdot B_1$$

$$\vdots$$

$$C_{ab} = A_a \cdot B_b$$

이들을 이용하여 행렬 C가 만들어진다.

$$C = \begin{bmatrix} C_{11} & C_{12} & \cdots & C_{1b} \\ C_{21} & C_{22} & \cdots & C_{2b} \\ \vdots & \vdots & \ddots & \vdots \\ C_{a1} & C_{a2} & \cdots & C_{ab} \end{bmatrix}$$

예를 들어, 다음과 같은 행렬 A와 B의 곱인 C를 구하는 과정은 다음과 같다.

$$A = \begin{bmatrix} 1 & 2 \\ 3 & 4 \end{bmatrix}, B = \begin{bmatrix} 5 & 6 \\ 7 & 8 \end{bmatrix}$$

$$C_{11} = A_1 \cdot B_1 = [1\ \ 2]\begin{bmatrix} 5 \\ 7 \end{bmatrix} = 19$$

$$C_{12} = A_1 \cdot B_2 = [1\ \ 2]\begin{bmatrix} 6 \\ 8 \end{bmatrix} = 22$$

같은 방법으로 $C_{21,}C_{22}$계산하면 다음과 같은 행렬 C를 구할 수 있다.

$$C = \begin{bmatrix} 19 & 22 \\ 43 & 50 \end{bmatrix}$$

3.3 단위행렬 Identity Matrix 와 대각행렬 Diagonal Matrix

단위행렬과 대각행렬은 모두 행과 열의 수가 같은 정방행렬 square matrix 이다. 이때 행렬의 주 대각선—행과 열의 번호가 같은 대각선—상에만 0이 아닌 숫자가 있고 그 외의 자리에는 모두 0인 행렬을 대각행렬 diagonal matrix 이라고 한다. 대각행렬 중에서 주 대각선상에 모두 1이 있는 행렬을 단위행렬 identity matrix 이라고 한다. 단위행렬은 I로 표시한다.

$$I = \begin{bmatrix} 1 & 0 & \cdots & 0 \\ 0 & 1 & \cdots & 0 \\ \vdots & \vdots & \ddots & \vdots \\ 0 & 0 & \cdots & 1 \end{bmatrix}$$

대각행렬과 함께 알아두어야 할 행렬로 역행렬 inverse matrix 이 있다. 어떤 행렬 A가 있을 때 다음과 같은 성질을 만족하는 행렬 B가 존재하면, 이 행렬 B를 행렬 A의 역행렬이라고 한다.

$$AB = BA = I$$

이때 행렬 B를 A^{-1}로 표시한다. 예를 들어 (2×2) 행렬

$$A = \begin{bmatrix} a & b \\ c & d \end{bmatrix}$$

에 대한 역행렬 A^{-1}은 다음과 같은 방법으로 구한다.

$$A^{-1} = \frac{1}{\det(A)} \begin{bmatrix} d & -b \\ -c & a \end{bmatrix}$$

예제 1-8

따라서 행렬

$$A = \begin{bmatrix} 1 & 2 \\ 3 & 4 \end{bmatrix}$$

의 역행렬 A^{-1}을 구하면 다음과 같다.

$$A^{-1}=\frac{1}{\det(A)}\begin{bmatrix} d & -b \\ -c & a \end{bmatrix}=\frac{1}{1\times4-2\times3}\begin{bmatrix} 4 & -2 \\ -3 & 1 \end{bmatrix}=\begin{bmatrix} -1 & 1 \\ 1.5 & -0.5 \end{bmatrix}$$

위 식에서 $\det(A)$는 행렬 A의 행렬식인데 아래 3.5절에서 자세히 설명한다.

3.4 직교 행렬 Orthogonal Matrix

행렬 A가 $AA^T=A^TA=I$을 만족하면 행렬 A를 직교행렬 orthogonal matrix 라 한다.

예제 1-9

예를 들어,

$$A=\begin{bmatrix} \frac{1}{\sqrt{2}} & -\frac{1}{\sqrt{2}} \\ \frac{1}{\sqrt{2}} & \frac{1}{\sqrt{2}} \end{bmatrix}$$

는 다음 식이 성립하므로 직교행렬이다.

$$A^TA=\begin{bmatrix} \frac{1}{\sqrt{2}} & \frac{1}{\sqrt{2}} \\ -\frac{1}{\sqrt{2}} & \frac{1}{\sqrt{2}} \end{bmatrix}\begin{bmatrix} \frac{1}{\sqrt{2}} & -\frac{1}{\sqrt{2}} \\ \frac{1}{\sqrt{2}} & \frac{1}{\sqrt{2}} \end{bmatrix}=\begin{bmatrix} 1 & 0 \\ 0 & 1 \end{bmatrix}=I$$

$$AA^T=\begin{bmatrix} \frac{1}{\sqrt{2}} & -\frac{1}{\sqrt{2}} \\ \frac{1}{\sqrt{2}} & \frac{1}{\sqrt{2}} \end{bmatrix}\begin{bmatrix} \frac{1}{\sqrt{2}} & \frac{1}{\sqrt{2}} \\ -\frac{1}{\sqrt{2}} & \frac{1}{\sqrt{2}} \end{bmatrix}=\begin{bmatrix} 1 & 0 \\ 0 & 1 \end{bmatrix}=I$$

3.5 행렬식 Determinant 와 행렬식의 의미

행렬식 determinant 는 정방행렬의 함수로써 함숫값은 1차원 숫자 scalar 이다. 즉, 행렬식은 정방행렬에서만 정의된다. 행렬 A의 행렬식은 $|A|$나 $\det(A)$로 표시한다. 예를 들면, $A=[a]$이면 $|A|=a$이다. 행렬 A가 (2×2) 행렬인 경우에는

$$\det(A)=\begin{vmatrix} a & b \\ c & d \end{vmatrix}=ad-bc$$

이다.

예제 1-10

예를 들어, 행렬 A의 행렬식을 구하여 보자.

$$A=\begin{bmatrix}1 & 2\\3 & 4\end{bmatrix}$$

의 행렬식은 다음과 같이 구할 수 있다.

$$\det(A)=\begin{vmatrix}1 & 2\\3 & 4\end{vmatrix}=1\times4-2\times3=-2$$

정방행렬의 행이나 열의 수가 3이상인 경우에는 일반적으로 행벡터로 전개하는 expansion by row vector 방법을 이용한다. (3×3) 정방행렬을 이용하여 이 열거법을 알아보자. 정방행렬

$$A=\begin{bmatrix}1 & 2 & 3\\4 & 5 & 6\\7 & 8 & 9\end{bmatrix}$$

이라 하면 다음과 같은 순서로 행렬식을 구할 수 있다.

$$\begin{aligned}\det(A)&=\begin{vmatrix}1 & 2 & 3\\4 & 5 & 6\\7 & 8 & 9\end{vmatrix}=1\times\begin{vmatrix}5 & 6\\8 & 9\end{vmatrix}-2\times\begin{vmatrix}4 & 6\\7 & 9\end{vmatrix}+3\times\begin{vmatrix}4 & 5\\7 & 8\end{vmatrix}\\&=1\times(5\times9-6\times8)-2\times(4\times9-6\times7)+3\times(4\times8-5\times7)\\&=-3+12-9=0\end{aligned}$$

계속하여 (4×4) 정방행렬일 경우에는 먼저 첫 번째 행벡터를 이용하여 4개의 (3×3) 행렬의 행렬식으로 나열하고, 이 4개의 (3×3) 행렬식은 위에 설명한 방법으로 전개하여 최종 행렬식의 값을 구한다.

다음은 행렬식의 의미를 알아보자. 행렬은 행벡터이나 열벡터의 모음 collection 이라고 설명하였다. 그러므로 위에서 사용한 행렬 A

$$A=\begin{bmatrix}a & b\\c & d\end{bmatrix}$$

를 두 개의 열벡터 V와 W의 모음으로 생각하자.

$$V=\begin{bmatrix}a\\c\end{bmatrix},\ W=\begin{bmatrix}b\\d\end{bmatrix}$$

이 두 벡터를 2차원 공간(평면)에 표시하자.

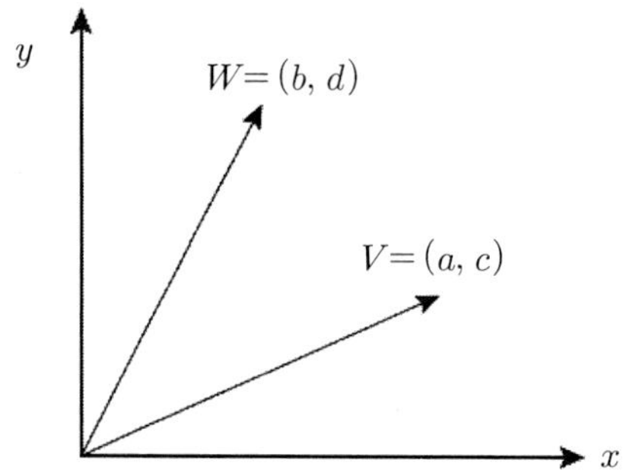

그림 1-7 두 개의 벡터

이번에는 [그림 1-8]과 같이 표시된 두 벡터 V와 W가 만드는 평행사변형 $OVKW$의 면적을 구하여 보자. 이 평행사변형은 삼각형 OVW의 면적의 2배이므로 먼저 삼각형의 면적을 구하도록 한다.

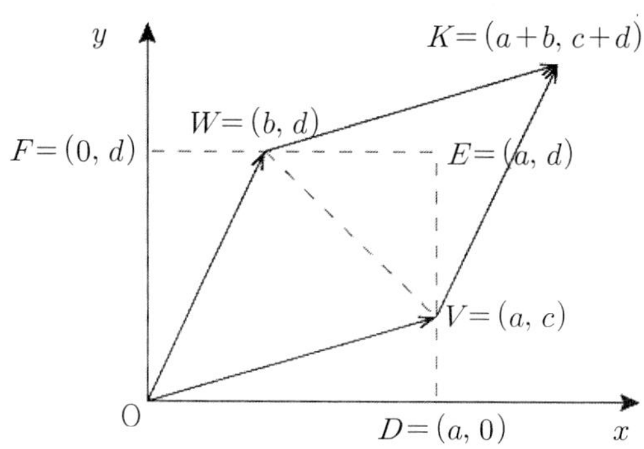

그림 1-8 평행사변형의 면적과 행렬식의 관계

삼각형 OVW의 면적은 사각형 $ODEF$의 면적에서 세 삼각형 ODV, VEW, 그리고 OWF의 면적을 빼면 구할 수 있다.

$$\text{면적}(ODV) = \frac{1}{2}ac$$

$$\text{면적}(VEW) = \frac{1}{2}(a-b)(d-c)$$

$$\text{면적}(OWF) = \frac{1}{2}bd$$

$$\begin{aligned}\text{면적}(OVKW) &= 2 \times \left\{ad - \frac{1}{2}ac - \frac{1}{2}(a-b)(d-c) - \frac{1}{2}bd\right\} \\ &= 2 \times \left(\frac{1}{2}ad - \frac{1}{2}bc\right) = ad - bc = \det(A)\end{aligned}$$

그러므로 (2×2)행렬 A의 행렬식 $\det(A)=ad-bc$는 행렬 A를 구성하는 두 행벡터 V와 W가 이루는 평행사변형의 면적이다.

다음은 (3×3) 행렬의 행렬식의 기하학적 의미를 알아보자. 위에서 설명한 (3×3) 행렬의 행렬식을 구하는 방법으로 행벡터로 전개하는 expansion by row vector 방법을 소개하였는데, 그 예제 1-10에서 보는 바와 같이 첫 번째 행벡터로 전개를 하면 3개의 (2×2) 행렬식을 첫 번째 행벡터의 값을 계수 coefficient 로 하여 덧셈을 하였다. 그러므로 (3×3) 행렬의 행렬식의 기하학적 의미는 전개하는 행벡터의 값들을 계수[1])로 하여 3개의 (2×2) 행렬이 만드는 평행사변형의 면적을 더한 것이다. 다차원 행렬의 행렬식의 기하학적 의미는 행벡터로 전개하는 expansion by row vector 방법을 이용하여 위 설명을 확장하여 이해하면 된다.

3.6 고유값 Eigenvalue 와 고유벡터 Eigenvector

2차원 열벡터 $V=[2\ 1]^T$를 $W=[4\ 5]^T$로 변환시켰다고 하자. 그러면 같은 2차원 공간(평면)에서 벡터 V는 방향과 길이가 모두 변하였다. 이와 같이 어느 차원의 공간에서 공간의 차원은 바뀌지 않으나 벡터의 방향과 길이를 변환하는 것을 선형변환 linear transformation 이라고 한다. 위에서 숫자 $\{2,1\}$를 $\{4,5\}$로 바꾸는 방법은 여러 가지 방법이 있고, 그 중에 한 방법은 벡터 V에 아래 (2×2) 행렬 A을 곱하는 방법이 있다.

$$A=\begin{bmatrix}1 & 2\\ 2 & 1\end{bmatrix}$$

행렬 A는 (2×2) 행렬이고 벡터 V는 (2×1) 행렬이므로 앞에서 설명한 행렬의 곱 matrix multiplication 에 의하여 결과는 (2×1) 행렬, 즉 벡터 W가 된다.

$$AV=\begin{bmatrix}1 & 2\\ 2 & 1\end{bmatrix}\begin{bmatrix}2\\ 1\end{bmatrix}=\begin{bmatrix}1\times 2+2\times 1\\ 2\times 2+1\times 1\end{bmatrix}=\begin{bmatrix}4\\ 5\end{bmatrix}=W$$

그러므로 벡터에 행렬을 곱하는 것은 그 벡터의 길이와 방향을 바꾸는 선형변환을 의미한다.

다음은 고유값 eigenvalue 과 고유벡터 eigenvector 를 설명한다. 고유값과 고유벡터의 교과서적인 정의는 다음과 같다. 임의의 $(n\times n)$ 정방행렬 A에 대하여 다음 식에서 0이 아

---

1) 보다 정확하게 말하면 행벡터의 값들에 $(-1)^{(1+\text{열위치})}$을 곱하여 계수로 사용한다.

닌 벡터 x가 존재하면 이 식에 있는 λ는 행렬 A의 고유값이라 하고 벡터 x는 고유벡터라고 한다.

$$Ax = \lambda x$$

위 식은 다음과 같이 바꿀 수 있다.

$$(A - \lambda I)x = 0$$

여기서 I는 단위행렬이다. 위 식에서 행렬 $(A - \lambda I)$ 가 역행렬을 가지면 $x = 0(A - \lambda I)^{-1}$를 해로 갖고 항상 0이 된다. 그러므로 x가 0이 아닌 해를 갖기 위한 필요충분조건은 행렬 $(A - \lambda I)$ 가 역행렬을 갖지 않는다 이다. 즉, $\det(A - \lambda I) = 0$이어야 한다. 이렇게 하여 고유값과 고유벡터를 구할 수 있다. 이때 구해진 고유값과 고유벡터가 어떠한 의미를 가졌는지 보려면 위 정의에 있는 식의 의미를 파악하여야 한다.

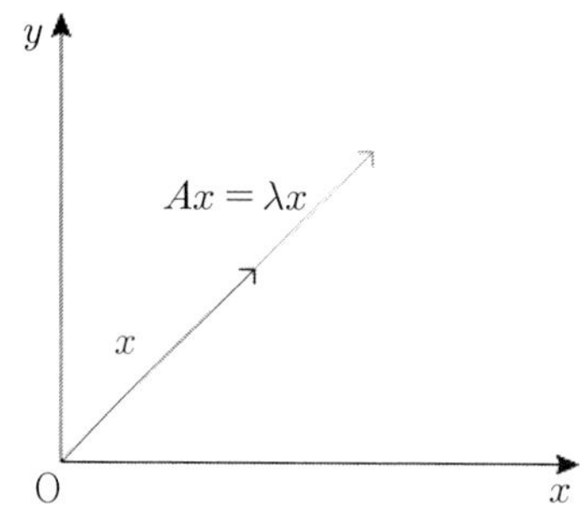

그림 1-9 고유값과 고유벡터

앞에서 벡터에 행렬을 곱한다는 것은 그 벡터의 길이와 방향을 바꾸는 선형변환이라 설명하였다. 그러므로 정의에 나와 있는 식 $Ax = \lambda x$의 왼쪽 항은 벡터 x를 선형변환, 즉 벡터 x의 길이와 방향을 변환하는 식이고, 오른쪽 항은 벡터 x에 상수값 scalar 을 곱하였으므로 벡터 x의 길이만 λ만큼 증가시키는 식이다. 그러므로 고유벡터와 고유값의 정의식이 갖는 의미는 '주어진 행렬 A에 의하여 선형변환 되는 여러 벡터들 중에서 방향은 안 바뀌고 길이만 바뀌는 벡터가 있는가'라는 질문이다. 그 질문에 대한 답은 '행렬 A가 정방행렬 square matrix 이고 대칭행렬 symmetric matrix 이면 x라는 벡터가 항상 존재하고, 길이는 λ만큼 증가한다.'이다. 통계학에서 사용하는 공분산 행렬 covariance matrix 나 상관행렬 correlation matrix 는 정방행렬이며 대칭행렬이다.

예제 1-11

다음은 예로 사용해온 위 행렬 A을 이용하여 고유값과 고유벡터를 구하고 그 의미를 그림을 통하여 다시 알아본다.

$$A=\begin{bmatrix}1 & 2\\ 2 & 1\end{bmatrix}$$

고유값과 고유벡터의 정의식을 만족하는 필요충분조건은 $\det(A-\lambda I)=0$이므로

$$\det(A-\lambda I)=\begin{vmatrix}1-\lambda & 2\\ 2 & 1-\lambda\end{vmatrix}=(1-\lambda)^2-2^2=0$$

$$(1-2\lambda+\lambda^2)-4=\lambda^2-2\lambda-3=(\lambda-3)(\lambda+1)=0$$

그러므로 위 방정식을 만족하는 해는 $\lambda=3$과 $\lambda=-1$이다. 다음은 이 고유값들을 이용하여 대응되는 고유벡터를 구하자. 먼저 $\lambda=3$인 경우부터 구한다.

$$Ax=\begin{bmatrix}1 & 2\\ 2 & 1\end{bmatrix}\begin{bmatrix}v_1\\ v_2\end{bmatrix}=3\begin{bmatrix}v_1\\ v_2\end{bmatrix}$$

이 식을 풀면 $v_1=v_2$이므로, $v_1=1$로 하면 첫 번째 고유벡터는

$$x_1=\begin{bmatrix}1\\ 1\end{bmatrix}$$

이다. 이를 정규화하면

$$x_1^*=\frac{1}{\sqrt{1^2+1^2}}\begin{bmatrix}1\\ 1\end{bmatrix}=\begin{bmatrix}0.707\\ 0.707\end{bmatrix}$$

이다. 같은 방법으로 $\lambda=-1$인 경우에 고유벡터를 구한다. 정의식으로부터

$$Ax=\begin{bmatrix}1 & 2\\ 2 & 1\end{bmatrix}\begin{bmatrix}w_1\\ w_2\end{bmatrix}=-1\begin{bmatrix}w_1\\ w_2\end{bmatrix}$$

을 풀면 $w_1=-w_2$이므로 $w_1=1$로 하면 두 번째 고유벡터는

$$x_2=\begin{bmatrix}1\\ -1\end{bmatrix}$$

이고 이를 정규화하면

$$x_2^*=\begin{bmatrix}0.707\\ -0.707\end{bmatrix}$$

이다.

아래 그림이 2차원 평면에 단위원을 하나 그리고, 그 단위원을 이루고 있는 점들(벡터들)이 행렬 A에 의하여 어떻게 선형변환 되고, 고유값과 고유벡터가 의미하는 바가 무엇인지 기하학적 의미를 보다 잘 이해할 수 있는 그림이다.

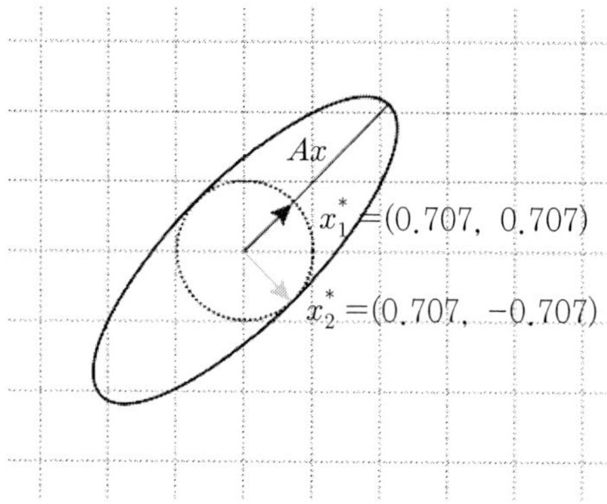

그림 1-10 고유벡터의 선형변환

점선으로 된 원은 무수히 많은 2차원 벡터 - 2차원 평면에 있는 점들 - 로 이루어져 있다. 행렬 A를 이들에게 곱하여 선형변환을 하면 각각의 벡터들은 각자가 가지고 있던 길이와 방향이 바뀌어 모두 실선으로 된 타원형을 이루게 된다. 원이 타원형으로 바뀐 것은 행렬 A의 선형변환 결과이다. 그런데 여기서 자세히 보아야 할 부분은 단위원 상에 화살표로 표시된 벡터 x_1^*와 벡터 x_2^*이다. 이 두 벡터의 공통점은 방향이 바뀌지 않았다는 점이고, 또한 길이만 상수배로 길이가 변화하였다. 이 두 벡터가 방향이 바뀌지 않고 길이만 변화한 고유벡터인 것이다.

4. R 프로그램 실습: 행렬

4.1 자료의 종류

R에서는 기본적으로 5가지 형태의 자료형태 data type 이 있다.

5 Data Types : Numeric, Integer, Complex, Logical, Character

자료의 형태를 나태 내는 R 함수는 *class()* 이다.

```
> x = 17.5                # x에 실수를 저장한다.
> x                       # x를 프린트한다.
[1] 17.5
> class(x)                # x의 data type을 묻는다.
[1] "numeric"
```

변수 k 에 정수 integer 를 입력하고, 이 변수의 type을 묻는다.

```
> k = 3
> k
[1] 3
```

```
> class(k)
[1] "numeric"
> is.integer(k)              # k가 정수인지 다시 확인한다.
[1] FALSE
```

보는 바와 같이 정수를 넣어도 실수로 읽는다. 숫자를 정수로 입력하려면 다른 방법을 사용하여야 한다.

```
> m = as.integer(4)
> m
[1] 4
> class(m)
[1] "integer"
> is.integer(m)
[1] TRUE
```

앞의 k와 같이 이미 입력된 자료를 같은 방법으로 정수로 바꿀 수 있다.

```
> k = as.integer(k)
> k
[1] 4
> class(k)
[1] "integer"
> is.integer(k)
[1] TRUE
```

실수도 다음과 같이 정수만을 뽑아 낼 수 있다. 문자는 정수로 바꿀 수 없다.

```
> as.integer(18.83)
[1] 18
> as.integer(kim)
Error: object 'kim' not found
> as.integer("kim")
[1] NA
Warning message:
NAs introduced by coercion
```

다음의 data type은 복소수 complex number 인데 이 책에서 사용하지 않으므로 소개하지 않고, 논리값 logical value 을 설명한다. 논리값은 이미 위 프로그램에서 보았다. 옳으면 TRUE, 틀리면 FALSE 을 준다.

```
> x=5; y=7
> x > y                    # x가 y보다 큰가?
[1] FALSE
> x < y
[1] TRUE
```

다음은 문자 변수이다. 문자는 숫자와 달리 값들을 " " 안에 써야 하고, 출력할 때도 " " 안에 출력된다. 숫자도 문자같이 인식되게 할 수 있다.

```
> FName = "Michael"; LName= "Jackson"
> FName
[1] "Michael"
> LName
[1] "Jackson"
> paste(FName, LName)
[1] "Michael Jackson"
> k=as.character(1.75)
> k
[1] "1.75"
> class(k)
[1] "character"
> m = as.numeric(k)
> m
[1] 1.75
> class(m)
[1] "numeric"
> n = as.integer(m)
> n
[1] 1
> class(n)
[1] "integer"
```

4.2 벡터연산

본문에서는 벡터는 공간 상의 점과 같고 좌표 상에서 점은 숫자들이 나열된 것이므로 벡터는 숫자들의 나열로 볼 수 있다. 하지만 R에서는 앞 절에서 설명한 모든 종류의 데이터의 나열을 벡터로 사용한다. 숫자 벡터, 논리값으로 만들어진 벡터, 문자 벡터 등등이 있다. 이 벡터들은 하나의 변수에 저장하여 사용할 수 있다. 벡터의 차원 dimension 은 *length()* 함수를 이용하여 알 수 있다.

```
> c(1, 3, 5, 7)
[1] 1 3 5 7
> c(TRUE, TRUE, FALSE)
[1]  TRUE  TRUE FALSE
> c("a","b","c","d","e")
[1] "a" "b" "c" "d" "e"
> length(c(1, 3, 5, 7))
[1] 4
> x = c(1, 3, 5, 7)
> length(x)
[1] 4
> length(c("a","b","c","d","e"))
[1] 5
```

R에서 벡터들은 데이터 종류에 관계없이 합쳐질 수 있다.

```
> x = c(1, 3, 5, 7)
> c(TRUE, TRUE, FALSE)
[1]  TRUE  TRUE FALSE
> c("a","b","c","d","e")
[1] "a" "b" "c" "d" "e"
> c(x, c(TRUE, TRUEt, FALSE), c("a","b","c","d","e") )
[1]    "1"    "3"    "5"    "7"    "TRUE"    "TRUE"    "FALSE"
[8]    "a     "b"    "c"    "d"    "e"
> length(c(x, c(TRUE, TRUE, FALSE), c("a","b","c","d","e") ))
[1] 12
```

다음에는 벡터의 연산 Arithmetics 을 알아보자.

```
> a = c(1,3,5,7)
> b = c(2,4,6,8)
> 3 * a ; 5*b
[1]   3   9  15  21
[1]  10  20  30  40
> a + b ; a - b
[1]   3   7  11  15
[1]  -1  -1  -1  -1
> a * b ; a / b
[1]        2        12        30        56
[1] 0.5000000 0.7500000 0.8333333 0.8750000
> d = c(10,20,30,40,50,60,70,80)
> a + d ; a - d
[1]  11  23  35  47  51  63  75  87
[1]  -9 -17 -25 -33 -49 -57 -65 -37
```

위 연산에서 벡터 a와 벡터 d가 서로 차원(길이)이 달라도 연산이 가능하다. 단 한 벡터의 차원이 다른 벡터의 차원의 배수가 되어야 한다.

다음은 벡터의 원소들을 위치를 이용하여 호출하는 방법 indexing 을 소개한다.

```
> k = c("aa", "bb", "cc", "dd", "ee")
> k[3]
[1] "cc"
> k[2:4]
[1] "bb" "cc" "dd"
> k[c(1,3,5)]
[1] "aa" "cc" "ee"
> k[-3]
[1] "aa" "bb" "dd" "ee"
> k[ - c(1,3,5)]
[1] "bb" "dd"
> k[c(3,1,5)]
[1] "cc" "aa" "ee"
> k[c(3,3,3)]
[1] "cc" "cc" "cc"
```

다음은 조금 고급적인 방법인데, 벡터의 각 원소에 이름을 붙인 후 그 이름을 이용해 벡터의 원소들을 불러올 수 있다.

```
> k = c("aa", "bb", "cc", "dd", "ee")
> names(k) = c("name1", "name2", "name3", "name4", "name5")
> k
name1   name2   name3   name4   name5
"aa"    "bb"    "cc"    "dd"    "ee"
> k["name3"]
name3
"cc"
> k[c("name1", "name5")]
name1   name5
"aa"    "ee"
```

4.3 행렬

행렬을 만드는 방법은 여러 가지가 있다. 벡터와 *matrix()* 함수를 이용하여 행렬을 만들고 행렬의 여러 가지 용어들에 대응되는 함수를 소개한다.

```
> k = c(1,2,3,4,5,6,7,8)
> A = matrix(k, nrow=4, ncol=2)
> A
      [,1] [,2]
[1,]    1    2
[2,]    3    4
[3,]    5    6
[4,]    7    8
```

위 프로그램에서 *matrix()*는 행렬을 만드는 함수이고, 이 함수를 이용하여 행렬을 만들었다. *matrix()* 함수 안에 있는 nrow는 number of rows로 행의 수를 결정해 주고, *ncol* 는 number of columns으로 열의 수를 결정한다. 함수 *matrix()*가 행렬을 만들 때, 열부터 만드는 것에 유의해야 한다. 첫 번째 열을 다 채우고 다음에 두 번째 열을 만든다. 만일 행부터 만들기를 원하면 다음과 같이 프로그램 한다. 함수 안에 *byrow=T* 를 사용한다. 이렇게 하면 첫 번째 행이 만들어진 다음에 두 번째 행이 만들어진다. 이러한 순서로 행을 채워 나가면서 행렬이 완성된다.

```
> k = c(1,2,3,4,5,6,7,8)
> A = matrix(k, ncol=2, byrow=T)
> A
     [,1] [,2]
[1,]    1    5
[2,]    2    6
[3,]    3    7
[4,]    4    8
```

다음은 전치행렬 transpose 과 행렬을 합치고 나누는 방법을 소개한다. 전치행렬을 만드는 함수는 *t()* 이다.

하나의 행렬에 다른 행렬이나 벡터를 합칠 수 있는데, 함수는 *rbind()* 와 *cbind()* 가 있다. 여기서 bind는 붙인다는 뜻인데, 행 방향으로 합치 것인가 열 방향으로 합칠 것이냐에 따라서 *rbind()* 나 *cbind()* 를 사용한다.

```
> k = c(1,2,3,4,5,6,7,8)
> A = matrix(k, nrow= 4, ncol =2)
> A
     [,1] [,2]
[1,]    1    5
[2,]    2    6
[3,]    3    7
[4,]    4    8
> t(A)
     [,1] [,2] [,3] [,4]
[1,]    1    2    3    4
[2,]    5    6    7    8
> B = matrix(c(11,22,33,44), nrow=4, ncol=1)
> B
     [,1]
[1,]   11
[2,]   22
[3,]   33
[4,]   44
> cbind(A,B)
```

```
       [,1]  [,2]  [,3]
 [1,]    1     5    11
 [2,]    2     6    22
 [3,]    3     7    33
 [4,]    4     8    44
> C = matrix(c(77,88), nrow=1, ncol=2)
> C
       [,1]  [,2]
 [1,]   77   880
> rbind(A,C)
       [,1]  [,2]
 [1,]    1     5
 [2,]    2     6
 [3,]    3     7
 [4,]    4     8
 [5,]   77    88

> kk = c(A)
> kk
 [1]  1   2   3   4   5   6   7   8
```

위 프로그램에서 *kk = c(A)* 를 이용해 행렬을 다시 벡터로 만들었다.

4.4 List 형태의 자료

R에서 list 형태의 자료는 총체적인 형태의 자료이다. 리스트는 자료의 종류 type, 형태 그리고 길이 length 에 관계없이 다양한 자료들을 포함할 수 있다.

```
> n = c(2, 3, 5)
> C = c("aa", "bb", "cc", "dd", "ee")
> L = c(TRUE, FALSE, TRUE, FALSE, FALSE)
> A=list(n, C, L, 123)  # A contains numeric, charater, logic types and number.
> A
[[1]]
[1] 2 3 5

[[2]]
[1] "aa" "bb" "cc" "dd" "ee"
```

```
[[3]]
[1]  TRUE FALSE  TRUE FALSE FALSE

[[4]]
[1] 123
```

List에 있는 원소들을 잘라 낼 수 있다. 리스트의 원소를 골라내기 위해서는 대괄호 [ ] 를 사용한다.

```
> A[2]
[[1]]
[1] "aa" "bb" "cc" "dd" "ee"

> A[4]
[[1]]
[1] 123

> A[c(4,1)]
[[1]]
[1] 123

[[2]]
[1] 2 3 5
```

위 프로그램의 결과에서 대괄호가 두 개 있는데, 이는 골라내는 원소의 순서를 나타낸다. 이 두 개의 대괄호가 없는 결과를 원하면 아래와 같이 대괄호 두 개 [[ ]] 를 사용한다. 이런 경우에는 원소 하나씩만 골라낼 수 있다.

```
> A[[2]]
[1] "aa" "bb" "cc" "dd" "ee"
> A[[2]][3]
[1] "cc"
> A[[2]][3] = 'CCC'
> A[[2]]
[1] "aa"  "bb"  "CCC" "dd"  "ee"
> C
[1] "aa" "bb" "cc" "dd" "ee"
```

위 프로그램에서 character 자료의 세 번째 값을 “cc”에서 “CCC”로 바꾸었으나, 원래 character 자료인 C의 세 번째 값에는 영향을 안 미친다.

4.5 Data Frame 형태의 자료

행렬로 된 자료 테이블 table 을 저장하는 R의 자료 형태이다. 길이가 같은 벡터들로 만들어 진다. 아래 프로그램에서 세 개의 벡터의 원소의 자료종류 data type은 모두 다르나, 길이 length 는 모두 같다.

```
> n = c(2, 3, 5)
> C = c("aa", "bb", "cc")
> L = c(TRUE, FALSE, TRUE)
> df = data.frame(n, C, L)
> df
  n  C     L
1 2 aa  TRUE
2 3 bb FALSE
3 5 cc  TRUE
```

R을 통한 통계분석 자료는 모두 data frame 형태로 되어 있고, R 안에 여러 개의 자료들이 data frame 형태로 저장되어 있다.

```
> mtcars
                 mpg cyl disp  hp drat    wt  qsec vs am
Mazda RX4       21.0   6  160 110 3.90 2.620 16.46  0  1
Mazda RX4 Wag   21.0   6  160 110 3.90 2.875 17.02  0  1
Datsun 710      22.8   4  108  93 3.85 2.320 18.61  1  1
Hornet 4 Drive  21.4   6  258 110 3.08 3.215 19.44  1  0
```

보는 바와 같이 행렬로 되어 있으며, 첫 열은 각 행의 이름이 있고, 두 번째 열부터 자료가 저장되어 있다. 또한 첫 행은 변수의 이름이 있고, 이 행을 header 라고 한다. 두 번째 행부터 자료가 저장되어 있다.

data frame mtcars의 구조를 보다 자세히 알고자 하면 *str()* 함수를 사용한다. *str()*

은 structure, 즉 자료의 구조를 나타낸다. 아래 *str(mtcars)* 의 결과를 보면, 첫 줄에 이 자료가 data frame 형태이며, 11개의 변수와 32개의 관측치로 구성되어 있음 나타내고 있다. 다음 줄에는 첫 번째 있는 변수에 대한 정보와 몇 개의 관측치를 보여 주고 있다. 첫 변수의 이름은 mpg 이고, numeric 변수이고 관측값은 21 21 22.8 등으로 되어 있다. 여기서는 11개 변수 중에서 일부만 정리하였다.

```
> str(mtcars)
'data.frame':32 obs. of 11 variables:
 $ mpg : num  21 21 22.8 21.4 18.7 18.1 14.3 24.4 22.8 19.2 ...
 $ cyl : num  6 6 4 6 8 6 8 4 4 6 ...
 $ disp: num  160 160 108 258 360 ...
 $ hp  : num  110 110 93 110 175 105 245 62 95 123 ...
 $ drat: num  3.9 3.9 3.85 3.08 3.15 2.76 3.21 3.69 3.92 3.92 ...
 $ wt  : num  2.62 2.88 2.32 3.21 3.44 ...
 $ qsec: num  16.5 17 18.6 19.4 17 ...
 $ vs  : num  0 0 1 1 0 1 0 1 1 1 ...
 $ am  : num  1 1 1 0 0 0 0 0 0 0 ...
```

data frame mtcars의 처음 몇 개의 관측치를 보고자 하거나, 간단히 행의 수나 열의 수를 알고자 하는 경우에는 *head(), nrow(), ncol(), length()*, 그리고 *dim()* 을 사용한다. *dim()* 은 자료의 dimension을 의미한다. 또한 원하는 행이나 열을 각각 출력할 수 있으며, 행과 열이 만나는 관측치를 출력할 수도 있다.

```
> head(mtcars)
                   mpg  cyl disp  hp  drat   wt    qsec  vs  am  gear carb
Mazda RX4          21.0  6   160  110 3.90  2.620  16.46  0   1   4    4
Mazda RX4 Wag      21.0  6   160  110 3.90  2.875  17.02  0   1   4    4
Datsun 710         22.8  4   108   93 3.85  2.320  18.61  1   1   4    1
Hornet 4 Drive     21.4  6   258  110 3.08  3.215  19.44  1   0   3    1
Hornet Sportabout  18.7  8   360  175 3.1   3.440  17.02  0   0   3    2
Valiant            18.1  6   225  105 2.76  3.460  20.22  1   0   3    1
> nrow(mtcars)
[1] 32
> ncol(mtcars)
[1] 11
```

```
> length(mtcars)
[1] 11
> dim(mtcars)
[1] 32 11
> mtcars[1,]
                 mpg cyl disp  hp drat    wt  qsec vs am gear carb
Mazda RX4       21.0   6  160 110 3.90 2.620 16.46  0  1    4    4
> mtcars[,2]
 [1] 6 6 4 6 8 6 8 4 4 6 6 8 8 8 8 8 8 4 4 4 4 8 8 8 8 4 4 4 8
[30] 6 8 4
> mtcars[2,3]
[1] 160
```

4.6 행렬 관련 R 함수

Operator or Function	Description
A * B	Element-wise multiplication
A %*% B	Matrix multiplication
A %o% B	Outer product. **AB'**
crossprod(A,B) crossprod(A)	**A'B** and **A'A** respectively.
t(A)	Transpose
diag(x)	Creates diagonal matrix with elements of x in the principal diagonal
diag(A)	Returns a vector containing the elements of the principal diagonal
diag(k)	If k is a scalar, this creates a k x k identity matrix. Go figure.
solve(A, b)	Returns vector **x** in the equation **b=Ax(i.e., A-1b)**
solve(A)	Inverse of A where A is a square matrix.

ginv(A)	Moore-Penrose Generalized Inverse of A. ginv(A) requires loading the **MASS** package.
y<-eigen(A)	**y$val** are the eigenvalues of **A** **y$vec** are the eigenvectors of **A**
y<-svd(A)	Single value decomposition of **A.** **y$d**=vector containing the singular values of **A** **y$u**=matrix with columns contain the left singular vectors of **A** **y$v**=matrix with columns contain the right singular vectors of A
R <- chol(A)	Choleski factorization of **A**. Returns the upper triangular factor, such that **R'R=A**.
y <- qr(A)	QR decomposition of **A**. **y$qr** has an upper triangle that contains the decomposition and a lower triangle that contains information on the Q decomposition. **y$rank** is the rank of A. **y$qraux** a vector which contains additional information on Q. **y$pivot** contains information on the pivoting strategy used.

다음에 소개하는 함수는 벡터와 행렬 모두에 같이 적용된다. 벡터는 행렬이기 때문이다.

- 두 행렬의 원소간 곱셈

```
> a
 [1]  1  3  5  7
> b
 [1]  2  4  6  8
> a * b
 [1]  2  12  30  56
```

- 두 행렬의 내적

```
> a
 [1]  1  3  5  7
> b
 [1]  2  4  6  8
> a %*% b
       [,1]
 [1,]   100
```

- 대각행렬 diagonal matrix

대각행렬과 연관이 있는 함수 *diag()* 는 세 가지의 용도로 사용된다.

```
> a
 [1,]    1    3    5    7
> diag(a)
      [,1] [,2] [,3] [,4]
 [1,]    1    0    0    0
 [2,]    0    3    0    0
 [3,]    0    0    5    0
 [4,]    0    0    0    7
> k
      [,1] [,2] [,3] [,4]
 [1,]    5    5    4    7
 [2,]    8    7    8    5
 [3,]    5    7    7    8
 [4,]    8    8    8    8
> diag(k)
 [1,]    5    7    7    8
> diag(4)
      [,1] [,2] [,3] [,4]
 [1,]    1    0    0    0
 [2,]    0    1    0    0
 [3,]    0    0    1    0
 [4,]    0    0    0    1
```

함수 *diag()* 의 첫 번째 기능은 행렬, 즉 벡터가 주어지면 $(n \times n)$ 대각행렬을 만들어 주고, 두 번째로 정방행렬 square matrix 가 주어지면 대각원소를 이용한 벡터를 만들어 준다. 만일 상수가 주면 그 (상수 × 상수) 크기의 단위행렬 identity matrix 를 만든다.

- 역행렬과 행렬식 inverse matrix and determinant

어느 행렬의 역함수를 구하기 위해서는 함수 *solve()* 을 사용한다. 행렬식을 구하는 함수는 *det()* 이다.

```
> kk
      [,1] [,2] [,3]
```

```
 [1,]    5    5    7
 [2,]    8    7    5
 [3,]    8    8    8
> solve(kk)
       [,1]  [,2]     [,3]
 [1,]   1.0     1  -1.5000
 [2,]  -1.5    -1   1.9375
 [3,]   0.5     0  -0.3125
> kk %*% solve(kk)
      [,1] [,2] [,3]
 [1,]    1    0    0
 [2,]    0    1    0
 [3,]    0    0    1
> solve(kk) %*% kk
      [,1] [,2] [,3]
 [1,]    1    0    0
 [2,]    0    1    0
 [3,]    0    0    1
> det(kk)
[1] 16
> det(kk %*% solve(kk))
[1] 1
```

- 고유값과 고유벡터 eigenvalue and eigenvector

고유값과 고유벡터를 구하는 함수는 *eigen()* 이다. 결과는 고유값과 고유벡터를 같이 주는데 각각을 분리해서 결과를 원하는 경우는 *eigen()$values* 와 *eigen()$vectors* 을 사용하면 고유값과 고유벡터를 각각 제공한다.

본문에서 사용한 자료를 이용하여 고유값과 고유벡터를 구하는 프로그램이다.

```
> A
      [,1] [,2]
 [1,]    1    2
 [2,]    2    1
> eigen(A)
$values
```

```
 [1]   3   -1

$vectors
            [,1]        [,2]
 [1,]   0.7071068  -0.7071068
 [2,]   0.7071068   0.7071068

> eigen(A)$values
 [1]   3   -1
> eigen(A)$vectors
            [,1]        [,2]
 [1,]   0.7071068  -0.7071068
 [2,]   0.7071068   0.7071068
```

- 정규직교화 orthogonalization

직교화나 정규직교화는 Gram-Schmidt 방법에 의하여 수행된다. 이 Gram-Schmidt 방법을 수행하는 R 함수는 *orthonormalization()* 인데, 이 함수는 *far* 패키지에 포함되어 있다. 그러므로 *orthonormalization()* 을 사용하기 전에 *far* 패키지를 불러 들여야 한다.

```
> install.packages("far")
trying URL 'https://cran.rstudio.com/bin/windows/contrib/3.2/far_0.6-5.zip'
Content type 'application/zip' length 141693 bytes (138 KB)
downloaded 138 KB

package 'far' successfully unpacked and MD5 sums checked

The downloaded binary packages are in
        C:\Users\KwanLee\AppData\Local\Temp\RtmpA3eFvV\downloaded_packages
> library(far)
Loading required package: nlme
far library : Modelization for Functional AutoRegressive processes

version 0.6-4 (2014-12-07)
```

```
Warning messages:
1: package 'far' was built under R version 3.2.5
2: package 'nlme' was built under R version 3.2.5
> mat1 <- matrix(c(1,0,1,1,1,0),nrow=3,ncol=2)
> mat1
     [,1] [,2]
[1,]    1    1
[2,]    0    1
[3,]    1    0
```

먼저 함수 *orthonormalization()* 을 이용하여 직교화를 만들어 보자. 아래 *orth1* 은 직교화는 되었으나 거리(길이)가 아직 1이 되지 않았다. 함수의 선택 사항 중에서 *norm=FALSE* 로 되어 있기 때문이다. 아래 행렬관련 함수 중에서 *crossprod()* 을 사용하면 직교화와 거리를 한꺼번에 구할 수 있다. *crossprod()* 결과의 대각선 원소들은 각 벡터의 거리의 제곱이며, 비대각선 원소들이 0이면 직교함을 나타낸다.

```
> orth1 <- orthonormalization(mat1, basis=FALSE, norm=FALSE)
> orth1
     [,1] [,2]
[1,]    1  0.5

[2,]    0  1.0
[3,]    1 -0.5
> orth1[,1] %*% orth1[,2]
     [,1]
[1,]    0
> orth1[,1] %*% orth1[,1]
     [,1]
[1,]    2
> orth1[,2] %*% orth1[,2]
     [,1]
[1,]  1.5
> crossprod(orth1)
```

```
      [,1]  [,2]
[1,]    2    0.0
[2,]    0    1.5
```

다음은 정규직교화를 알아보자. 함수의 선택 사항 중에서 *norm=TRUE* 로 하면 정규직교화를 구할 수 있다. 함수 *crossprod()* 의 결과에서 보듯이 비대각선 원소들은 0이고, 대각선 원소들이 둘 다 1 이다. 이들의 제곱근을 구하여도 1 이므로 두 직교화 벡터는 정규화 되었다.

```
> orth2

          [,1]        [,2]
[1,] 0.7071068   0.4082483
[2,] 0.0000000   0.8164966
[3,] 0.7071068  -0.4082483

> crossprod(orth2)

     [,1] [,2]
[1,]    1    0
[2,]    0    1
```

5. Python 프로그램 실습: 행렬

5.1 Array

Python에서 벡터와 행렬 연산을 위해서는 array 형식을 이용하는 것이 편리하다. array 형태의 자료는 *numpy* 모듈에 있는 *array()* 함수를 이용하면 쉽게 생성할 수 있다.

```
In [1]: import numpy as np

In [2]: a = np.array([2, 6, 1, 5])

In [3]: a
Out[3]: array([2, 6, 1, 5])
```

array 형태의 자료에서 일부 원소만 추출하기 위해서는 다음과 같이 대괄호 안에 해당 위치를 지정해주면 된다. 유의할 점은 Python에서는 위치가 0부터 시작한다는 점이다.

즉 변수 a에서 3번째 값인 1의 위치는 2이므로, 4번째 줄에서 1이라는 결과가 나왔음을 알 수 있다. 6번째 줄과 같이 이를 이용하여 특정 원소의 값을 변경해줄 수도 있다.

```
In [4]: a[2]
Out[4]: 1

In [5]: a[:2]
Out[5]: array([2, 6])

In [6]: a[3] = 4

In [7]: a
Out[7]: array([2, 6, 1, 4])
```

행렬에서도 위와 같은 방법으로 특정 원소 값을 추출할 수 있다. 10번째 줄에서는 행렬 a 에서 행 위치가 0이고 열 위치가 2인 값을 추출하여, 4라는 값이 나왔다.

```
In [8]: a = np.array([[3, 1, 4], [2, 1, 2]])

In [9]: a
Out[9]:
array([[3, 1, 4],
       [2, 1, 2]])

In [10]: a[0,2]
Out[10]: 4

In [11]: a[1,1]
Out[11]: 1
```

13번째 줄의 대괄호 안에 단독으로 사용된 ":" 는 해당 차원의 모든 값을 의미한다. 따라서 13번째 줄에서는 행렬 a 에서 행 위치가 1이고 모든 열의 값을 불러왔으므로, [2, 1, 2]라는 결과가 출력되었다. 15번째 줄의 "1:, 2:" 은 행 위치 1부터 끝까지, 열 위치 2부터 끝까지 불러오라는 의미이다. 16번째 줄과 같이 숫자 앞에 "-" 가 붙은 경우에는 뒤에서부터 센 위치를 의미한다. 따라서 "-1" 은 맨 뒤에 있는 원소를 의미한다.

```
In [12]: a
Out[12]:
```

```
array([[3, 1, 4],
       [2, 1, 2]])

In [13]: a[1,:]
Out[13]: array([2, 1, 2])

In [14]: a[:,2]
Out[14]: array([4, 2])

In [15]: a[1:, 2:]
Out[15]: array([[2]])

In [16]: a[-1:, -2:]
Out[16]: array([[1, 2]])
```

array 의 각 차원의 크기를 알고 싶으면 *shape* 를 이용하면 된다. 첫 번째 축의 길이를 알고 싶은 경우에는 *len()* 함수를 이용하면 된다.

```
In [17]: a.shape
Out[17]: (2, 3)

In [18]: len(a)
Out[18]: 2
```

특정 값이 array 에 속해있는지 확인하고 싶다면 *in* 을 사용하면 된다. 이때 속해있다면 True, 아니면 False 로 나타난다.

```
In [19]: a
Out[19]:
array([[3, 1, 4],
       [2, 1, 2]])

In [20]: 3 in a
Out[20]: True

In [21]: 5 in a
Out[21]: False
```

reshape() 함수를 이용하면 array 를 새로운 차원으로 변경할 수 있다. 다음 코드에서 *range()* 함수는 연속되는 정수를 생성하여, 22번째 줄에서의 "*range(10)*"은 0부터 9까지의 정수를 생성한 것을 확인할 수 있다.

```
In [22]: a = np.array(range(10))

In [23]: a
Out[23]: array([0, 1, 2, 3, 4, 5, 6, 7, 8, 9])

In [24]: a = a.reshape((5, 2))

In [25]: a
Out[25]:
array([[0, 1],
       [2, 3],
       [4, 5],
       [6, 7],
       [8, 9]])

In [26]: a.shape
Out[26]: (5, 2)
```

copy() 함수를 이용하면 원래 array 와 동일한 array 가 생성된다. "="을 이용한 경우에도 *copy()* 함수와 같이 동일한 array 가 생성되지만 차이점이 있다. "="을 이용하여 생성한 array는 기존 array 에 대한 변경 내용이 그대로 적용되는 것과 달리 *copy()* 함수를 이용하여 생성한 array 는 기존 array의 변경 내용과는 상관없이 독립적으로 존재한다.

```
In [27]: a = np.array([2, 1, 4])

In [28]: b = a

In [29]: c = a.copy()

In [30]: a[0] = 0

In [31]: a
```

```
Out[31]: array([0, 1, 4])

In [32]: b
Out[32]: array([0, 1, 4])

In [33]: c
Out[33]: array([2, 1, 4])
```

array 형식을 이용하여 list 형식으로 만들 수 있다.

```
In [34]: a
Out[34]: array([0, 1, 4])

In [35]: a.tolist()
Out[35]: [0, 1, 4]

In [36]: list(a)
Out[36]: [0, 1, 4]
```

array 의 모든 원소를 특정한 값으로 변경해줄 수 있다.

```
In [37]: a.fill(1)

In [38]: a
Out[38]: array([1, 1, 1])
```

transpose() 함수를 이용하면 전치행렬을 구해줄 수 있다.

```
In [39]: a = np.array([[3, 1, 4], [2, 1, 2]])

In [40]: a
Out[40]:
array([[3, 1, 4],
       [2, 1, 2]])

In [41]: a.transpose()
Out[41]:
array([[3, 2],
```

```
       [1, 1],
       [4, 2]])
```

flatten() 함수를 이용하면 다차원의 array 을 1차원의 array 로 변경해줄 수 있다.

```
In [42]: a
Out[42]:
array([[3, 1, 4],
       [2, 1, 2]])
In [43]: a.flatten()
Out[43]: array([3, 1, 4, 2, 1, 2])
```

concatenate() 함수를 이용하면 여러 개의 array 를 하나의 array 로 합쳐줄 수 있다.

```
In [44]: a = np.array([1,1,1])

In [45]: b = np.array([2,2])

In [46]: c = np.array([3,3,3,3])

In [47]: np.concatenate((a, b, c))
Out[47]: array([1, 1, 1, 2, 2, 3, 3, 3, 3])
```

concatenate() 함수의 *axis* 옵션을 이용하면 어떤 축을 기준으로 array 를 합칠지 결정해줄 수 있다.

```
In [48]: a = np.array([[1, 1], [1, 1]])

In [49]: b = np.array([[2, 2], [2, 2]])

In [50]: np.concatenate((a,b), axis=0)
Out[50]:
array([[1, 1],
       [1, 1],
       [2, 2],
       [2, 2]])
```

```
In [51]: np.concatenate((a,b), axis=1)
Out[51]:
array([[1, 1, 2, 2],
       [1, 1, 2, 2]])
```

newaxis 을 이용하면 새로운 축을 만들어 준다.

```
In [52]: a = np.array([1, 2, 3])

In [53]: a
Out[53]: array([1, 2, 3])

In [54]: a.shape
Out[54]: (3,)

In [55]: a[:,np.newaxis]
Out[55]:
array([[1],
       [2],
       [3]])

In [56]: a[:,np.newaxis].shape
Out[56]: (3, 1)

In [57]: a[np.newaxis,:]
Out[57]: array([[1, 2, 3]])

In [58]: a[np.newaxis,:].shape
Out[58]: (1, 3)
```

5.2 Array를 만드는 다른 방법

arrange() 함수는 *range()* 함수와 유사하지만 array 형태로 값을 출력한다. 60번째 줄에서는 2에서 7까지의 범위 내에서 간격이 2인 값을 출력한다.

```
In [59]: np.arange(4)
Out[59]: array([0, 1, 2, 3])

In [60]: np.arange(2, 7, 2)
Out[60]: array([2, 4, 6])
```

ones() 와 *zeros()* 함수는 입력한 차원을 갖는 *array* 를 만들어준다. 요소의 값은 각각 1과 0만을 갖는다.

```
In [61]: np.ones((3,2))
Out[61]:
array([[ 1.,  1.],
       [ 1.,  1.],
       [ 1.,  1.]])

In [62]: np.zeros(4)
Out[62]: array([ 0.,  0.,  0.,  0.])
```

*zeros_like()*와 *ones_like()* 함수는 기존의 array 와 동일한 차원을 가진 새로운 array 를 생성해주고, 모든 원소는 해당 값으로 채워진다.

```
In [63]: a = np.array([[3, 1, 4], [2, 1, 2]])

In [64]: np.zeros_like(a)
Out[64]:
array([[0, 0, 0],
       [0, 0, 0]])

In [65]: np.ones_like(a)
Out[65]:
array([[1, 1, 1],
       [1, 1, 1]])
```

identity() 함수는 주어진 크기의 단위행렬을 생성해주고, *eye()* 함수는 주 대각선의 위치를 기준(0)으로 두고 k 번째 대각선에 해당하는 원소가 1인 행렬을 생성해준다.

```
In [66]: np.identity(3)
Out[66]:
```

```
array([[ 1.,  0.,  0.],
       [ 0.,  1.,  0.],
       [ 0.,  0.,  1.]])

In [67]: np.eye(3, k=1)
Out[67]:
array([[ 0.,  1.,  0.],
       [ 0.,  0.,  1.],
       [ 0.,  0.,  0.]])
```

5.3 Array 계산

array 에 표준 수학 연산을 사용하면, 같은 위치에 있는 원소끼리 연산된다. 즉, 표준 수학 연산을 하기 위해서는 array의 차원이 동일해야 한다.

```
In [68]: a = np.array([1,2,3])

In [69]: b = np.array([4,5,6])
In [70]: a + b
Out[70]: array([5, 7, 9])

In [71]: a - b
Out[71]: array([-3, -3, -3])

In [72]: a * b
Out[72]: array([ 4, 10, 18])

In [73]: a / b
Out[73]: array([ 0.25,  0.4 ,  0.5 ])

In [74]: a % b
Out[74]: array([1, 2, 3], dtype=int32)

In [75]: b**a
Out[75]: array([  4,  25, 216], dtype=int32)
```

2차원의 array 도 마찬가지로 같은 위치에 있는 원소끼리 연산이 된다. 즉, "*" 를 이용한 경우에는 행렬 곱 dot product, inner product 과는 다르다.

```
In [76]: a = np.array([[1,2], [3,4]])

In [77]: b = np.array([[5,6], [7,8]])

In [78]: a * b
Out[78]:
array([[ 5, 12],
       [21, 32]])
```

numpy 모듈에서는 표준 연산자뿐 아니라, *abs, sign, sqrt, log, log10, exp, sin, cos, tan, arcsin, arccos, arctan, sinh, cosh, tanh, arcsinh, arccosh, arctanh* 등의 다양한 수학 함수를 array에 적용할 수 있다.

```
In [79]: a = np.array([4, 9, 25])

In [80]: np.sqrt(a)
Out[80]: array([ 2.,  3.,  5.])
```

floor(), *ceil()*, *rint()* 함수는 숫자에 대해 각각 올림, 내림, 반올림을 해준다.

```
In [81]: a = np.array([2.3, 1.5, 3.6])

In [82]: np.floor(a)
Out[82]: array([ 2.,  1.,  3.])

In [83]: np.ceil(a)
Out[83]: array([ 3.,  2.,  4.])

In [84]:np.rint(a)
Out[84]: array([ 2.,  2.,  4.])
```

또한 *numpy* 모듈은 다음과 같은 수학 상수를 포함하고 있다.

```
In [85]: np.pi
Out[85]: 3.141592653589793

In [86]: np.e
Out[86]: 2.718281828459045
```

5.4 기본 array 연산

array의 원소들을 모두 합하거나 곱할 경우에는 다음과 같은 2가지 방법을 사용할 수 있다.

```
In [87]: a = np.array([1, 3, 5, 7])

In [88]: a.sum()
Out[88]: 16

In [89]: a.prod()
Out[89]: 105

In [90]: np.sum(a)
Out[90]: 16

In [91]: np.prod(a)
Out[91]: 105
```

평균, 분산, 표준편차 같은 통계 수치도 구할 수 있다.

```
In [92]: a.mean()
Out[92]: 4.0

In [93]: a.var()
Out[93]: 5.0

In [94]: a.std()
Out[94]: 2.2360679774997898
```

또한 원소 값 중 최소, 최대값을 찾을 수 있다.

```
In [95]: a
Out[95]: array([1, 3, 5, 7])

In [96]: a.min()
Out[96]: 1
```

```
In [97]: a.max()
Out[97]: 7
```

argmin() 과 *argmax()* 함수는 원소 값 중 최소, 최대값이 있는 위치를 출력해준다.

```
In [98]: a.argmin()
Out[98]: 0

In [99]: a.argmax()
Out[99]: 3
```

다차원의 경우에는 *axis* 옵션을 이용하여, 지정된 축을 기준으로 연산할 수 있다.

```
In [100]: a = np.array([[1, 2], [3, 4], [5, 6]])

In [101]: a.mean(axis=0)
Out[101]: array([ 3.,  4.])

In [102]: a.mean(axis=1)
Out[102]: array([ 1.5,  3.5,  5.5])

In [103]: a.min(axis=1)
Out[103]: array([1, 3, 5])

In [104]: a.max(axis=0)
Out[104]: array([5, 6])
```

sorted() 와 *sort()* 함수를 이용하면 array 를 정렬할 수 있다.

```
In [105]: a = np.array([6, 2, 5, -1, 0])

In [106]: sorted(a)
Out[106]: [-1, 0, 2, 5, 6]

In [107]: a
Out[107]: array([ 6,  2,  5, -1,  0])

In [108]: a.sort()
```

```
In [109]: a
Out[109]: array([-1,  0,  2,  5,  6])
```

clip() 함수는 array 의 범위를 지정해준다. 즉, 111번째 줄에서는 -1보다 작은 값은 모두 -1이 되고, 6보다 큰 값은 모두 6이 된다. 범위에 속하는 값은 그대로 출력된다.

```
In [110]: a = np.array([7, 3, 6, -1, -4])

In [111]: a.clip(-1, 6)
Out[111]: array([ 6,  3,  6, -1, -1])
```

unique() 함수는 중복된 값 없이 array 가 어떤 원소들로 이루어져 있는지 확인할 수 있게 해준다.

```
In [112]: a = np.array([3, 3, 1, 2, 1, 4])

In [113]: np.unique(a)
Out[113]: array([1, 2, 3, 4])
```

diagonal() 함수를 이용하면 2차원 array 의 대각원소를 추출할 수 있다.

```
In [114]: a = np.array([[2, 4], [1, 5]])

In [115]: a
Out[115]:
array([[2, 4],
       [1, 5]])

In [116]: a.diagonal()
Out[116]: array([2, 5])
```

5.5 비교 연산자와 값 확인

같은 크기의 array 의 원소들을 비교하기 위해 Boolean 비교가 사용될 수 있다. Boolean이란 참과 거짓을 나타내는 숫자 1과 0만을 이용하는 방식을 말한다. 여기서는 1과 0 대신에 True와 False로 출력된다.

```
In [117]: a = np.array([2, 5, 1])

In [118]: b = np.array([3, 2, 1])

In [119]: a > b
Out[119]: array([False,  True, False], dtype=bool)

In [120]: a == b
Out[120]: array([False, False,  True], dtype=bool)

In [121]: a <= b
Out[121]: array([ True, False,  True], dtype=bool)
```

Boolean 비교 결과는 array 에 저장될 수 있다.

```
In [122]: c = a > b

In [123]: c
Out[123]: array([False,  True, False], dtype=bool)
```

array 는 특정한 값과도 비교할 수 있다.

```
In [124]: a
Out[124]: array([2, 5, 1])

In [125]: a > 3
Out[125]: array([False,  True, False], dtype=bool)
```

any 와 *all* 연산자는 Boolean array에서 하나의 원소라도 또는 모든 원소가 참인지를 확인하기 위해 사용될 수 있다.

```
In [126]: c = np.array([ True, True, False], bool)

In [127]: any(c)
Out[127]: True

In [128]: all(c)
Out[128]: False
```

logical_and(), *logical_or()*, *logical_not()* 함수를 이용하면 각 원소에 복합적인 Boolean 표현이 사용될 수 있다.

```
In [129]: a = np.array([2, 5, 1])

In [130]: np.logical_and(a > 1, a < 5)
Out[130]: array([ True, False, False], dtype=bool)

In [131]: b = np.array([True, True, False], bool)

In [132]: np.logical_not(b)
Out[133]: array([False, False,  True], dtype=bool)

In [134]: c = np.array([False, True, False], bool)

In [135]: np.logical_or(b, c)
Out[135]: array([ True,  True, False], dtype=bool)
```

5.6 Array 원소 선택과 변경

Boolean array는 array 선택에 사용될 수 있다.

```
In [136]: a = np.array([[3, 6], [2, 4]], float)

In [137]: a > 5
Out[137]:
array([[False,  True],
       [False, False]], dtype=bool)

In [138]: a[a > 5]
Out[138]: array([ 6.])
```

Boolean 비교 결과는 array 에 저장될 수 있으므로, 위의 코드는 다음 코드와 동일하다.

```
In [139]: cal = (a > 5)

In [140]: a[cal]
Out[140]: array([ 6.])
```

Boolean 표현을 이용하여 더 복잡한 방법으로 원소를 선택할 수 있다.

```
In [141]: a
Out[141]:
array([[ 3.,   6.],
         [ 2.,   4.]])

In [142]:a[np.logical_and(a > 2, a <= 4)]
Out[142]: array([ 3.,   4.])
```

원소의 위치를 list 형태로 지정하여 원소를 선택할 수 있다. 즉, 144번째 줄에서는 a 에서 1, 1, 4, 0, 1, 2번째 위치에 있는 원소를 순서대로 선택하였다.

```
In [143]: a = np.array([4, 5, 1, 7, 2])

In [144]: a[[1, 1, 4, 0, 1, 2]]
Out[144]: array([5, 5, 2, 4, 5, 1])
```

원소의 위치를 array 형태로 저장하여 원소를 선택할 수도 있다.

```
In [145]: b = np.array([1, 1, 4, 0, 1, 2])

In [146]: a[b]
Out[146]: array([5, 5, 2, 4, 5, 1])
```

다차원의 array 의 경우에는 각 차원에 대해 원소의 위치를 지정하여 선택할 수 있다.

```
In [147]: a = np.array([[3, 6], [2, 5]])

In [148]: b = np.array([1, 0, 1, 0, 0])

In [149]: c = np.array([0, 1, 0, 0, 1])

In [150]: a[b, c]
Out[150]: array([2, 6, 2, 3, 6])
```

take() 함수를 이용해서도 array 의 원소를 선택할 수 있다.

```
In [151]: a = np.array([1, 2, 3, 4])
```

```
In [152]: b = np.array([2, 0, 3, 3, 1])

In [153]: a.take(b)
Out[153]: array([3, 1, 4, 4, 2])
```

다차원에서 *take()* 함수를 이용하면, *axis* 옵션으로 축을 지정하여 선택할 수 있다.

```
In [154]: a = np.array([[1, 2], [3, 4]])

In [155]: b = np.array([1, 0, 1])

In [156]: a.take(b, axis=0)
Out[156]:
array([[3, 4],
       [1, 2],
       [3, 4]])

In [157]: a.take(b, axis=1)
Out[157]:
array([[2, 1, 2],
       [4, 3, 4]])
```

put() 함수를 이용하면 지정한 위치에 새로운 값을 삽입할 수 있다.

```
In [158]: a = np.array([0, 1, 2, 3, 4])

In [159]: b = np.array([6, 7, 8])

In [160]: a.put([1, 3], b)

In [161]: a
Out[161]: array([0, 6, 2, 7, 4])
```

array 가 아닌 특정한 값도 삽입할 수 있다.

```
In [162]: a.put([1, 3], 9)

In [163]: a
Out[163]: array([0, 9, 2, 9, 4])
```

5.7 벡터와 행렬의 계산

dot() 함수를 이용하면 dot product를 할 수 있다.

```
In [164]: a = np.array([1, 3, 5])

In [165]: b = np.array([4, 2, 0])

In [166]: np.dot(a, b)
Out[166]: 10
```

2차원 array 에 대해 *dot()* 함수를 이용하면 행렬 곱을 구할 수 있다.

```
In [167]: a = np.array([[1, 4], [2, 1]])

In [168]: b = np.array([[5, 2], [1, 3]])

In [169]: np.dot(a, b)
Out[169]:
array([[ 9, 14],
       [11,  7]])
```

행렬과 벡터에 대해 inner, outer, cross product도 할 수 있다. 여기서 inner product는 dot product와 같다.

```
In [170]: a = np.array([3, 0, 1])

In [171]: b = np.array([4, 5, 2])

In [172]: np.outer(a, b)
Out[172]:
array([[12, 15,  6],
       [ 0,  0,  0],
       [ 4,  5,  2]])

In [173]: np.inner(a, b)
Out[173]: 14

In [174]: np.cross(a, b)
Out[174]: array([-5, -2, 15])
```

linalg 라는 서브 모듈에 있는 *det()* 함수를 이용하면 행렬의 행렬식 determinant 을 구할 수 있다.

```
In [175]: a = np.array([[1, 4], [2, 1]])

In [176]: np.linalg.det(a)
Out[176]: -7.0000000000000009
```

고유값 eigenvalue 과 고유벡터 eigenvector 도 구할 수 있다.

```
In [177]: vals, vecs = np.linalg.eig(a)

In [178]: vals
Out[178]: array([ 3.82842712, -1.82842712])

In [179]: vecs
Out[179]:
array([[ 0.81649658, -0.81649658],
       [ 0.57735027,  0.57735027]])
```

역행렬 inverse matrix 도 구할 수 있다.

```
In [180]: b = np.linalg.inv(a)

In [181]: b
Out[181]:
array([[-0.14285714,  0.57142857],
       [ 0.28571429, -0.14285714]])

In [182]: np.dot(a, b)
Out[182]:
array([[ 1.,  0.],
       [ 0.,  1.]])
```

제2장

차원축소

자료를 측정하여 저장하기 위해서 측정할 변량(요소) variate 들을 취합하여 먼저 다변량 변수 multivariate variable 를 정의하고, 이 다변량 변수의 관측값 observed value 들이 모이면 테이블 형태가 된다. 앞 장에서 이들은 기하학에서 말하는 벡터 vector 와 행렬 matrix 형태가 됨을 설명하였다. 그러므로 축적된 자료를 이용해 보다 효율적이고 고도화된 분석 advanced analyses 을 하기 위해서는 기하학 또는 선형대수학의 벡터와 행렬 이론을 공부할 필요가 있고, 앞 장에서 기본적인 이론을 공부하였다. 빅데이터 big data 또는 대형자료 large data 를 분석할 경우에는 측정한 변량의 수도 많을 뿐만 아니라 축적된 관측값의 수도 무수히 많다. 이러한 자료를 분석할 때는 연구에 합당한 변량들이 어느 것들인지 먼저 알아보아야 하고 또한 수많은 관측값들이 어떻게 분포되고 같은 성질이나 유사한 성질을 공유하고 있는지를 파악하는 것이 합당한 분석의 순서이다.

이러한 대단위 자료를 분석해야 하는 경우에는 연구목적에 적합한 변량들을 선택하거나 어떤 수리적 작업을 통하여 변량의 수를 줄이는 단계가 필요하다. 자료가 행렬(테이블) 형태를 가지고 있으므로 기하학이나 선형대수학의 행렬의 분해법 matrix decomposition 을 이용하여 효율적으로 변량의 수를 줄일 수 있다. 이와 같이 분석할 변량의 수를 줄이는 것을 벡터로 표시된 다변량 변수의 차원을 축소 dimension reduction 한다고 한다. 자료의 차원을 축소하는 방법은 여러 가지가 있다.

이 장에서는 다변량 자료의 차원 축소의 근간이 되는 선형대수학의 고유값 분해 eigenvalue decomposition 와 특이값 분해 singular value decomposition 를 소개한다. 특이값 분해는 연속형 변수와 범주형 변수를 구분하지 않고 차원 축소를 할 수 있는 좋은 분석 도구이다. 한편 빅데이터의 텍스트 분석에서 사용하는 단어-문서 행렬 word–document matrix 에는 관측되지 않은 자료가 많다. 자료행렬에 0이 많은 소위 sparse한 자료에는 특이값 분해를 하여도 분해된 행렬에 0이 많게 되어 해석이 용이하지 않다. 이러한 경우에는 특이값 분해 대신에 CUR 분해를 한다. 고유값 분해를 이용한 인기 있는 다변량 분석법이 주성분 분석 principle component analysis (PCA) 이다. 고차원 다변량 자료의 숨어 있는 패턴을 발견하고 저차원 low dimension 에서 자료의 패턴을 명확하게 잘 표현하는 방법으로 알려져 있어 많이 사용되는 방법인데, 이 주성분 분석은 자료들이 연속형 자료 continuous data 일 때 사용된다. 범주형 자료 categorical data 에 주성분 분석과 같은 역할을 하는 방법이 있는데, 이 방법이 대응분석 correspondence analysis(CA) 이다.

이 장에서 고차원 자료의 차원 축소를 단계별로 설명한다.

1. 고유값 분해 Eigenvalue Decomposition

행의 수와 열의 수가 같은 $(n \times n)$ 정방행렬 중에서 행렬의 대각선을 중심으로 위아래가 같은 행렬을 대각선 위아래가 대칭이라 하여 대칭행렬 symmetric matrix 이라 한다. 즉, 정방행렬 A가 $A = A^T$이면 행렬 A는 대칭행렬이다. 이 대칭행렬 중에서 대각선 위아래의 숫자가 모두 0인 행렬을 대각행렬 diagonal matrix 라고 소개하였다. 다변량 자료의 공분산 행렬 covariance matrix 이나 상관행렬 correlation matrix 은 대칭행렬이고, 차원축소를 위한 고유값 분해의 주요 대상이 된다. 고유값 분해를 적용할 때, 대칭행렬은 항상 고유값 대각화가 가능하고 특히 직교행렬 orthogonal matrix 로 대각화가 가능하다는 장점이 있다. 아래에 자세히 설명한다.

고유값 분해를 설명하기 전에 대각화 diagonalization 에 대하여 설명한다. 행렬의 대각화는 $(n \times n)$ 정방행렬 A와 또 다른 $(n \times n)$ 정방행렬 P를 행렬의 곱 matrix multiplication

을 통하여 행렬 D를 만들었을 때, 이 행렬 D가 대각행렬이면 이를 행렬 A를 대각화한다고 한다. $D=P^{-1}AP$로 정의하고

$$D=\begin{bmatrix} d_1 & 0 & \cdots & 0 \\ 0 & d_2 & \cdots & 0 \\ \vdots & \vdots & \ddots & \vdots \\ 0 & 0 & \cdots & d_n \end{bmatrix}$$

대각행렬 D는 편의를 위해서 $D=diag(d_{1,}\, d_{2,} \cdots, d_n)$로 표시한다. 대각행렬은 행렬의 연산에서 매우 편리한 부분이 있다. 먼저 행렬식 $|D|=d_1 d_2 \cdots d_n$, 즉 행렬식의 값이 대각행렬의 대각요소들의 곱으로 표시되고, 대각행렬 D의 역행렬 inverse matrix 은

$$D^{-1}=\begin{bmatrix} \frac{1}{d_1} & 0 & \cdots & 0 \\ 0 & \frac{1}{d_2} & \cdots & 0 \\ \vdots & \vdots & \ddots & \vdots \\ 0 & 0 & \cdots & \frac{1}{d_n} \end{bmatrix}$$

즉 $D^{-1}=diag(\frac{1}{d_1}, \frac{1}{d_2}, \cdots, \frac{1}{d_n})$이다.

앞 장에서 아래 행렬 A에 대하여 고유값 $\lambda_1=3$과 $\lambda_2=-1$, 고유벡터 x_1과 x_2를 구하였다.

$$A=\begin{bmatrix} 1 & 2 \\ 2 & 1 \end{bmatrix}, \quad x_1=\begin{bmatrix} 1 \\ 1 \end{bmatrix}, \quad x_2=\begin{bmatrix} 1 \\ -1 \end{bmatrix}$$

고유값과 고유벡터의 정의에 의하여 다음과 같은 식을 만들 수 있다.

$$Ax_1=\begin{bmatrix} 1 & 2 \\ 2 & 1 \end{bmatrix}\begin{bmatrix} 1 \\ 1 \end{bmatrix}=3\begin{bmatrix} 1 \\ 1 \end{bmatrix}=\lambda_1 x_1$$

$$Ax_2=\begin{bmatrix} 1 & 2 \\ 2 & 1 \end{bmatrix}\begin{bmatrix} 1 \\ -1 \end{bmatrix}=-1\begin{bmatrix} 1 \\ -1 \end{bmatrix}=\lambda_2 x_2$$

위 두 식을 한 번에 쓰기 위해

$$X=[\, x_1 \;\; x_2 \,]=\begin{bmatrix} 1 & 1 \\ 1 & -1 \end{bmatrix}$$

$$\Lambda=\begin{bmatrix} \lambda_1 & 0 \\ 0 & \lambda_2 \end{bmatrix}$$

라 놓으면

$$AX = X\Lambda$$

로 쓸 수 있으면 또한 행렬의 곱셈과 역행렬의 성질을 이용하여 다음과 같은 식을 얻는다.

$$\Lambda = X^{-1}AX = \begin{bmatrix} 3 & 0 \\ 0 & -1 \end{bmatrix} = \begin{bmatrix} \lambda_1 & 0 \\ 0 & \lambda_2 \end{bmatrix}$$

위 대각화에서 설명한대로 (2×2) 정방행렬 X를 정방행렬 A의 좌우에 곱하여 대각행렬을 만들었다. 이와 같이 고유값과 고유행렬을 이용하여 임의의 정방행렬을 대각화하는 작업을 고유값 분해 eigenvalue decomposition 라 한다. 고유값 분해를 정의하면 다음과 같다. 행렬 A를 $(n \times n)$ 정방행렬이라 하고, 이 행렬의 고유값들을 $\lambda_1, \lambda_2, \cdots, \lambda_n$ 이라 하고, 이들로 고유값들에 대응되는 고유벡터를 $x_1, x_2, \cdots, x_n$ 이라 한다. 그러면 n개의 고유값과 고유벡터 쌍을 이용하여 아래와 같은 n개의 식을 만들 수 있다.

$$Ax_1 = \lambda_1 x_1$$

$$Ax_2 = \lambda_2 x_2$$

$$\vdots$$

$$Ax_n = \lambda_n x_n$$

또 고유값들도 만들어진 대각행렬을 $\Lambda = diag(\lambda_1, \lambda_2, \cdots, \lambda_n)$ 라 하고, 고유벡터들로 만들어진 행렬을 $X = [\, x_1 \;\; x_2 \;\; \cdots \;\; x_n \,]$ 라 하면 아래 식을 얻을 수 있다.

$$\Lambda X = XA$$

행렬의 곱셈과 역행렬의 성질을 이용하여 다음과 같은 식을 얻는다.

$$\Lambda = X^{-1}AX$$

또는 다음과 같이 쓸 수 있다.

$$A = X\Lambda X^{-1}$$

이 과정을 임의의 정방행렬 A의 고유값 분해라 한다.

모든 정방행렬이 고유값 분해가 가능한 것은 아니다. $(n \times n)$ 정방행렬 A가 고유값 분해가 가능하려면 행렬 A가 n개의 선형독립 linearly independent 인 고유벡터를 가져야 한다. 여기서 말하는 선형독립은 선형대수학에서 사용하는 용어인데, 어떤 벡터들의 집합 $\{x_1, x_2, \cdots, x_n\}$이 있을 때, 이들 벡터들 중 어느 한 벡터도 다른 벡터들의 선형결합

linear combination 으로 표현될 수 없으면 이 벡터들은 서로 선형독립이라고 정의한다. 벡터들의 선형결합이란 각각의 벡터에 상수들 $\{a_1, a_2, \cdots, a_n\}$을 곱하여 합친 형태 - $a_1x_1 + a_2x_2 + \cdots + a_nx_n$ - 를 말한다. 예를 들어 3차원 공간의 좌표축으로 사용되는 단위벡터들인 $v_1 = [1, 0, 0]$, $v_2 = [0, 1, 0]$, $v_3 = [0, 0, 1]$을 생각해 보자. v_2, v_3에 어떤 상수를 곱하여 더해도 v_1이 나올 수 없음은 쉽게 확인할 수 있다. 이와 같이 어떤 벡터도 다른 벡터들에 상수를 곱하여 합한 형태로 표현될 수 없으면 이 벡터들은 서로 선형독립이라고 한다. 참고로 n차원 공간은 최대 n개의 선형독립인 벡터들을 가질 수 있으며 n개의 선형독립인 벡터들을 이 공간을 생성하는 기저 basis 라 한다.

위 예에서 3차원 공간에서 좌표축 단위벡터들의 집합 $\{v_1, v_2, v_3\}$는 선형독립이지만 여기에 $v_4 = [1, 1, 1]$를 추가한 $\{v_1, v_2, v_3, v_4\}$는 선형독립이 아니다. 그 이유는 $v_4 = v_1 + v_2 + v_3$이 되기 때문이다. 즉 네 번째 벡터는 앞의 세 벡터의 선형결합으로 만들어진다. 그러나 $\{v_1, v_2, v_4\}$는 선형독립이다. 그러므로 3차원 공간에서 가능한 선형독립인 벡터들의 개수는 최대 3개이다.

다시 원래 문제로 돌아가서 고유값과 고유벡터의 정의식에 의하여 구하여진 고유벡터들은 선형독립이다. 그러면 어떤 정방행렬이 고유값과 고유벡터, 즉 고유값 분해가 가능할까? 간단히 말하면 고유값 분해는 정방행렬에만 적용가능하며 또 정방행렬 중에서도 일부 행렬에 대해서만 가능한데, 정방행렬 중에 대칭행렬은 항상 고유값 분해가 가능하다. 한 가지 더 좋은 성질은 이 대칭행렬의 고유벡터들은 서로 직교한다. 그러므로 고유벡터로 만들어진 행렬 X는 직교행렬 orthogonal matrix 이다. 통계 분석에서 고유값 분해의 대상이 되는 공분산행렬 covariance matrix 나 상관행렬 correlation matrix 는 정방행렬이고 대칭행렬이기 때문에 항상 고유값 분해가 가능하며 이때 만들어지는 고유벡터들은 서로 직교한다.

2. 특이값 분해 Singular Value Decomposition

2.1 기본 개념

특이값 분해 singular value decomposition(SVD) 는 고유값 분해처럼 행렬을 대각화하는 한 방법이다. 고유값 분해는 정방행렬에 대해서만 적용 가능하며 또한 정방행렬 중에서도 일부 행렬에 대해서만 적용 가능한 대각화 방법이고, 특이값 분해는 행렬이 정방행렬이든 아니든 관계없이 모든 $(m \times n)$ 행렬에 대해 적용 가능하다.

벡터공간에서 임의의 $(m \times n)$ 행렬 A에 대한 특이값 분해는 다음과 같이 정의된다.

$$A_{mn} = U_{mm} \Sigma_{mn} V_{nn}^T$$

SVD는 하나의 직사각형 행렬 rectangular matrix 을 세 개의 행렬의 곱으로 분해할 수 있다는 이론이다. 여기서 U는 AA^T를 고유값 분해 eigenvalue decomposition 하여 얻어진 직교행렬 orthogonal matrix 로 U의 열벡터 column vector 들을 A의 왼쪽 특이 벡터 left singular vector 라 부른다. 또한 V는 A^TA를 고유값 분해해서 얻어진 직교행렬로서 V의 열벡터들을 A의 오른쪽 특이 벡터 right singular vector 라 부른다. 즉, V는 $(n \times n)$ 직교행렬 $VV^T = I$이므로, $AA^T = U(\Sigma\Sigma^T)U^T$이다. U 또한 $(m \times m)$ 직교행렬 $U^TU = I$이므로, $A^TA = V(\Sigma^T\Sigma)V^T$이다. Σ는 AA^T, A^TA를 고유값 분해해서 나오는 고유값 eigenvalue 들의 제곱근을 대각원소로 하는 $(m \times n)$ 직사각형 대각행렬로 그 대각원소들을 A의 특이값 singular value 이라 부른다. 특이값들은 내림차순 descending order 으로 나열된다. $(m \times n)$ 행렬인 Σ에서 특이값이 없는 자리에는 모두 0이 채워진다. 뒤에 자세히 설명한다.

위에서 설명했듯이 대칭행렬 symmetric matrix 은 항상 고유값 분해가 가능하며 더구나 직교행렬 orthogonal matrix 로 대각화할 수 있다. 그런데 AA^T와 A^TA는 모두 대칭행렬이므로 위와 같은 고유값 분해가 항상 가능하다. 여기서 두 정방대칭 행렬 AA^T와 A^TA의 고유값들은 모두 0 이상이며 nonnegative, 0이 아닌 고유값들은 서로 동일하다는 점이다. 즉, 서로 동일하다는 의미는 AA^T의 고유값과 A^TA의 고유값이 서로 같다는 뜻이다. 이와 같이 AA^T와 A^TA의 공통의 고유값 $\sigma_1^2 \geq \sigma_2^2 \geq \cdots \geq \sigma_k^2 \geq 0$ (단, $k = \min(m,n)$) 들을 구한 후 이들의 제곱근을 취한 $\sigma_1 \geq \sigma_2 \geq \cdots \geq \sigma_k \geq 0$ 이 A의 특이값 singular value 들이고 이들을 대각원소로 하는 $(m \times n)$ 직사각형 대각행렬이 Σ이다. 여기서 AA^T와 A^TA의 고유값들은 모두 0 이상이므로 행렬 A의 특이값 singular value 은 0보다 크거나 같다.

$$\Sigma = \begin{bmatrix} \sigma_1 & \cdots & 0 \\ \vdots & \ddots & \vdots \\ 0 & \cdots & \sigma_m \\ 0 & \cdots & 0 \end{bmatrix} (m > n) \text{ 또는 } \Sigma = \begin{bmatrix} \sigma_1 & \cdots & 0 & 0 \\ \vdots & \ddots & \vdots & \vdots \\ 0 & \cdots & \sigma_m & 0 \end{bmatrix} (m < n)$$

예제 2-1

예를 들어, 다음 행렬 A가

$$A=\begin{bmatrix} 1 & 1 \\ 1 & 1 \\ -1 & 1 \end{bmatrix}$$

일 때 특이값 분해를 하고자 한다. 먼저 U를 구해보자. A의 전치행렬인 A^T는

$$A^T=\begin{bmatrix} 1 & 1 & -1 \\ 1 & 1 & 1 \end{bmatrix}$$

이므로,

$$A^TA=\begin{bmatrix} 1 & 1 & -1 \\ 1 & 1 & 1 \end{bmatrix}\begin{bmatrix} 1 & 1 \\ 1 & 1 \\ -1 & 1 \end{bmatrix}=\begin{bmatrix} 3 & 1 \\ 1 & 3 \end{bmatrix}$$

이다. 이제 A^TA의 고유값과 고유벡터를 구해야 한다. $Ax=\lambda x$를 이용하여 A^TA를 나타내면 다음과 같다.

$$\begin{bmatrix} 3 & 1 \\ 1 & 3 \end{bmatrix}\begin{bmatrix} x_1 \\ x_2 \end{bmatrix}=\lambda\begin{bmatrix} x_1 \\ x_2 \end{bmatrix}$$

이를 풀어서 다시 쓰면 다음과 같다.

$$3x_1+x_2=\lambda x_1$$

$$x_1+3x_2=\lambda x_2$$

이를 우변이 0이 되게 정리해보자.

$$(3-\lambda)x_1+x_2=0$$

$$x_1+(3-\lambda)x_2=0$$

다음 행렬식이 0으로 놓으면 λ값을 구할 수 있다.

$$\begin{vmatrix} (3-\lambda) & 1 \\ 1 & (3-\lambda) \end{vmatrix}=0$$

이를 계산해보자.

$$(3-\lambda)^2-1=0$$

$$(\lambda-2)(\lambda-4)=0$$

따라서 두 개의 고유값은 $\lambda=2,4$임을 알 수 있다. 먼저 $\lambda=2$에 대응하는 고유벡터를 구해보자.

$$(3-2)x_1+x_2=0$$

$$x_1=-x_2$$

이에 해당하는 값은 많지만 $x_1 = -1$로 고정하면 $x_2 = 1$이다. 즉, $\lambda = 2$에 대응하는 고유벡터는 $[-1, 1]$이다. 이제 $\lambda = 4$ 에 대응하는 고유벡터를 구해보자.

$$(3-4)x_1 + x_2 = 0$$

$$x_1 = x_2$$

마찬가지로 $x_1 = 1$로 고정하면 $x_2 = 1$이므로, $\lambda = 4$에 대응하는 고유벡터는 $[1, 1]$이다. 이 고유벡터들을 한 행렬로 나타내면 다음과 같다.

$$\begin{bmatrix} 1 & -1 \\ 1 & 1 \end{bmatrix}$$

이때 주의할 점은 특이값들은 내림차순으로 나열되므로 고유벡터 역시 이에 대응되는 순서로 나열되어야 한다. 이 행렬을 직교행렬로 바꾸기 위해 열벡터에 대해 그램-슈미트 정규화를 해보자.

$$U_1 = V_1 = [1, 1]$$

$$\begin{aligned} U_2 &= V_2 - P_{U_1} V_2 \\ &= [-1, 1] - (U_1 \cdot U_1)^{-1}(U_1 \cdot V_2) U_1 \\ &= [-1, 1] - \frac{0}{2}[1, 1] \\ &= [-1, 1] \end{aligned}$$

직교하는 고유벡터 U_1, U_2를 정규화해보자.

$$E_1 = \frac{U_1}{|U_1|} = \frac{1}{\sqrt{2}}[1, 1] = [\frac{1}{\sqrt{2}}, \frac{1}{\sqrt{2}}]$$

$$E_2 = \frac{U_2}{|U_2|} = \frac{1}{\sqrt{2}}[-1, 1] = [-\frac{1}{\sqrt{2}}, \frac{1}{\sqrt{2}}]$$

따라서 V는 다음과 같다.

$$V = \begin{bmatrix} \frac{1}{\sqrt{2}} & -\frac{1}{\sqrt{2}} \\ \frac{1}{\sqrt{2}} & \frac{1}{\sqrt{2}} \end{bmatrix}$$

AA^T와 A^TA의 0이 아닌 고유값들은 서로 동일하므로, AA^T의 고유값은 $\lambda = 0, 2, 4$임을 알 수 있다. 이와 같은 고유값을 갖는 행렬

$$AA^T = \begin{bmatrix} 2 & 2 & 0 \\ 2 & 2 & 0 \\ 0 & 0 & 2 \end{bmatrix}$$

의 고유벡터를 구해보자.

$$\begin{bmatrix} 2 & 2 & 0 \\ 2 & 2 & 0 \\ 0 & 0 & 2 \end{bmatrix}\begin{bmatrix} x_1 \\ x_2 \\ x_3 \end{bmatrix} = \lambda \begin{bmatrix} x_1 \\ x_2 \\ x_3 \end{bmatrix}$$

먼저 $\lambda = 0$에 대응하는 고유벡터를 구해보자.

$$(2-0)x_1 + 2x_2 = 0$$

$$2x_1 + (2-0)x_2 = 0$$

$$(2-0)x_3 = 0$$

이므로,

$$x_1 = -x_2$$

$$x_3 = 0$$

이다. $x_1 = 1$로 고정하면, $\lambda = 0$에 대응하는 고유벡터는 $[1, -1, 0]$이다. 이제 $\lambda = 2$에 대응하는 고유벡터를 구해보자.

$$(2-2)x_1 + 2x_2 = 0$$

$$2x_1 + (2-2)x_2 = 0$$

$$(2-2)x_3 = 0$$

이므로,

$$x_1 = x_2 = 0$$

$$0 \cdot x_3 = 0$$

이다. $x_3 = 1$로 고정하면, $\lambda = 2$에 대응하는 고유벡터는 $[0, 0, 1]$이다. 마지막으로 $\lambda = 4$에 대응하는 고유벡터를 구해보자.

$$(2-4)x_1 + 2x_2 = 0$$

$$2x_1 + (2-4)x_2 = 0$$

$$(2-4)x_3 = 0$$

이므로,

$$x_1 = x_2$$

$$x_3 = 0$$

이다. $x_1 = 1$로 고정하면, $\lambda = 4$에 대응하는 고유벡터는 $[1, 1, 0]$이다. 이 고유벡터들을 한 행렬로 나타내면 다음과 같다.

$$\begin{bmatrix} 1 & 0 & 1 \\ 1 & 0 & -1 \\ 0 & 1 & 0 \end{bmatrix}$$

이를 그램-슈미트 정규화하면,

$$U = \begin{bmatrix} \frac{1}{\sqrt{2}} & 0 & \frac{1}{\sqrt{2}} \\ \frac{1}{\sqrt{2}} & 0 & -\frac{1}{\sqrt{2}} \\ 0 & 1 & 0 \end{bmatrix}$$

이다. 따라서 행렬 A는 다음과 같이 특이값 분해될 수 있다.

$$A_{32} = U_{33}\Sigma_{32}V_{22}^T = \begin{bmatrix} \frac{1}{\sqrt{2}} & 0 & \frac{1}{\sqrt{2}} \\ \frac{1}{\sqrt{2}} & 0 & -\frac{1}{\sqrt{2}} \\ 0 & 1 & 0 \end{bmatrix} \begin{bmatrix} 2 & 0 \\ 0 & \sqrt{2} \\ 0 & 0 \end{bmatrix} \begin{bmatrix} \frac{1}{\sqrt{2}} & \frac{1}{\sqrt{2}} \\ -\frac{1}{\sqrt{2}} & \frac{1}{\sqrt{2}} \end{bmatrix} = \begin{bmatrix} 1 & 1 \\ 1 & 1 \\ -1 & 1 \end{bmatrix}$$

2.2 특이값 분해(SVD)의 기하학적 의미

앞에서 설명한 바와 같이 행렬 A와 벡터 x의 곱 Ax는 벡터공간에서의 선형변환 linear transformation 이다. 행렬 A가 직교행렬 orthogonal matrix 일 때의 선형변환의 기하학적 의미는 회전변환 rotation transformation 이고, 대각행렬 diagonal matrix 일 때의 기하학적 의미는 각 좌표 성분으로의 크기의 변환 scale transformation 이다. 즉, 직교행렬은 크기에 영향을 안 주고 방향만을 바꾸어 주는 변환이고, 즉 회전 rotation 만 하여 준다. 대각행렬은 방향에는 영향을 주지 않으면서 크기 또는 길이에만 영향을 주는 변환이다.

따라서 임의의 행렬 A의 특이값 분해식 $A = U\Sigma V^T$에서 U, V는 직교행렬, Σ는 대각행렬이므로 Ax는 x를 먼저 V^T에 의해 회전시킨 후 Σ로 크기를 변화시키고 다시 U로 회전시키는 것임을 알 수 있다. 그러므로 행렬 A의 특이값 singular value 이란 이 행렬로 표현되는 선형변환의 크기 변환을 나타내는 값으로 해석할 수 있다. 고유값 분해 eigenvalue decomposition 에서 나오는 고유값 eigenvalue 과 비교해 보면 고유값은 선형변환에 의해 방향이 변하지 않는 벡터 -고유벡터-에 대한 크기 변환이고, 특이값은 방향이 바뀌는 선형변환의 크기 변환으로 볼 수 있다.

특이값 분해의 기하학적 의미를 한 번 더 설명하면, $(m \times n)$ 행렬 A는 V_{nn}^T의 차원인 n차원 공간에서 U_{mm}의 차원인 m차원 공간으로의 선형변환이다. n차원 공간에 있는 원 circle 이나 구 ball or sphere 등과 같이 원형으로 된 도형을 A에 의해 변환시키면 먼저

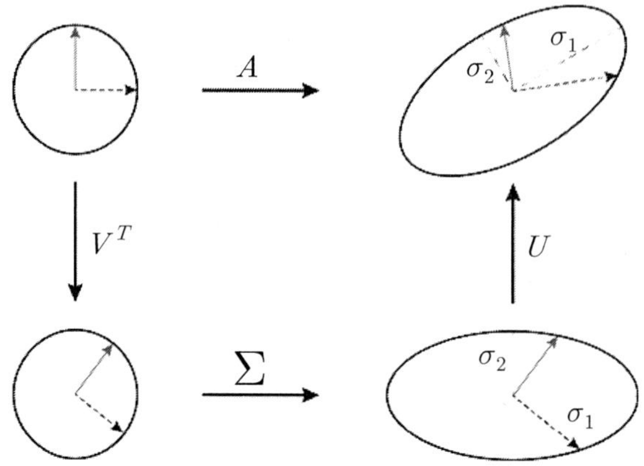

그림 2-1 특이값 분해의 기하학적 표현

V^T에 의해서는 회전만 일어나므로 도형의 형태는 변하지 않는다. 그런데 Σ에 의해서는 특이값의 크기에 따라서 원이 타원 ellipse 으로 되거나 구가 럭비공 ellipsoid 으로 되는 것과 같은 식의 형태변환이 일어난다. n이 2차원인 경우에 두 개의 특이값이 $\sigma_1 \geqq \sigma_2 > 0$와 같은 성질이 있으므로 원의 경우 첫 번째 특이값 σ_1은 변환의 크기가 크므로 변환된 타원의 긴축의 길이가 되고, 두 번째 특이값 σ_2는 짧은 축의 길이가 된다. 다음 직교행렬 U에 의한 변환도 회전변환이므로 도형의 형태에는 영향을 미치지 못한다. 결국 선형변환 A에 의한 도형의 변환결과는 형태적으로 보면 오로지 A의 특이값 singular value 들의 크기에 의해서만 결정된다는 것을 알 수 있다. 다음은 $(m \times n)$ 행렬 A의 행과 열의 크기에 따라 SVD의 모양이 다르다. 통계분석에서는 일반적으로 $m \gg n$이므로 이 경우에 대하여 더 자세히 설명한다.

행렬 A를 $(m \times n)$ 행렬이고 계수 rank 가 r이라고 하자. 이러한 경우에 맨 위에서 설명한 SVD의 정의식

$$A_{mn} = U_{mm} \Sigma_{mn} V_{nn}^T$$

과 같이 분해하는 것을 full SVD라고 한다. 이렇게 분해하는 경우는 통계학의 다변량 분석이나 텍스트 마이닝 text mining 의 단어 문서 행렬 term document matrix 등에서는 매우 드문 경우이다. 이 full SVD보다는 열의 수 n이나 또는 계수 rank 의 크기에 맞추어 SVD를 하거나, 아주 차원 축소를 목적으로 계수 rank 의 크기보다 더 작은 열의 수로 SVD를 한다.

2.3 특이값 분해의 종류

$m \gg n$인 경우에 아래와 같이 행렬 $(m \times n)$ 행렬 A를 SVD로 분해하는 것을 full SVD라 부른다.

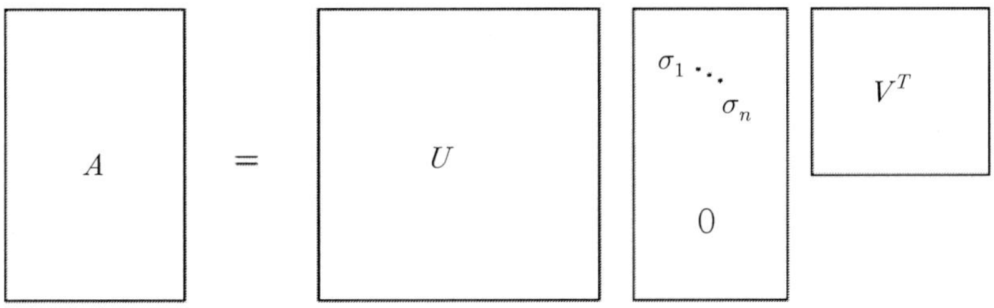

그림 2-2 full SVD

그런데, 실제로 이와 같이 full SVD를 하는 경우는 드물며 아래 그림들과 같이 reduced SVD를 하는 게 일반적이다. Reduced SVD에는 thin SVD, compact SVD, 그리고 truncated SVD가 있다.

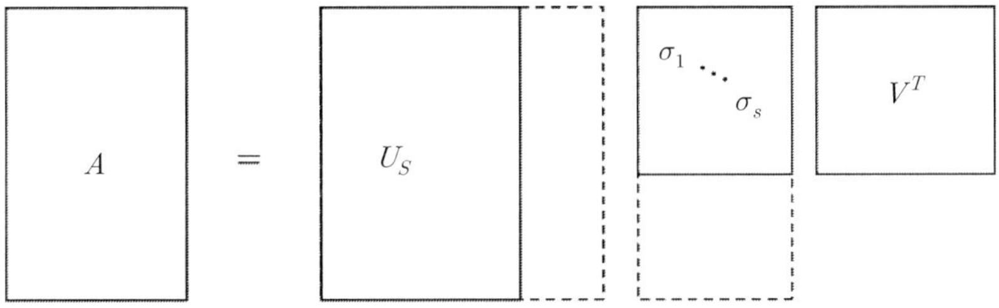

그림 2-3 Thin SVD($n = s$(임의의 수))

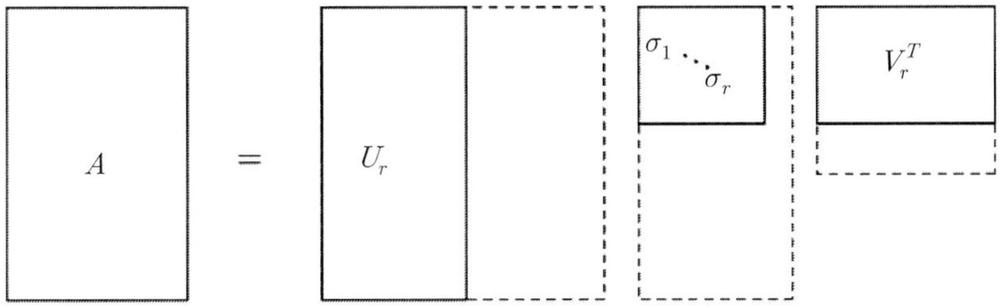

그림 2-4 Compact SVD(rank $r \leq n$)

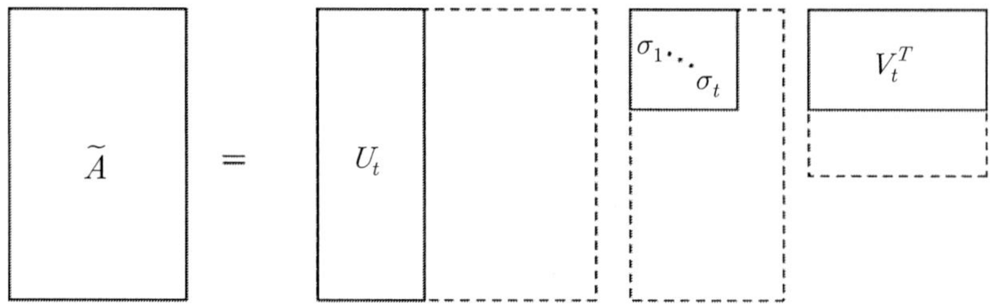

그림 2-5 Truncated SVD(t(임의의 수)≤rank r)

Thin SVD는 Σ에서 비대각선상의 0으로 구성된 부분을 없애고 U에서는 이에 대응되는 열벡터들을 제거한 형태이고, compact SVD는 비대각 원소들뿐만 아니라 0인 특이값들까지 모두 제거한 형태이다. 이렇게 계산된 A가 원래의 A와 동일한 행렬이 나온다. Truncated SVD는 0이 아닌 특이값까지 제거한 형태로서, 이 경우의 SVD는 원래의 A가 보존되지 않고 A에 대한 근사행렬 approximate matrix $\widetilde{A}$가 만들어진다. 이 truncated SVD로 만들어진 근사한 행렬 $\widetilde{A}$은 계수가 t인 행렬로서 통계학습 statistical learning 이나 빅데이터 분석에서는 데이터의 차원 축소와 자료의 노이즈 noise 제거 등에 활용된다.

통계학습 statistical learning 이나 빅데이터 분석에서는 SVD singular velue decomposrton 를 세 가지 관점에서 사용한다.

1. 다변량 변수 multivariate variable 또는 다변량 자료 multivariate data $X = (X_1, X_2 \cdots, X_n)$를 구성하고 있는 여러 변량들 X_i, $i = 1, 2, \cdots, n$ 사이에 상호 상관성 correlation 이 있는 경우에 이 변량들을 변환하여 서로 상관성이 없는 변량들로 재구성 또는 변환하여 주는 방법으로 사용한다.

2. 하나의 다변량 변수를 구성하고 있는 변량 중에서 큰 변이(변동)을 가지는 변량들을 변이의 크기 순서대로 정리해 주는 방법이다. 변량의 변이 또는 변동 variation 은 그 변량이 취하는 관측값들의 차이를 말한다. 변이가 큰 변량은 이 변량이 취하는 관측값들이 매우 차이가 많이 남을 의미한다.

3. 그러므로 한 다변량 변수의 변량 중에서 가장 변이가 큰 몇 개를 선택함으로써 원자료에 대한 차원이 작은 근사 자료를 구할 수 있다. 즉 자료의 변량의 수를 줄여 자료의 차원을 축소할 수 있다. 즉, 위에서 설명한 바와 같이 여러 가지 SVD 중에서 truncated SVD 방법을 사용하는 것을 말한다.

예제 2-2

아래 가상의 행렬 A를 이용하여 SVD를 설명하여 보자. 아래 행렬 A는 (7×5) 행렬이며 계수는 2이다. 이 행렬은 7명의 관객이 5개의 영화에 대하여 평가를 한 자료이다.

표 2-1 관객 별 영화 평가

	어벤져스	반지의 제왕	해리포터	노팅힐	비긴어게인
철수	4	4	4	0	0
영희	2	2	2	0	0
광수	5	5	5	0	0
지효	1	1	1	0	0
석진	0	0	0	3	3
재석	0	0	0	4	4
종국	0	0	0	1	1

이 행렬 A를 compact SVD를 한다.

$$A = U_r \Sigma_r V_r^T = \begin{bmatrix} 4 & 4 & 4 & 0 & 0 \\ 2 & 2 & 2 & 0 & 0 \\ 5 & 5 & 5 & 0 & 0 \\ 1 & 1 & 1 & 0 & 0 \\ 0 & 0 & 0 & 3 & 3 \\ 0 & 0 & 0 & 4 & 4 \\ 0 & 0 & 0 & 1 & 1 \end{bmatrix}$$

$$= \begin{bmatrix} -0.59 & 0 \\ -0.29 & 0 \\ -0.74 & 0 \\ -0.15 & 0 \\ 0 & 0.59 \\ 0 & 0.78 \\ 0 & 0.20 \end{bmatrix} \begin{bmatrix} 11.75 & 0 \\ 0 & 7.21 \end{bmatrix} \begin{bmatrix} -0.58 & -0.58 & -0.58 & 0 & 0 \\ 0 & 0 & 0 & -0.71 & -0.71 \end{bmatrix}$$

이 compact SVD가 2개의 열로 만든 U_r, Σ_r 그리고 V_r가 위에서 설명한 통계학적으로 어떤 의미가 있는지 알아보자. 이 두 열은 원 자료(행렬) A에 숨어 있는 개념을 나타내고 있다. 먼저 행렬 V_r^T는 첫 번째 행의 첫 3개의 열 −어벤져스, 반지의 제왕, 해리포터−에는 0이 아닌 숫자가 있고, 두 번째 행의 나머지 두 열 −노팅힐, 비긴어게인−에는 또한 0이 아닌 숫자가 있다. 즉, 첫 세 영화 {어벤져스, 반지의 제왕, 해리포터}가 하나로 묶이고 나머지 두 영화 {노팅힐, 비긴어게인}이 다른 묶음을 이루고 있다. 영화의 장르상 앞의 묶음은 판타지 영화로 다른 하나는 로맨스로 나눌 수 있다. 그러므로 행렬 V^T는 첫 번째 행의 첫 3개의 열 −어벤져스, 반지의 제왕, 해리포터−에는 0이 아닌 숫자 −0.58이 있고 나머지 두 열에는 0이 있다는 것은 이 세 영화가 전적으로 판타지 영화이며 로맨스 성향은 전혀 가지고 있지 않다는 뜻이다. 또한 마찬가지로 두 번째 행의 처음 세 열에는 모두 0이고, 나머지 두 열 −노팅힐, 비긴어게인−에는 숫자 −0.71이 있는데 이는 이 두 영화에 판타지 성향은 전혀 없는 반면에 전적으로 로맨스 성향만이 있는 영화라는 뜻이다. 이것이 −즉 원자료에 있는 열들 column variate 을 영화의 장르로 분류하는 것이− 행렬

V^T의 역할이라면 행렬 U는 평가를 한 사람들 –행들 row variate–과 영화 장르를 연결하여 준다.

원 자료 A도 7개의 행을 가지고 있고, 행렬 U도 7개의 행을 가지고 있다. 그러므로 행렬 U의 행은 영화 등급을 결정한 사람들과 대응된다. 행렬 U의 첫 열의 위 4행은 {철수, 영희, 광수, 지효}와 대응되며 이들은 모두 0이 아닌 숫자 $[-0.59, -0.29, -0.74, -0.15]$이고, 두 번째 열의 위에서 4행에는 값이 모두 0이므로 이들 4명은 판타지 영화에만 등급을 매겼다. 반면에 행렬 U의 밑의 3행은 원 자료의 밑의 3행에 해당하는 {석진, 재석, 종국}에 대응하며, 행렬 U의 첫 열에는 모두 0을 두 번째 열에는 0이 아닌 숫자 $[0.59, 0.78, 0.20]$이다. 마찬가지로 이 세 사람은 판타지 영화에는 평가를 하지 않았으며 로맨스 영화들에만 등급을 결정하였다.

다음은 대각행렬 Σ에 대하여 설명하자. 대각행렬의 값은 영화 장르의 변이 variation 의 크기를 나타낸다. 이 자료에서 대각행렬 Σ의 대각선상에 있는 숫자는 $[11.75, 7.21]$이다. 이는 행렬 U의 첫 열과 행렬 V^T의 첫 행이 판타지 영화에 대응되고, 행렬 U의 두 번째 열과 행렬 V^T의 두 번째 행이 로맨스 영화에 해당된다. 그러므로 판타지 영화에 대한 등급 값들이 로맨스 영화들에 대한 등급 값들보다 변동 variation 이 크다는 뜻이다.

이와 같이 위에서 설명한 바와 같이 통계학습 statistical learning 이나 빅데이터 분석에서 SVD를 사용하고 해석을 하는 방법을 세 가지 중에서 두 가지를 설명하였다.

1. 다변량 변수 multivariate variable 또는 다변량 자료 multivariate data $X=(X_1, X_2, \cdots, X_n)$를 구성하고 있는 여러 변량들 $X_i, i=1, 2, \cdots, n$ 사이에 상호 상관성 correlation 이 있는 경우에 이 변량들을 변환하여 서로 상관성이 없는 변량들로 재구성 또는 변환하여 주는 방법으로 사용한다.

2. 하나의 다변량 변수를 구성하고 있는 변량 중에서 각 변량이 취하는 관측값들의 변동 variation 을 크기 순서대로 정리해 주는 방법이다. 변량의 변동 variation 은 그 변량이 취하는 관측값들 간의 차이 difference 를 말한다. 변동이 크다는 것은 이 변량이 취하는 관측값들 간에 차이가 많이 남을 의미한다.

우리가 빅데이터를 분석하거나 텍스트 마이닝에서 단어-문서 행렬 word–document matrix 을 만들었을 경우에 분석해야 하는 자료행렬 A는 매우 크게 되며, 이들을 SVD할 경우에 만들어지는 행렬 U, Σ, V를 구하고 저장하기 위해서는 많은 시간과 저장 공간이 필요하다. 또한 이 큰 자료행렬을 분해하여 의미를 파악하고자 할 때, 이 대형자료에 포함되어 있을 수도 있는 자료의 노이즈 noise 로 인하여 의미 파악에 어려움을 겪을 수 있다. 이러한 경우에 통계학습의 분석적 측면에서 가장 최선의 방법은 세 행렬의 차원을 줄이는 방법이다. 먼저 대각행렬의 대각선상에 있는 0이 아닌 특이값들 중에서 0에 근사한 특이값들을 0으로 놓는다. 또한 이에 대응하는 행렬 U와 V를 같이 제거하는 방법이다. 이것이 위에서 설명한 SVD의 방법 중에서 맨 끝에 있는 truncated SVD이다. 아래 예를 들어 설명한다.

위에서 예로 사용한 원 자료는 아주 가상적인 자료이다. 즉, SVD의 결과를 명확하게 하기 위하여 영화에 등급을 매기는 사람들이 한 장르에만 등급을 매기도록 하여 원 자료의 계수를 2로 만들어서 행렬 U, Σ, V를 숫자 0과 0이 아닌 숫자들과 뚜렷하게 구분을 하였다. 그렇게 함으로써 SVD의 결과를 명확하게 설명할 수 있었다. 그러나 실제 자료는 그렇게 명확한 모양을 갖지 않는다. 즉, 영화를 평가하는 사람도 한 장르만 평가하지 않을 뿐만 아니라 하나의 영화에서도 여러 장르의 특성을 포함하고 있기 때문이다. 위의 자료를 조금 더 인위적으로 만들어서 SVD가 어떻게 변화하는지 보자.

예제 2-3

위에서 사용한 자료를 조금 변화하여 <표 2-2>와 같은 가상의 자료를 만들었다. 이는 위에서 사용한 자료 <표 2-1>과 거의 같으며, 관객 '석진'과 '종국'이 영화 '어벤져스'를 추가적으로 평가하였다. 이렇게 변화된 자료행렬을 A'이라고 하면 이 행렬의 계수는 3이 된다. 예를 들면 1, 6, 7번째 행이 선형 독립 linearly independent 이다. 이 자료행렬 A'를 compact SVD를 하면 다음과 같다.

$$A' = \begin{bmatrix} 4 & 4 & 4 & 0 & 0 \\ 2 & 2 & 2 & 0 & 0 \\ 5 & 5 & 5 & 0 & 0 \\ 1 & 1 & 1 & 0 & 0 \\ 3 & 0 & 0 & 3 & 3 \\ 0 & 0 & 0 & 4 & 4 \\ 1 & 0 & 0 & 1 & 1 \end{bmatrix}$$

$$= \begin{bmatrix} -0.58 & -0.10 & 0.07 \\ -0.29 & -0.05 & 0.03 \\ -0.72 & -0.12 & 0.09 \\ -0.14 & -0.02 & 0.02 \\ -0.19 & 0.61 & -0.70 \\ -0.05 & 0.75 & 0.66 \\ -0.06 & 0.20 & -0.23 \end{bmatrix} \begin{bmatrix} 11.93 & 0 & 0 \\ 0 & 7.34 & 0 \\ 0 & 0 & 1.96 \end{bmatrix} \times \begin{bmatrix} -0.61 & -0.56 & -0.56 & -0.07 & -0.07 \\ 0.13 & -0.15 & -0.15 & 0.68 & 0.68 \\ -0.78 & 0.41 & 0.41 & 0.16 & 0.16 \end{bmatrix}$$

자료행렬 A'의 계수가 3이므로 compact SVD의 세 행렬 U, Σ, V의 열은 3개이다. 행렬 U와 V의 첫 번째와 두 번째 열은 여전히 영화의 장르와 대응되나, 세 번째 열은 영화의 어느 장르라고 단정하기가 어렵다. 그러나 통계 학습적 측면에서 보면 세 번째 열에 해당되는 행렬 Σ의 대각선 값이 다른 두 값 [11.93, 7.34]에 비하여 상대적으로 매우 작은 값 1.96을 갖는다. 즉, 세 번째 열이 영화의 어느 장르에 해당되는 지와 상관없이 이들에 대한 관측값들 간의 변동이 매우 작다.

표 2-2 어벤저스에 대한 평가가 추가된 관객 별 영화 평가

	어벤저스	반지의 제왕	해리포터	노팅힐	비긴어게인
철수	4	4	4	0	0
영희	2	2	2	0	0
광수	5	5	5	0	0
지효	1	1	1	0	0
석진	3	0	0	3	3
재석	0	0	0	4	4
종국	1	0	0	1	1

SVD의 행렬 Σ의 대각선 값이 작다는 뜻은 이에 대응하는 영화 장르에 해당되는 자료행렬 A'을 구성하고 있는 관측값들의 차이 difference 가 별로 없다는 뜻이다. 그러므로 이 영화 장르에 해당하는 행렬 U와 V의 세 번째 열을 제거하여도 자료행렬에는 큰 변화가 없이 나머지 영화 장르에 대한 정보를 가지고 있다는 뜻이 된다. 그래서 통계학습의 분석적 측면에서는 이 자료행렬의 계수가 3이지만은 행렬 U와 V에서 세 번째 열을 제거하고 첫 두 개의 열만을 사용한다. 이와 같이 세 번째 열을 제외한 세 행렬 U, Σ, V에 의하여 만들어진 행렬은 자료행렬 A'가 자료행렬 A'의 근사 행렬 approximate matrix $\widetilde{A}'$가 된다. 자료행렬 A'과 근사행렬 $\widetilde{A}'$은 소수점 한자리에서 반올림 할 경우에 상당히 유사함을 볼 수 있다. 이것이 위에서 설명한 SVD의 종류 중에서 truncated SVD이다.

$$
\begin{bmatrix} -0.58 & -0.10 \\ -0.29 & -0.05 \\ -0.72 & -0.12 \\ -0.14 & -0.02 \\ -0.19 & 0.61 \\ -0.05 & 0.75 \\ -0.06 & 0.20 \end{bmatrix}
\begin{bmatrix} 11.93 & 0 \\ 0 & 7.34 \end{bmatrix}
\begin{bmatrix} -0.61 & -0.56 & -0.56 & -0.07 & -0.07 \\ 0.13 & -0.15 & -0.15 & 0.68 & 0.68 \end{bmatrix}
$$

$$
= \begin{bmatrix} 4.11 & 3.94 & 3.94 & -0.02 & -0.02 \\ 2.05 & 1.97 & 1.97 & -0.01 & -0.01 \\ 5.13 & 4.93 & 4.93 & -0.03 & -0.03 \\ 1.03 & 0.99 & 0.99 & -0.01 & -0.01 \\ 1.92 & 0.56 & 0.56 & 3.22 & 3.22 \\ 1.02 & -0.53 & -0.53 & 3.79 & 3.79 \\ 0.64 & 0.19 & 0.19 & 1.07 & 1.07 \end{bmatrix}
$$

설명한 바와 같이 가장 작은 특이값 singular value 들을 0으로 대체하여 SVD에 의하여 만들어지는 세 행렬 U, Σ, V의 차원을 축소하여, 즉 truncated SVD를 이용하여 근사

행렬을 만들면 원 자료행렬 A'과 근사행렬 $\widetilde{A}'$ 간의 RMSE(root-mean-square error)가 최소가 된다는 이론이 있으나 이 책의 범위를 넘는 이론이라 이 곳에서는 다루지 않는다. 그렇지만 '몇 개의 특이값을 사용하여 근사행렬을 만들어야 만족하는가?' 또는 '몇 개의 특이값으로 근사 행렬을 만들었을 때 원 자료행렬을 얼마나 근사했는가?'하는 질문에 대한 답은 다음과 같이 설명할 수 있다. 이 질문에 대한 답은 먼저 SVD의 대각행렬 Σ를 이용한다. 우리가 사용하고자 하는 특이값의 수가 t이고 자료행렬의 계수가 r이라 하자($t \le r$). 그러면 t개의 특이값이 이용하여 만든 근사행렬의 근사 척도 approximation measure 는

$$100 \times \frac{\sum_{i=1}^{t} \sigma_i^2}{\sum_{i=1}^{r} \sigma_i^2}$$

로 나타낸다. 일반적으로 이 근사 척도가 90% 정도를 갖은 특이값의 수를 사용한다. 위의 예제에서 자료행렬 A'의 compact SVD의 대각행렬 Σ의 대각선상의 특이값은 [11.93, 7.34, 1.96]이고 truncated SVD의 대각행렬의 특이값은 [11.93, 7.34]이므로 근사행렬 $\widetilde{A}'$의 근사 척도는

$$100 \times \frac{11.93^2 + 7.34^2}{11.93^2 + 7.34^2 + 1.96^2} = \frac{196.20}{200.04} = 98.08$$

이다. 99%이상으로 충분히 만족스러운 근사 척도이다. 만일 하나의 특이값을 더 줄인다면, 이때의 근사 척도는

$$100 \times \frac{11.93^2}{11.93^2 + 7.34^2 + 1.96^2} = \frac{142.32}{200.04} = 71.15$$

으로 만족스럽지 못하다.

예제 2-4

보다 사실적이나 여전히 가상의 자료행렬을 예로 하여 통계학습에서 compact SVD와 truncated SVD에 대한 어려운 해석방법을 학습한다. 이 자료행렬의 SVD은 위에서 예로 사용한 자료행렬의 세 행렬 U, Σ, V보다 훨씬 복잡하다. 위 예제에서 사용한 자료는 양수와 0으로만 만들어져 있으나 이 예제행렬에서 만들어지는 세 행렬 U, Σ, V는 양수, 0, 음수가 혼재하여 있으며, 이 값들의 부호가 SVD의 결과를 해석하는데 아주 중요하다.

또한 이 예에서는 자료의 차원을 축소한 후에 어떻게 SVD의 세 행렬 U, Σ, V가 변하였으며, 어떻게 의미를 해석하여야 하는지를 알아보아야 한다. 자료행렬 A는 아래와 같으며, 이는 단어-문서 행렬 word-document matrix 이라고 가정한다. 즉, 열이 5개가 있는데 열1 부터 열5 는 {문서1, 문서2, 문서3, 문서4, 문서5}라고 명명한다. 행 또한 5개인데 이들은 단어이다. 첫 행부터 5번째 행까지의 단어는 {학교, 바이러스, 선생님, 학생, 컴퓨터}이다. 즉, 자료행렬 A는 다섯 개의 문서1~문서5에서 위의 다섯 가지 단어들이 나타난 빈도로 자료행렬을 만들었고, 이러한 행렬을 단어-문서 행렬이라고 한다. 만일 단어와 문서를 바꾸어 정리하였다면 이 행렬은 문서-단어 행렬 document-word matrix 라고 한다. 단어의 영어로서 word와 term을 같이 혼용하여 쓰기도 한다. 즉, term-document matrix라고도 한다. 여기서 word와 term을 혼용한다.

$$A=\begin{bmatrix} 5 & 0 & 1 & 7 & 6 \\ 0 & 7 & 6 & 0 & 1 \\ 3 & 0 & 0 & 6 & 5 \\ 4 & 0 & 0 & 7 & 9 \\ 1 & 8 & 5 & 0 & 1 \end{bmatrix}$$

이 자료행렬 A의 계수 rank 는 5이다. 그러므로 full SVD를 구하여 본다. 먼저 행렬 U를 구하자. 정의에 따라 행렬 U의 열벡터 column vector 들은 AA^T의 고유벡터로 만들어지므로

$$AA^T=\begin{bmatrix} 5 & 0 & 1 & 7 & 6 \\ 0 & 7 & 6 & 0 & 1 \\ 3 & 0 & 0 & 6 & 5 \\ 4 & 0 & 0 & 7 & 9 \\ 1 & 8 & 5 & 0 & 1 \end{bmatrix}\begin{bmatrix} 5 & 0 & 3 & 4 & 1 \\ 0 & 7 & 0 & 0 & 8 \\ 1 & 6 & 0 & 0 & 5 \\ 7 & 0 & 6 & 7 & 0 \\ 6 & 1 & 5 & 9 & 1 \end{bmatrix}=\begin{bmatrix} 111 & 12 & 87 & 123 & 16 \\ 12 & 86 & 5 & 9 & 87 \\ 87 & 5 & 70 & 99 & 8 \\ 123 & 9 & 99 & 146 & 13 \\ 16 & 87 & 8 & 13 & 91 \end{bmatrix}$$

또한 이 행렬 AA^T의 고유값 eigenvalue 는 특이값 분해에서 얻어지는 특이값의 제곱값이다. 그러므로 저 대각행렬 Σ의 대각원소인 특이값을 구하면, $\sigma_1=18.07$, $\sigma_2=13.08$, $\sigma_3=2.08$, $\sigma_4=1.18$, $\sigma_5=0.86$이다. 여기서 행렬 U는 행렬 AA^T들의 고유벡터를 그램 슈미트 정규화 방법을 이용하여 직교정규화 orthonormalization 를 해야 한다. 여기서 직교정규화를 하는 이유는 아래에 행렬 U와 V^T를 용이하게 하기 위해서이다.

$$U=\begin{bmatrix} -0.58 & -0.07 & 0.66 & -0.07 & -0.47 \\ -0.11 & 0.69 & -0.07 & -0.71 & 0.04 \\ -0.46 & -0.10 & 0.21 & 0 & 0.86 \\ -0.66 & -0.13 & -0.72 & 0.04 & -0.19 \\ -0.13 & 0.70 & 0.04 & 0.70 & 0 \end{bmatrix}$$

행렬 U에 대한 해석은 다음에 하고 먼저 행렬 V^T을 만들자. 행렬 U와 유사하게 행렬 V^T는 행렬 A^TA를 고유값 분해의 고유벡터로 만들어진다.

$$A^TA=\begin{bmatrix} 5 & 0 & 3 & 4 & 1 \\ 0 & 7 & 0 & 0 & 8 \\ 1 & 6 & 0 & 0 & 5 \\ 7 & 0 & 6 & 7 & 0 \\ 6 & 1 & 5 & 9 & 1 \end{bmatrix}\begin{bmatrix} 5 & 0 & 1 & 7 & 6 \\ 0 & 7 & 6 & 0 & 1 \\ 3 & 0 & 0 & 6 & 5 \\ 4 & 0 & 0 & 7 & 9 \\ 1 & 8 & 5 & 0 & 1 \end{bmatrix}=\begin{bmatrix} 51 & 8 & 10 & 81 & 82 \\ 8 & 113 & 82 & 0 & 15 \\ 10 & 82 & 62 & 7 & 17 \\ 81 & 0 & 7 & 134 & 135 \\ 82 & 15 & 17 & 135 & 144 \end{bmatrix}$$

고유값 분해로 얻어진 고유벡터를 다시 그램 슈미트 정규화 과정을 거쳐 직교정규화를 해보자.

$$V^T=\begin{bmatrix} -0.39 & -0.10 & -0.11 & -0.63 & -0.66 \\ 0.03 & -0.80 & -0.58 & 0.15 & 0.05 \\ 0.52 & -0.09 & 0.20 & 0.41 & -0.71 \\ -0.43 & -0.51 & 0.72 & 0.17 & 0.05 \\ 0.62 & -0.29 & 0.30 & -0.62 & 0.23 \end{bmatrix}$$

다음은 차원을 축소하여 자료행렬 A의 근사행렬 $\widetilde{A}$을 구하여 보자. 크기 순서대로 정리된 5개의 특이값 중에서 밑에 두 특이값($\sigma_4 = 1.18,\ \sigma_5 = 0.86$)은 값이 아주 작으므로 제거하고, 이들에 대응되는 열벡터를 행렬 U와 V에서 제거하여 근사행렬을 구한다.

$$\widetilde{A}=\begin{bmatrix} -0.58 & -0.07 & 0.66 \\ -0.11 & 0.69 & -0.07 \\ -0.46 & -0.10 & 0.21 \\ -0.66 & -0.13 & -0.72 \\ -0.13 & 0.70 & 0.04 \end{bmatrix}\begin{bmatrix} 18.07 & 0 & 0 \\ 0 & 13.08 & 0 \\ 0 & 0 & 2.08 \end{bmatrix}\times\begin{bmatrix} -0.39 & -0.10 & -0.11 & -0.63 & -0.66 \\ 0.03 & -0.80 & -0.58 & 0.15 & 0.05 \\ 0.52 & -0.09 & 0.20 & 0.41 & -0.71 \end{bmatrix}$$

$$=\begin{bmatrix} 4.78 & 0.16 & 0.82 & 7.24 & 5.90 \\ 0.38 & 7.42 & 5.40 & -0.16 & 0.96 \\ 3.46 & -0.22 & 0.22 & 5.54 & 5.17 \\ 3.88 & 0.02 & -0.01 & 7.11 & 8.97 \\ 0.64 & 7.58 & 5.60 & 0.14 & 1.04 \end{bmatrix}$$

자료행렬 A의 행은 각 단어가 각각의 문서에 나타난 빈도 frequency 이다. 예를 들어 행렬 A의 첫 번째 행은 단어 '학교'가 문서1에 5번, 문서2에는 나타나지 않았고, 문서3에는 1번, 문서4에는 7번, 그리고 문서5에는 6번 나타낸다. 그러므로 행렬 AA^T는 각각의 단어가 다섯 개의 문서에 퍼져있는 바를 나타낸다. 이렇게 각 단어가 모든 문서에 퍼져있는 것을 나타내는 행렬 AA^T의 고유벡터들은 이 행렬을 선형변환 linear transformation 하였을 때 방향이 바뀌지 않는 축들이다. 또한 행렬 U는 각각의 단어들과 대응된다. 행렬 U에 있는 숫자들은 그램 슈미트 방법에 의하여 직교정규화 된 숫자들로서 숫자의 부호가 각 단어들이 퍼져있는 패턴을 나타낸다. 가장 큰 고유값을 갖는 첫 번째 열벡터에 있는 숫자들은 모두 같은 부호인 $(-)$부호를 갖고 있다. 그러므로 이 고유벡터는 각 단어들이 모든 문서에 유사한 형태로 퍼져 있음을 나타낸다. 그러나 두 번째 열벡터는 {학교, 선생님, 학생}에 해당하는 행에는 $(-)$부호를 갖고 있고, 나머지 {컴퓨터, 바이러스}는 $(+)$부호를 가지고 있다. 이는 {학교, 선생님, 학생}과 {컴퓨터, 바이러스}가 문서들에 나타나는 양상이 다르다는 뜻이다. 세 번째 열벡터를 보면 {학생, 선생님, 컴퓨터}가 같은 부호로 이들 세 단어가 같이 나타나는 현상이 있으나 그 중에서 특히 '컴퓨터'가 없는 경우에 '학교'와 '선생님'이 나타나는 현상이 많다. 다섯 번째 열벡터는 {학교, 학생}이 같이 나타나는 양상이 있다.

자료행렬 A의 열은 각 문서에 각각의 단어들이 나타난 빈도 frequency 이다. 예를 들어 행렬 의 첫 번째 열은 문서1에 단어 '학교'가 5번, '바이러스'는 나타나지 않았고, '선생님'이 3번, '학생'이 4번, '컴퓨터'가 1번 나타났음을 나타낸다. 그러므로 행렬 A^TA는 각 문서에 총 단어들이 퍼져있는 바를 나타낸다. 이렇게 각 단어가 모든 문서에 퍼져있는 것을 나타내는 행렬 A^TA의 고유벡터들은 이 행렬을 선형변환 linear transformation 하였을 때 방향이 바뀌지 않는 축들이다. 또한 문서들은 행렬 V의 행벡터들에 의하여 표현(대응)된다. 행렬 V에 있는 원소들의 부호는 위에서 설명한 행렬 U에 있는 부호를 해석하는 방법으로 해석하면 된다.

문서의 유사성 document similarity 은 행렬 $V\Sigma$의 행벡터들의 유사성을 측정하여 비교하여 얻을 수 있고, 단어의 유사성 word similarity 는 행렬 $U\Sigma$의 행벡터들의 유사성을 계산하여 측정할 수 있다.

$$U\Sigma=\begin{bmatrix}-0.58 & -0.07 & 0.66 & -0.07 & -0.47\\ -0.11 & 0.69 & -0.07 & -0.71 & 0.04\\ -0.46 & -0.10 & 0.21 & 0 & 0.86\\ -0.66 & -0.13 & -0.72 & 0.04 & -0.19\\ -0.13 & 0.70 & 0.04 & 0.70 & 0\end{bmatrix}\begin{bmatrix}18.07 & 0 & 0 & 0 & 0\\ 0 & 13.08 & 0 & 0 & 0\\ 0 & 0 & 2.08 & 0 & 0\\ 0 & 0 & 0 & 1.18 & 0\\ 0 & 0 & 0 & 0 & 0.86\end{bmatrix}$$

$$=\begin{bmatrix}-0.58 & -0.95 & 1.38 & -0.08 & -0.47\\ -2.00 & 9.02 & -0.15 & -0.84 & 0.03\\ -8.23 & -1.26 & 0.43 & 0 & 0.74\\ -11.87 & -1.65 & -1.50 & 0.05 & -0.16\\ -2.38 & 9.20 & 0.08 & 0.82 & 0\end{bmatrix}$$

행렬 $U\Sigma$의 행벡터들을 살펴보면 단어 {바이러스, 컴퓨터}가 유사하고 나머지 {학교, 선생님, 학생}이 유사하게 나타났다. 다음과 같이 행벡터들에 대한 거리 행렬을 구하면 단어의 유사성을 더 명확히 확인할 수 있다.

$$\begin{bmatrix}0 & & & & \\ 13.15 & 0 & & & \\ 2.65 & 12.08 & 0 & & \\ 3.32 & 14.63 & 4.24 & 0 & \\ 13.04 & 1.73 & 12.04 & 14.53 & 0\end{bmatrix}$$

위에서 truncated SVD의 축소된 행렬 U와 V를 이용한 행렬 $V\Sigma$와 $U\Sigma$를 보면 확연히 나타난다. 그 이유는 변이가 가장 작은 몇 개의 특이값을 제거하고, 이들에 대응되는 열벡터를 행렬 U와 V에서 제거하여 행렬 $V\Sigma$와 $U\Sigma$를 계산하면 제거된 특이값이 가지고 있던 변이가 노이즈 noise 로 간주되어 제거되었기 때문에 의미가 있는 변이들만이 존재한다. 그러므로 자료행렬을 구성하고 있는 변량이나 요소 item 들이 서로 유사성이 있으면 더욱 더 유사하게 나타나게 하고, 유사성이 없으면 더욱더 유사하지 않게 하는 현상이 나타난다.

위의 예제에서 2개의 특이값을 제거했을 경우의 $U_3\Sigma_3$은 다음과 같다.

$$U_3\Sigma_3=\begin{bmatrix}-0.58 & -0.07 & 0.66\\ -0.11 & 0.69 & -0.07\\ -0.46 & -0.10 & 0.21\\ -0.66 & -0.13 & -0.72\\ -0.13 & 0.70 & 0.04\end{bmatrix}\begin{bmatrix}18.07 & 0 & 0\\ 0 & 13.08 & 0\\ 0 & 0 & 2.08\end{bmatrix}=\begin{bmatrix}-10.39 & -0.95 & 1.38\\ -2.00 & 9.02 & -0.15\\ -8.23 & -1.26 & 0.43\\ -11.87 & -1.65 & -1.50\\ -2.38 & 9.20 & 0.08\end{bmatrix}$$

이 행벡터들에 대한 거리 행렬은 다음과 같다.

$$\begin{bmatrix}0 & & & & \\ 13.12 & 0 & & & \\ 2.38 & 12.03 & 0 & & \\ 3.30 & 14.60 & 4.15 & 0 & \\ 13.00 & 0.48 & 11.99 & 14.50 & 0\end{bmatrix}$$

이 거리 행렬의 대부분 원소는 특이값을 제거하기 전과 크게 차이가 없지만 단어 '바이러스'와 '컴퓨터'의 거리는 1.73에서 0.48로 더 유사해졌다.

2.4 R 프로그램 실습: 특이값 분해

R에서 특이값 분해를 하는 방법은 두 가지가 있는데, 하나는 특이값 분해의 이론적 절차대로 특이값으로 분해하고자 하는 행렬의 좌우내적 - AA^T와 A^TA - 을 고유값 분해를 하여서 만드는 방법이 있고, 다른 하나는 특이값 분해를 위해 만든 R 패키지 rARPACK에 있는 *svds()* 함수를 이용하는 방법이 있다. 고유값 분해 함수 *eigen()* 를 이용하여 단계별로 분해를 하면 특이값 분해의 이론을 단계적으로 점검해 볼 수 있는 장점이 있고, R 패키지를 이용하면 프로그램이 간단한 장점이 있다.

예제 2-4를 R을 이용하여 구해보자.

프로그램의 앞부분에 있는 벡터에서 행렬을 만드는 부분이나 행렬의 내적 inner product 부분은 1장의 뒤에 있는 R을 이용한 행렬의 연산 부분에 자세히 설명되어 있다.

$$A = \begin{bmatrix} 5 & 0 & 1 & 7 & 6 \\ 0 & 7 & 6 & 0 & 1 \\ 3 & 0 & 0 & 6 & 5 \\ 4 & 0 & 0 & 7 & 9 \\ 1 & 8 & 5 & 0 & 1 \end{bmatrix}$$

```
> (A<-matrix(c(5,0,1,7,6,0,7,6,0,1,
+ 3,0,0,6,5,4,0,0,7,9,1,8,5,0,1),byrow=T,ncol=5))
     [,1] [,2] [,3] [,4] [,5]
[1,]    5    0    1    7    6
[2,]    0    7    6    0    1
[3,]    3    0    0    6    5
[4,]    4    0    0    7    9
[5,]    1    8    5    0    1
```

앞 절에서 소개한 *eigen()* 함수를 이용하여 AA^T와 A^TA를 고유값 분해하면 특이값 벡터와 특이값을 구할 수 있다. 왼쪽 특이값 벡터를 열벡터로 하는 행렬 U는 U에 저장하였고, 오른쪽 특이값 벡터를 열벡터로 하는 행렬 V는 V, 특이값은 SV에 저장하였다. 아래 결과에서도 보듯이 AA^T의 고유값과 A^TA은 같다.

$$eigen(AA^T)\$values = eigen(A^TA)\$values$$

```
> (AAt<-A%*%t(A))
```

```
      [,1] [,2] [,3] [,4] [,5]
[1,]   111   12   87  123   16
[2,]    12   86    5    9   87
[3,]    87    5   70   99    8
[4,]   123    9   99  146   13
[5,]    16   87    8   13   91

> (left<-eigen(AAt))
$values
[1] 326.3572396 171.1653725   4.3452726   1.3924538   0.7396615

$vectors
           [,1]        [,2]        [,3]          [,4]          [,5]
[1,] -0.5753293 -0.07291170  0.65995600  0.65995600  -0.4723188144
[2,] -0.1104949  0.68913276 -0.07130010 -0.7117082558  0.0357010887
[3,] -0.4553618 -0.09647169  0.20801077 -0.0004006498  0.8602733555
[4,] -0.6573255 -0.12614087 -0.71739147  0.0423209367 -0.1886002941
[5,] -0.1317421  0.70325075  0.03814929  0.6975865479  0.0002295947

> (U<-left$vectors)

           [,1]        [,2]        [,3]          [,4]          [,5]
[1,] -0.5753293 -0.07291170  0.65995600  0.65995600  -0.4723188144
[2,] -0.1104949  0.68913276 -0.07130010 -0.7117082558  0.0357010887
[3,] -0.4553618 -0.09647169  0.20801077 -0.0004006498  0.8602733555
[4,] -0.6573255 -0.12614087 -0.71739147  0.0423209367 -0.1886002941
[5,] -0.1317421  0.70325075  0.03814929  0.6975865479  0.0002295947

> (AtA<-t(A)%*%A)
      [,1] [,2] [,3] [,4] [,5]
[1,]    51    8   10   81   82
[2,]     8  113   82    0   15
[3,]    10   82   62    7   17
[4,]    81    0    7  134  135
[5,]    82   15   17  135  144

> (right<-eigen(AtA))
$values
[1] 326.3572396 171.1653725   4.3452726   1.3924538   0.7396615
```

```
$vectors
           [,1]        [,2]        [,3]        [,4]       [,5]
[1,] -0.3876909  0.03479979  0.52404848 -0.43239926  0.6220039
[2,] -0.1011550 -0.79874039 -0.09302158 -0.50739240 -0.2927138
[3,] -0.1050081 -0.57923472  0.20287617  0.72320830  0.2987833
[4,] -0.6288695  0.15074489  0.40585435  0.17267096 -0.6223071
[5,] -0.6579969  0.05065444 -0.71473330  0.05232896  0.2255930

> (V<-right$vectors)
           [,1]        [,2]        [,3]        [,4]       [,5]
[1,] -0.3876909  0.03479979  0.52404848 -0.43239926  0.6220039
[2,] -0.1011550 -0.79874039 -0.09302158 -0.50739240 -0.2927138
[3,] -0.1050081 -0.57923472  0.20287617  0.72320830  0.2987833
[4,] -0.6288695  0.15074489  0.40585435  0.17267096 -0.6223071
[5,] -0.6579969  0.05065444 -0.71473330  0.05232896  0.2255930
> (eigen<-right$values)
[1] 326.3572396 171.1653725   4.3452726   1.3924538   0.7396615
> (SV<-sqrt(eigen))
[1] 18.0653602 13.0830185  2.0845317  1.1800228  0.8600358
```

특이값 분해를 이용하여 차원을 축소하기 위해서는 패키지 *rARPACK* 에 있는 *svds()* 함수를 이용하는 것이 편리하다. 이 코드에서는 예제에서와 같이 3차원으로 축소하기 위해서 *k*를 3으로 설정하였다. 여기서 *$d*는 특이값, *$u*는 행렬 U, *$v*는 행렬 V를 나타낸다.

위 고유값 분해 방법과 패키지 *rARPACK* 에 있는 *svds()* 함수를 이용하는 방법의 두 가지 결과에서 보듯이 고유값은 특이값의 제곱이다.

```
> library(rARPACK)
> (svd<-svds(A,k=3))
$d
[1] 18.065360  13.083018  2.084532

$u
           [,1]        [,2]        [,3]
[1,] -0.5753293 -0.07291170 -0.65995600
[2,] -0.1104949  0.68913276  0.07130010
[3,] -0.4553618 -0.09647169 -0.20801077
```

```
 [4,] -0.6573255 -0.12614087  0.71739147
 [5,] -0.1317421  0.70325075 -0.03814929

$v
           [,1]        [,2]        [,3]
 [1,] -0.3876909 -0.03479979 -0.52404848
 [2,] -0.1011550  0.79874039  0.09302158
 [3,] -0.1011550  0.57923472 -0.20287617
 [4,] -0.6288695 -0.15074489 -0.40585435
 [5,] -0.6579969 -0.05065444  0.71473330

$niter
[1] 1

$nops
[1] 13
```

2.5 Python 프로그램 실습: 특이값 분해

Python에서 행렬을 만들기 위해서는 *numpy* 모듈에 있는 *array()* 함수를 이용하면 된다. 다음 코드에서는 앞서 R 예제와 동일한 행렬을 이용하였다.

$$A = \begin{bmatrix} 5 & 0 & 1 & 7 & 6 \\ 0 & 7 & 6 & 0 & 1 \\ 3 & 0 & 0 & 6 & 5 \\ 4 & 0 & 0 & 7 & 9 \\ 1 & 8 & 5 & 0 & 1 \end{bmatrix}$$

```
In [1]: import numpy as np

In [2]: A=np.array([[5,0,1,7,6],[0,7,6,0,1],[3,0,0,6,5],
   ...:                  [4,0,0,7,9],[1,8,5,0,1]])

In [3]: A
Out[3]:
array([[5, 0, 1, 7, 6],
       [0, 7, 6, 0, 1],
       [3, 0, 0, 6, 5],
       [4, 0, 0, 7, 9],
       [1, 8, 5, 0, 1]])
```

특이값 분해를 하기 위해서는 *numpy* 모듈에 있는 *linalg.svd()* 함수를 이용하면 된다. 여기서 *full_matrices*를 *True*로 하면 Full SVD를 구할 수 있고, *False*로 하면 Thin SVD를 구할 수 있다. 이 함수에서는 행렬 U, 특이값, 행렬 V의 값을 순서대로 반환한다. 이 코드에서는 이를 각각 U, s, V에 저장하였다.

```
In [4]: U,s,V=np.linalg.svd(A,full_matrices=True)

In [5]: U
Out[5]:
array([[ -5.75329261e-01,   7.29117003e-02,   6.59955997e-01,
          7.10854741e-02,  -4.72318814e-01],
       [ -1.10494902e-01,  -6.89132761e-01,  -7.13001049e-02,
          7.11708256e-01,   3.57010887e-02],
       [ -4.55361752e-01,   9.64716920e-02,   2.08010771e-01,
          4.00649762e-04,   8.60273356e-01],
       [ -6.57325505e-01,   1.26140874e-01,  -7.17391475e-01,
         -4.23209367e-02,  -1.88600294e-01],
       [ -1.31742071e-01,  -7.03250748e-01,   3.81492883e-02,
         -6.97586548e-01,   2.29594680e-04]])

In[6]: s
Out[6]: array([ 18.06536021,   13.08301848,    2.08453175,    1.18002278,
0.86003578])

In[7]: V
Out[7]:
array([[-0.38769089, -0.10115497, -0.10500809, -0.62886949, -0.65799689],
       [ 0.03479979, -0.79874039, -0.57923472,  0.15074489,  0.05065444],
       [ 0.52404848, -0.09302158,  0.20287617,  0.40585435, -0.7147333 ],
       [-0.43239926, -0.5073924 ,  0.7232083 ,  0.17267096,  0.05232896],
       [-0.62200387,  0.29271384, -0.29878328,  0.6223071 , -0.22559302]])
```

3. CUR 분해

3.1 CUR 분해의 정의

앞 절에서 특이값에 대하여 설명하였다. 이 절에서는 데이터가 아주 크며 분해하고자 하는 자료행렬에 많은 0이 존재한다고 가정한다. 예를 들면 텍스트 마이닝에서 단어-문서 행렬 word-document matrix 을 분석하고자 하는데, 문서의 수도 많고 단어의 수도 많은 경우에 단어-문서 행렬에 많은 0이 존재하게 된다. 이러한 경우를 자료가 희박한 sparse 경우라고 한다. 이렇게 자료가 희박한 자료행렬을 특이값 분해(SVD)를 하면 행렬 U와 V에 많은 0이 존재하게 된다. 희박한 자료행렬을 SVD하면 SVD에 의하여 만들어지는 행렬 U와 V도 자료가 희박하게 된다. 단어-문서 행렬 외에도 고객-상품 행렬 customer-product matrix 도 자료가 희박한 경우의 좋은 예이다.

그러므로 이 절에서는 자료행렬 A가 대용량 자료이며 자료가 희박하며 sparse, 이 행렬을 이용하여 SVD할 경우에 만들어지는 행렬 U와 V에도 자료가 희박하고 대각행렬 Σ만 자료가 밀집되어 dense 있는 경우에 대해 고려해본다. 자료가 밀집되어 있다는 말은 분석에 지장을 초래할 정도로 0이 많지 않은 경우를 말한다. 이러한 경우의 행렬의 분해를 특이값 분해(SVD)와 구별하기 위하여 CUR 분해라고 한다. 이 CUR 분해는 자료행렬 A를 다음과 같이 분해한다.

$$A = CUR$$

여기서 좌측에 있는 행렬 C는 SVD의 행렬 U에 해당하고, C는 영어 Column에서 따왔다. 우측에 있는 행렬 R은 SVD의 행렬 V^T에 해당하며, 영어의 Row에서 따왔다. SVD에서 자료행렬의 계수 r만큼의 특이값을 이용하면 SVD의 결과는 자료행렬과 같지만($=A$), CUR 분해는 자료행렬의 계수만큼의 특이값을 이용하여 분해하여도 분해의 결과는 항상 근사행렬($\tilde{=} A$)이 만들어지는 차이가 있다.

CUR 분해는 다음과 같은 절차로 수행된다. 자료행렬 A는 $(m \times n)$ 행렬, 즉 행이 m개이고 열이 n개인 행렬이며, 이 m과 n이 매우 크고 자료행렬에 많은 0 값이 존재한다고 가정한다. 먼저 위 분해식의 왼편에 있는 행렬 C는 자료행렬 A의 n개의 열벡터 column vector 중 임의로 r개를 선택(추출)하여 만든다(여기서 r은 계수 rank 가 아니라 임의의 수를 나타낸다.). 그러므로 행렬 C는 $(m \times r)$ 행렬이다. 다음으로 위 분해식의 오른쪽에 있는 행렬 R은 자료행렬 A의 m개의 행벡터 row vector 중 임의로 r개를 선택(추출)하여 만든다. 그러므로 행렬 R는 $(r \times n)$ 행렬이다. CUR 분해를 완성하기 위해서는 위 분해식의 가운데 있는 $(r \times r)$ 행렬 U를 만들어야 하는데 아래와 같은 절차대로 만든다.

위에서 만든 행렬 C의 열과 행렬 R의 행이 교차되는 원소들로 새로운 행렬 W를 만든다. 그러면 행렬 W는 $(r \times r)$ 행렬이 되는데, 행렬 W의 원소들을 다른 말로 설명하면, 행렬 W의 i번째 행과 j번째 열이 교차하는 지점에 있는 원소는 행렬 C의 j번째 열과 행렬 R의 i번째 행에 해당하는 행렬 W의 원소이다. 행렬 W를 특이값 분해(SVD) 한다.

$$W = X \Sigma Y^T$$

위 행렬 W의 SVD의 대각행렬 Σ의 무어-펜로즈 유사역행렬 Moore–Penrose pseudoinverse 를 구한다. 이 유사역행렬을 Σ^+로 표시하고 다음과 같이 계산한다.

1. 만일 대각행렬 Σ의 대각원소(행렬 W의 특이값) $\sigma_i, i = 1, 2, \cdots, r$ 들이 0이 아닌 경우에는 그 대각원소들을 $\frac{1}{\sigma_i}, i = 1, 2, \cdots, r$ 로 대체한다.
2. 만일 대각행렬 Σ의 대각원소들이 0인 경우에는 그 대각원소들을 0으로 대체한다.

이것이 대각행렬 Σ의 무어-펜로즈 유사역행렬 Σ^+의 정의이다. 행렬 $U = Y(\Sigma^+)^2 X^T$을 계산한다.

3.2 행렬 C와 행렬 R의 구성

앞에서 행렬 C와 R을 만들 때, 자료행렬 A로부터 행벡터와 열벡터를 임의로 random 선택한다고 하였다. 이 때 모든 행과 열이 선택될 확률이 동일한, 즉 균등분포 uniform distribution 하에서 행벡터와 열벡터를 선택하였을 경우에는 행렬 C와 행렬 R이 자료행렬 A를 제대로 반영하지 못하여 CUR 분해의 결과가 편향 biased 된다. CUR 분해의 결과에 편향이 있다는 것은 CUR 분해는 자료행렬을 정확히 분해하는 것이 아니고 결국은 자료행렬 A의 근사행렬을 만드는 것인데, 편향이 있는 경우에는 임의로 선택되는 행벡터와 열벡터의 수가 증가한다 하여도 근사행렬들이 제대로 자료행렬로 접근하지 approximation 못한다. 이러한 CUR 분해의 편향 문제를 해결하기 위하여 사용하는 방법은 선택 대상인 행벡터와 열벡터의 중요도를 계산하여 중요도에 따라서 중요도가 높은 행벡터와 열벡터는 상대적으로 중요도가 낮은 행벡터와 열벡터보다는 선택될 확률이 높게 하는 것이다.

행벡터와 열벡터와 중요도를 결정하기 위하여 사용되는 개념이 각 행벡터와 열벡터의 프로베니우스 놈 Frobenius norm 이다. 행벡터와 열벡터 그리고 행렬의 프로베니우스 놈은 각 벡터나 행렬의 원소들을 제곱합 sum of squares 으로 정의한다. 다음과 같이 계산한다. 자료행렬 A의 원소들을 A_{ij}, $i=1,2,\cdots,m$, $j=1,2,\cdots,n$으로 표시하면, 자료행렬 A의 프로베니우스 놈 $f=\sum_{i,j}A_{ij}^2$이다. 즉, 자료행렬 A의 모든 원소들을 제곱하여 합한 값이다. 그러면 i 번째 행벡터의 프로베니우스 놈은 $f_{i.}=\sum_j A_{ij}^2$이고, j 번째 열벡터의 프로베니우스 놈은 $f_{.j}=\sum_i A_{ij}^2$ 이다. 이들을 이용하여 행렬 R을 만들기 위하여 선택할 행벡터들의 선택 확률 selection probability 은

$$(\frac{f_{1.}}{f},\frac{f_{2.}}{f},\cdots,\frac{f_{m.}}{f})=(p_1,p_2,\cdots,p_m)$$

이고, 행렬 C를 만들기 위하여 선택할 열벡터들의 선택 확률은

$$(\frac{f_{.1}}{f},\frac{f_{.2}}{f},\cdots,\frac{f_{.n}}{f})=(q_1,q_2,\cdots,q_n)$$

이다.

앞 절에서 이용했던 영화 평가에 관한 자료행렬을 이용하여 행렬 C와 행렬 R의 선택 확률 selection probability 을 구하여 보자.

표 2-3 관객 별 영화 평가(표 2-1과 동일)

	어벤져스	반지의 제왕	해리포터	노팅힐	비긴어게인
철수	4	4	4	0	0
영희	2	2	2	0	0
광수	5	5	5	0	0
지효	1	1	1	0	0
석진	0	0	0	3	3
재석	0	0	0	4	4
종국	0	0	0	1	1

위 자료행렬의 프로베니우스 놈을 구하면 $f=\sum_{i,j}A_{ij}^2=190$이다. 또, 이 자료행렬의 5개의 열벡터 중에서 첫 3개의 열벡터가 같고, 나머지 두 개의 열벡터가 같다. 그러므로 각 열벡터의 프로베니우스 놈은

$$f_{.1}=f_{.2}=f_{.3}=4^2+2^2+5^2+1^2=46$$

그리고

$$f_{.4} = f_{.5} = 3^2 + 4^2 + 1^2 = 26$$

이다. 이들을 이용하여 5개의 열벡터의 선택 확률은 다음과 같다.

$$\begin{aligned}[p_1, p_2, p_3, p_4, p_5] &= [\frac{46}{190}, \frac{46}{190}, \frac{46}{190}, \frac{26}{190}, \frac{26}{190}] \\ &= [0.24, 0.24, 0.24, 0.14, 0.14]\end{aligned}$$

같은 방법으로 7개의 행벡터의 선택 확률은

$$\begin{aligned}[q_1, q_2, q_3, q_4, q_5, q_6, q_7] &= [\frac{48}{190}, \frac{12}{190}, \frac{75}{190}, \frac{3}{190}, \frac{18}{190}, \frac{32}{190}, \frac{2}{190}] \\ &= [0.25, 0.06, 0.39, 0.02, 0.09, 0.17, 0.01]\end{aligned}$$

이다.

위에서 설명한 대로 행렬 C와 R을 만들기 위해 자료행렬 A에서 행벡터와 열벡터를 선택될 확률을 동일하게 하는 균등분포보다는 프로베니우스 놈을 이용한 선택확률을 구하여 행과 열을 선택하는 것이 CUR 분해의 편향을 줄일 수 있다.

CUR 분해에서 행렬 C와 R을 만들기 위해서는 한 단계가 더 있다. 먼저 행렬 C를 만들기 위해서 앞서 구한 선택확률에 의해서 자료행렬 A의 j번째 열이 선택되었으면, 이 선택된 열벡터의 원소값들을 이 자료행렬 A의 j번째 열벡터가 뽑힐 횟수의 기댓값의 제곱근으로 나누어 준다. j번째 열벡터가 뽑힐 확률은 q_j이고 총 r번을 뽑으니까 자료행렬 A의 j번째 열벡터가 뽑힐 횟수의 기댓값은 시행 횟수 $r\times$뽑힐 확률 $q_j = rq_j$이다. 즉, 뽑힌 j번째 열벡터의 모든 원소를 $\sqrt{rq_j}$로 나누어 준다.

같은 방법으로 행렬 R을 만들기 위해서 위에서 구한 선택확률에 의해서 자료행렬 A의 i번째 행이 선택되었으면, 이 선택된 행벡터의 원소값들을 이 자료행렬 A의 i번째 행벡터가 뽑힐 횟수의 기댓값의 제곱근으로 나누어 준다. i번째 행벡터가 뽑힐 확률은 p_i이고 총 r번을 뽑으니까 자료행렬 A의 i번째 행벡터가 뽑힐 횟수의 기댓값은 시행 횟수 $r\times$뽑힐 확률 $p_i = rp_i$이다. 즉, 뽑힌 i번째 행벡터의 모든 원소를 $\sqrt{rp_i}$로 나누어 준다. 이렇게 변환된 행벡터와 열벡터로 행렬 C와 R을 만든다.

예제 2-5

CUR 분해에서 선택할 행벡터와 열벡터의 수를 $r=2$로 하고, 먼저 두 열벡터 - '반지의 제왕'과 '노팅힐' - 를 선택하였다. '반지의 제왕'은 $[4, 2, 5, 1, 0, 0, 0]^T$이고, 자료행렬 A의 2번째 열이다. 위 예에서 '반지의 제왕'의 선택확률은 0.24였으므로, 이 열벡터를 $\sqrt{2\times 0.24}=0.69$로 나눠줘야 한다. 따라서 변환된 열벡터는 $[5.80, 2.90, 7.25, 1.45, 0, 0, 0]^T$이 되고, 행렬 C의 첫 번째 열벡터가 된다. 같은 방법으로 두 번째 선택된 열벡터인 '노팅힐 '은 $[0, 0, 0, 0, 3, 4, 1]^T$이고, $\sqrt{rp_4}=\sqrt{2\times 0.14}=0.53$이다. 열벡터 '노팅힐'의 각 원소를 $\sqrt{rp_4}=0.53$으로 나눠주면 행렬 C의 두 번째 행렬이 된다. 변화된 열벡터는 $[0, 0, 0, 0, 5.66, 7.55, 1.89]^T$이다. 그러므로 행렬 C는

$$C=\begin{bmatrix} 5.80 & 0 \\ 2.90 & 0 \\ 7.25 & 0 \\ 1.45 & 0 \\ 0 & 5.66 \\ 0 & 7.55 \\ 0 & 1.89 \end{bmatrix}$$

이다.

다음은 행렬 R을 만들어 보자. 자료행렬 A에서 행벡터의 선택확률에 따라 {철수, 광수}를 골랐다. 이 행들은 원소들은 아래와 같다.

$$\begin{bmatrix} 4 & 4 & 4 & 0 & 0 \\ 5 & 5 & 5 & 0 & 0 \end{bmatrix}$$

'철수'는 자료행렬 A의 1번째 행벡터이고 이 행벡터가 선택될 확률은 0.25이다. 그러므로 '철수'의 나누어줘야 할 값은 $\sqrt{2\times 0.25}=0.71$이다. '광수'는 자료행렬 A의 3번째 행벡터이고 이 행벡터가 선택될 확률은 0.39이다. 그러므로 '광수'의 나눠줘야 할 값은 $\sqrt{2\times 0.39}=0.88$이다. 이들 값을 나눠주어 얻게 되는 행렬 R은

$$R=\begin{bmatrix} 5.63 & 5.63 & 5.63 & 0 & 0 \\ 5.68 & 5.68 & 5.68 & 0 & 0 \end{bmatrix}$$

이다.

3.3 CUR 분해의 행렬 U의 계산

CUR 분해의 마지막 단계는 분해의 가운데 행렬 U를 구하는 것이다. 행렬 U는 $(r\times r)$ 행렬이다. 앞에서 설명하였듯이 첫 단계는 행렬 U와 크기가 같은 $(r\times r)$ 행렬 W를 구하여 시작한다. 행렬 W의 i번째 행과 j번째 원소는 행렬 C의 j번째 열과 행렬 R의 i번째 행에 해당하는 행렬 A의 원소이다.

예제 2-6

위에서 구한 행렬 C과 행렬 R를 이용하여 행렬 W를 구하는 방법을 설명한다. 먼저 행렬 C를 구하기 위해 두 개의 열벡터 {반지의 제왕$(j=2)$, 노팅힐$(j=4)$}가 뽑혔고, 행렬 R을 구하기 위해 두 개의 행벡터 {철수$(i=1)$, 광수$(i=3)$}가 뽑혔다. 그러므로 행렬 W를

$$W=\begin{bmatrix} W_{11} & W_{12} \\ W_{21} & W_{22} \end{bmatrix}$$

라고 하면, W_{11}는 행렬 R의 첫 번째 행인 '철수'$(i=1)$와 행렬 C의 첫 번째 열인 '반지의 제왕'$(j=2)$에 해당하는 자료행렬 A의 원소인 4이고, W_{12}는 행렬 R의 첫 번째 행인 '철수'$(i=1)$와 행렬 C의 두 번째 열인 '노팅힐'$(j=4)$에 해당하는 자료행렬 A의 원소인 0이다. 또한 W_{21}는 행렬 R의 두 번째 행인 '광수'$(i=3)$와 행렬 C의 첫 번째 열인 '반지의 제왕'$(j=2)$에 해당하는 자료행렬 A의 원소인 5이고 W_{22}는 행렬 R의 두 번째 행인 '광수'$(i=3)$와 행렬 C의 두 번째 열인 '노팅힐'$(j=4)$에 해당하는 자료행렬 A의 원소인 0이다. 그러므로 행렬 W는

$$W=\begin{bmatrix} W_{11} & W_{12} \\ W_{21} & W_{22} \end{bmatrix}=\begin{bmatrix} 4 & 0 \\ 5 & 0 \end{bmatrix}$$

이다.

행렬 W를 구하였으니 다음은 행렬 W의 무어-펜로즈 유사역행렬을 구해야 한다. 먼저 행렬 W를 특이값 분해를 한다. $W=X\Sigma Y^T$. 대각행렬 Σ의 대각원소 중에서 0이 아닌 값은 모두 분수로 바꾸어 넣는다. 즉, 만일 $\sigma_i \neq 0$, $i=1,2,\cdots,r$인 대각원소들을 $\dfrac{1}{\sigma_i}$, $i=1,2,\cdots,r$로 대체한다. 그리고 대각원소가 0인 경우는 0으로 그대로 두고 그 결과를 Σ^+라고 표시한다. 이것이 대각행렬 Σ의 무어-펜로즈 유사역행렬이다.

행렬 W을 SVD를 하자.

$$W=X\Sigma Y^T$$

$$\begin{bmatrix} 4 & 0 \\ 5 & 0 \end{bmatrix}=\begin{bmatrix} 0.62 & -0.78 \\ 0.78 & 0.62 \end{bmatrix}\begin{bmatrix} 6.40 & 0 \\ 0 & 0 \end{bmatrix}\begin{bmatrix} -1 & 0 \\ 0 & -1 \end{bmatrix}$$

대각행렬 Σ의 모든 원소가 0이 아니므로 무어-펜로즈 유사역행렬 Σ^+는

$$\Sigma^+=\begin{bmatrix} \dfrac{1}{6.40} & 0 \\ 0 & 0 \end{bmatrix}=\begin{bmatrix} 0.16 & 0 \\ 0 & 0 \end{bmatrix}$$

이다. 이 무어-펜로즈 유사역행렬 Σ^+를 이용하여 행렬 U를 구하면

$$U=Y(\Sigma^+)^2X^T=\begin{bmatrix} -1 & 0 \\ 0 & -1 \end{bmatrix}\begin{bmatrix} 0.16 & 0 \\ 0 & 0 \end{bmatrix}^2\begin{bmatrix} 0.62 & 0.78 \\ -0.78 & 0.62 \end{bmatrix}=\begin{bmatrix} -0.02 & -0.02 \\ 0 & 0 \end{bmatrix}$$

이제 CUR 분해를 하기 위한 모든 요소들이 구하여 졌다. 이 분해를 이용하여 자료행렬의 근사행렬을 구하면

$$\widetilde{A}_{CUR} = \begin{bmatrix} 1.54 & 0 \\ 4.63 & 0 \\ 6.17 & 0 \\ 7.72 & 0 \\ 0 & 9.30 \\ 0 & 11.63 \\ 0 & 4.65 \end{bmatrix} \begin{bmatrix} 0 & \frac{1}{25} \\ \frac{1}{25} & 0 \end{bmatrix} \begin{bmatrix} 0 & 0 & 0 & 11.01 & 11.01 \\ 8.99 & 8.99 & 8.99 & 0 & 0 \end{bmatrix}$$

$$= \begin{bmatrix} 0.55 & 0.55 & 0.55 & 0 & 0 \\ 1.67 & 1.67 & 1.67 & 0 & 0 \\ 2.22 & 2.22 & 2.22 & 0 & 0 \\ 2.78 & 2.78 & 2.78 & 0 & 0 \\ 0 & 0 & 0 & 4.10 & 4.10 \\ 0 & 0 & 0 & 5.12 & 5.12 \\ 0 & 0 & 0 & 2.05 & 2.05 \end{bmatrix}$$

CUR 분해를 이용하여 자료행렬의 근사행렬 approximate matrix 을 구할 때, 유의 할 점은 자료행렬에서 뽑는 행벡터와 열벡터의 수 r 도 중요하며, 또한 자료행렬의 중요한 부분을 포함하는 중요한 행벡터와 열벡터를 뽑는 것 또한 중요하다.

3.4 중복으로 선택된 행벡터나 열벡터의 처리

CUR 분해는 Frobenius norm 에 의하여 만들어진 확률분포에 따라 행벡터와 열벡터를 선택하기 때문에 행벡터와 열벡터가 하나 이상 중복되어 선택되는 경우가 있다. 일단 중복된 행벡터나 열벡터를 그대로 사용하여도 큰 잘못은 아니다. 이 경우에는 행렬 C나 R의 rank가 행의 수나 열의 수보다 작아지는 것 이 외에는 별 문제가 없다. 또, 다른 대안은 같은 행벡터나 열벡터를 하나로 사용하는 방법인데, 만일 d개의 행이나 열이 같다면 하나의 행벡터나 열벡터를 사용하되 각각의 원소에 $\sqrt{d}$를 곱하여 사용한다. 이러한 경우에 유의할 점은 행렬 W가 정방행렬 square matrix 가 아닌 경우가 생길 수 있다. 즉 아래와 같은 full SVD 형태가 만들어 질 수 있다. 그러나 Moore-Penrose 유사역행렬을 만드는 데는 문제가 없다. 즉, 0이 아닌 원소는 역수로 바꾸고 0인 경우는 그냥 놓아둔다. 단, 역수를 취한 뒤에 행렬을 전치 transpose 시켜줘야 한다.

다음 예를 보자. 만일

$$\Sigma = \begin{bmatrix} 2 & 0 & 0 & 0 \\ 0 & 0 & 0 & 0 \\ 0 & 0 & 3 & 0 \end{bmatrix}$$

이면, Moore-Penrose 유사역행렬 Σ^+는

$$\Sigma^{+}=\begin{bmatrix}\frac{1}{2} & 0 & 0\\ 0 & 0 & 0\\ 0 & 0 & \frac{1}{3}\\ 0 & 0 & 0\end{bmatrix}$$

3.5 R 프로그램 실습: CUR 분해

CUR 분해를 수행하는 R 패키지는 *rCUR* 패키지이고, 직접 수행하는 함수는 함수 *CUR()* 이다. 기본 사용법은 아래와 같다.

```
CUR(A, c=dim(A)[2], r=dim(A)[1], k=NULL, sv=NULL, method="random",
alpha=1, weighted=FALSE, beta=4, matrix.return=TRUE, error.return=FALSE)
```

여기서 $(m \times n)$ 행렬 A는 CUR 분해할 대형행렬 large matrix 이고, c는 선택할 열의 숫자, r은 선택할 행의 숫자를 의미한다. 또한 k는 원하는 rank의 수이며, $k \ll \min(m,n)$ 이어야 한다. 만일 k의 값을 입력하지 않으면 특이값 singular value 의 합이 80%가 될 때까지의 특이값들의 수를 k 값으로 한다. *Method*는 레버리지 점수 leverage score 를 이용한 선택 확률에 따라서 행과 열을 선택한다. 방법에는 *random*, *exact.num.random*, *top.scores*, *ortho.top.scores*, *highest.ranks* 가 있다. 자세한 사항은 *rCUR* 패키지 매뉴얼을 참조한다. 또 *matrix.return*은 행렬 C, U, R을 계산하여 준다. 끝으로 *error.return*은 원 데이터와 CUR 근사에 의하여 얻어진 근사행렬간의 Frobenius norm의 차이를 계산하여 준다.

```
> install.packages("rCUR")
> install.packages("lattice")
> library("rCUR")
> library("lattice")
> # CUR decomposition
> CUR.results <- CUR(STTm, 4, 3, 3)
> # Get matices C, U, R
> getC(CUR.results)
> getU(CUR.results)
```

```
> getC(CUR.results)
> # Calculate the error of CUR approximation
> getError(CUR.results)
```

4. 주성분 분석 Principal Component Analysis

기계학습 machine learning 으로 분석하고자 하는 자료는 여러 사물이나 현상의 속성 attributes 와 특징 features 들을 변량으로 하는 다변량 자료 multivariate data 이다. 이 다변량 자료의 변량의 개수가 다변량 자료의 차원 dimension 이고, 변량이 많은 다변량 자료를 고차원 자료 high dimensional data 라고 한다. 이러한 고차원 자료를 통계적 방법으로 분석을 하거나 기계학습으로 분석하거나 할 때 만나는 문제가 몇 가지가 있다. 하나는 고차원 다변량 자료들 사이에 상관관계가 존재하는 경우이다. 상관이 강한 다변량 자료를 통계모형에서 독립변수로 사용하고자 할 경우에는 다중공선성 multicollinearity 라는 꼭 해결해야 하는 암초를 만나게 된다. 두 번째 만나는 문제는 관측치 observed value 가 없는 경우가 있는데 이 경우에 자료가 sparse하다고 한다. 즉, 자료행렬에 0이 많은 경우이다. 세 번째는 어느 변량들은 분석에서 의미가 없는 경우이다. 어느 변량들은 분석에 포함하지 않는 경우에 분석의 목적이 더 명확해 지는 경우가 있다. 일반적으로 이러한 문제들은 자료의 차원을 축소 dimension reduction 하여 해결하거나, 다변량 변수를 구성하고 있는 단변량들을 일부 선택하는 방법으로 해결할 수 있는데, 이를 변수 선택 variable selection / feature selection 이라고 한다. 대형의 자료에 0이 많은 sparse한 경우에는 앞장에서 설명한 CUR 분해를 사용하여 해결한다.

고차원의 다변량 자료의 상관성과 차원축소를 동시에 해결해 주는 유용한 방법이 주성분 분석이다. 특히 주성분분석 principal component analysis(PCA) 는 연속형 다차원 자료의 차원축소에 가장 많이 사용하는 방법이다. 또, PCA는 고차원의 자료들 사이에 있는 상관관계와 같은 패턴을 찾아 주고, 변량들 사이의 유사성 similarity 과 차이 differences 가 잘 표현될 수 있는 방법으로 자료를 표현해 준다. PCA는 의미가 작은 변량을 제거하여 저차원 공간 low dimensional space 에서 자료를 가장 정확하게 표현하는 방법으로 알려져 있다. 유사성을 갖는 패턴이 발견되면 PCA는 상관관계가 있는 여러 개의 변량들을 몇 개의 새로운 변수들로 변환하여, 이 새로운 변수들을 사용함으로써 정보의 손실이 없이 자료의 차원을 줄일 수 있다. 주성분 분석의 개념과 방법에 대하여 자세히 알아본다.

4.1 기본 개념

주성분 분석에 대해 설명하기 전에 자료의 선형결합 linear combination 과 고유값 분해 eigenvalue decomposition 를 먼저 이야기 하려 한다. 이 곳에서는 이변량 bivariate 자료의 산점도 scatter plot 에서부터 시작하여 두 자료의 상관성과 변동 variability 들을 고려하면서, 주성분 분석의 개념과 핵심이론을 설명한다. 또 주성분 분석의 이론을 설명하는데 왜 고유값 분해 eigenvalue decomposition 가 나타났는지 storytelling을 하여 보자.

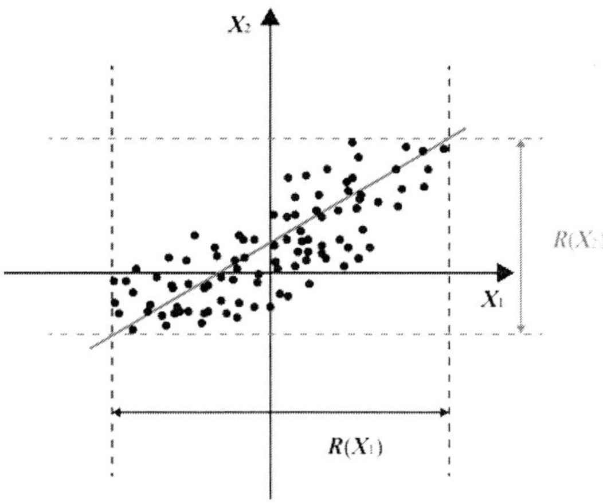

그림 2-6 X_1과 X_2의 산점도

위 그림은 두 변량 (X_1, X_2)의 관측치들의 산점도이다. 이 산점도에서 두 가지 특징적인 현상을 발견할 수 있다.

(1) 하나는 두 변량 사이에 강한 양의 상관 positive correlation 관계를 가지고 있는 것이고,

(2) 다른 하나는 X_1과 X_2의 변동 variability 의 폭인데, X_1의 변동 범위가 X_2의 변동 범위보다 조금 크지만 둘 다 무시할 수 없는 크기이다.

우리가 이 산점도의 축을 약 $\theta(30^\circ)$ 정도 시계반대 방향으로 돌려서 새로운 좌표 (Z_1, Z_2)로 산점도를 다시 그려보자. 이 축을 돌려서 새로 만든 산점도의 변화된 점은

(1) 첫 째 Z_1과 Z_2간의 상관관계가 없어졌고,

(2) 두 번째로 Z_1과 Z_2의 변동 폭인데 Z_1의 변동범위는 아주 큰데 비하여 Z_2의 변동범위는 아주 작다. 이 변화된 산점도에서는 Z_1과 Z_2의 좌우변동과 위아래 변동만 고려하고 대각선 변동은 고려하지 않아도 된다. 즉, 이들을 통계모형에 적용시킬

경우에 주 변수 main variable 이외에 이들 간의 교호작용 interaction 등의 항을 모형에 넣을 필요가 없어졌다.

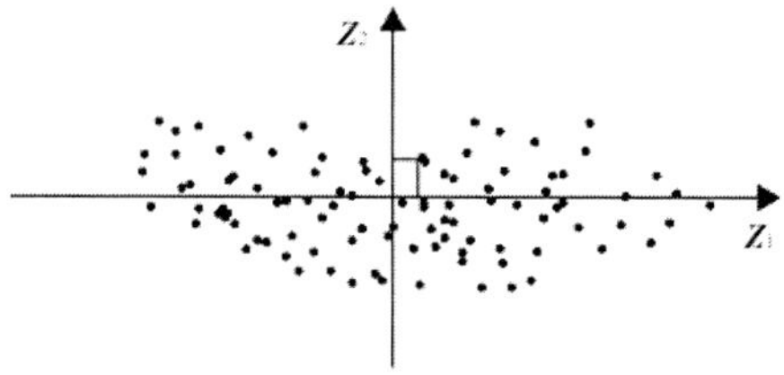

그림 2-7. Z_1과 Z_2의 산점도

그러므로 만일 Z_1과 Z_2 중에서 하나의 변수를 제거하고 분석을 계속하고자 한다면 변동의 폭이 작은 Z_2를 제거하는 방법으로 자료를 축소할 수 있다. 그 이유는 전체 변동에서 각 변량이 기여하는 변동을 비교하여 기여비율이 아주 작은 변량을 제거하는 것이 타당하기 때문이다. 이 새로운 산점도에서 자료의 직교화 orthogonality 의 필요성과 자료 축소 dimension reduction 의 근거를 확인 할 수 있다. 직교화로 인해서 두 변수간의 상관관계 또는 공분산 covariance 을 없애 버렸다.

이와 같이 산점도의 축을 바꾸거나 또는 자료의 직교화를 위해서는 변수변환 variable transformation 을 하여야 한다. 위에서 축을 바꾸는 방법을 수학적으로 설명한다.

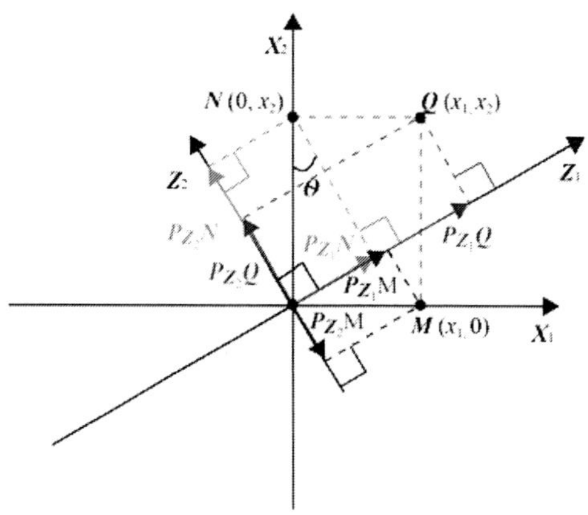

그림 2-8 점 Q의 축 변환

먼저 원 자료의 산점도에 있는 하나의 점을 Q라 하고, 이 점 Q의 좌표를 (x_1, x_2)라고 하자. 그리고 이 점 Q를 축 X_1에 투영 projection 하여 얻은 점을 M이라 하면 점 M의 좌표는 $(x_1, 0)$이다. 같은 방법으로 점 Q을 축 X_2에 투영 projection하여 얻은 점을 N이라 하면 점 N의 좌표는 $(0, x_2)$이다. 다시 점 M과 점 N를 각각 새로운 축 Z_1과 Z_2에 투영하여 원래의 점 Q가 축 Z_1과 축 Z_2의 좌표에 어디에 위치하는지를 알아낸다. 여기서 새로운 축 Z_1과 Z_2는 축 X_1과 축 X_2를 θ만큼 회전하여 얻은 축들이다. 먼저 점 M을 축 Z_1 에 투영하여 얻은 벡터 $P_{Z_1}M$ 과 점 N을 축 Z_1에 투영하여 얻은 벡터 $P_{Z_1}N$을 합하면 새로운 벡터 $P_{Z_1}Q$가 얻어지고 이를 새로운 축 Z_1에서의 좌표 $(0, z_1)$으로 표기한다. 같은 방법으로 점 M을 축 Z_2에 투영하여 얻은 벡터 $P_{Z_2}M$과 점 N을 Z_2에 투영하여 얻은 벡터 $P_{Z_2}N$을 합하면 새로운 벡터 $P_{Z_2}Q$가 얻어지고 이를 새로운 축 Z_2에서의 좌표 $(0, z_2)$로 표기한다. z_1과 z_2는 다음과 같이 표기할 수 있다.

$$z_1 = x_1\cos\theta + x_2\sin\theta$$

$$z_2 = -x_1\sin\theta + x_2\cos\theta$$

이 식을 행렬로 표시하면 아래와 같다.

$$z = A^T x$$

여기서 $z = [z_1, z_2]^T$, $x = [x_1, x_2]^T$, $A = [\, a_1 \;\; a_2 \,]$이다. 또

$$a_1 = \begin{bmatrix} \cos\theta \\ \sin\theta \end{bmatrix}, a_2 = \begin{bmatrix} -\sin\theta \\ \cos\theta \end{bmatrix}$$

$$a_1^T a_1 = 1 = a_2^T a_2$$

$$a_1^T a_2 = 0$$

이다.

즉, 행렬 A를 이용하여 이변량 bivariate 변수 X를 선형변환 linear transformation 하여 직교화를 하였다.

4.2 직교 변환의 시나리오

이제 이변량 변수 bivariate variable 에서 p 변량 변수를 고려하여 보자. 이들 p개의 변량들 사이에 상관관계 등이 존재하여 위에서 이 변량에서 한 바와 같이 직교하고 분산을 많이 포함하는 새로운 변수들을 만드는 방법을 알아보자. 먼저 p개의 변량으로 위에 사용한 기호를 정리한다.

$$x = \begin{bmatrix} x_1 \\ x_2 \\ \vdots \\ x_p \end{bmatrix}$$

$$A = [\ a_1 \ \ a_2 \ \ \cdots \ \ a_p\ ] = \begin{bmatrix} a_{11} & a_{21} & \cdots & a_{p1} \\ a_{12} & a_{22} & \cdots & a_{p2} \\ \vdots & \vdots & \ddots & \vdots \\ a_{1p} & a_{2p} & \cdots & a_{pp} \end{bmatrix}$$

그리고

$$z = \begin{bmatrix} z_1 \\ z_2 \\ \vdots \\ z_p \end{bmatrix}$$

이 기호를 이용하여 새로운 변수는 다음 식에 의하여 구하여진다.

$$z = A^T x = [\ a_1 \ \ a_2 \ \ \cdots \ \ a_p]^T x$$

j 번째 새로운 변수는 다음과 같이 나타낼 수 있다.

$$z_j = a_j^T x = a_{j1} x_1 + a_{j2} x_2 + \cdots + a_{jp} x_p$$

새로운 변수를 만드는데 다음과 같은 희망사항을 기본 원칙 principle 으로 정리해 보자. 우리는 p 개의 원래의 변량을 이용하여 새로운 변수를 만드는데 아래와 같은 사항이 만족된다면 앞에서 설명한 바와 같이 분석에 많은 도움이 될 것이다.

- 원래 자료를 모두 사용해 선형결합 linear combination 하여 새로운 변수를 만든다. 즉, 1차 결합 $z_j = a_j^T x$ 만을 이용한다.
- 첫 번째 선형결합에 의하여 만들어진 새 변수 $z_1 = a_1^T x$ 의 분산은 그 다음에 만들어지는 변수들의 분산보다 커야 한다. 즉, 제일 먼저 만들어지는 변수 z_1 의 분산이 가장 커야 한다. 또, $a_1^T a_1 = 1$이여야 한다. 즉, $a_1^T a_1 = 1$이라는 조건하에 $Var(a_1^T x)$을 최대로 하는 새로운 변수를 제1 주성분 first principal component(PC)라고 부른다.
- 다음은 $a_2^T a_2 = 1$과 $Cov(a_1^T x, a_2^T x) = 0$이라는 조건하에 $Var(a_2^T x)$을 두 번째로 최대로 하는 새로운 변수를 찾는다. 이 변수를 제2 PC라고 한다.
- j 번째 PC는 $a_j^T a_j = 1$과 $Cov(a_j^T x, a_i^T x) = 0\ (i < j)$ 조건하에 $Var(a_j^T x)$을 최대

로 하는 새로운 변수이다. 여기서 j 번째 PC z_j의 분산은 아래와 같이 나타낼 수 있다. 여기서 S는 표본 공분산 행렬 covariance matrix 이다.

$$Var(z_j) = Var(a_j^T) = a_j^T Var(x) a_j = a_j^T S a_j$$

위와 같은 희망사항을 만족하는 새로운 변수들을 만들 수 있다면 이변량 변수에서 보았듯이 모든 변수들이 서로 상관관계를 가지고 있지 않으며 각각이 가지고 있는 분산의 크기 순으로 정리가 되어 있으므로 향후 분석에 여러 가지 유리한 점이 있다.

4.3 라그랑지안과 고유값 분해

그러면 과연 위 희망사항을 만족하는 주성분들이 있는가? 있다면 어떻게 찾아낼 수 있는가? 희망사항은 최대화 하고자 하는 목적함수가 주어 졌고, 또 조건들도 주어져 있다. 주어진 조건하에 목적함수를 최적화 - 최대화나 최소화 - 하는 방법이 라그랑지안 Lagrangian 방법이다. 다음 함수 L을 라그랑지안이라 하고, 함수에 포함된 λ를 라그랑즈 계수 Lagrange multiplier 라고 한다. 우리는 이 라그랑지안 L을 최대화하면 새로운 변수들, 즉 주성분들을 구할 수 있다.

j 번째 PC를 구하기 위한 라그랑지안 L은 아래와 같이 정의한다.

$$L = a_j^T S a_j - \lambda(a_j^T a_j - 1)$$

이 라그랑지안 L을 최대화하려면 a_j에 대하여 일차 미분하여 0으로 놓고 a_j에 대하여 방정식을 풀면 된다. 즉,

$$\frac{\partial L}{\partial a_j} = 2Sa_j - 2\lambda a_j = 0$$

이고, 정리하면 다음 식을 얻는다.

$$(S - \lambda I)a_j = 0$$

제 1장 행렬에서 배운 대로 고유값과 고유벡터를 구하는 식으로 아주 친숙한 식이다. S는 공분산 행렬이므로 $(p \times p)$ 대칭행렬이고 a_j는 $(p \times 1)$ 벡터이며 λ는 상수이다. 여기서 $a_j \neq 0$이므로 λ는 다음 식에 의하여 구해진다.

$$|S - \lambda I| = 0$$

이 과정은 S를 고유값 분해하는 과정이다. 공분산 행렬 S는 $(p\times p)$ 대칭행렬이므로 p개의 고유값 $\lambda_1 \geq \lambda_2 \geq \cdots \geq \lambda_p$이 얻어지고, 이들이 주성분의 분산이다.

$$Var(z_j) = \lambda_j, \; j = 1, 2, \cdots, p$$

이렇게 새 변수를 만들기 위한 희망적 원칙과 이를 만족하게 하는 수리적 방법이 라그랑지안 방법이다. 여기까지의 과정에 의하여 주성분 분석을 설명할 때, 고유값 분해가 나오는 이유가 설명되었다. 공분산 행렬 S는 대칭행렬이므로 고유값과 고유값 분해에서 소개하였던 내용 한 가지를 상기하자. 어떤 정방행렬이 고유값 분해가 가능할까? 간단히 말하면 정방행렬 중에 대칭행렬은 항상 고유값 분해가 가능하다. 이 대칭행렬의 고유벡터들은 서로 직교한다. 그러므로 고유벡터로 만들어진 행렬은 직교행렬 orthogonal matrix 이다. 위에서 소개한 식

$$z = A^T x = [\, a_1 \;\; a_2 \;\; \cdots \;\; a_p \,]^T x$$

의 $a_1, a_2, \cdots, a_p$ 들이 고유값 $\lambda_1 \geq \lambda_2 \geq \cdots \geq \lambda_p$에 대응되는 고유벡터에 해당한다.

그러므로 PCA에서 고유값 분해의 대상이 되는 분산행렬 variance matrix 이나 상관계수 행렬 correlation matrix 는 정방행렬이고 대칭행렬이기 때문에 항상 고유값 분해가 가능하며 이 때 만들어지는 고유벡터들은 서로 직교한다.

4.4 PCA를 이용한 차원 축소

이제 PCA를 이용하여 p-차원을 축소하는 과정을 단계별로 알아본다. 단계별 설명을 위하여 이변량($p=2$) 자료를 예로 사용한다. 아래에 자료와 산점도가 있다.

$$Data = \begin{bmatrix} 2.7 & 2.3 \\ 0.6 & 0.8 \\ 2.2 & 2.9 \\ 1.8 & 2.1 \\ 3.1 & 3.0 \\ 2.4 & 2.7 \\ 2.1 & 1.6 \\ 1.0 & 1.1 \\ 1.6 & 1.7 \\ 1.2 & 0.9 \end{bmatrix}_{(x,\;y)}, \quad DataAdj = \begin{bmatrix} 0.83 & 0.39 \\ -1.27 & -1.11 \\ 0.33 & 0.99 \\ -0.07 & 0.19 \\ 1.23 & 1.09 \\ 0.53 & 0.79 \\ 0.23 & -0.31 \\ -0.87 & -0.81 \\ -0.27 & -0.21 \\ -0.67 & -1.01 \end{bmatrix}_{(x-\bar{x},\;y-\bar{y})}$$

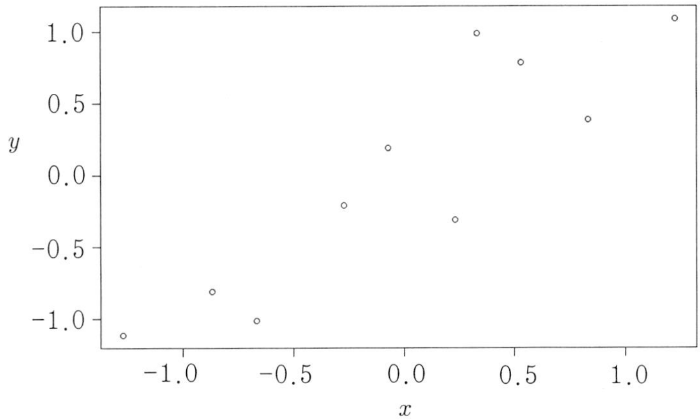

그림 2-9 DataAdj를 이용한 산점도

단계 1: p -차원 다변량 자료에서 각 변량의 평균을 빼주고, 공분산 covariance 행렬을 구한다. 공분산 행렬은 다음과 같이 표기할 수 있다.

$$cov = \begin{bmatrix} \sigma_{11} & \cdots & \sigma_{1p} \\ \vdots & & \vdots \\ \sigma_{p1} & \cdots & \sigma_{pp} \end{bmatrix}$$

주어진 이변량 bivariate $(p=2)$자료에서 각 변량의 평균을 빼준 값을 DataAdjust 라 하고, 공분산을 구하면 아래와 같다.

$$cov = \begin{bmatrix} 0.6156667 & 0.5747778 \\ 0.5747778 & 0.6698889 \end{bmatrix}$$

이 정방행렬이며 대칭행렬인 공분산행렬의 대각행렬의 원소들을 다 더하면 전체 다변량 자료의 총 분산이 된다. 그러므로 주어진 이변량 자료의 총 분산 total variance 은 $0.6156667 + 0.6698889 = 1.285556$이다.

단계 2: 공분산 행렬을 고유값 분해한다.

공분산 행렬은 정방행렬이고 대칭행렬이기 때문에 항상 고유값 분해가 가능하고 고유벡터들은 직교한다. p개의 고유값을 $\lambda_1 \geq \lambda_2 \geq \cdots \geq \lambda_p > 0$이라고 하고, 이에 대응하는 고유벡터를 $\delta_1, \delta_2, \cdots, \delta_p$라 하고, 이들로 구성된 행렬을 $D = [\,\delta_1 \;\; \delta_2 \;\; \cdots \;\; \delta_p\,]$라 하자.

여기서 유의할 점은 모든 고유값을 더하면 전체 다변량 자료의 총분산 total variance 이 된다. 즉,

$$(\text{총분산}) = \lambda_1 + \lambda_2 + \cdots + \lambda_p$$

주어진 이변량 자료의 고유값은 $\lambda_1 = 1.21819459$과 $\lambda_2 = 0.06736097$이다. 이에 대응되는 고유벡터의 행렬은

$$D = \begin{bmatrix} 0.6902479 & -0.7235729 \\ -0.7235729 & 0.6902479 \end{bmatrix}$$

이다.

위 두 개의 고유벡터는 직교하며, 길이도 모두 1이다. 고유값 분해를 해주는 대부분의 프로그램 패키지는 직교이며 길이가 1인 고유벡터를 제공한다.

이변량 자료의 총 분산을 고유값으로 구하면 $1.21819459 + 0.06736097 = 1.285556$이다. 공분산의 대각원소들의 합과 모든 고유값의 합이 동일하다. 따라서 원래 변량들의 총 분산과 주성분들의 총 분산은 같다.

단계 3: 고유값을 내림차순으로 정리하고 대응되는 고유벡터도 정렬한다.

고유값의 크기는 주성분이 가지고 있는 변동 즉 분산의 크기이다. 그러므로 어느 고유값이 다른 고유값과 비교하여 상대적으로 아주 작은 경우에는 총 분산에 기여하는 양이 작으므로 제거하여도 총 분산에는 큰 영향이 없게 된다. 이것이 PCA가 차원축소를 할 수 있는 이론적 근거이다. 그래서 고유값을 구한 후에는 이들을 내림차순으로 정리하고, 또 고유벡터도 내림차순으로 정렬된 고유벡터에 맞추어 정리한다.

단계 4: 고유벡터를 이용하여 새로운 데이터를 만든다.

원 자료와 새로 계산된 자료를 X_{old}와 X_{new}라고 하면

$$X_{new} = X_{old}D$$

이다. 이 새 자료가 주성분 principal component 이다. X_{new}의 첫 번째 열이 제일 큰 고유값 λ_1에 의해서 만들어 졌으므로 분산이 가장 크고 그래서 제1 주성분 first component 이다. 두 번째 열이 두 번째로 큰 고유값에 의해서 만들어 졌고, 두 번째로 분산이 크고 이것이 제2 주성분이다. 이러한 순서로 나머지 주성분의 번호가 결정된다.

주어진 이변량 자료를 이용하여 주성분으로 이루어진 새 자료 X_{new}를 계산하면 아래와 같다.

$$X_{new} = \begin{bmatrix} 0.85509922 & -0.33136885 \\ -1.67978083 & 0.15276244 \\ 0.94411903 & 0.44456637 \\ 0.08916150 & 0.18179721 \\ 1.63769945 & -0.13762448 \\ 0.93745402 & 0.16180220 \\ -0.06555059 & -0.38039863 \\ -1.18660978 & 0.07040764 \\ -0.33831726 & 0.05041263 \\ -1.19327478 & -0.21235653 \end{bmatrix}$$

이들의 산점도를 그리면 아래와 같다.

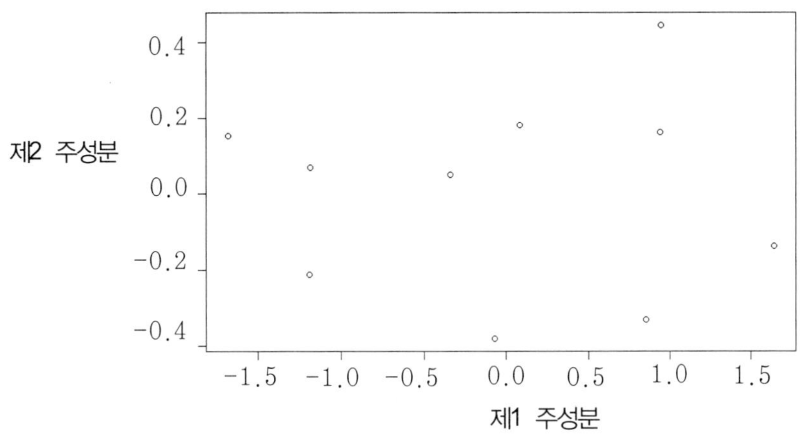

그림 2-10 PC1과 PC2의 산점도

단계 5: PCA를 이용한 차원축소

p개의 고유값 중에서 크기가 상대적으로 작은 고유값은 총 분산에 미치는 영향이 작으므로 제거할 수 있다. 만일 p개의 고유값 중에서 크기가 작은 것들을 제거하여 d개만 선택하고($d < p$), 축소된 고유벡터 행렬을 $D_{reduced} = [\delta_1, \delta_2, \cdots, \delta_d]$ 라 하면, 새로운 변수 $X_{reduced}$는

$$X_{reduced} = X_{old} D_{reduced}$$

여기서 X_{old}는 $(n \times p)$ 행렬이고 $D_{reduced}$는 $(p \times d)$ 행렬이므로 $X_{reduced}$는 $(n \times d)$ 행렬이 된다. 그리하여 p-차원에서 d-차원으로 차원 축소를 하였다. 이 축소된 자료가 설명하는 분산은

$$(\text{축소된 분산}) = \lambda_1 + \lambda_2 + \cdots + \lambda_d$$

이다. 그러므로 축소된 자료가 설명하는 분산의 비율과 손실된 분산의 비율은 다음과 같다.

$$(\text{설명율}) = \frac{(\text{축소된 분산})}{(\text{총 분산})} \times 100$$

$$(\text{손실율}) = \left\{1 - \frac{(\text{축소된 분산})}{(\text{총 분산})}\right\} \times 100$$

손실된 분산의 비율을 정보 손실율이라 한다. 차원축소를 위해 몇 개의 고유값을 제거하는 기준은 여러 가지가 있으며, 일반적으로 설명율이 90% 이상이 되는 선에서 결정한다. 또 다른 선택방법은 그래프를 이용하는 방법으로 scree chart를 이용한다.

이변량 자료의 두 고유값 $\lambda_1 = 1.28402771$과 $\lambda_2 = 0.0490833989$에서 λ_2가 상대적으로 크기가 작으므로 제거하고 $\lambda_1 = 1.28402771$만 사용한다. 그러므로 $D_{reduced} = [\delta_1]$이다. 이것을 이용하여 차원축소를 해 보자. $X_{reduced} = X_{old} D_{reduced}$를 이용하면 아래와 같은 1-차원 자료가 얻어진다.

$$X_{reduced} = \begin{bmatrix} 0.85509922 \\ -1.67978083 \\ 0.94411903 \\ 0.08916150 \\ 1.63769945 \\ 0.93745402 \\ -0.06555059 \\ -1.18660978 \\ -0.33831726 \\ -1.19327478 \end{bmatrix}$$

그리고 이 축소된 자료가 설명하는 분산 비율과 정보 손실율은 다음과 같다.

$$(\text{설명률}) = \frac{1.2840277}{1.333111} = 0.963$$

$$(\text{정보 손실률}) = 1 - (\text{설명율}) = 1 - 0.963 = 0.037$$

단계 5를 마지막으로 주성분 분석을 이용한 차원축소의 방법이 다 설명되었다. PCA를 이용한 차원축소와 연관된 내용을 하나 더 설명을 하면, 주성분 자료로 원 자료를 복원할 수 있다. 위에서 설명한 주성분 자료를 구하는 식을 이용한다. 원 자료와 주성분으로 구성된 자료를 X_{old}와 X_{new}라고 하면, 주성분은 다음 식으로 구한다.

$$X_{new} = X_{old} D$$

그러므로 원 자료 X_{old}는 다음 식으로 표현할 수 있다.

$$X_{old} = X_{new} D^{-1} = X_{new} D^T$$

여기서 고유벡터로 만들어진 행렬 D는 직교행렬이므로 $D^{-1}=D^T$이다. 그러므로 평균을 빼주지 않은 자료로 복원하고자 하면 평균을 더해주면 된다.

$$X_{old} = X_{new}D^T + mean$$

또한 차원이 축소된 된 경우에 행렬 D 대신에 축소행렬 $D_{reduced}$를 사용하면 원 자료로 복원되지 않고 근사값 approximate value 들로 복원이 된다. 근사값으로 복원된 자료를 X_{appr}이라 하면 다음과 같이 식으로 표현된다.

$$X_{appr} = X_{reduced}D_{reduced}^T$$

주어진 이 변량 자료로 X_{appr}를 구하여 2차원 공간에 산점도로 나타내면 아래와 같다.

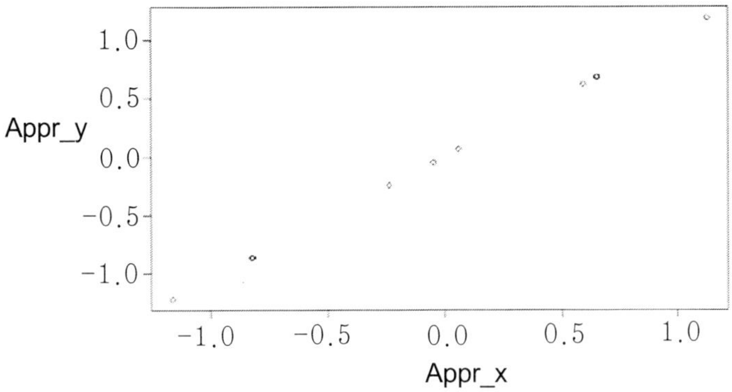

그림 2-11 근사 자료의 산점도

여기서 흥미로운 점은 [그림 2-7]에서는 자료 점들이 폭 넓게 퍼져 있으나, 근사값으로 복원된 X_{appr}의 그림은 모든 점이 한 직선상에 있다는 것이다. 이렇게 두 그림이 다른 것은 근사 자료인 X_{appr}에는 고유값 λ_2가 제거되었고, 그것으로 인하여 두 주성분 중에서 중요도가 낮은 제2주성분의 영향이 자료에서 제외되었기 때문이다. 즉, 제 2주성분에 의한 변동을 노이즈로 판단하여 제거하였기에 직선으로 나타난다. 이 과정이 다음 절에 R로 프로그램 되어 있다.

이러한 현상은 이 장의 맨 앞에서 설명한 PCA는 자료에 숨어 있는 패턴을 찾아내어 보다 변수들의 패턴을 보다 명확하게 표현해준다는 설명의 예이다.

PCA의 단계를 요약한다.

- 자료를 표준화한다.
- 고유값 분해나 특이값 분해를 한다.

- 고유값이나 특이값을 내림차순으로 정리하여 상위 k개를 선택하여 차원을 축소한다.
- k개의 고유벡터를 이용하여 projection matrix $D_{reduced}$을 만든다.
- Projection matrix $D_{reduced}$을 이용하여 원 데이터를 변환하여 새로운 데이터 $X_{reduced}$를 만든다.

4.5 R 프로그램 실습: 주성분 분석

예제 프로그램 1. 위 5가지 단계를 step-by-step R 프로그램으로 만들면 아래와 같다. 프로그램 결과의 해설은 본문에서 하였기 때문에 여기서는 생략한다.

```
> x <- c(2.7,0.6,2.2, 1.8, 3.1, 2.4, 2.1, 1.0, 1.6, 1.2)
> y <- c(2.3,0.8, 2.9,2.1,3.0,2.7,1.6,1.1,1.7,0.9)
> data <- cbind(x,y)
> data
        x    y
 [1,] 2.7  2.3
 [2,] 0.6  0.8
 [3,] 2.2  2.9
 [4,] 1.8  2.1
 [5,] 3.1  3.0
 [6,] 2.4  2.7
 [7,] 2.1  1.6
 [8,] 1.0  1.1
 [9,] 1.6  1.7
[10,] 1.2  0.9
> y <- y -mean(y)
> x <- x -mean(x)
> y <- y -mean(y)
> dataAdj <- cbind(x,y)
> dataAdj
> plot(x,y)
> cov(dataAdj)
> eigen(cov)
$values
[1] 1.21819459 0.06736097

$vectors
```

```
          [,1]       [,2]
[1,] 0.6902479 -0.7235729
[2,] 0.7235729  0.6902479

> eigen(cov)$values
[1] 1.21819459 0.06736097
> sum(eigen(cov)$values)
[1] 1.285556
> D <- eigen(cov)$vectors
> dataNew <- dataAdj %*% D
> dataNew
             [,1]        [,2]
 [1,]  0.85509922 -1.19327478
 [2,] -1.67978083  0.15276244
 [3,]  0.94411903  0.44456637
 [4,]  0.08916150  0.18179721
 [5,]  1.63769945 -0.13762448
 [6,]  0.93745402  0.16180220
 [7,] -0.06555059 -0.38039863
 [8,] -1.18660978  0.07040764
 [9,] -0.33831726  0.05041263
[10,] -1.19327478 -0.21235653
> plot(dataNew[,1], dataNew[,2])
> D
          [,1]       [,2]
[1,] 0.6902479 -0.7235729
[2,] 0.7235729  0.6902479
> dataAdj %*% D[,1]
             [,1]
 [1,]  0.85509922
 [2,] -1.67978083
 [3,]  0.94411903
 [4,]  0.08916150
 [5,]  1.63769945
 [6,]  0.93745402
 [7,] -0.06555059
 [8,] -1.18660978
 [9,] -0.33831726
[10,] -1.19327478
> dataAppr <- dataNew[,1] %*% t(D[,1])
```

```
> dataAppr
              [,1]        [,2]
 [1,]  0.59023047  0.61872666
 [2,] -1.15946523 -1.21544396
 [3,]  0.65167620  0.68313898
 [4,]  0.06154354  0.06451485
 [5,]  1.13041865  1.18499501
 [6,]  0.64707569  0.67831637
 [7,] -0.04524616 -0.04743063
 [8,] -0.81905494 -0.85859873
 [9,] -0.23352278 -0.24479721
[10,] -0.82365544 -0.86342134
> plot(dataAppr[,1],dataAppr[,2])
```

예제 프로그램 2. 이 예제 프로그램에서는 R에 있는 *iris* 데이터를 이용하여 step-by-step PCA의 R 프로그램과 결과를 해석해 보자.

iris 자료의 일부를 살펴보면, 자료는 꽃받침 길이를 나타내는 *Sepal.Length*, 꽃받침 너비인 *Sepal.Width*, 꽃잎 길이인 *Petal.Length*, 꽃잎 너비인 *Petal.Width*, 붓꽃의 종류인 *Species* 로 이루어져 있다. *Species* 는 붓꽃의 3가지 종류인 *"setosa"*, *"versicolor"*, *"virginica"*로 이루어져있다.

```
> data(iris)
> data <- iris[, -5]
> head(data, n=7)
  Sepal.Length Sepal.Width Petal.Length Petal.Width
1          5.1         3.5          1.4         0.2
2          4.9         3.0          1.4         0.2
3          4.7         3.2          1.3         0.2
4          4.6         3.1          1.5         0.2
5          5.0         3.6          1.4         0.2
6          5.4         3.9          1.7         0.4
7          4.6         3.4          1.4         0.3
> data.Adj <- scale(data, center = TRUE, scale = TRUE)
```

위에서 함수 *scale()* 를 이용하여 각 열에서 평균을 빼고, 다시 표준편차로 나누어 주었다.

(Scale 전)

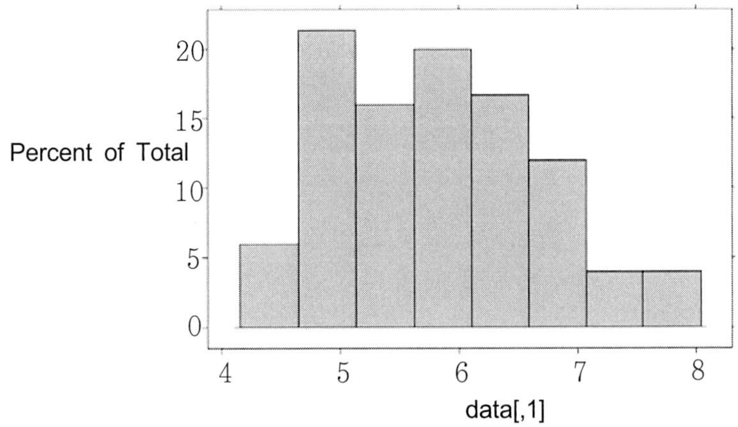

(Scale 후)

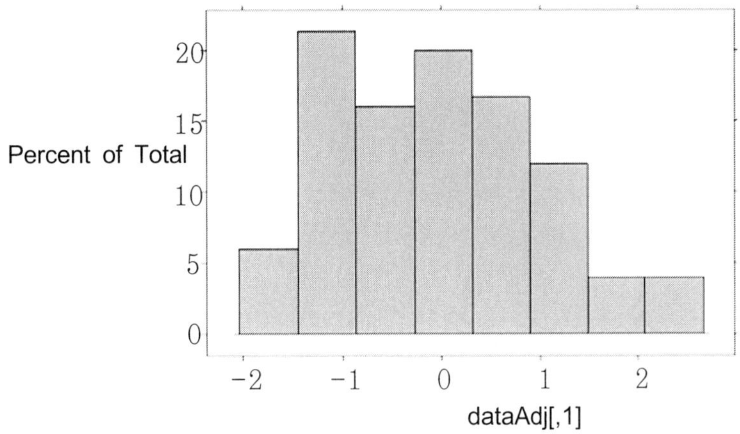

그림 2-12 꽃받침 길이의 Scale 전과 후의 분포

Scale를 하는 이유는 열 변수들 간의 단위나 범위에 차이가 있어 PCA에 영향을 주지 않게 하기 위함이다. 다음 단계는 이 자료를 이용하여 정방행렬 square matrix 을 구하는 일인데, PCA에서는 두 가지 정방행렬을 이용할 수 있다. 하나는 위 예제에서 사용한 공분산 행렬 covariance matrix 이고 다른 하나는 다른 하나는 상관행렬 correlation matrix 이다. 이번에는 상관행렬을 사용해 보도록 한다.

```
# 1. Construct the correlation matrix
> data.cor <- cor(data.Adj)
> round(data.cor, 2)
             Sepal.Length  Sepal.Width  Petal.Length  Petal.Width
Sepal.Length     1.00        -0.12         0.87          0.82
Sepal.Width     -0.12         1.00        -0.43         -0.37
Petal.Length     0.87        -0.43         1.00          0.96
Petal.Width      0.82        -0.37         0.96          1.0
```

다음은 상관행렬의 고유값 eigenvalue 과 고유벡터 eigenvector 를 구한다.

```
> # 2. Calculate eigenvectors/eigenvalues
> data.eig <- eigen(data.cor)
> data.eig
$values
[1] 2.91849782 0.91403047 0.14675688 0.02071484

$vectors
           [,1]        [,2]        [,3]        [,4]
[1,]  0.5210659 -0.37741762   0.7195664   0.2612863
[2,] -0.2693474 -0.92329566  -0.2443818  -0.1235096
[3,]  0.5804131 -0.02449161  -0.1421264  -0.8014492
[4,]  0.5648565 -0.06694199  -0.6342727   0.5235971
```

위 결과를 보면 고유값들이 이미 내림차순으로 정리되어 있음을 알 수 있다. 이 결과를 이용하여 위 예제에서 구했던 새로운 데이터 X_{new}를 step-by-step 만들어 보자.

```
> D <- data.eig$vectors
> # 3. The new dataset
> dataNew <- data.Adj %*% D
> # Rename columns
> colnames(dataNew) <- c("PC1", "PC2", "PC3", "PC4")
> head(dataNew)
           PC1         PC2          PC3           PC4
[1,] -2.257141  -0.4784238   0.12727962   0.024087508
[2,] -2.074013   0.6718827   0.23382552   0.102662845
[3,] -2.356335   0.3407664  -0.04405390   0.028282305
[4,] -2.356335   0.5953999  -0.09098530  -0.065735340
[5,] -2.381863  -0.6446757  -0.01568565  -0.03580287
[6,] -2.068701  -1.4842053  -0.02687825   0.006586116
> plot(dataNew[,1], dataNew[,2],main="Plot of PC1 vs. PC2", xlab="PC1",
ylab="PC2")
```

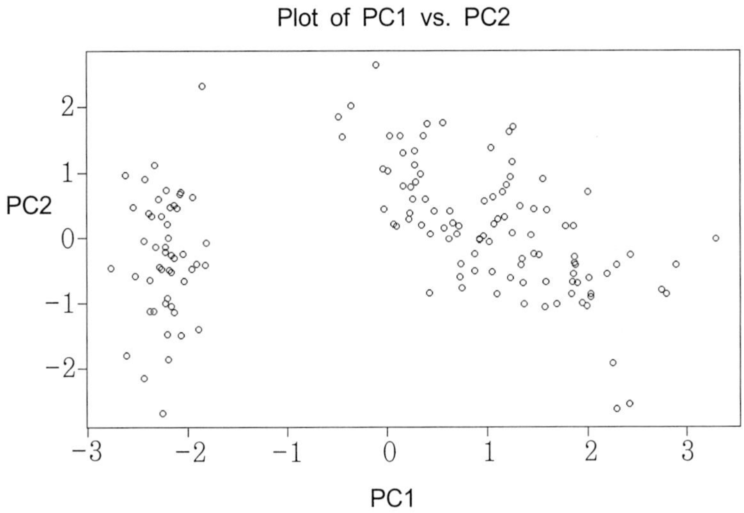

그림 2-13 PC1과 PC2의 산점도

예제 프로그램 3. 다음은 R 패키지에 있는 주성분 분석함수 *prcomp()* 을 이용하여 주성분 분석을 하여 보자.

함수 *princomp()* 는 고유값 분해를 사용하였고, 함수 *prcomp()* 는 특이값 분해 singular value decomposition(SVD) 를 사용하였다. R help에 따르면 SVD이 수치적으로 좀 더 정확하고, 그래서 일반적으로 *prcomp()* 를 선호한다고 되어있다.

또 한 가지 PCA를 할 때 고려해야 할 사항은 자료가 한 쪽으로 치우쳐진 skewed 경우나 자료들의 변동에 큰 차이가 있거나 자료들의 측정단위가 다른 경우에는 PCA를 하기 전에 적절한 변수 변환 variable transformation 을 한다. Log 변환을 하여 PCA를 하여 보자.

```
> # log transform
> data(iris)
> data <- iris[, -5]
> log.data <- log(data)
> # apply PCA - scale. = TRUE is highly
> # advisable, but default is FALSE.
> data.pca <- prcomp(log.data, center = TRUE, scale. = TRUE)
> print(data.pca)
Standard deviations:
[1] 1.7124583 0.9523797 0.3647029 0.1656840
```

```
Rotation:
                PC1          PC2           PC3          PC4
Sepal.Length   0.5038236   -0.45499872   0.7088547    0.19147575
Sepal.Width   -0.3023682   -0.88914419  -0.3311628   -0.09125405
Petal.Length   0.5767881   -0.03378802  -0.2192793   -0.78618732
Petal.Width    0.5674952   -0.03545628  -0.5829003    0.5804474
> # plot method
```

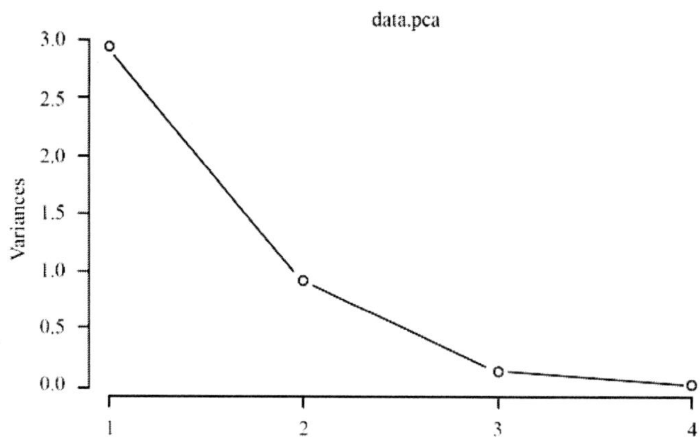

그림 2-14 scree chart

```
> summary(data.pca)
Importance of components:
                          PC1      PC2      PC3       PC4
Standard deviation       1.7125   0.9524   0.36470   0.16568
Proportion of Variance   0.7331   0.2268   0.03325   0.00686
Cumulative Proportion    0.7331   0.9599   0.99314   1.00000
```

위 그림은 자료의 차원을 축소할 때 어느 PC까지를 선택해야 할 때 사용한다. 일반적으로 variance 가 1이상인 PC까지를 선택하는데 이 경우에는 두 번째 PC까지의 variance가 1에 가깝다. 또 위 *summary()* 결과에서 *Standard deviation* 은 고유값의 제곱근이고, 이를 제곱하면 고유값이 되며 곧 각 PC의 분산이 된다. *Proportion of Variance* 는 전체 분산에서 각 PC가 차지하는 비율을 말한다. 즉, 첫 번째 PC의 분산 비율을 73.31%이며, 두 번째 PC의 분산 비율을 22.68%이다. 그러므로 위 그래프에 따라서 두 개의 PC를 선택하였을 때, 이 두 개의 PC가 차지하는 분산 비율을 95.99%이다. 4차원 다변량 자료는 두 개의 PC로 차원을 축소하여도 분산에서 잃은 비율이 4.01%

로 거의 잃은 것이 없다.

다음은 처음 두 PC와 *ggplot2* 패키지에 있는 함수 *ggbiplot()* 을 이용하여 biplot을 그린다.

```
> install.packages("devtools")
> library(devtools)
> install_github("ggbiplot", "vqv")
> library(ggbiplot)
> data.species <- iris[, 5]
> g<-ggbiplot(data.pca, obs.scale=1, var.scale=1, groups=data.species,
+ellipse = TRUE, circle = TRUE)
> print(g)
```

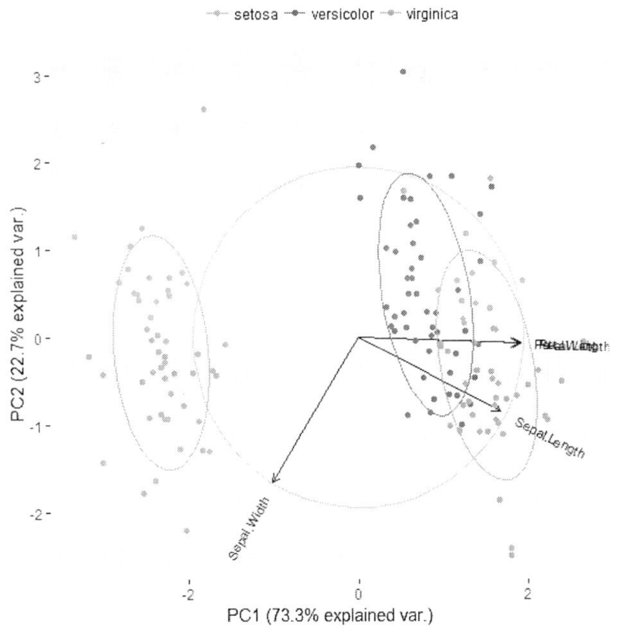

그림 2-15 PC1과 PC2의 산점도

4.6 Python 프로그램 실습: 주성분 분석

두 가지 방법으로 PCA를 Python 프로그래밍을 할 수 있다. 먼저 PCA의 각 단계별로 Python 코드를 작성할 수 있고, 다른 방법은 Python에 있는 built-in 모듈를 이용하여 코드를 작성할 수 있다. 두 방법을 다 해 보자. 두 방법 다 *iris* 데이터를 사용한다.

예제 프로그램 4. 위에서 설명한 대로 단계별로 PCA를 프로그래밍한다. *iris* 데이터를 불러 들려서 분석 준비를 한다.

```
>>> import pandas as pd
>>> data = pd.read_csv(
...     filepath_or_buffer='https://archive.ics.uci.edu/ml/machine-learning
-databases/iris/iris.data', header=None, sep=',')
>>> data.columns=['sepal_len', 'sepal_wid', 'petal_len', 'petal_wid', 'class']
>>> data.dropna(how="all", inplace=True) # drops the empty line at file-end
>>> data.head()
   sepal_len  sepal_wid  petal_len  petal_wid        class
0        5.1        3.5        1.4        0.2  Iris-setosa
1        4.9        3.0        1.4        0.2  Iris-setosa
2        4.7        3.2        1.3        0.2  Iris-setosa
3        4.6        3.1        1.5        0.2  Iris-setosa
4        5.0        3.6        1.4        0.2  Iris-setosa
>>> data.tail()
     sepal_len  sepal_wid  petal_len  petal_wid           class
145        6.7        3.0        5.2        2.3  Iris-virginica
146        6.3        2.5        5.0        1.9  Iris-virginica
147        6.5        3.0        5.2        2.0  Iris-virginica
148        6.2        3.4        5.4        2.3  Iris-virginica
149        5.9        3.0        5.1        1.8  Iris-virginica
>>> X = data.ix[:,0:4].values
>>> y = data.ix[:,4].values
```

PCA 분석을 바로 가기 전에 열벡터들의 분포모양을 보자.

```
>>> from matplotlib import pyplot as plt
>>> import numpy as np
>>> import math
>>> label_dict = {1: 'Iris-Setosa',
...               2: 'Iris-Versicolor',
...               3: 'Iris-Virgnica'}
>>> feature_dict = {0: 'sepal length [cm]',
```

```
...                    1: 'sepal width [cm]',
...                    2: 'petal length [cm]',
...                    3: 'petal width [cm]'}
>>> with plt.style.context('seaborn-whitegrid'):
...     plt.figure(figsize=(8, 6))
...     for cnt in range(4):
...         plt.subplot(2, 2, cnt+1)
...         for lab in ('Iris-setosa', 'Iris-versicolor', 'Iris-virginica'):
...             plt.hist(X[y==lab, cnt],
...                       label=lab,
...                       bins=10,
...                       alpha=0.3,)
...         plt.xlabel(feature_dict[cnt])
...     plt.legend(loc='upper right', fancybox=True, fontsize=8)
...
...     plt.tight_layout()
...     plt.show()
```

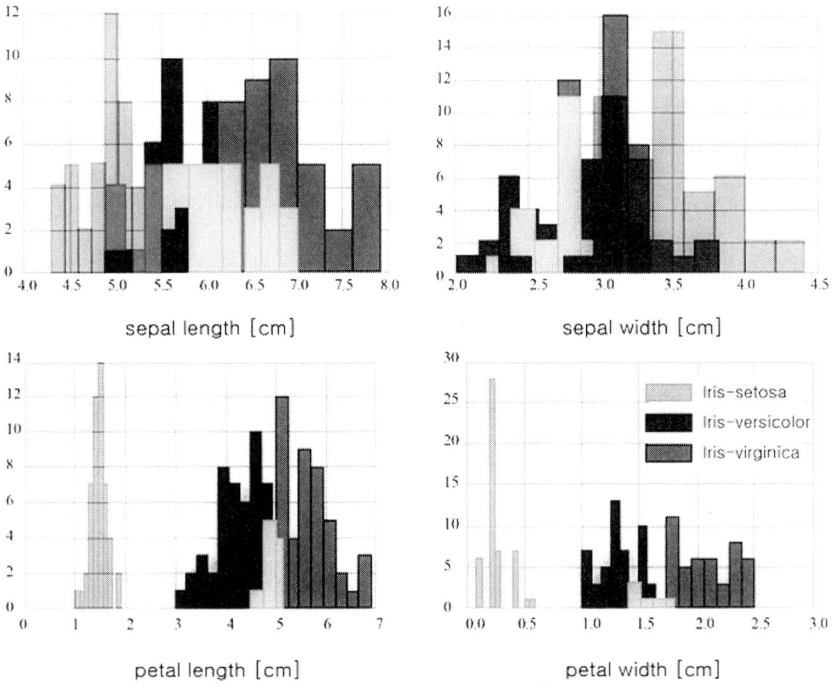

그림 2-16 열 벡터들의 분포

위 그림에서 보는 바와 같이 세 가지 *iris* 종류 *iris-setosa*, *iris-versicolor*, 그리고 *iris-virginica* 의 네 개의 변수들 - *sepal length*, *sepal width*, *petal length*, *petal width* - 의 분포가 다르다. 특히, *petal length* 와 *petal width* 의 분포는 세 품종 간에 확연히 차이가 난다. 이러한 경우에는 PCA를 하기 전에 자료를 표준화해야 한다. 그 이유는 PCA는 공분산 행렬의 분산이 큰 방향을 찾아서 PC를 구하기 때문에 변수의 단위가 다르거나 분포에 차이가 있으면 이것들이 PCA의 결과에 영향을 미치기 때문에 최적의 PCA결과를 얻기 위해서는 평균이 0이고 분산이 1인 새 변수로 표준화 한다.

```
>>> from sklearn.preprocessing import StandardScaler
>>> X_std = StandardScaler().fit_transform(X)
```

다음은 공분산 행렬을 만들고 고유값과 고유벡터를 구한다.

```
>>> import numpy as np
>>> mean_vec = np.mean(X_std, axis=0)
>>> cov_mat = (X_std - mean_vec).T.dot((X_std - mean_vec)) / (X_std.shape[0]-1)
print('Covariance matrix \n%s' %cov_mat)
Covariance matrix
[[ 1.00671141 -0.11010327  0.87760486  0.82344326]
 [-0.11010327  1.00671141 -0.42333835 -0.358937  ]
 [ 0.87760486 -0.42333835  1.00671141  0.96921855]
 [ 0.82344326 -0.358937    0.96921855  1.00671141]]
>>> cov_mat = np.cov(X_std.T)
>>> eig_vals, eig_vecs = np.linalg.eig(cov_mat)
>>> print('Eigenvectors \n%s' %eig_vecs)
Eigenvectors
[[ 0.52237162 -0.37231836 -0.72101681  0.26199559]
 [-0.26335492 -0.92555649  0.24203288 -0.12413481]
 [ 0.58125401 -0.02109478  0.14089226 -0.80115427]
 [ 0.56561105 -0.06541577  0.6338014   0.52354627]]
>>> print('\nEigenvalues \n%s' %eig_vals)
Eigenvalues
[ 2.93035378  0.92740362  0.14834223  0.02074601]
```

다음에는 차원을 축소하는 프로그램이다.

```
>>> eig_pairs = [(np.abs(eig_vals[i]), eig_vecs[:,i]) for i in range(len(eig_vals))]
>>> eig_pairs.sort(key=lambda x: x[0], reverse=True)
>>> print('Eigenvalues in descending order:')
Eigenvalues in descending order:
>>> for i in eig_pairs:
...     print(i[0])
...
2.93035377559
0.927403621517
0.148342226482
0.0207460139956
0.0207460139956
```

다음은 네 개의 PC들의 전체 분산에 기여비율을 계산한다.

```
>>> tot = sum(eig_vals)
>>> var_exp = [(i / tot)*100 for i in sorted(eig_vals, reverse=True)]
>>> cum_var_exp = np.cumsum(var_exp)
>>> print(var_exp)
[72.770452093801353,          23.030523267680646,          3.6838319576273788,
0.51519268089063752]
>>> print(cum_var_exp)
[  72.77045209   95.80097536   99.48480732  100.          ]
```

첫 번째 PC의 분산 기여도는 72.77%이고 두 번째 PC의 분산 기여도는 20.03% 이다. 이것을 그림으로 나타내 보자. 첫 번째와 두 번째 PC의 분산기여도는 합하여 95.8% 이다. 그러므로 네 개의 PC중에서 처음 두 개만 선택하여도 정보의 손실이 거의 없다.

```
>>> with plt.style.context('seaborn-whitegrid'):
...     plt.figure(figsize=(6, 4))
>>> plt.bar(range(4), var_exp, alpha=0.5, align='center',
...             label='individual explained variance')
>>> plt.step(range(4), cum_var_exp, where='mid',
>>> plt.ylabel('Explained variance ratio')
```

```
>>> plt.xlabel('Principal components')
>>> plt.legend(loc='best')
>>> plt.tight_layout()
```

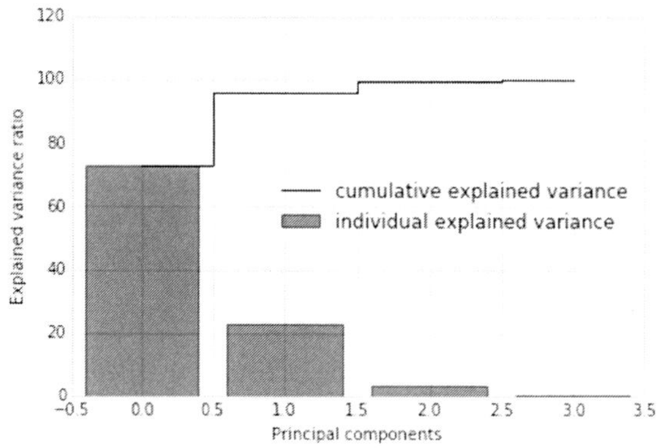

그림 2-17 각 주성분들의 분산 비율

다음은 Projection 행렬 D를 이용하여 PC을 구하고, 첫 PC와 두 번째를 이용하여 그림을 그린다.

```
>>> matrix_D = np.hstack((eig_pairs[0][1].reshape(4,1),
...                       eig_pairs[1][1].reshape(4,1)))
>>> print('Matrix D:\n', matrix_D)
Matrix D:
 [[ 0.52237162 -0.37231836]
 [-0.26335492 -0.92555649]
 [ 0.58125401 -0.02109478]
 [ 0.56561105 -0.06541577]]

>>> Y = X_std.dot(matrix_D)
>>> with plt.style.context('seaborn-whitegrid'):
...     plt.figure(figsize=(6, 4))
>>> for lab, col in zip(('Iris-setosa', 'Iris-versicolor', 'Iris-virginica'),
...                     ('blue', 'red', 'green')):
...     plt.scatter(Y[y==lab, 0], Y[y==lab, 1], label=lab,
...                 c=col)
>>> plt.xlabel('Principal Component 1')
```

```
>>> plt.ylabel('Principal Component 2')
>>> plt.legend(loc='lower center')
>>> plt.tight_layout()
>>> plt.show()
```

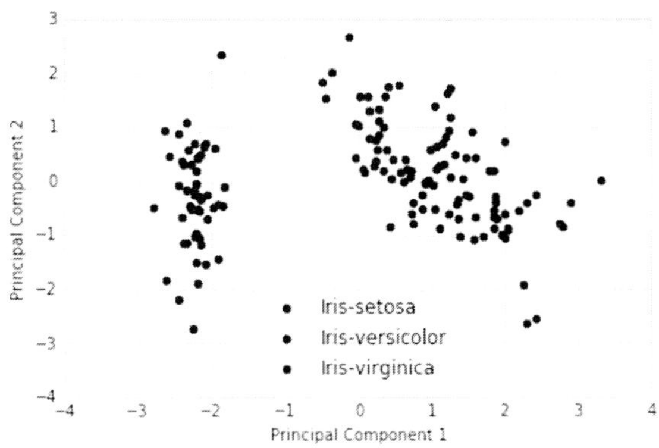

그림 2-18 *iris* 자료의 PC1과 PC2의 산점도

예제 프로그램 5. Scikit-learn의 PCA 분석방법을 이용한 Python 프로그래밍이다.

```
>>> from sklearn.decomposition import PCA as sklearnPCA
>>> sklearn_pca = sklearnPCA(n_components=2)
>>> Y_sklearn = sklearn_pca.fit_transform(X_std)
>>> with plt.style.context('seaborn-whitegrid'):
...     plt.figure(figsize=(6, 4))
...     for lab, col in zip(('Iris-setosa', 'Iris-versicolor', 'Iris-virginica'),
...                         ('blue', 'red', 'green')):
...         plt.scatter(Y_sklearn[y==lab, 0],
...                     Y_sklearn[y==lab, 1],
...                     label=lab,
...                     c=col)
...     plt.xlabel('Principal Component 1')
...     plt.ylabel('Principal Component 2')
...     plt.legend(loc='lower center')
...     plt.tight_layout()
...     plt.show()
```

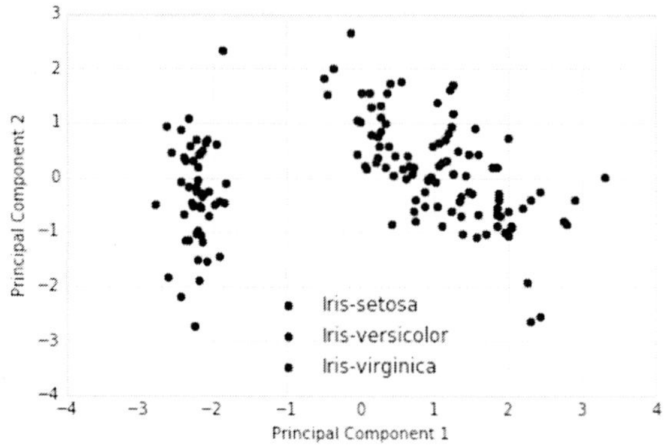

그림 2-19 *iris* 자료의 C1과 C2의 산점도(scikit-learn 이용)

5. 대응분석 Correspondence Analysis

사회현상이나 자연현상 또는 과학 분야에서 측정되는 자료는 크게 두 부류 - 연속형 자료 continuous data 와 범주형 자료 categorical data - 로 나눈다. 어느 부류의 자료인가에 따라서 분석방법이 다르다. 자료가 연속형인 경우에 차원축소 방법으로 가장 많이 사용되는 방법이 앞 장에서 소개한 주성분 분석 principal component analysis 방법이다. 자료가 범주형 일 경우에는 이 분석 방법을 사용할 수 없는데, 이 때에 사용할 수 있는 방법이 대응분석 correspondence analysis 이다.

대응분석을 설명하기에 앞서 범주형 변수에 대해 설명을 더한다. 범주형 categorical 변수는 측정된 단위가 여러 범주 category 혹은 수준 level 의 집합들로 구성되어 있는 변수이며, 이 범주형 변수의 관측치는 주어진 각각의 범주 또는 수준에 속하는 빈도 frequency 로 주어진다. 예를 들어 자동차의 크기는 {대, 중, 소}의 범주를 가지며, 100개의 자동차를 조사하였다면 세 범주에 속하는 백 개의 대 중 소의 빈도가 주어진다. 또 다른 예는 사회과학 분야에서 많이 사용되는 설문조사의 설문지에 있는 다지 선다형 multiple choice 문항은 1점부터 5점까지 5가지 범주를 가지며 100명의 응답자를 대상으로 조사하였다면 100개의 5점 척도에 대한 빈도가 주어진다.

통계적으로 정의하면 명목척도 nominal scale 이나 순위척도 ordinal scale 로 측정된 자료를 범주형 자료라 한다.

연속형 자료의 관측치들은 실수 real number 로 주어지기 때문에 평균과 분산 등의 기술통계 descriptive statistics 들이 의미가 있게 해석되고 다차원 공간에서 자료들 간의 거리 또한 의미가 있다. 범주형 자료의 관측치는 범주들로 주어지기 때문에 범주형 자료의 요약 summary 는 주로 빈도 frequency 로만 요약이 된다. 범주형 자료의 범주들을 분석의 편의를 위하여 숫자로 바꾸어 사용할 수 있으나, 이 숫자는 숫자가 갖는 크기라는 고유의 의미를 내포하고 있지 못하기 때문에 곱하거나 나누거나 하는 수학적 연산을 하지도 않고 곱셈이나 나눗셈을 하여 해석하지 않는다. 즉, 위에서 예로 사용한 {대, 중, 소}의 범주를 {3, 2, 1}로 바꾸어 표기할 경우에 이 {3, 2, 1}은 숫자가 가지고 있는 고유의 의미를 가지고 있지 않기 때문에 수학적 연산을 하여 사용하거나 해석할 수 없다.

따라서 범주형 자료는 단순히 각 범주에 해당하는 표본이 몇 개인가 하는 빈도만으로 요약한다. 또한 여러 개의 범주형 자료를 교차 분석하는 경우에도 두 범주형 변수들 간의 독립성이나 연관성 등을 분석하는데 그치고 있다. 즉, 연속형 변수들 간에 가능한 회귀분석 등 다양한 선형모형 분석을 하지 못한다. 범주형 자료 분석의 이러한 단점을 보완한 방법이 앞으로 설명할 대응분석이다. 쉽게 말하면 주성분 분석 PCA가 연속형 자료들에 대하여 할 수 있는 차원축소와 같은 분석을 대응분석 correspondence analysis(CA) 이 범주형 자료에 대하여 할 수 있다.

5.1 대응행렬 Correspondence Matrix

범주형 변수는 정해진 범주에 해당하는 빈도로 요약된다. 두 개의 범주형 변수 A와 B가 있다고 가정하자. 변수 A의 범주의 수는 a개이고 변수 B의 범주의 수는 b개이다. 총 n명의 사람들을 조사하여 나타난 빈도를 아래와 같이 표로 정리하면 이 표를 분할표 contingency table / cross table 이라고 한다. 변수 A와 B의 범주의 수가 각각 a와 b 이므로 이 분할표에는 총 ab개의 칸 cell 이 있고 각 cell 에는 변수 A의 i번째 범주와 변수 B의 j번째 범주에 속하는 빈도가 있는데 이를 n_{ij}라고 나타낸다. 그러면 아래와 같은 분할표를 만들 수 있다.

표 2-4 두 범주형 자료의 분할표

	$B1$	$B2$	$\cdots$	Bb	열합계
$A1$	n_{11}	n_{12}	$\cdots$	n_{1b}	$n_{1.}$
$A2$	n_{21}	n_{22}	$\cdots$	n_{2b}	$n_{2.}$
$\vdots$	$\vdots$	$\vdots$	$\ddots$	$\vdots$	$\vdots$
Aa	n_{a1}	n_{a2}	$\cdots$	n_{ab}	$n_{a.}$
행합계	$n_{.1}$	$n_{.2}$	$\cdots$	$n_{.b}$	n

이 분할표에 있는 모든 빈도 n_{ij} 를 총빈도 n 으로 나눈 결과를 대응행렬 correspondence matrix 이라 하고 $P = [\frac{n_{ij}}{n}] = [p_{ij}]$ 로 표시한다.

표 2-5 대응 행렬

	열수준1 확률	열수준2 확률	⋯	열수준b 확률	row.mass
행수준1확률	p_{11}	p_{12}	⋯	p_{1b}	$p_{1.}$
행수준2확률	p_{21}	p_{22}	⋯	p_{2b}	$p_{2.}$
⋮	⋮	⋮	⋱	⋮	⋮
행수준a확률	p_{a1}	p_{a2}	⋯	p_{ab}	$p_{a.}$
Column.mass	$p_{.1}$	$p_{.2}$	⋯	$p_{.b}$	p

예제 2-7

어느 공장에서 세 개의 협력업체 {vender1, vender2, vender3} 로부터 생산품을 일 년간 납품을 받았다고 하자. 일 년간 납품받은 생산품 중에서 발견된 불량품의 개수는 총 3399개이고, 불량품의 종류를 범주로 나누었더니 모두 8개의 범주 {D1, D2, D3, D4, D5, D6, D7, D8}로 나누어 졌다. 그러므로 두 개의 범주형 변수 - 협력업체와 불량품 종류 - 를 이용하여 분할표를 만들면 아래와 같다.

	D1	D2	D3	D4	D5	D6	D7	D8	Sum
Vender1	151	135	208	91	76	211	185	20	1077
Vender2	141	139	200	122	105	220	186	30	1143
Vender3	55	65	270	262	88	155	241	43	1179
Sum	347	339	678	475	269	586	612	93	3399

5.2 대응분석의 목적와 방법

분할표에서 우리는 무엇을 얻을 수 있는가? 즉 대응분석의 목적는 무엇인가? 두 범주형 변수의 관측치가 분할표로 정리되었다면 이 분할표에 대한 대응분석에서 우리는 무엇을 얻을 수 있는가를 알아보자.

목적 1. 8개의 불량 종류에 관련하여 세 개의 협력업체 사이에 유사점 similarity 이 있는가? 또는 다른 점이 있는가?

목적 2. 세 개의 협력업체에 관련하여 8개의 불량 종류 간에 유사점이 있는가? 또는 다른 점이 있는가?

목적 3. 협력업체와 불량 종류 간에 어떤 연관성 association 이 있는가?

목적 4. 위 분할표는 (3×8) 행렬이다. 즉, 협력업체를 관측치로 보면, 8차원 공간의 3개의 점이고, 불량의 종류를 관측치로 보면 3차원 공간에서 8개의 자료점이다. 네 번째 목적은 저 차원 공간에서 위 세 가지의 관계를 그래프로 나타낼 수 있는가?

위 네 가지 분석 목적 중에서 **목적 1**과 **목적 2**는 협력업체와 불량 종류라는 변수의 주효과 main effect 가 있는가라는 질문과 같고, **목적 3**은 두 변수 간에 상호작용 interaction 이 있는가와 같은 질문이다. 빈도를 이용하여 모수적 분석 방법으로 주효과와 상호작용을 분석하는 다른 방법으로 loglinear 분석 방법이 있다. 이 loglinear 방법이 대응분석과 다른 점은 **목적 4**인 차원축소 dimension reduction 부분을 다루지 못하고 관계를 그래프로 표현하지 못하는 점이다.

위 네 가지 목적에 대한 해결방법은 다음과 같다.

해결방법 1. 목적 1에 대한 해결 방법은 row profile이다.

해결방법 2. 목적 2에 대한 해결 방법은 column profile이다.

해결방법 3. 목적 3에 대한 해결 방법은 가중 χ^2-거리 weighted χ^2-distance 이다.

해결방법 4. 목적 4에 대한 해결 방법은 특이값 분해 singular value decomposition 이다.

Row profile를 구하기 위하여 대응행렬 $P=[\frac{n_{ij}}{n}]=[p_{ij}]$를 계산하고, 대응행렬 P의 각 행의 원소들을 그 행의 row.mass로 나누어 주면 row profile이 만들어지고, 이를 R로 나타낸다. Column profile를 구하기 위하여 대응행렬 P를 계산하고, 대응행렬 P의 각 열의 원소들을 그 열의 column.mass로 나누어 주면 column profile 이 만들어지는데 이 것을 C로 표시한다. 이 R과 C가 각각 row profile과 column profile이다. 다음에 두 범주형 자료 간에 연관성 association 이 있는지 또는 독립성 independence 이 있는지 검정을 하기 위해서는 χ^2 검정 통계량을 계산하여 결정을 한다. 이 χ^2 검정 통계량을 계산하기 위하여 먼저 가중 χ^2-거리 weighted χ^2-distance 행렬을 만들다. 이 가중 χ^2-거리 행렬 D은 다음과 같이 정의한다.

$$D=D_r^{-1/2}(P-rc^T)D_c^{-1/2}$$

여기서 r은 대응행렬 P의 열벡터 row.mass 이고 c는 대응행렬 P의 행벡터 column.mass이다. 또 D_r은 row.mass로 만들어진 대각행렬이며, D_c은 column.

mass로 만들어진 대각행렬이다. 두 범주형 변수의 연관성이나 독립성을 검정하기 위한 χ^2 검정 통계량은 다음과 같이 구해진다.

$$(\text{검정통계량 } \chi^2) = n\,tr(DD^T) = n\sum_{i=1}^{m}\lambda_i^2$$

여기서 tr은 행렬의 trace를 말하고 $\lambda_1^2, \lambda_2^2, \cdots, \lambda_m^2$ 은 DD^T의 고유값 eigenvalue이다. 또 $m = \min(a,b) - 1$이다.

• Total inertia

$\chi^2/n = \sum_{i=1}^{m}\lambda_i^2$ 을 total inertia라고 부르는 데, 이는 전체 행렬 DD^T가 가지고 있는 정보량을 나타낸다.

또 행렬 D에 특이값 분해 singular value decomposition 를 적용시키면 U, Σ, 그리고 V 행렬을 만들어 진다.

$$D = U\Sigma V^T$$

여기서 행렬 U는 $(a \times m)$ 행렬이고, V는 $(b \times m)$ 행렬이고, Σ는 $(m \times m)$ 대각 행렬이다. 대각행렬 S의 대각원소들은 $\lambda_1 \geq \lambda_2 \geq \cdots \geq \lambda_m$ 으로 특이값이다. 이들의 제곱은 DD^T의 고유값이 된다. 즉, λ_k는 k번째 특이값이고 λ_k^2는 k번째 고유값이다.

예제 2-8

앞의 예제에서 얻은 협력업체의 불량 종류에 대한 분할표를 이용하여 위에서 설명한 측도들을 구하여 보자. Row profile과 column profile을 구한다. 먼저 대응행렬 $P = [\frac{n_{ij}}{n}] = [p_{ij}]$을 구하자.

```
> # correspondence matrix
> P
                    D1          D2          D3          D4          D5
Vender1     0.04442483  0.03971756  0.06119447  0.02677258  0.02235952
Vender2     0.04148279  0.04089438  0.05884084  0.03589291  0.03089144
Vender3     0.01618123  0.01912327  0.07943513  0.07708149  0.02588997
column.mass 0.10208885  0.09973522  0.19947043  0.13974698  0.07914092

                    D6          D7           D8     row.mass
Vender1     0.07914092  0.05442777  0.005884084    0.3168579
```

```
Vender2       0.06472492   0.05472198   0.008826125   0.3362754
Vender3       0.04560165   0.07090321   0.012650780   0.3468667
column.mass   0.17240365   0.18005296   0.027360989   1.0000000

> # row profile
> R.profiles
              D1          D2           D3          D4           D5
Vender1       0.1402043   0.12534819   0.1931291   0.08449396   0.07056639
Vender2       0.1233596   0.12160980   0.1749781   0.10673666   0.09186352
Vender3       0.0466497   0.05513147   0.2290076   0.22222222   0.07463953
column.mass   0.1020888   0.09973522   0.1994704   0.13974698   0.07914092

              D6          D7          D8           row.mass
Vender1       0.1959146   0.1717734   0.01857010   0.3168579
Vender2       0.1924759   0.1627297   0.02624672   0.3362754
Vender3       0.1314673   0.2044105   0.03647159   0.3468667
column.mass   0.172403    0.1800530   0.02736099   1.0000000

> # column profile
> C.profiles
              D1          D2           D3          D4          D5
Vender1       0.4351585   0.39823009   0.3067847   0.1915789   0.28252788
Vender2       0.4063401   0.4100295    0.2949853   0.2568421   0.39033457
Vender3       0.1585014   0.19174041   0.3982301   0.5515789   0.32713755
column.mass   0.1020888   0.09973522   0.1994704   0.1397470   0.07914092

              D6          D7          D8           row.mass
Vender1       0.3600683   0.3022876   0.21505376   0.3168579
Vender2       0.3754266   0.3039216   0.32258065   0.3362754
Vender3       0.2645051   0.3937908   0.46236559   0.3468667
column.mass   0.1724036   0.1800530   0.02736099   1.0000000
```

다음은 협력업체의 불량 종류간의 유사점이나 다른 점을 찾을 수 있는가에 대한 답을 찾기 위하여 어떻게 위 row profile과 column profile를 이용할 수 있는지 알아보자. 위 column profile 표를 통해 먼저 세 협력업체간의 불량종류 {*D1*, *D2*, …, *D8*}의 분포들을 비교할 수 있다. 예를 들어 불량 종류 *D1*의 분포는 {0.44, 0.40, 0.16}이고, *D2*의 분포는 {0.40, 0.41, 0.19}이고, *D4*의 분포는 {0.19, 0.26, 0.55}이다. 불량 종류 *D1*과 *D2*는 세 협력업체간에 유사한 분포를 보이고 있다. 즉 불량 종류 *D1*과 *D2*는 *Vendor1*과 *Vendor2*에서 80%이상이 만들어 졌고, 20%정도가 *Vendor3*에서 만들어

졌다. 반면에 불량 종류 *D4*는 세 협력업체 중에서 특히 *Vendor3*에서 55%이상이 만들어지고 있다. 그러므로 불량 종류 *D1*과 *D2*는 유사한 분포를 가자고 있고, 이들의 분포는 *D4*의 분포와는 다르다.

이렇게 숫자를 하나하나 비교하는 방법보다는 이들을 그래프로 그릴 수 있으면 한 번에 전체 현황을 파악할 수 있다. 즉, 하나의 불량종류는 세 개의 협력업체의 불량률이고, 이들을 합하면 1이 된다. 그러므로 8개의 불량종류는 3차원 공간의 8개의 점으로 표시할 수 있는데, 특이한 점은 세 값을 합하여 1이 되는 3차원 공간의 한 면에 8개의 점이 있게 된다. [그림 2-20]과 같이 그래프로 표시할 수 있다. 3차원의 점들 중 모든 좌표값이 양수이고 그 합이 1이 되는 점들은 모두 이 삼각형의 면 위에 놓인다. 세 개의 축은 세 개의 협력업체를 나타낸다. 직각으로 서있는 축이 협력업체 *Vender1*이고, 왼쪽으로 뻗은 축이 *Vender2*이고 오른쪽으로 뻗은 축이 *Vender3*이다. 가운데에 있는 열벡터 *row.mass* ={ 0.3168579, 0.3362754, 0.3468667}가 평균점이다. 불량종류 D1과 D2가 좌측 상단에 있어 *Vender1*과 *Vender2*에 가까이 있고, D4와 D8이 우측 하단에 있어 *Vender2*와 *Vender3*에 가까이 있다. 나머지 *D3*, *D5*, *D6*, 그리고 *D7*은 평균 - *row.mass* - 주위에 위치해 있다.

다음에 협력업체간의 유사성이나 차이점을 찾으려면 위에서와 같이 row profile을 분석하면 된다. 이 row profile에서 협력업체는 불량종류가 만드는 8차원 공간에서 세 개의 점으로 나타낼 수 있다. 8차원 공간의 그래프는 만들 수 없으므로 row profile의 숫자들을 비교해야만 한다. 그러나 숫자들의 직접적인 비교로는 전체적인 현황을 파악하기 어렵다. 그러므로 대응분석의 네 번째 목적인 저차원 공간에서 이 row profile이나 column profile에서 있는 자료 점들을 나타내고자 한다.

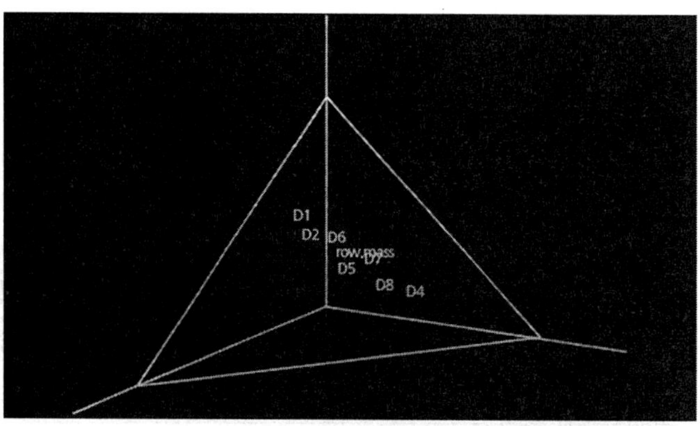

그림 2-20 row profile의 도시

5.3 대응분석의 차원축소

위에서 정의한 가중 χ^2-거리 weighted χ^2-distance 행렬 D의 특이값 분해를 이용하여 행의 주좌표 row principal coordinates (row PC) 와 열의 주좌표 column principal coordinates (column PC)로 나타 낼 수 있다. 위에서 설명한 바와 같이 행렬 D의 특이값 분해는

$$D = U\Sigma V^T$$

이고, 이를 이용한 row PC F와 column PC G는 다음과 같이 정의한다.

$$F = D_r^{-1/2} U\Sigma$$

$$G = D_c^{-1/2} V\Sigma$$

여기서 row PC $(a \times a) \times (a \times m) \times (m \times m) = (a \times m)$ 행렬 F는 직교행렬 orthogonal matrix 이고, column PC $(b \times b) \times (b \times m) \times (m \times m) = (b \times m)$ 행렬 G는 직교행렬 orthogonal matrix 이다. 여기서 $m = \min(a,b) - 1$이다. 그러므로 주성분 분석에서와 같이 처음 몇 개 $(k \le m)$의 주좌표 principal coordinates 를 선택하여 차원을 축소할 수 있다. 차원 축소를 위하여 m개에서 k개의 주좌표 principal coordinates 를 선택하였을 때 발생하는 정보의 손실을 구할 수 있다. 전체 정보량이 total inertia이므로 k개의 주좌표가 포함하고 있는 정보를 비교하면 된다. 첫 k개의 주좌표가 포함하고 있는 정보는 $\sum_{i=1}^{k} \lambda_i^2$이므로 상대 정보손실률은

$$L = \frac{\sum_{i=k+1}^{m} \lambda_i^2}{\sum_{i=1}^{m} \lambda_i^2} = 1 - \frac{\sum_{i=1}^{k} \lambda_i^2}{\sum_{i=1}^{m} \lambda_i^2}$$

로 정의한다(Rao, 1995).

- Symmetric map

위 차원축소에서 $k = 2(\le m)$로 하면 row PC 행렬 F로부터 $(a \times 2)$ 직교행렬이 얻어지고, column PC 행렬 G로 부터는 $(b \times 2)$ 직교행렬이 얻어 진다. 이 두 직교 행렬을 하나의 그래프에 겹쳐서 그린 그림을 symmetric plot이라고 한다. 이 그림의 해석은 행렬 F로부터 만들어진 a개의 점들은 가까이 있으면 유사성이 강한 것이고 멀리 있으면 차

이가 많다는 뜻이다. 또 행렬 G로부터 만들어진 b개의 점들은 가까이 있으면 유사성이 강한 것이고 멀리 있으면 차이가 많다는 뜻이다. 그러나 행렬 F에서 온 점들과 행렬 G에서 온 점들 간의 거리를 비교하여 유사성이나 차이를 해석하지는 않는다. 즉, 행렬 F에서 온 점들과 행렬 G에서 온 점들 간의 거리는 따로 해석한다(Greenacre(1984), Khattree & Naik(2000)).

• Asymmetric map

만일 행렬 F에서 a개의 점들과 행렬 G에서 온 b개의 점들 간의 거리를 비교하여 유사성이나 차이를 해석하는 경우에는 Asymmetric map를 만들어 사용하는데 이 책의 범위를 넘어서 이곳에서 다루지 않는다. Asymmetric map을 만드는 이론에 관하여는 Greenacre(1984), Khattree & Naik(2000)에 자세히 설명이 되어 있다. 의미를 해석하는 방법에 대해서는 아래 예제에서 R패키지를 이용하여 자세히 설명한다.

예제 2-9

위에서 사용해온 자료를 이용하여 대응분석의 네 번째 목적인 저차원 공간에서 이 row profile이나 column profile에 해당하는 자료 점들을 하나의 그래프에 나타내고자 한다. 선택할 주성분의 수 $K=2$로 정하면 $a=3$이고 $b=8$이므로 $m=\min(a,b)-1=\min(3,8)-1=2$이다. 이는 2차원 공간에 row profile과 column profile에 해당하는 점들을 나타내도 정보의 손실이 없다는 뜻이다. 다음과 같은 절차로 그래프를 그린다.

Step1 : 가중 χ^2-거리 weighted χ^2-distance 행렬 D를 만들고 이 행렬을 특이값 분해한다.

```
> r <- as.matrix(P[-4,9])
> Dr <- diag(c(P[-4,9]))
> Dr
          [,1]       [,2]       [,3]
[1,] 0.3168579  0.0000000  0.0000000
[2,] 0.0000000  0.3362754  0.0000000
[3,] 0.0000000  0.0000000  0.3468667
> c <- as.matrix(P[4,-9])
> Dc <- diag(P[4,-9])
> Dc
          [,1]        [,2]       [,3]       [,4]
[1,] 0.1020888  0.0000000   0.0000000  0.0000000
[2,] 0.0000000  0.09973522  0.0000000  0.0000000
```

```
 [3,]  0.0000000   0.0000000   0.199470   0.0000000
 [4,]  0.0000000   0.0000000   0.0000000  0.139747
 [5,]  0.0000000   0.0000000   0.0000000  0.0000000
 [6,]  0.0000000   0.0000000   0.0000000  0.0000000
 [7,]  0.0000000   0.0000000   0.0000000  0.0000000
 [8,]  0.0000000   0.0000000   0.0000000  0.0000000

          [,5]        [,6]        [,7]        [,8]
[1,]  0.0000000   0.0000000   0.0000000   0.0000000
[2,]  0.0000000   0.0000000   0.0000000   0.0000000
[3,]  0.0000000   0.0000000   0.0000000   0.0000000
[4,]  0.0000000   0.0000000   0.0000000   0.0000000
[5,] 0.07914092   0.0000000   0.0000000   0.0000000
[6,]  0.0000000   0.1724036   0.0000000   0.0000000
[7,]  0.0000000   0.0000000   0.180053    0.0000000
[8,]  0.0000000   0.0000000   0.0000000   0.02736099
> D <- sqrt(solve(Dr)) %*% (P[-4,-9] - r %*% t(c)) %*%  sqrt(solve(Dc))
> D
           [,1]         [,2]         [,3]         [,4]
 [1,]  0.06714966   0.04565286  -0.00799238  -0.08319880
 [2,]  0.03860475   0.04016641  -0.03180079  -0.05120662
 [3,] -0.10219007  -0.08318182   0.03895035   0.12993725

           [,5]          [,6]         [,7]          [,8]
 [1,] -0.017157038   0.03187343  -0.01098340  -0.029915691
 [2,]  0.026225430   0.02803311  -0.02367435  -0.003906356
 [3,] -0.009423848  -0.05806531   0.03380765   0.032438614

> install.packages("rARPACK")
> library(rARPACK)
> svd<-svds(D,k=2)
> svd
$d
[1] 0.25319964 0.04471999

$u
           [,1]         [,2]
 [1,]  -0.4838197  -0.67011986
 [2,]  -0.3465461   0.73731300
 [3,]   0.8036320  -0.08549219
```

```
$v
          [,1]        [,2]
[1,] -0.50548990 -0.17437580
[2,] -0.40622030  0.13715844
[3,]  0.18242150 -0.47900800
[4,]  0.64147168  0.15405282
[5,] -0.03302024  0.70749760
[6,] -0.28356633  0.09557885
[7,]  0.16069196 -0.29037340
[8,]  0.16546722  0.32186149
```

Step 2: 행렬 F와 G를 계산한다.

```
> install.packages("RSpectra"
> library(RSpectra)
> svd<-svd(D)
> svd
$d
[1] 2.531996e-01 4.471999e-02 5.935137e-17

$u
          [,1]        [,2]      [,3]
[1,] -0.4838197  0.67011986 0.5629013
[2,] -0.3465461 -0.73731300 0.5798926
[3,]  0.8036320  0.08549219 0.5889539

$v
          [,1]        [,2]        [,3]
[1,] -0.50548990  0.17437580  0.35830987
[2,] -0.40622030 -0.13715844 -0.26950081
[3,]  0.18242150  0.47900800 -0.21748222
[4,]  0.64147168 -0.15405282 -0.20101456
[5,] -0.03302024 -0.70749760  0.23757342
[6,] -0.28356633 -0.09557885 -0.78517102
[7,]  0.16069196  0.29037340  0.19292922
[8,]  0.16546722 -0.32186149 -0.03349066

> S <- diag(svd$d)
> F <- sqrt(solve(Dr)) %*% svd$u %*% S
```

```
> G <- sqrt(solve(Dc)) %*% svd$v %*% S
> S
          [,1]        [,2]          [,3]
[1,] 0.2531996  0.00000000  0.000000e+00
[2,] 0.0000000  0.04471999  0.000000e+00
[3,] 0.0000000  0.00000000  5.935137e-17
> F
           [,1]         [,2]         [,3]
[1,] -0.2176278  0.053238027  5.935137e-17
[2,] -0.1513131 -0.056859899  5.935137e-17
[3,]  0.3454928  0.006491526  5.935137e-17
> G
            [,1]        [,2]          [,3]
[1,] -0.40057737  0.02440612  6.655802e-17
[2,] -0.32568701 -0.01942227 -5.064850e-17
[3,]  0.10341888  0.04796288 -2.890116e-17
[4,]  0.43447956 -0.01842893 -3.191443e-17
[5,] -0.02971958 -0.11246727  5.012196e-17
[6,] -0.17291972 -0.01029415 -1.122333e-16
[7,]  0.09588642  0.03060261  2.698539e-17
[8,]  0.25328482 -0.08701715 -1.201679e-1
```

Step 3. 주좌표 principal coordinate 행렬 F와 G에서 $k=2$, 즉 두 개의 열만을 골라서 그래프를 그린다. 이 때의 정보 손실은 0이다. Total inertia 는 0.06611이며 검정통계량의 관측값은 $n \times total\ inertia = 3399 \times 0.06611 = 224.7079$이 자유도 degree of freedom 는 $(a-1)(b-1) = (3-1)(8-1) = 14$인 χ^2-분포를 따른다. 그러므로 두 범주형 변수 협력업체와 불량품 종류 사이에는 통계적으로 유의적인 연관성이 있다.

```
> # loss of information L

> 1- (svd$d[1]^2 + svd$d[2]^2)/(svd$d[1]^2 + svd$d[2]^2 +svd$d[3]^2)
[1] 0

> total.inertia <- (svd$d[1]^2 + svd$d[2]^2 +svd$d[3]^2)
> total.inertia
[1] 0.06610994

> FG <- rbind(F[,1:2], G[,1:2])
> FG
```

```
           [,1]          [,2]
 [1,] -0.21762778  0.053238027
 [2,] -0.15131310 -0.056859899
 [3,]  0.34549278  0.006491526
 [4,] -0.40057737  0.024406122
 [5,] -0.32568701 -0.019422270
 [6,]  0.10341888  0.047962878
 [7,]  0.43447956 -0.018428932
 [8,] -0.02971958 -0.112467267
 [9,] -0.17291972 -0.010294146
[10,]  0.09588642  0.030602608
[11,]  0.25328482  0.087017151
```

5.4 Symmetric과 Asymmetric map의 해석

이 F와 G를 이용하여 2차원 공간에 11개의 점 - 3개의 협력업체와 8개의 불량품 종류 - 으로 이루어진 symmetric map을 그릴 수 있다. 여기서부터는 대응분석을 위한 R 패캐지 *ca* 의 도움을 받기로 한다. 원 자료를 *table.T* 라고 한다.

```
> # correspondence Analysis package "ca"
> install.packages("ca")
> library("ca")
> table.T
         D1  D2  D3  D4  D5  D6  D7  D8
Vender1 151 135 208  91  76 211 185  20
Vender2 141 139 200 122 105 220 186  30
Vender3  55  65 270 262  88 155 241  43

> # X-squared test
> chisqresults <- chisq.test(table.T)
> names(chisqresults)
[1] "statistic" "parameter" "p.value"   "method"    "data.name" "observed"
"expected"  "residuals" "stdres"
> print(chisqresults)

        Pearson's Chi-squared test

data:  table.T
```

```
X-squared = 224.71, df = 14, p-value < 2.2e-16
> chisqresults$observed
         D1   D2   D3   D4   D5   D6   D7   D8
Vender1  151  135  208  91   76   211  185  20
Vender2  141  139  200  122  105  220  186  30
Vender3  55   65   270  262  88   155  241  43
> chisqresults$expected
         D1        D2        D3        D4
Vender1  109.9497  107.4148  214.8297  150.5075
Vender2  116.6876  113.9974  227.994   159.7308
Vender3  120.3628  117.587   235.1756  164.7617

         D5        D6        D7        D8
Vender1  85.23477  185.6787  193.9170  29.46778
Vender2  90.45808  197.0574  205.8005  31.27361
Vender3  93.30715  203.2639  212.2824  32.25861

> # Another mothod to get the test statistic = 224.7077

> sum((chisqresults$observed-chisqresults$expected)^2/chisqresults$expected)
[1] 224.7077

> # total inertia = X-squared /N
> sum(nphis^2)/3399
[1] 0.06610994

> # correspondence Analysis
> fit <- ca(table.T)
> print(fit)
Principal inertias (eigenvalues):
             1        2
Value        0.06411  0.002
Percentage   96.97%   3.03%

Rows:
          Vender1   Vender2   Vender3
Mass      0.316858  0.336275  0.346867
ChiDist   0.224045  0.161644  0.345554
Inertia   0.015905  0.008786  0.041418
```

```
  Dim. 1     -0.85951     -0.597604     1.364507
  Dim. 2     1.190475     -1.271465     0.145159

Columns:
              D1          D2          D3          D4
  Mass     0.102089    0.099735    0.199470    0.139747
  ChiDist  0.401320    0.326266    0.114000    0.434870
  Inertia  0.016442    0.010617    0.002592    0.026428
  Dim. 1  -1.582061   -1.286285    0.408448    1.715956
  Dim. 2   0.545754   -0.434308    1.072515   -0.412096

              D5          D6          D7          D8
  Mass     0.079141    0.172404    0.180053    0.027361
  ChiDist  0.116328    0.173226    0.100652    0.267816
  Inertia  0.001071    0.005173    0.001824    0.001962
  Dim. 1  -0.117376   -0.682938    0.378699    1.000336
  Dim. 2  -2.514921   -0.230191    0.684316   -1.945822
> summary(fit)

Principal inertias (eigenvalues):

 dim    value      %    cum%   scree plot
  1    0.064110  97.0   97.0   ***********************
  2    0.002000   3.0  100.0   *
       --------  -----
Total: 0.066110 100.0

Rows:

    name   mass  qlt   inr    k=1   cor  ctr    k=2  cor  ctr
1 | Vnd1 |  317 1000  241 | -218  944  234 |   53   56  449 |
2 | Vnd2 |  336 1000  133 | -151  876  120 |  -57  124  544 |
3 | Vnd3 |  347 1000  627 |  345 1000  646 |    6    0    7 |

Columns:

    name   mass  qlt   inr    k=1   cor  ctr    k=2  cor  ctr
1 |   D1 |  102 1000  249 | -401  996  256 |   24    4   30 |
2 |   D2 |  100 1000  161 | -326  996  165 |  -19    4   19 |
3 |   D3 |  199 1000   39 |  103  823   33 |   48  177  229 |
4 |   D4 |  140 1000  400 |  434  998  411 |  -18    2   24 |
```

```
5 | D5 | 79  1000 16 | -30  65  1 | -112 935 501 |
6 | D6 | 172 1000 78 | -173 996 80 | -10  4   9   |
7 | D7 | 180 1000 28 | 96   908 26 | 31   92  84  |
8 | D8 | 27  1000 30 | 253  894 27 | -87  106 104 |

> # Symmetric map
> plot(fit)
```

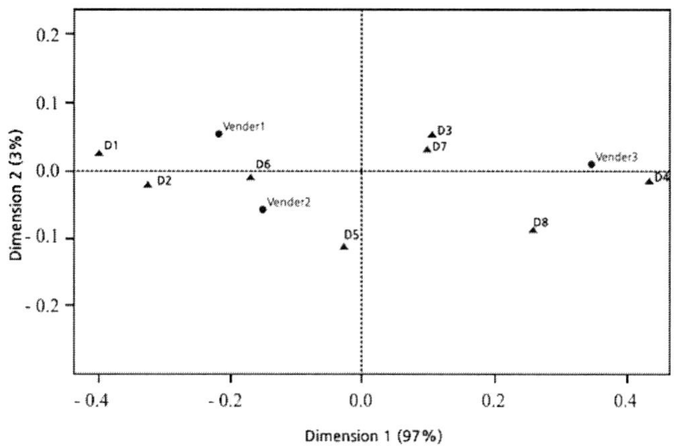

그림 2-21 Symmetric map

Symmetric map에서는 협력업체들끼리만 거리를 비교를 하고, 불량품의 종류는 그들만 거리를 비교한다. 그러므로 *Vender3*과 {*Vender1*, *Vender2*}는 서로 멀리 떨어져 있어 *Vender3*이 만들어내는 불량품 종류와 *Vender1*과 *Vender2*가 만들어 내어 납품하는 불량품의 종류가 다르다고 해석한다. 그러나 *Vender1*과 *Vender2*가 만들어 내는 불량품의 종류에는 유사성이 존재한다. 불량품의 종류는 앞의 삼각형 그래프에서도 본 바와 같이 {*D1*, *D2*}와 *D4*는 아주 거리가 멀다. 협력업체간에 다른 비율이 있겠다. Column profile 행렬에서 보면, 불량품 종류 {*D1*, *D2*}는 협력업체 *Vender1*과 *Vender2*에서 80% 이상이 발생하고 있는 반면에 *Vender3* 에서는 20%이하가 만들어지고 있다. 또한 불량품 종류 D4는 협력업체 *Vender3*에서 55%이상이 만들어지고 있고, *Vender1*과 *Vender2*에서는 45%이하가 만들어지고 있다.

다음은 asymmetric map을 아래 R 프로그램을 이용하여 설명한다. 여러 경우의 asymmetric map을 만들어 사용하는데, 아래의 여러 가지의 선택사항을 함수 *plot()* 안에 *map=""* 에 넣어서 사용한다.

1. *"rowprincipal"* 또는 *"colprincipal"* - 이 선택사항 중에서 하나를 선택하면 asymmetric biplot을 만든다.

    • *"rowprincipal"*을 사용하면 column profile들을 행의 공간 row space에 나타낸 것으로 row profile들 간에는 거리를 비교할 수 있고, 또 행과 열의 profile들 간에도 거리의 가깝고 먼 것을 비교할 수 있다. 그러나 column profile 들 간의 거리는 해석하지 않는다.

    • *"colprincipal"*을 선택하면 row profile들을 열의 공간 column space에 나타낸 것으로 column profile들 간에는 거리를 비교할 수 있고, 또 행과 열 profile들 간에도 거리의 가깝고 먼 것을 비교할 수 있다. 그러나 row profile 들 간의 거리는 해석하지 않는다.

2. *"symbiplot"* - symmetric biplot을 만든다. 위에서 설명한 symmetric map과 같이 해석한다.

3. *"rowgab"* 또는 *"colgab"* - Grabriel & Odoroff (1990)에 개발하였고 asymmetric map을 만든다.

    • *"rowgab"*을 사용하면 위에서 설명한 *"rowprincipal"* 에 *mass*를 곱하여 map을 만든다.

    • *"colgab"*을 사용하면 위에서 설명한 *"colprincipal"* 에 *mass*를 곱하여 map을 만든다.

4. *"rowgreen"* 또는 *"colgreen"* - Contribution biplot을 만든다. Greenacre (2006)이 제안하였으며 가장 contribution이 큰 점들을 나타내준다.

    • *"rowgreen"*을 사용하면 위에서 설명한 *"rowprincipal"*에 $\sqrt{mass}$ 를 곱하여 map을 만든다.

    • *"colgreen"*을 사용하면 위에서 설명한 *"colprincipal"*에 $\sqrt{mass}$ 를 곱하여 map을 만든다.

Asymmetric map에서는 symmetric map보다는 좀 더 많은 이야기를 할 수 있다. 아래 그림은 row profile 공간에 column profile을 표시하는 *"rowprincipal"* 선택사항을 사용한 그림이다. 그러므로 협력업체 *Vender1*, *Vender2*, 그리고 *Vender3* 간의 거리는 멀고 가까움을 비교해석 할 수 있고, 협력업체들과 불량품 종류들 간의 거리도 비

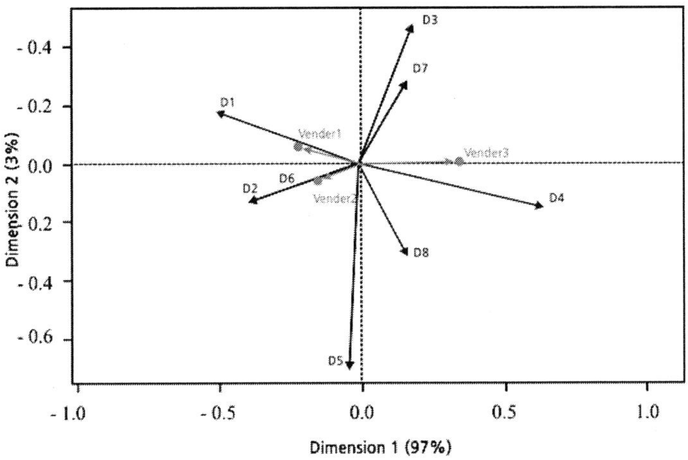

그림 2-22 Symmetric map (화살표 추가)

교 해석할 수 있다. 그러나 불량품 종류간의 거리는 해석하지 않는다.

```
> plot(fit, mass = TRUE, contrib = "absolute", map = "colprincipal", arrows =
c(FALSE, TRUE))
> plot(fit, mass = TRUE, contrib = "absolute", map = "rowgab", arrows =
c(FALSE, TRUE))
> plot(fit, mass = TRUE, contrib = "absolute", map = "colgab", arrows =
c(FALSE, TRUE))
> plot(fit, mass = TRUE, contrib = "absolute", map = "rowgreen", arrows =
c(FALSE, TRUE))
> plot(fit, mass = TRUE, contrib = "absolute", map = "colgreen", arrows =
c(FALSE, TRUE))
> # Symmetric map
> plot(fit, mass = TRUE, contrib = "absolute", map = "symbiplot", arrows =
c(FALSE, TRUE))
> # Asymmetric map
> plot(fit, mass = TRUE, contrib = "absolute", map = "rowprincipal", arrows =
c(FALSE, TRUE))
> # Asymmetric map
> plot(fit, mass = TRUE, contrib = "absolute", map = "rowprincipal", arrows =
c(FALSE, TRUE))
```

아래 그림은 *fviz_ca_biplot()*이라는 함수를 이용하여 만들었다. 이 함수는 *factoextra* 패키지에 내장되어 있는 함수이다. 위에서 설명한 모든 옵션을 다 사용할 수 있다. 이 그래프에서는 협력업체 *Vender1*, *Vender2*, 그리고 *Vender3*간의 거리는 해석하지 않는다. 그러나 불량품 종류간의 거리나 불량품 종류와 협력업체간의 거리의 길고 가까움을 유사성의 정도로 해석한다.

```
> install.packages("factoextra")
> library("factoextra")
> fviz_ca_biplot(fit, mass = FALSE, contrib = "absolute", map = "colprincipal",
arrows = c(TRUE, TRUE))
```

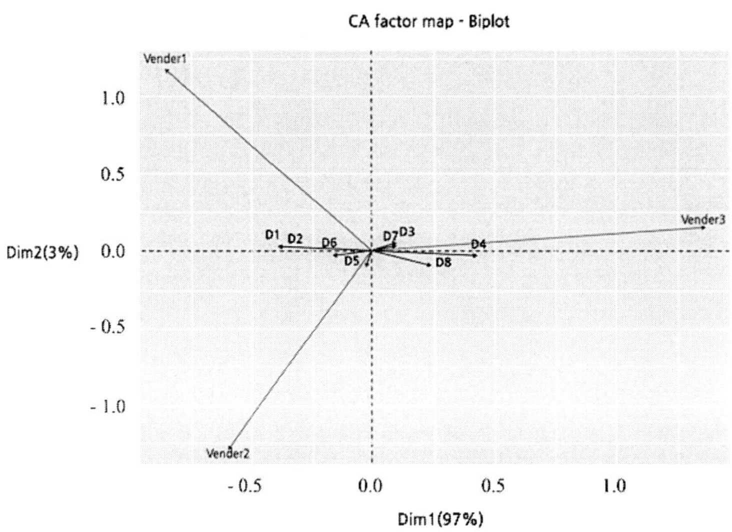

그림 2-23 asymmetric map (colprincipal 옵션 사용)

다음은 주좌표 principal coordinate 에 얼마나 기여했나를 나타내는 그래프이다.

```
> fviz_ca_biplot(fit, mass = FALSE, contrib = "absolute", map = "roegreen",
arrows = c(TRUE, TRUE))
```

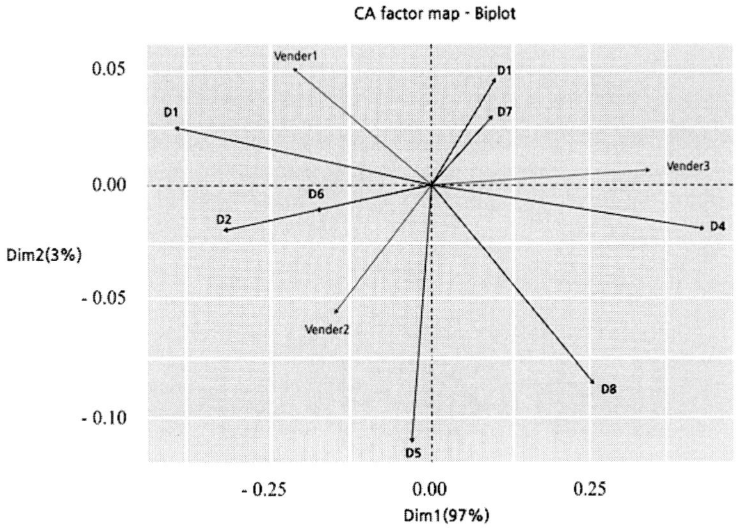

그림 2-24 contribution biplot

*Vender3*과 불량품 종류 D4가 첫 번째 주 좌표에 기여한 바가 크며, 각각의 contribution은 0.646과 0.411로 단연 으뜸이고, 첫 번째 주 좌표의 상관계수도 각각 1.0과 0.998로 제일 높다. 두 번째 주 좌표와는 *Vender2*와 불량품 종류 D5가 매우 contribution이 높고, 두 번째 주 좌표와 불량품 종류 D5와의 상관계수는 0.935로 매우 높다. 이와 같은 현상을 위 그래프에서 잘 보여주고 있다. 여기서 유념해야할 부분은 패키지 *ca* 의 *summary()* 에서 제공하는 값은 1000을 곱한 수이므로 이를 감안하여 해석하여야 한다.

제3장

의사 결정 나무

기계학습은 컴퓨터 과학과 인공지능이 연계된 분야이며, 통계학에서의 최적화 이론 optimization theorem 과 깊이 연관된 분야이다. '생활의 달인' 이라는 TV 프로그램에 출연하는 한 분야의 달인들이 일하는 모습을 보고 우리는 달인들이 어려운 일을 기계처럼 잘 한다고 말한다. 이들은 수많은 경험을 통하여 자기만의 기준이나 규칙을 만들어 빠르게 의사결정을 하고 그 결정을 손과 발 그리고 눈을 이용하여 실행한다. 이와 같은 인간의 지능 intelligence 과 유사한 지능을 알고리즘 algorithm 과 프로그램을 이용하여 컴퓨터가 갖도록 하는 분야를 인공지능 artificial intelligence 이라 한다. 그러나 컴퓨터는 과거의 경험을 축적하여 자기만의 지식이나 능력으로 만들 수 없다. 따라서 인간이 과거부터 현재까지 축적한 자료를 이용하여 알고리즘을 최적화하는 규칙이나 모형을 만들고, 이 만들어진 규칙이나 모형을 자료에 기계적으로 적용하게 하는 것을 기계학습 machine learning 이라 한다. 즉 컴퓨터가 과거의 자료를 이용하여 학습 learning 을 하고 이 학습내용을 이용하여 자료를 처리하는 것을 말한다.

기계학습은 크게 지도학습과 비지도학습의 두 가지 종류로 나눌 수 있다. 이와 같은 두 종류의 기계학습은 다음과 같이 설명할 수 있다. 유치원에서 반이 새로 정해졌을 때, 선생님은 유치원 학생들에게 각자 들어가야 할 반이 적혀있는 이름표를 주고 각자의 교실에 들어가게 하였다. 학생들이 이름표에 적힌 반에 따라 각각의 교실에 찾아 들어가는 경우에는 지도학습 supervised learning 에 해당한다. 각 학생들이 어느 반에 속할 지를 알려주는 반 이름표가 선생님(즉, 지시하는 감독관 supervisor) 역할을 한다. 이 감독관 역할을 하는 반 이름표가 분류변수 class variable 이다. 즉 이미 유치원 학생들의 반이 사전에 정해져 있었던 것이다. 반면에 사전에 분류 변수인 반이 정해져 있지 않고, 키, 성별 등의 유치원 학생들의 여러 특징을 고려하여 몇 개의 집단으로 뭉치게 하는 경우에는 비지도학습 unsupervised learning 이라 한다. 간단히 말하면 분류 변수가 있는 자료에 대한 학습을 지도학습, 분류 변수가 없는 자료에 대한 학습을 비지도학습이라 한다. 분류 변수는 다음 절에서 자세히 설명한다.

그렇다면 기계학습과 데이터 마이닝의 차이점을 알아보자. 이 두 학문 분야는 많은 부분에서 중복된다. 데이터 마이닝에서는 기계학습의 방법을 같이 사용하고 있으며, 또한 기계학습에서는 데이터 마이닝에서 사용하는 비지도학습의 기법들과 모형의 정확도 accuracy 를 높이기 위한 다른 방법들을 함께 사용한다. 이 두 분야의 차이점은 다음과 같이 정리할 수 있다.

- 기계학습 machine learning 은 자료의 알려진 성질들을 이용하여 예측 prediction 을 하는데 주 목적이 있고,
- 데이터 마이닝 data mining 은 자료에 숨어있는 알려지지 않은 성질들 latent variable 을 찾는데 그 목적이 있다[2].

그러므로 기계학습은 알려진 지식을 얼마나 다시 재생산 reproducibility 할 수 있느냐로 평가를 받고 데이터 마이닝은 얼마나 잘 알려지지 않은 지식을 발견하는 가로 평가를 받는다.

기계학습에서 지도학습은 분류변수가 있는 경우로 데이터 마이닝에서는 분류 classification 라고 한다. 그러므로 이 장에서는 지도학습과 분류를 같은 의미로 사용한다. 지도학습에는 여러 가지 기법들이 있는데 이 장에서는 먼저 의사결정나무 decision tree 를 소개하도록 하겠다. 다음 장에서는 지도학습 중에서 간단한 방법의 한가지로 KNN 방법을 소개하도록 하겠다. 또한 이들 방법과 개념이 다른 분류 방법인 나이브 베이즈 분류 naïve

2) Les, Zbigniew, and Magdalena Les. Shape Understanding System–Knowledge Implementation and Learning. Vol. 425. Springer, 2012, 10.

Bayes classification 와 서포트 벡터 머신 support vector machine 을 이어서 소개한다. 8장에서는 지도학습에 사용된 방법들을 이용한 앙상블 방법을 소개하도록 하겠다.

1. 기본 개념

먼저 용어를 정리해보자. 통계학에서부터 데이터 베이스 database, 데이터 마이닝, 기계학습, 패턴인식 pattern recognition 등의 많은 분야에서 자료를 다루고 이들로부터 유용한 정보를 추출하며 최적의 모형을 찾고자 하였다. 그로 인해 같거나 유사한 용어들이 많이 출현하게 되면서 혼용되는 경향이 있다. 먼저 통계학에서 사용하는 관측치 observation 에 대한 유사 단어들로 record, row, point, vector, pattern, event, case, sample 등이 있으며, 변수 variable 의 유사 단어들로서 field, column, attribute, feature, characteristic, dimension 등이 사용되고 있다. 또한 모형을 구축한다는 의미로 building, learning 등이 사용된다. 이들을 어느 한 분야에 사용하는 단어들로 수를 줄여서 사용하기가 어렵다는 판단 하에 본 책에서는 이 용어들을 혼용하기로 한다.

지도학습에서 분석하고자 하는 자료는 행렬의 형태로 표현할 수 있다. 각각의 행은 관측치를 의미하고 각각의 열은 변수(관측치들이 가지는 특징)를 나타낸다. 변수라는 관점에서 자료를 속성 변수와 분류 변수로 나눌 수 있다. 속성 변수는 관측치들의 일반적인 속성 attribute 을 나타내는 변수 집합 $A=\{A_1, A_2, \cdots, A_a\}$이다. 여기서 a는 변수 집합 A에 있는 변수들의 개수를 말한다. 반면 분류 변수 class variable 는 관측치들이 어느 집단 group 에 속할지를 알려주는 분류 변수 값들의 모임 $C=\{c_1, c_2, \cdots, c_c\}$이다. 여기서 c는 분류 변수 C가 취하는 값들의 개수를 말하고, 분류 변수가 취하는 값이 하나인 경우에는 분류를 할 필요가 없으므로 $c \geq 2$를 만족해야 한다. $c=2$인 경우에 이항분류 binary classification 이라 하고 $c>2$인 경우를 다항 분류 multiple classification 라 한다. 따라서 지도학습의 자료를 D라고 할 때, $D=\{A, C\}$로 나타낼 수 있다.

기계학습은 주어진 자료 D에 있는 속성 변수들의 각각의 값과 분류변수가 취하는 값들을 연계하여 분류함수 classification function 을 만드는 것이다. 이 함수는 미래에 얻어질 자료를 분류하는데 사용한다. 이 함수는 분류모형 classification model, 예측모형 predictive model, 분류자 classifier 등으로도 불린다. 이 용어들 또한 따로 구분하지 않고 사용하기로 한다.

예제 3-1

아래는 20명의 통계학과 지원자들에 대한 자료이다. <표 3-1>에 주어진 자료를 앞서 설명한 기호로 나타내면 다음과 같다. 첫 번째 속성변수는 **나이 = {적음, 보통, 많음}**이고, 두 번째는 **장래희망의 유무 = {있음, 없음}**, 세 번째 변수는 **인터뷰 성적 = {보통, 좋음, 매우 좋음}**, 네 번째 변수는 **고등학교 성적 = {낮음, 보통, 높음}**이다. 그리고 분류변수인 **합격 여부 = {합격, 불합격}**이 존재하므로 분류를 할 수 있다. 따라서 자료는 D={**나이, 장래희망의 유무, 인터뷰 성적, 고등학교 성적, 합격 여부**} 이다.

이 자료를 이용하여 지도학습을 하고자 하는 목적은 이 자료의 속성변수들의 값들과 분류변수가 취하는 값들을 연계하여 통계학과 지원자들의 합격·불합격에 대한 분류모형을 만들고, 이 분류모형을 이용하여 미래의 통계학과 지원자들의 합격 여부를 분류 또는 예측하는 것이다. 즉, 어느 입학 희망자의 나이, 장래희망 유무, 인터뷰 성적, 고등학교 성적이 주어지면 이 입학 희망자가 통계학과에 합격할지, 불합격할지를 이 분류모형에 의하여 예측할 수 있다.

지도학습에서 분류모형을 만들기 위하여 사용하는 자료를 학습 자료 training data 라 하고, 모형이 만들어진 후에 이 분류모형이 분류를 얼마나 정확하게 하는지를 평가하는데 사용되는 자료를 검증 자료 test data 라 한다. 또한 학습 자료를 이용하여 모형을 만드는 단계를 학습 단계라 하고, 검증 자료를 이용하여 분류모형의 정확도를 확인하는 단계를 검증 단계라고 한다.

지도학습에서 검증 자료를 따로 준비해두지 않았다면, 일반적인 경우에는 전체 자료를 임의로 random 나누어 사용한다. 자료를 나누는 비율은 정해져 있지 않으므로 50:50이나 70:30으로 학습 자료와 검증 자료로 나누어 사용하기로 한다.

표 3-1 통계학과 지원자 관련 자료

ID	나이	장래희망의 유무	인터뷰 성적	고등학교 성적	합격 여부
1	보통	있음	좋음	높음	합격
2	적음	있음	보통	높음	합격
3	보통	있음	보통	높음	합격
4	보통	없음	보통	보통	불합격
5	적음	있음	좋음	낮음	합격
6	많음	없음	매우 좋음	낮음	불합격
7	보통	없음	보통	낮음	불합격
8	적음	있음	매우 좋음	높음	합격
9	적음	없음	좋음	낮음	불합격
10	많음	있음	좋음	낮음	합격
11	보통	있음	좋음	보통	합격
12	보통	없음	좋음	보통	불합격
13	적음	없음	좋음	낮음	불합격
14	많음	있음	좋음	낮음	합격

15	많음	있음	보통	높음	**합격**
16	적음	없음	매우 좋음	높음	**합격**
17	적음	없음	좋음	보통	**불합격**
18	보통	있음	좋음	높음	**합격**
19	많음	있음	보통	높음	**합격**
20	보통	있음	매우 좋음	보통	**합격**

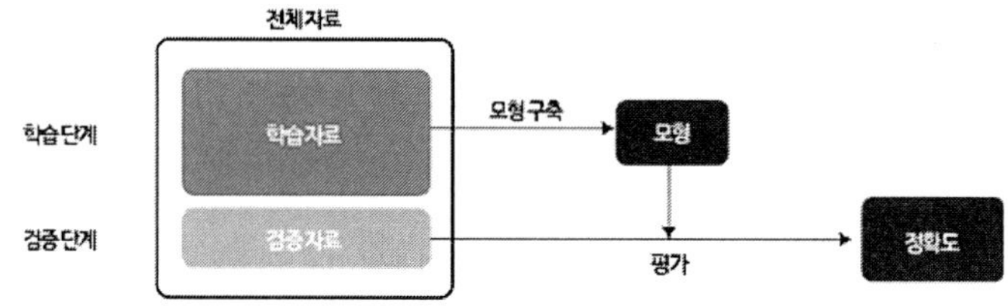

그림 3-1 학습 절차(학습 단계와 검증 단계)

여기에서 유의해야 할 점은 검증 자료는 분류모형을 만드는 학습 자료에 사용하면 안 된다. 또한 분류모형을 평가하기 위해서는 학습 자료뿐만 아니라 검증 자료에도 분류변수 C가 포함되어야 한다. 이 검증 자료를 통해서 분류모형을 평가하는 방법은 다음과 같다. 먼저 학습 자료를 이용하여 만들어진 모형에 검증 자료의 각 관측치가 가지고 있는 속성변수 값들을 넣는다. 이를 통해 각 관측치의 예측된 분류 값 predicted class value 을 얻을 수 있다. 이 예측된 값 predicted value 과 원래의 검증 자료가 가지고 있는 실제 분류 값 real class value 을 비교하여 두 개의 분류 값이 일치하면 분류모형이 정확히 분류한 것이고, 두 값이 다르면 분류가 정확하지 않은 것이다.

실제 분류 값과 예측된 분류 값을 이용하여 분할표를 만들 수 있는데, 이 분할표를 confusion matrix 라 한다. 위 예제의 자료를 이용하면 실제 합격 여부를 나타내는 분류변수 '합격 여부'와 분류모형에 의하여 만들어진 예측된 분류변수를 이용한 confusion matrix 는 〈표 3-2〉와 같다.

표 3-2 〈표 3-1〉의 자료를 이용한 confusion matrix

		예측	
		합격	불합격
실제	합격	n_{11}	n_{12}
	불합격	n_{21}	n_{22}

여기서 n_{11}은 실제로 합격한 지원자가 {합격}으로 분류된 수이고, n_{12}은 실제로 합격한 지원자가 {불합격}으로 분류된 수, n_{21}은 실제로 불합격한 지원자가 {합격}으로 분류된

수, n_{22}은 실제로 불합격한 지원자가 {불합격}으로 분류된 수를 말한다. 따라서 $n_{11}, n_{12}, n_{21}, n_{22}$ 의 합은 검증 자료 test data 의 수 n이다.

confusion matrix 를 이용하여 모형 평가 측도들을 설명하면 편리하다. 이 평가 측도들 중 가장 잘 알려진 방법이 정확도 accuracy 인데, 이를 confusion matrix 를 이용하여 나타내면 다음과 같다.

$$\begin{aligned}(\text{분류모형의 정확도}) &= \frac{(\text{검증 자료가 정확히 분류된 관측치 수})}{(\text{검증 자료의 관측치 수})} \\ &= \frac{n_{11}+n_{22}}{n}\end{aligned}$$

즉, 정확도는 검증 자료 중 제대로 분류된 관측치의 비율을 말한다. 이와 같은 정확도 이외에도 여러 가지의 다른 평가 측도들이 존재하는데, 이는 분류모형 평가 부분에서 자세히 소개한다.

관측치를 분류하는데 가장 널리 사용되는 방법 중 하나가 의사결정나무 방법이다. 이 방법은 분류의 정확도가 좋으며 매우 효율적인 방법으로, 예측된 분류모형이 나무의 형태를 가져 의사결정나무 decision tree 라 부른다.

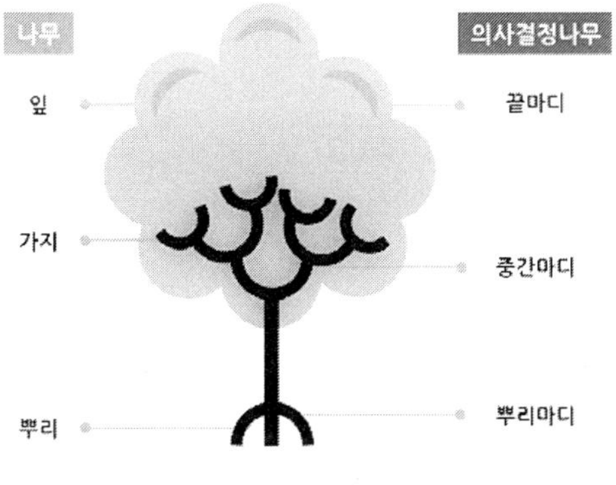

그림 3-2 나무와 의사결정나무의 구조 비교

예제 3-2

다음의 [그림 3-3]은 앞 절의 <표 3-1>에 있는 자료를 이용하여 만들어진 의사결정나무의 예시이다. 의사결정나무에는 세 종류의 마디 node 가 있는데, 맨 위에서부터 의사결정나무가 시작되는 마디를 뿌리마디 root node 라 하고, 의사결정이 진행됨에 따라 나타나는 중간층을 중간마디 internal node 또는 decision node, 마지막으로 의사결정나무의 맨 끝에 있는 분류(또는 계급)를 나타내는 마디를 끝마디 terminal node 또는 잎 leaf 이라 한다.

[그림 3-3]의 의사결정나무를 자세히 살펴보자. 맨 처음 시작점이 되는 뿌리마디에서 속성변수인 '인터

뷰 성적'에 대하여 "지원자의 면접 성적이 어떻게 되느냐?"라는 질문에 '인터뷰 성적'이 취하는 값인 {보통, 좋음, 매우 좋음}에 따라 의사결정나무의 가지 branch 가 갈라진다. 그 다음 중의 맨 왼쪽에 있는 중간마디에서는 속성변수 중 하나인 고등학교 성적이 취하는 값인 {낮음, 보통, 높음}에 따라 의사결정나무의 가지가 나뉘어지고, 가운데에 있는 중간마디에서는 속성변수인 '장래희망의 유무'가 취하는 값 {없음, 있음}에 따라서 가지가 나뉘어진다. 그리고 그 밑의 단계에서는 더 이상 속성변수에 따라 가지가 나뉘어지지 않고 분류가 결정된다. 이 단계를 의사결정나무의 잎이라고 한다. 즉, 의사결정나무의 잎은 분류변수 C가 취하는 값을 가지게 되고, 뿌리마디에서 의사결정나무의 잎까지가 지도학습의 예측분류모형이다. 잎 끝에 있는 괄호 안 숫자 (x/y)는 이 의사결정나무의 각 잎에 총 y개의 관측치가 있고 그 중에서 x개가 이 의사결정나무의 잎과 같은 분류에 속한다는 뜻이다. 맨 왼쪽의 잎은 '불합격 (1/1)'로 되어 있는데, 이는 이 잎의 분류는 {불합격}이고 1개의 관측치가 이 잎에 속하며 이 1개가 {불합격}의 분류를 갖는다는 뜻이다. 즉, 이 잎에 속하는 지원자는 1명이며 이 1명은 불합격했다는 것이다.

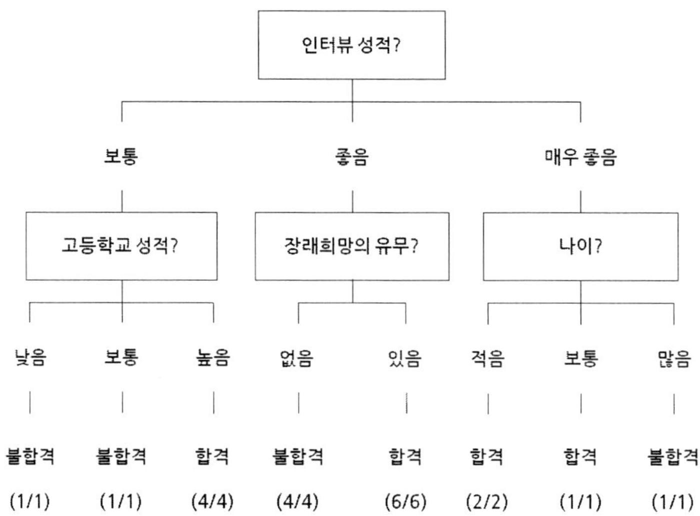

그림 3-3 〈표 3-1〉의 자료를 이용한 의사결정나무

이 예측된 분류모형에서는 새로운 지원자가 나타나는 경우 뿌리마디부터 차례로 의사결정나무를 따라 내려오면서 맨 끝인 잎까지 오는 방식으로 분류가 예측된다. 위 예제에서 설명된 의사결정나무에 관한 용어를 다시 정리하면 다음과 같다.

- 뿌리마디 root node: 의사결정나무의 시작점
- 중간마디 internal node: 의사결정나무의 가지가 나눠지는 점. 속성변수의 값에 따라 가지가 나눠진다.
- 끝마디 terminal node 또는 잎 leaf: 의사결정나무의 최종 점. 더 이상 가지가 나눠지지 않는다.

예제 3-3

아래와 같은 속성들을 갖는 새로운 지원자가 나타났다고 하자.

나이	장래희망의 유무	인터뷰 성적	고등학교 성적	합격 여부
적음	없음	매우 좋음	보통	?

이 속성들을 가지고 예제 3-2에서 만들어진 분류모형을 따라가면 '합격 여부'가 '합격'으로 예측된다. 그러므로 위와 같은 속성들을 갖는 지원자는 통계학과에 합격할 것으로 예측할 수 있다.

예제 3-2에서는 예측된 의사결정나무의 각 잎에 속하는 관측치들이 모두 같은 분류를 가지고 있다. 즉, $x=y$이다. 이와 같이 의사결정나무의 각 잎에 속하는 관측치들이 모두 같은 분류를 가질 때, 이 관측치들의 집합을 순수집합 pure subset 이라고 한다. 대용량의 실제 자료를 이용한 분류문제에서는 이와 같이 순수집합을 갖기가 쉽지 않다. 의사결정나무의 가지를 순수집합이 만들어질 때까지 계속 만들면 그 분류의 해당하는 모든 예측 결과를 얻을 수 있으나 이렇게 얻은 분류모형은 너무 복잡하여 사용할 수 없다. 이러한 경우를 과대적합 over-fitting 되었다고 한다. 이 과대적합에 대한 설명은 6절에서 자세히 소개하도록 하겠다.

여기서 생길 수 있는 질문은 '위의 예제에서 얻은 의사결정나무가 유일하게 하나만 존재하는가?'이다. 그에 대한 답은 '그렇지 않다'이다. 동일한 자료를 이용한다 하더라도 추정할 수 있는 의사결정나무는 매우 많다. 예를 들어 〈표 3-1〉의 예제를 이용하여 [그림 3-3]과 같은 의사결정나무뿐만 아니라 [그림 3-4]와 같은 의사결정나무도 만들 수 있다. 이 의사결정나무는 위에서 만들어진 의사결정나무보다 훨씬 간단한 순수집합을 얻을 수 있게 해준다.

실제로 의사결정나무를 추정할 때는 가능하면 간단하고 정확한 의사결정나무가 좋다. 여러 가지 이유가 있겠으나 간단한 의사결정나무가 일반화하기 쉬우며 정확도도 높다. 여기서 '일반화 한다'는 것은 다른 자료에 적용함을 의미한다. 즉, 간단한 의사결정나무일수록 이해하기도 쉬울 뿐만 아니라 다른 자료에 적용하기도 수월하다. 예를 들어 어느 질병을 갖는 환자들을 분류하는 문제에서 통계학자가 단순히 분류만을 해준다면 의사는 만들어진 분류모형을 본인이 이해하기 전까지는 이 분류모형을 사용하려 하지 않을 것이다. 이 의사는 이 분류모형에 사용된 속성변수들의 역할을 의학적으로 이해하여야 이 분류모형을 신뢰하고 사용할 것이다. 이를 위해서 의사결정나무는 가능하면 간단하고 이해하기 쉬워야 할 뿐 아니라 정확해야 한다.

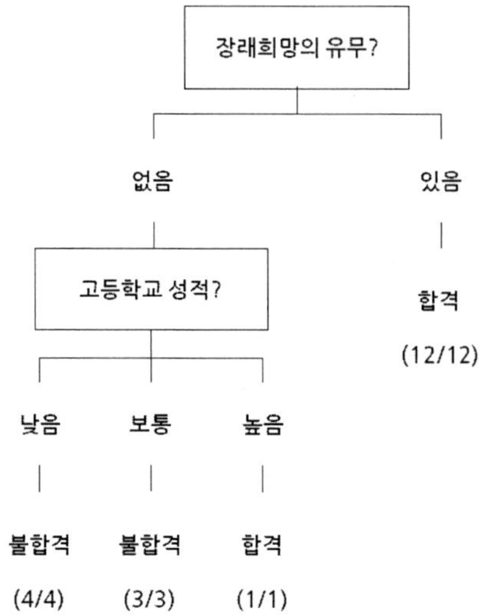

그림 3-4 〈표 3-1〉의 자료로 만든 더 간단한 의사결정나무

2. 의사결정나무 만들기

분류모형의 학습(구축 혹은 추정)에 관하여 설명한다. 먼저 이해를 쉽게 하기 위하여 모든 속성변수들을 이산형 discrete 으로 한다. 연속형 속성변수를 이용한 의사결정나무는 5절에서 자세히 설명한다. 의사결정나무를 만드는 과정은 다음과 같이 설명할 수 있다.

1. 우선, 주어진 자료를 분류할 속성변수를 선택한다.
2. 다음으로 속성변수가 가지는 값에 따라 각각의 관측치들을 나눈다. 이를 '의사결정나무의 가지를 나눈다.'라고 한다.
3. 마지막으로 나누어진 각각의 관측치들에 대해 앞의 두 과정을 반복 수행한다.

이러한 과정을 통해서 의사결정나무는 성장한다. 이와 같은 과정으로 의사결정나무를 만들려고 할 때 제일 먼저 가지게 되는 의문점은 '어느 속성변수를 이용하여 의사결정나무의 가지를 나눌 것인가?'이다. 이 질문은 최적의 속성변수를 찾는 문제로, 최적의 속성변수는 관측치들을 분류변수에 따라 분류하는데 있어 가장 영향력 있으면서 불순도를 최소로 하는 변수를 말한다. 이 불순도를 측정하는 방법에는 여러 가지가 있다. 불순도는 다음 절에서 자세히 설명한다. 여기서 유의할 점은 이산형 속성변수를 의사결정나무의 가지를 만드는데 한 번 사용하면 하위 마디에서는 그 변수를 다시 사용할 필요가 없다는 것이다.

두 번째 의문점은 '어느 단계에서 의사결정나무의 성장을 멈출 것인가?'이다. 의사결정나무는 아래의 두 가지 경우에 성장을 멈추게 된다.

- 관측치들이 순수집합을 이룰 때 의사결정나무의 가지 나누기를 멈춘다.
- 모든 속성변수들이 다 사용되었을 때 의사결정나무 만들기를 멈춘다.

3. 불순도

불순도의 종류로는 어떠한 것이 있는지를 알아보기 전에, 불순도가 어떤 의미인지 예를 들어서 설명하겠다.

예제 3-4

아래 [그림 3-5]에는 (A), (B) 두 종류의 뿌리마디가 있다. 자료는 예제 3-1에 있는 자료를 사용한다.

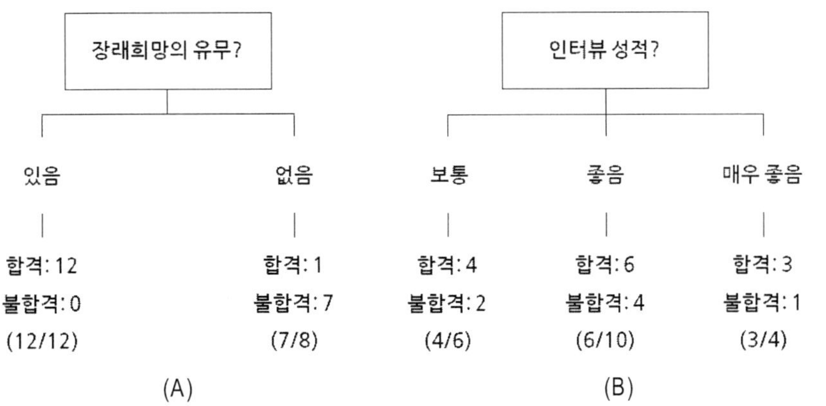

그림 3-5 두 종류의 뿌리마디

두 가지 중 (A)에서는 속성변수 중 '장래희망의 유무'가 사용되었고, (B)에서는 속성변수 중 '인터뷰 성적'이 사용되었다. 이 두 개의 속성변수가 갖는 값들을 이용하여 의사결정나무의 가지가 만들어진다. 각각의 가지에는 분류변수 C의 값인 {**합격**, **불합격**}을 갖는 관측치의 수가 표시되어 있다. 뿌리마디 (A)부터 살펴보면 속성변수인 '장래희망의 유무'가 {**있음**}인 경우에는 (12/12)이므로 이 가지에 있는 모든 관측치가 {**합격**}으로 나타난다. 이 경우에는 {**합격**}으로 분류하면 오류가 발생하지 않는다. '장래희망의 유무'가 {**없음**}인 경우에는 (7/8)이므로 가지에 해당하는 1개의 관측치가 {**합격**}이고 7개의 관측치가 {**불합격**}이다. 이 경우에는 해당 가지에 {**불합격**}이라는 분류를 가지는 관측치가 더 많으므로 {**불합격**}으로 분류한다. 이런 경우에 8개의 관측치 중에서 7개는 올바르게 분류하고 1개는 잘못 분류하는 경우가 발생한다.

반면에 뿌리마디 (B)를 보면, 속성변수인 '인터뷰 성적'의 값이 {**보통**}일 경우에는 {**합격**, **불합격**}이 각각 (4/6)이므로 다수의 관측치를 가지고 있는 {**합격**}으로 분류한다. 이 경우에 잘못 분류한 관측치의 수는 2개이다. '인터뷰 성적'이 {**좋음**}일 때에는 {**합격**, **불합격**}이 각각 (6/10)이므로 {**합격**}으로 분류한다. 이 경우에 잘못 분류한 관측치의 수는 4개이다. '인터뷰 성적'이 {**매우 좋음**}일 경우는 {**합격**, **불합격**}이 각각 (3/4)이므로 {**합격**}으로 분류한다. 이 경우에 잘못 분류한 관측치의 수는 1개이다.

뿌리마디에서 속성변수 '장래희망의 유무'과 '인터뷰 성적'을 비교할 경우에 '장래희망의 유무'는 잘못 분류한 관측치의 수가 1개이고, '인터뷰 성적'은 7개이다. 속성변수 '장래희망의 유무'는 '인터뷰 성적'보다 잘못 분류한 관측치의 수가 적고 의사결정나무도 작으므로, 의사결정나무를 학습하는 데는 뿌리마디 (A)가 더 적절하다. 잘못 분류한 관측치의 수가 많으면 의사결정나무의 불순도가 높다.

분류 모형은 속성변수가 갖는 값에 따라 자료를 분류한다. 이 모형에 의해 나누어진 각각의 집단에 대해 예측된 분류 값을 결정한다. 예측된 분류 값은 예제 3-4와 같이 각각 집단에서 가장 많이 관측되는 분류 값으로 정한다. 만약 한 집단의 모든 관측치들이 같은 분류 값을 가진다면 이 집합은 순수하다라고 말한다. 이때 불순도 impurity 는 집합이 순수하지 않은 정도를 나타낸다. 따라서 불순도가 낮으면 분류 모형은 관측치들을 잘 분류하고 불순도가 높으면 관측치를 잘 분류하지 못한다. 불순도를 계산하는 방법에는 여러 가지가 있지만, 그 중에 가장 많이 사용되는 세 가지 불순도 측도를 소개한다. 분류변수 값의 수를 c라 하고, 아래와 같이 불순도를 계산한다.

- 엔트로피 불순도 entropy impurity : $E = -\sum_{i=1}^{c} P(i)\log_2 P(i)$
- 지니 불순도 Gini impurity : $G = 1 - \sum_{i=1}^{c} [P(i)]^2$
- 분류오류 불순도 misclassification impurity : $M = 1 - \max_i\{P(i)\}$

예제 3-5

[그림 3-6]과 같은 가상의 자료를 이용하여 위 세 가지 불순도를 계산해보자. 분류변수 값은 {합격, 불합격}으로 이루어져 있다고 가정한다. 분류변수 값이 2가지이므로 $c=2$이다.

1. 1번째 가지

$$P(\text{합격}) = \frac{10}{10} = 1,\ P(\text{불합격}) = \frac{0}{10} = 0$$

$$E = -1 \times \log_2 1 - 0 \times \log_2 0 = 0$$

$$G = 1 - (1^2 + 0^2) = 0$$

$$M = 1 - \max\{1, 0\} = 0$$

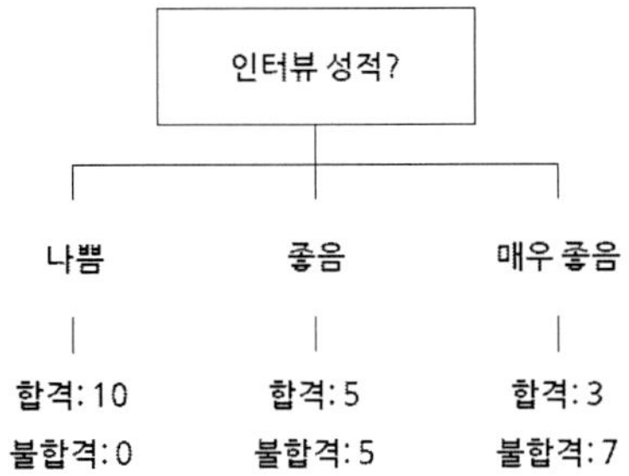

그림 3-6 분류변수 값이 2가지인 마디

2. 2번째 가지

$$P(\text{합격}) = \frac{5}{10} = 0.5,\ P(\text{불합격}) = \frac{5}{10} = 0.5$$

$$E = -0.5 \times \log_2 0.5 - 0.5 \times \log_2 0.5 = 1$$

$$G = 1 - (0.5^2 + 0.5^2) = 0.5$$

$$M = 1 - \max\{0.5, 0.5\} = 0.5$$

3. 3번째 가지

$$P(\text{합격}) = \frac{3}{10} = 0.3,\ P(\text{불합격}) = \frac{7}{10} = 0.7$$

$$E = -0.3 \times \log_2 0.3 - 0.7 \times \log_2 0.7 = 0.881$$

$$G = 1 - (0.3^2 + 0.7^2) = 0.42$$

$$M = 1 - \max\{0.3, 0.7\} = 0.3$$

이 세 불순도 측정치들의 공통적인 현상은 다음과 같다.

- 각 의사결정나무의 가지에 속하는 관측치들이 순도가 높으면 높을수록(즉, 같은 분류에 속하는 관측치가 많으면 많을수록) 엔트로피 불순도를 포함한 세 불순도 측정치가 작아진다.
- 두 개의 분류변수 값에 해당하는 관측치들의 개수가 비슷하여 각각의 확률이 0.5에 가까울수록 엔트로피 불순도를 포함한 세 가지 불순도 측정치가 최고 값

에 가까워진다. 분류변수 값이 3가지 이상일 경우도 마찬가지로 각각의 확률이 비슷한 값을 가질 때 불순도 측정치가 최고값에 가까워진다.

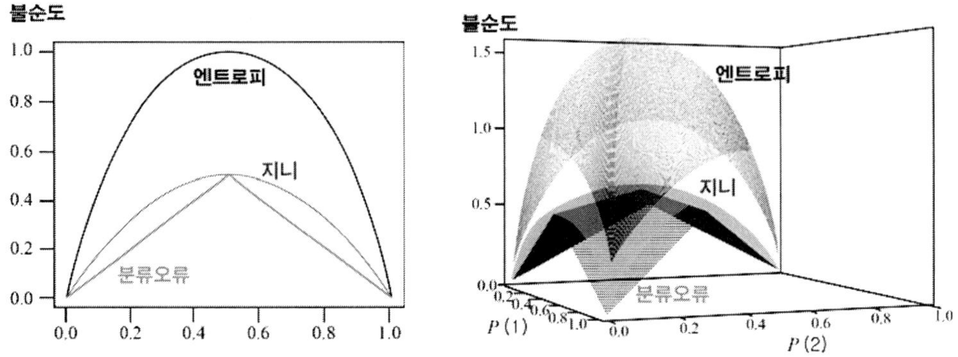

(A) 분류변수 값이 2가지인 경우 $(c=2)$

(B) 분류변수 값이 3가지인 경우 $(c=3)$

그림 3-7 불순도 척도 비교

4. 정보획득량

각 마디에서 불순도를 계산한 후에, 바로 전 마디에서 계산된 불순도에서 다음 마디들에서 계산된 불순도의 가중합을 빼서 얻은 값을 정보획득량 information gain 이라 한다. 이 정보획득량이 가장 큰 속성변수를 선택하여 의사결정나무의 가지를 만든다. 정보획득량을 구하는 절차를 엔트로피 불순도를 이용하여 더 자세히 알아보자.

1. 먼저 자료 $D=\{A, C\}$가 주어졌다. A는 속성변수집합으로 변수 집합 $A=\{A_1, A_2, \cdots, A_a\}$이고 분류변수 $C=\{c_1, c_2, \cdots, c_c\}$이다. 여기서 a는 속성변수의 개수이고 c는 분류변수가 취하는 값의 수이다. 그러면 위에서 소개한 엔트로피의 공식에 의해서 뿌리마디에 대한 엔트로피를 구할 수 있다. 이 엔트로피를 $E_{뿌리}(D)$라 하자.

2. 다음에는 사용 가능한 c개의 속성변수 중에서 어느 변수를 먼저 사용하여 의사결정나무의 가지를 만들지 결정해야 한다. 적절한 속성변수를 찾기 위해서는 a개의 변수에 대하여 각각 엔트로피를 구해야 한다. i번째 속성변수 A_i가 취하는 값이 k개라 하자. 그러면 우리는 주어진 자료 D를 속성변수 A_i가 취하는

값에 따라 k개의 부분집합 $\{D_1, D_2, \cdots, D_k\}$으로 나눌 수 있다. 따라서 속성변수 A_i를 이용하여 의사결정나무의 가지를 나누었을 때 얻어지는 엔트로피는 다음과 같다.

$$E_{A_i}(D) = \sum_{j=1}^{k} \frac{|D_j|}{|D|} E_{A_i}(D_j)$$

여기서 $|D|$는 D에 속하는 자료의 수이고, $|D_j|$는 D_j에 속하는 자료의 수이다.

3. 속성변수 A_i를 이용한 정보획득량은 다음과 같이 계산한다.

$$I(D, A_i) = E_{\text{뿌리}}(D) - E_{A_i}(D)$$

a개의 속성변수집합 $A = \{A_1, A_2, \cdots, A_a\}$ 중에서 정보획득량이 가장 큰 속성변수를 선택하여 첫 번째 가지를 만든다. 중간 마디도 위 뿌리마디에서와 같은 방법으로 정보획득량을 계산한다. 여기서 속성변수 A_i 가 선택되었으나 정보획득량 $I(D, A_i)$가 어느 기준점보다 작으면 의사결정나무 만들기를 멈출 수 있다. 이 기준점은 주관적으로 정하여 사용하며, 이렇게 의사결정나무의 가지 나누기를 미리 멈추는 방법을 사전 가지치기 pre-pruning 라 한다. 이는 6절에서 자세히 설명한다.

예제 3-6

<표 3-1>에서 주어진 자료를 가지고 정보획득량을 계산해보자. 먼저 고려할 속성변수 A={나이, 장래희망의 유무, 인터뷰 성적, 고등학교 성적}, 분류변수 C={합격, 불합격}이고, 자료 $D=\{A, C\}$이다. 먼저 뿌리마디에서 자료 D의 엔트로피 불순도를 구해보자. 자료 D에는 13개의 {합격}과 7개의 {불합격} 이 있다. 그러므로

$$E_{\text{뿌리}}(D) = -\frac{13}{20} \times \log_2 \frac{13}{20} - \frac{7}{20} \times \log_2 \frac{7}{20} = 0.934$$

다음으로 속성변수 '나이'를 고려해보자. 나이는 3가지 값을 가지므로 다음과 같이 나타낼 수 있다.

D_1 = {나이=적음}, D_2 = {나이=보통}, D_2 = {나이=많음}

이 세 부분집합에 속하는 개수는 각각 7, 8, 5개이다. 그러므로 '나이'의 엔트로피 불순도는 다음과 같이 구한다.

$$E_{\text{나이}}(D_1) = -\frac{4}{7} \times \log_2 \frac{4}{7} - \frac{3}{7} \times \log_2 \frac{3}{7} = 0.985$$

$$E_{\text{나이}}(D_2) = -\frac{5}{8} \times \log_2 \frac{5}{8} - \frac{3}{8} \times \log_2 \frac{3}{8} = 0.954$$

$$E_{나이}(D_3) = -\frac{4}{5}\times\log_2\frac{4}{5} - \frac{1}{5}\times\log_2\frac{1}{5} = 0.722$$

$$E_{나이}(D) = \frac{7}{20}\times E_{나이}(D_1) + \frac{8}{20}\times E_{나이}(D_2) + \frac{5}{20}\times E_{나이}(D_3)$$

$$= \frac{7}{20}\times 0.985 + \frac{8}{20}\times 0.954 + \frac{5}{20}\times 0.722 = 0.907$$

같은 방법으로 '장래희망의 유무'에 대한 엔트로피 불순도를 구한다.

D_1 = {장래희망의 유무=있음}, D_2 = {장래희망의 유무=없음}

두 부분집합에 속하는 개수는 각각 12개, 8개이다. 그러므로 '장래희망 유무'의 엔트로피 불순도는 다음과 같이 구한다.

$$E_{장래희망}(D_1) = -\frac{12}{12}\times\log_2\frac{12}{12} - \frac{0}{12}\times\log_2\frac{0}{12} = 0$$

$$E_{장래희망}(D_2) = -\frac{1}{8}\times\log_2\frac{1}{8} - \frac{7}{8}\times\log_2\frac{7}{8} = 0.544$$

$$E_{장래희망}(D) = \frac{12}{20}\times E_{장래희망}(D_1) + \frac{8}{20}\times E_{장래희망}(D_2) = \frac{12}{20}\times 0 + \frac{8}{20}\times 0.544 = 0.21$$

나머지 두 속성변수도 같은 방법으로 $E_{인터뷰}(D) = 0.923$과 $E_{고등학교}(D) = 0.588$로 구할 수 있다. 이들을 이용하여 다음과 같이 정보 획득량을 구한다.

$$I(D, 나이) = 0.934 - 0.907 = 0.027$$

$$I(D, 장래희망의 유무) = 0.934 - 0.218 = 0.716$$

$$I(D, 인터뷰성적) = 0.934 - 0.923 = 0.011$$

$$I(D, 고등학교성적) = 0.934 - 0.588 = 0.346$$

그러므로 가장 정보획득량이 큰 속성변수 '장래희망의 유무'가 의사결정나무의 뿌리마디가 된다. 이 뿌리마디는 [그림 3-5]의 (A)와 같다.

5. 연속형 변수 이용

앞 절에서 의사결정나무를 만드는 과정을 쉽게 설명하기 위하여 자료의 모든 속성변수를 이산형 discrete 속성변수로 가정하고 설명을 하였다. 하지만 연속형 continuous 속성변수도 의사결정나무를 만드는데 쉽게 사용될 수 있다. 실제 자료는 이산형 변수와 연속형 변수가 혼재하는 경우가 많이 존재하므로, 의사결정나무를 이용한 기계학습은 이 두 종류의 속성변수를 사용할 수 있다는 측면에서 아주 유용하다.

연속형 속성변수를 A_i라 하자. 이 연속형 변수를 의사결정나무를 만드는데 사용하기 위해서는 이 변수를 어느 기준값 threshold 에 따라 구간을 나누어 범주화 categorization 하여야 한다. 그러므로 여러 개의 기준값을 사용하면 이 변수를 여러 개의 범주로 나눌 수 있으나, 일반적으로 두 개의 범주로 나누어 사용하여도 충분하다. 선택된 기준값은 연속형 변수를 두 개의 범주로 나눈 후에 정보 획득량이 가장 큰 기준점을 선택한다. 연속형 변수이기 때문에 무한개의 가능한 기준점이 있겠으나, 실제로 찾을 때에는 연속형 속성변수 A_i가 주어진 자료 D에서 취하는 값 중에 하나를 골라서 그 값보다 같거나 작은 경우와 그 값보다 큰 경우로 두 집단으로 나누면 된다. 즉

1. 연속형 속성변수 A_i가 주어진 자료 D에서 취하는 값들을 오름차순으로 정리한다.
2. 오름차순으로 정리된 값들을 $\{v_1, v_2, \cdots, v_r\}$이라고 하면 기준값을 두 값 v_i와 v_{i+1}사이에 찾으려 한다면 무한개의 가능한 점들이 있다. 그러나 값들 중에서 한 개의 값을 선택하여 두 그룹으로 나누어도 v_i보다 작은 그룹과 v_i보다 같거나 큰 그룹으로 나눈 것과 똑같다.
3. 그러므로 연속형 속성변수 A_i를 두 그룹으로 나누는 경우에는 $(r-1)$개의 값만 사용하여 각각의 정보 획득량을 계산하면 된다. 계산된 정보 획득량이 가장 큰 값이 기준값이 된다.

여기서 유의할 점은 연속형 속성변수를 의사결정나무의 가지를 만드는데 한 번 사용되었다 하더라도 하위 마디에서 다시 사용할 수 있다는 것이다. 연속형 변수는 다른 구간을 나누어 사용할 수 있으므로 하위 마디에서 구간을 세분하여 또 다시 사용할 수 있다. 즉 연속형 속성변수 A_i의 (v_1, v_i)구간이나 $[v_i, v_r)$에서 또 다른 기준점을 사용하여 구간들을 나누어 사용할 수 있다. 또 한 가지 유의할 점은 연속형 속성변수를 사용할 경우의 의사결정나무를 기하학적으로 보면 각 구간을 속성변수의 축에 평행한 다차원 사각형으로 나눠진다는 것이다.

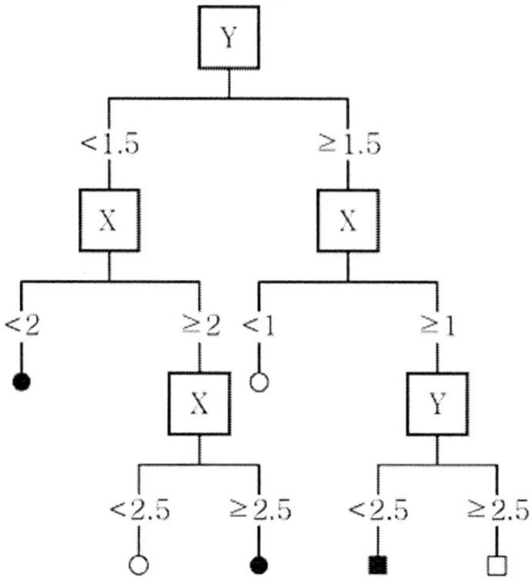

그림 3-8 연속형 속성변수를 이용한 의사결정나무

예제 3-7

임의의 연속형 속성변수 $\{X, Y\}$와 분류변수 값이 { ●, ○, ■, □ }로 이루어진 자료를 이용하여 의사결정나무를 만들어 보면 [그림 3-8]와 같이 의사결정나무가 만들어지고, 이에 따른 자료 공간의 분할은 [그림 3-9]와 같은 순서로 이루어진다.

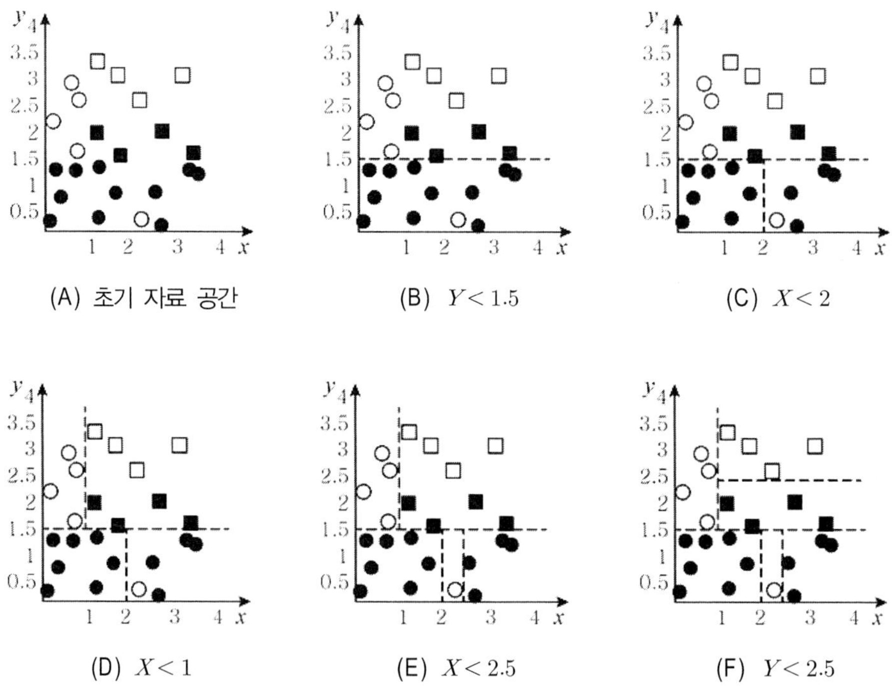

그림 3-9 연속형 속성변수를 이용한 자료 공간 분할 순서

6. 과대적합과 가지치기

의사결정나무를 만드는 알고리즘은 각 마디에서 불순도가 0이 되거나 사용할 속성변수가 없을 때까지 가지를 나눈다. 그러므로 이 과정을 마치면 의사결정나무의 가지가 아주 많아져 각각의 의사결정나무의 잎에 아주 적은 수의 관측치가 있게 된다. 이렇게 만들어진 의사결정나무는 기존의 자료에 대한 정확도는 아주 높으나, 새로운 관측치를 분류하는 정확도는 아주 낮게 된다. 이러한 기계학습은 효율적이지 못하며, 다른 자료에 적용할 수 있는 일반화 generalization 가 잘 되지 않는다. 이러한 현상을 과대적합 over-fitting 되었다고 한다. Mitchell(1997)은 다음과 같이 과대적합을 정의하였다.

> 두 개의 분류자 classifier f_1과 f_2가 있을 때, 분류자 f_1이 학습 자료 training data 에서는 분류자 f_2보다는 정확도가 높으나 검증 자료 test data 에서는 분류자 f_2보다 정확도가 낮으면 분류자 f_1는 과대적합되었다고 한다.

이와 같은 과대적합은 일반적으로 자료의 노이즈 때문인데, 이 노이즈 noise 는 분류변수의 분류가 잘못되었거나, 또는 속성변수들의 값이 잘못되었을 경우를 의미한다. 이러한 잡음이 있는 경우에는 분류 상황에 임의성이 많이 포함되어 분류 작업뿐만 아니라 만들어진 의사결정나무도 구조가 복잡하다.

이와 같은 복잡한 구조의 의사결정나무를 더 간단하게 가지치기 pruning 를 할 필요가 있다. 가지치기를 하는 방법에는 두 가지가 있다. 하나는 의사결정나무의 가지 나누기를 미리 멈추는 방법인 사전 가지치기 pre-pruning 방법이 있고, 의사결정나무를 다 만든 후에 너무 복잡한 가지를 제거하는 사후 가지치기 post-pruning 방법이 있다. 사후 가지치기가 더 효율적인 방법으로 알려져 있다. 의사결정나무 만들기를 미리 멈췄을 경우, 그 이후에 어떠한 경우가 숨겨져 있는지 모르는 위험이 있기 때문이다.

일반적인 사후 가지치기 방법은 의사결정나무의 각 마디에서 추정 오류를 계산하고 가지를 나누어 다음 마디로 내려갔을 때의 추정 오류를 계산한다. 하위 마디의 추정 오류가 상위 마디의 추정 오류보다 크면 나누어진 가지를 제거하는 방식이다. 여기서 추정 오류는 끝마디 terminal node 에서 잘못 추정된 관측치 수를 의미한다.

예제 3-8

예제 3-7에서 만들어진 의사결정나무를 보면 조금 과도하게 가지가 나누어진 것을 볼 수 있다. 즉 $2 \le X \le 2.5$, $Y < 1.5$인 부분이다. 이 부분은 $2 \le X \le 2.5$와 $Y < 1.5$사이에 오직 하나의 관측치{○}만 존재한다. 하나의 관측치를 정확히 분류하기 위하여 두 개의 가지를 나누고 3개의 잎 leaf 을 만드는 것이 과대적합이다. 이와 같이 의사결정나무를 다 만든 후에 과대적합된 가지와 잎을 제거하는 것을 가지치기이라고 한다. 가지치기한 결과는 아래와 같다.

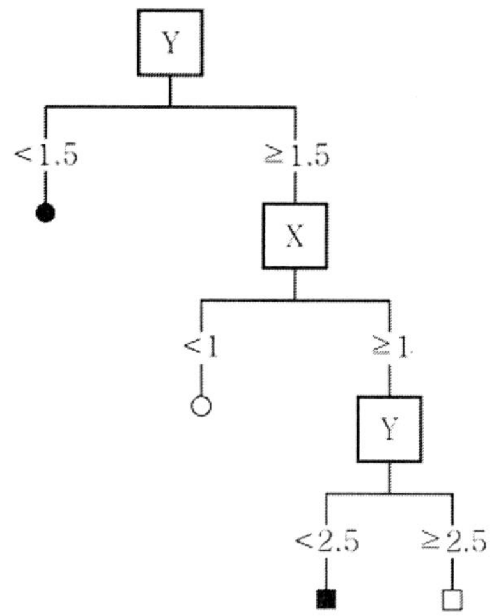

그림 3-10 가지치기 후의 의사결정나무

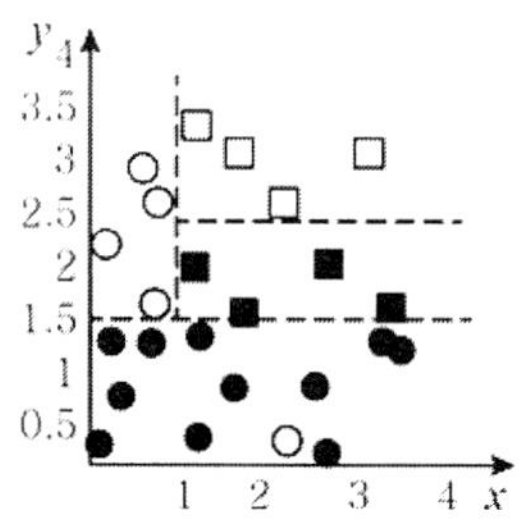

그림 3-11 가지치기 후의 의사결정나무에 대한 기하학적 표현

7. R 프로그램 실습: 의사결정나무

iris 자료를 분석하기 위해 의사결정나무를 사용하고자 한다. 자료의 앞 부분을 보여주는 *head()* 함수를 이용하여 *iris* 자료를 살펴보면 꽃받침 길이를 나타내는 *Sepal.Length*, 꽃받침 너비인 *Sepal.Width*, 꽃잎 길이인 *Petal.Length*, 꽃잎 너비인 *Petal.Width*, 붓꽃의 종류인 *Species*로 이루어져 있음을 확인할 수 있다. *Species*는 붓꽃의 3가지 종류인 "*setosa*", "*versicolor*", "*virginica*"로 이루어져있다.

attach() 함수는 자료의 변수를 사용하기 쉽게 해준다. 예를 들어 *attach()* 함수를 이용하지 않은 경우에는 *iris* 자료의 꽃받침 길이 변수를 사용할 때 *iris$Sepal.Length* 즉, '(자료 이름)$(변수 이름)'의 형태를 이용해야 한다. 하지만 이 함수를 사용한 경우에는 *Sepal.Length* 라고 변수 이름만 그대로 치면 해당 변수를 이용할 수 있어 훨씬 간편하다.

summary() 함수는 결과 요약을 해준다. *iris* 자료와 같이 표 형태의 자료를 넣을 경우 각 변수에 대한 정보를 주는데, 이산형 변수는 해당 변수의 취하는 값 별 빈도를 나타내고 연속형 변수는 해당 변수의 요약통계량을 나타낸다.

```
> data(iris)
> attach(iris)
> head(iris,n=10)
   Sepal.Length Sepal.Width Petal.Length Petal.Width Species
1           5.1         3.5          1.4         0.2  setosa
2           4.9         3.0          1.4         0.2  setosa
3           4.7         3.2          1.3         0.2  setosa
4           4.6         3.1          1.5         0.2  setosa
5           5.0         3.6          1.4         0.2  setosa
6           5.4         3.9          1.7         0.4  setosa
7           4.6         3.4          1.4         0.3  setosa
8           5.0         3.4          1.5         0.2  setosa
9           4.4         2.9          1.4         0.2  setosa
10          4.9         3.1          1.5         0.1  setosa
> summary(iris)
  Sepal.Length    Sepal.Width     Petal.Length    Petal.Width
 Min.   :4.300   Min.   :2.000   Min.   :1.000   Min.   :0.100
 1st Qu.:5.100   1st Qu.:2.800   1st Qu.:1.600   1st Qu.:0.300
 Median :5.800   Median :3.000   Median :4.350   Median :1.300
 Mean   :5.843   Mean   :3.057   Mean   :3.758   Mean   :1.199
 3rd Qu.:6.400   3rd Qu.:3.300   3rd Qu.:5.100   3rd Qu.:1.800
 Max.   :7.900   Max.   :4.400   Max.   :6.900   Max.   :2.500
       Species
 setosa    :50
 versicolor:50
 virginica :50
```

sample() 함수는 임의로 random 표본을 추출해준다. 이 함수를 이용하여 전체 *iris* 자료의 50%를 추출했다. 이 추출된 값에 해당하는 관측치 observation 는 학습 자료 training data 로, 추출되지 않은 관측치는 검증 자료 test data 로 사용하였다. 자료를 임의로 나눌 때 유의할 점은 *set.seed()* 함수를 통해 *seed* 를 결정해주지 않으면 자료를 나누는 코드를 돌릴 때마다 자료가 다르게 나눠진다는 점이다. 그러므로 동일한 결과를 얻기 위해서는 *set.seed()* 함수를 이용하는 것이 좋다.

```
> set.seed(1)
> sub<-sample(nrow(iris),nrow(iris)*0.5)
> iris.train<-iris[sub,]
> iris.test<-iris[-sub,]
```

rpart 라이브러리는 의사결정나무를 생성하는데 사용된다. 단, *rpart* 라이브러리는 가지를 2개 binary 로만 나눌 수 있다. 따라서 취하는 값이 3개 이상인 속성변수가 마디로 선택되면 한 가지 branch 는 한 개의 값으로 다른 가지는 나머지 값들로 이루어지게 된다.

```
> library(rpart)
```

rpart() 함수를 이용하여 학습 자료에 대한 의사결정나무를 그렸고, 가지를 나누는 기준으로 지니 불순도 Gini impurity 를 사용하였다. 또한 각 마디의 개수(*minsplit*)가 최소 2개 이상이면서 뿌리마디 root node 를 제외한 마디의 개수(*maxdepth*)가 최대 4개가 되도록 하여 사전 가지치기 pre-pruning 를 하였다.

이 의사결정나무를 그리기 위해 *plot()* 함수를 사용할 수 있다. *plot()* 함수는 그래프를 그려주는 함수로, 이 함수에서 *branch* 는 가지의 각도를 조정하고, *uniform* 는 의사결정나무의 마디 간의 거리를 동일하게 한다. 또한 *text()* 함수는 그래프에 문자열을 써주는 함수로, 이 함수에서 *all* 은 마디 별 결정된 분류를 나타내고, *use.n* 은 마디 별 분류된 개수를 나타내고, *cex* 는 글자 크기를 조정해준다. 이 사전 가지치기한 의사결정나무는 [그림 3-12]와 같다. 의사결정나무가 복잡한 것으로 보아 사전 가지치기의 기준이 너무 약했음을 알 수 있다.

```
> pre.tree<-rpart(Species~.,iris.train,method="class",
+ parms = list(split="Gini"),
+ control=rpart.control(minsplit=2,maxdepth=4))
> plot(pre.tree,branch=0.2,uniform=TRUE)
> text(pre.tree,use.n=TRUE,all=TRUE,cex=.8)
```

predict() 함수는 모형의 결과를 예측해주는 함수로, 사전 가지치기한 의사결정나무 모형을 이용하여 검증 자료의 분류를 예측할 수 있다. 실제 분류와 예측된 분류를 이용한 confusion matrix 는 *table()* 함수를 이용하여 생성할 수 있다. *table()* 함수는 분할표를 생성해주는 함수이다. 검증자료에 대한 confusion matrix를 그린 결과는 다음과 같다. 총 75개의 관측치중 70개의 관측치가 제대로 분류되었으므로 정확도 accuracy 는 0.93이다.

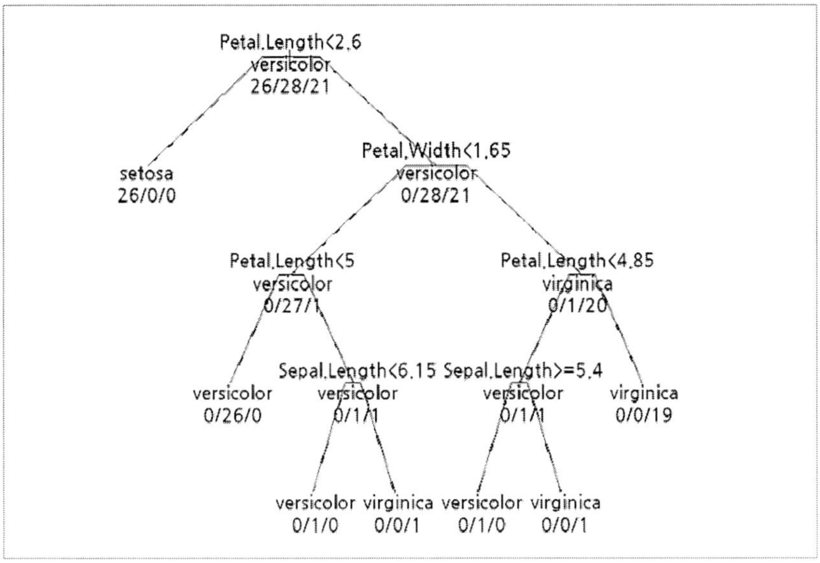

그림 3-12 사전 가지치기한 의사결정나무

```
> pre.pred<-predict(pre.tree,newdata=iris.test,type="class")
> pre.conf<-table(Actual=iris.test$Species,Predict=pre.pred)
> pre.conf
            Predict
Actual       setosa versicolor virginica
  setosa         24          0         0
  versicolor      0         21         1
  virginica       0          4        25
> pre.acc<-sum(diag(pre.conf))/nrow(iris.test)
> pre.acc
[1] 0.9333333
```

앞서 그린 사전 가지치기한 의사결정나무가 매우 복잡하므로, 의사결정나무를 다 만든 후에 가지를 제거하는 사후 가지치기 post-pruning 를 이용하여 다시 의사결정나무를 그려보자. 먼저 *minsplit=0* 을 이용하여 모든 잎 leaf 이 순수집합 pure subset 이 될 때까지 의사결정나무를 그렸다. 이는 사전 가지치기한 의사결정나무인 [그림 3-12]와 동일하다. 즉, 사전 가지치기의 기준이 너무 약했음을 다시 확인할 수 있다.

```
> iris.tree<-rpart(Species~.,iris.train,method="class",
+ parms = list(split="Gini"),control=rpart.control(minsplit=0))
> plot(iris.tree,branch=0.2,uniform=TRUE)
> text(iris.tree,all=TRUE,use.n=TRUE,cex=.8)
```

모든 잎이 순수집합인 의사결정나무는 사전 가지치기한 의사결정나무와 동일하므로 confusion matrix와 정확도도 역시 동일하다.

```
> iris.pred<-predict(iris.tree,newdata=iris.test,type="class")
> iris.conf<-table(Actual=iris.test$Species,Predict=iris.pred)
> iris.conf
            Predict
Actual       setosa versicolor virginica
  setosa         24          0         0
  versicolor      0         21         1
  virginica       0          4        25
> iris.acc<-sum(diag(iris.conf))/nrow(iris.test)
> iris.acc
[1] 0.9333333
```

prune() 함수는 의사결정나무에 대하여 사후 가지치기를 해주는 함수로, 복잡성 모수(cp) complexity parameter 를 조정하여 가지치기의 정도를 결정해줄 수 있다. 이 함수를 이용하여 모든 잎이 순수집합인 의사결정나무를 사후 가지치기하였다. 그 결과는 [그림 3-13]과 같다.

```
> post.tree<-prune(iris.tree,cp=0.1)
> plot(post.tree,branch=0.2,uniform=TRUE)
> text(post.tree,use.n=TRUE,all=TRUE,cex=.8)
```

사후 가지치기한 의사결정나무를 이용하여 검증 자료의 분류를 예측하고 confusion matrix를 그린 결과는 다음과 같다. 총 75개의 관측치 중 71개의 관측치가 제대로 분류되었으므로 정확도는 0.95이다. 사전 가지치기한 의사결정나무의 정확도는 0.93이므로 사후 가지치기한 의사결정나무의 정확도가 더 높다. 즉, 사전 가지치기한 의사결정나무보다 사후 가지치기한 의사결정나무가 *iris* 자료에 더 적합하다고 판단할 수 있다.

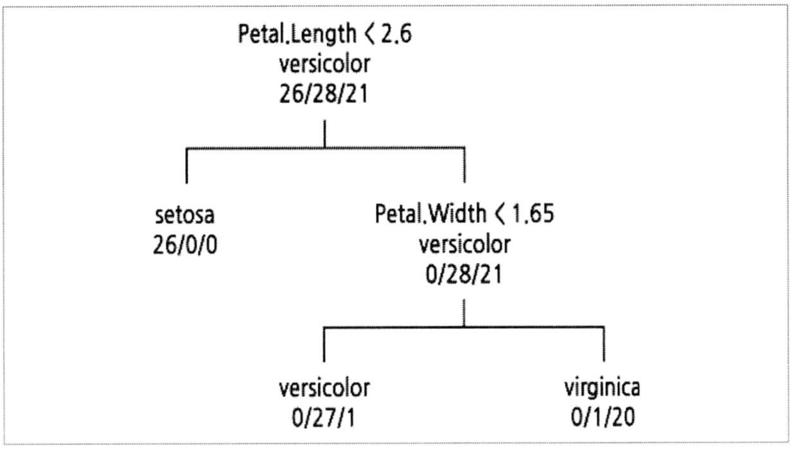

그림 3-13 사후 가지치기한 의사결정나무

```
> post.pred<-predict(post.tree,newdata=iris.test,type="class")
> post.conf<-table(Actual=iris.test$Species,Predict=post.pred)
> post.conf
            Predict
Actual       setosa versicolor virginica
  setosa         24          0         0
  versicolor      0         21         1
  virginica       0          3        26
> post.acc<-sum(diag(post.conf))/nrow(iris.test)
> post.acc
[1] 0.9466667
```

rpart 라이브러리로 의사결정나무를 그리면 가지의 각도 정도만 설정할 수 있지만 더 의사결정나무의 형태를 개선하기 위해서는 *rpart.plot* 라이브러리를 이용하면 된다. 의사결정나무를 그려주는 라이브러리는 *tree, rpart, party* 등으로 다양한데, *rpart.plot* 라이

브러리는 *rpart* 라이브러리로 그려진 의사결정나무에 한해 사용 가능하다.

```
> library(rpart.plot)
```

prp() 함수에서 *type*은 의사결정나무의 형태를 결정해주고, *extra* 는 마디에 대한 정보를 나타내는 방식을 결정해준다. 다음 코드는 사후 가지치기한 의사결정나무를 이용하여 *prp()* 함수에서 제공하는 가장 기본적인 형태의 의사결정나무를 그려주었다. *prp()* 함수의 디폴트값 default value 은 *type=0, extra=0* 이다. 그 결과는 [그림 3-14]와 같다.

```
> prp(post.tree)
```

type=1 은 잎 마디 leaf node 를 제외한 모든 마디의 변수 이름을 나타낸다. *type=2* 는 *type=1* 과 유사하나, 변수 이름이 나타나는 위치가 다르다. *type=3* 는 분리되는 기준을 각 가지의 위에 나타낸다. *type=4* 는 *type=3* 와 유사하나, 잎 마디를 제외한 모든 마디의 변수 이름을 나타낸다.

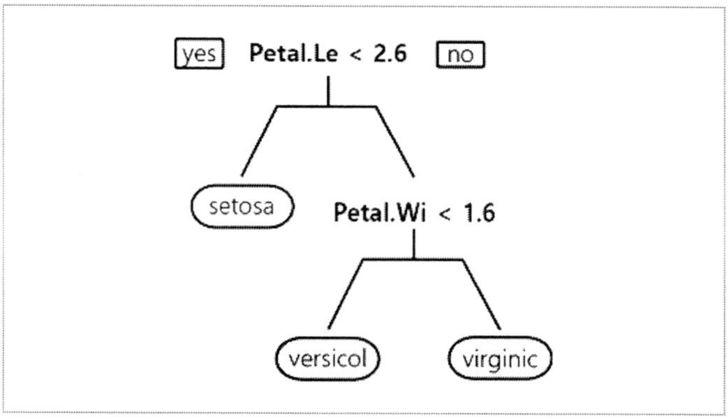

그림 3-14 의사결정나무의 형태 개선(type=0, extra=0)

```
> prp(post.tree,type=1)
> prp(post.tree,type=2)
> prp(post.tree,type=3)
> prp(post.tree,type=4)
```

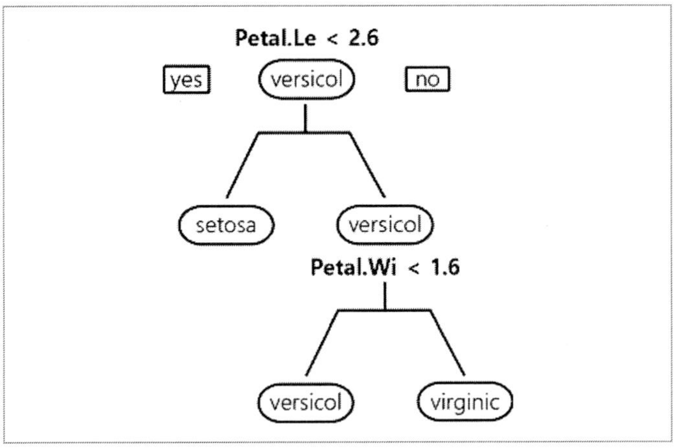

그림 3-15 의사결정나무의 형태 개선(type=1, extra=0)

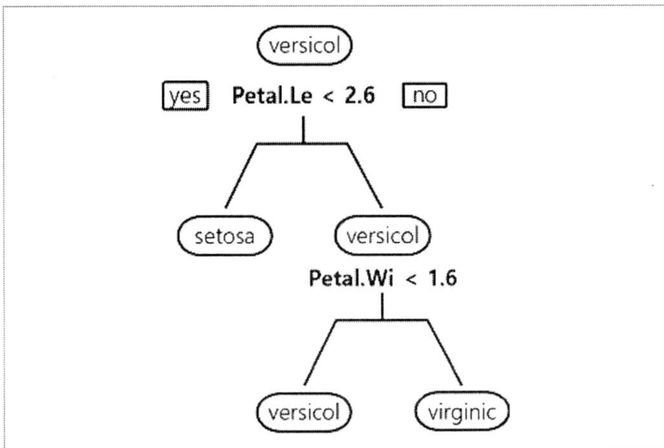

그림 3-16 의사결정나무의 형태 개선(type=2, extra=0)

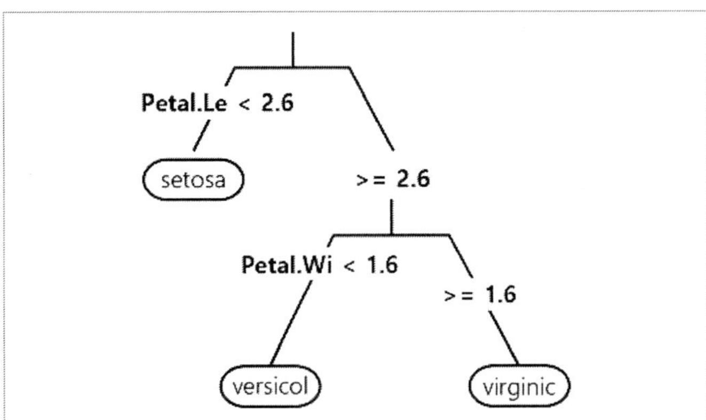

그림 3-17 의사결정나무의 형태 개선(type=3, extra=0)

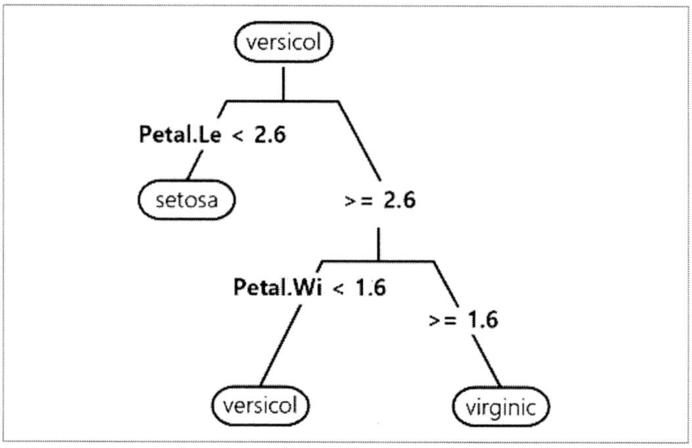

그림 3-18 의사결정나무의 형태 개선(type=4, extra=0)

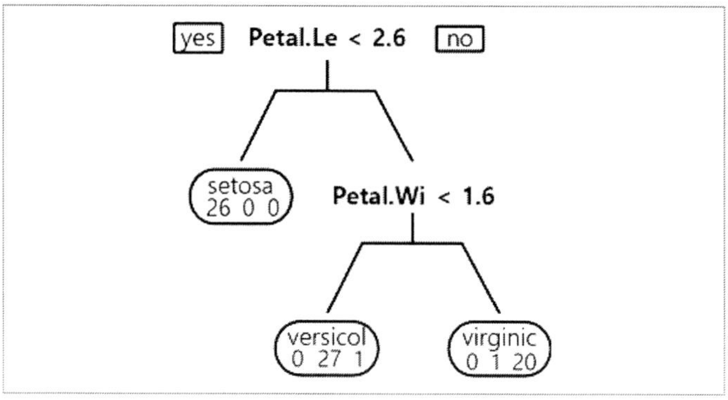

그림 3-19 의사결정나무의 형태 개선(type=0, extra=1)

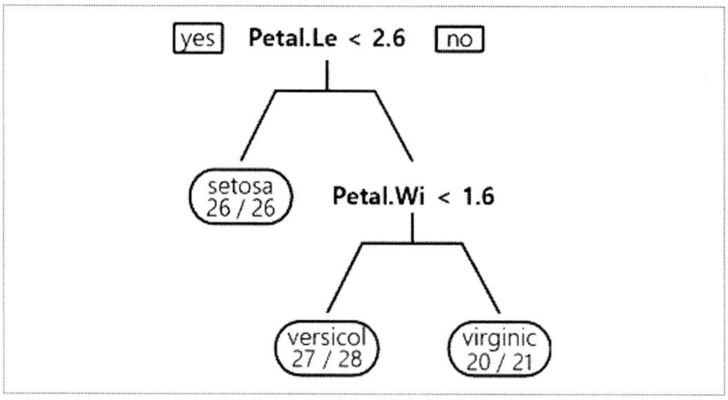

그림 3-20 의사결정나무의 형태 개선(type=0, extra=2)

extra=1 은 잎 마디에 분류된 각 관측치의 수를 나타낸다. 즉 [그림 3-19]의 첫 번째 잎 마디는 "*setosa*"인 관측치가 26개, "*versicolor*"인 관측치가 0개, "*verginica*"인 관측치가 0개임을 나타낸다. 따라서 이 잎 마디는 "*setosa*"로 결정된다. *extra=2* 는 잎 마

디에 분류된 전체 관측치 중 제대로 분류된 관측치의 수를 나타낸다. 즉 [그림 3-20]의 첫 번째 잎 마디는 총 26개의 관측치가 모두 "*setosa*"로 분류되었음을 나타낸다. 이외에도 *extra* 는 값을 9까지 변경하여 다양한 방식으로 마디의 정보를 나타낼 수 있다.

```
> prp(post.tree,extra=1)
> prp(post.tree,extra=2)
```

■ 8. Python 프로그램 실습: 의사결정나무

sklearn.tree 모듈의 *DecisionTreeClassifier()* 함수는 의사결정나무를 생성하기 위해 사용된다. 이 함수에서 criterion 은 엔트로피 불순도("*entropy*")와 지니 불순도("*gini*") 중 어떤 불순도를 사용할지 결정할 수 있다. 디폴트 값은 지니 불순도이다. 또한 *random_state* 는 seed 를 결정해준다. 이외에도 여러 가지 옵션을 통해 다양한 의사결정나무를 생성할 수 있다.

다음 예제에서는 2개의 속성변수로 이루어진 자료를 이용하여 의사결정나무를 생성했다. 이때 사용된 자료는 〈표 3-3〉과 같다. 여기서 X_1, X_2는 속성변수이고, Y는 분류변수이다.

표 3-3 의사결정나무 생성에 사용된 자료

	X_1	X_2	Y
1	1	1	0
2	2	2	1

```
>>> from sklearn.tree import DecisionTreeClassifier
>>> x=[[1,1],[2,2]]
>>> x
[[1, 1], [2, 2]]
>>> y=[0,1]
>>> y
[0, 1]
```

```
>>> clf=DecisionTreeClassifier()
>>> clf2=clf.fit(x,y)
```

이렇게 생성된 분류자를 이용하여 새로운 자료의 분류값을 예측해보자. 새로운 자료로인 $X_1=3$, $X_2=3$자료를 사용하였다. 다음 코드에서 *predict()* 함수는 함수 안에 넣은 자료의 예측된 분류값을 나타내고, *predict_proaba()* 함수는 각 분류값일 확률을 나타낸다. 따라서 이 예제에서는 $X_1=3$, $X_2=3$인 자료가 $Y=0$으로 분류될 확률이 0, $Y=1$로 분류될 확률이 1로, 해당 자료의 분류값은 1로 예측되었다.

```
>>> clf2.predict([[3,3]])
array([1])
>>> clf2.predict_proba([[3,3]])
array([[ 0.,  1.]])
```

앞서 R 프로그램 실습에서 사용한 자료와 동일한 *iris* 자료를 이용하여 의사결정나무를 생성해보자. 이 예제에서 사용한 패키지 및 함수는 다음과 같다.

```
>>> from sklearn import datasets,metrics
>>> from sklearn.tree import DecisionTreeClassifier,export_graphviz
>>> from sklearn.cross_validation import train_test_split
>>> from sklearn.externals.six import StringIO
>>> from pandas import DataFrame
```

load_iris() 함수를 이용하여 *iris* 자료를 불러왔고, 슬라이싱을 이용하여 *iris* 자료의 10개 관측치를 확인했다. 여기서 슬라이싱 slicing 은 범위를 설정하여 자료의 일부를 추출하는 것을 의미한다.

```
>>> dataset=datasets.load_iris()
>>> dataset_head=dataset.data[:10,]
>>> dataset_head
array([[ 5.1,  3.5,  1.4,  0.2],
       [ 4.9,  3. ,  1.4,  0.2],
       [ 4.7,  3.2,  1.3,  0.2],
       [ 4.6,  3.1,  1.5,  0.2],
       [ 5. ,  3.6,  1.4,  0.2],
```

```
        [ 5.4,  3.9,  1.7,  0.4],
        [ 4.6,  3.4,  1.4,  0.3],
        [ 5. ,  3.4,  1.5,  0.2],
        [ 4.4,  2.9,  1.4,  0.2],
        [ 4.9,  3.1,  1.5,  0.1]])
```

슬라이싱을 이용하여 자료를 확인했으나, 변수명을 확인할 수 없어 자료를 파악하기에 불편하다. 이때는 *DataFrame()* 함수를 이용하면 된다. 이 함수의 *columns* 는 변수명을 지정해준다. 따라서 이미 *dataset* 에 속해있는 변수명인 *feature_names* 를 *columns* 에 지정해주면 변수명과 동시에 자료를 확인할 수 있다.

```
>>> DataFrame(dataset_head,columns=dataset.feature_names)
```

	sepal length(cm)	sepal width(cm)	petal length(cm)	petal width(cm)
0	5.1	3.5	1.4	0.2
1	4.9	3.	1.4	0.2
2	4.7	3.2	1.3	0.2
3	4.6	3.1	1.5	0.2
4	5.	3.6	1.4	0.2
5	5.4	3.9	1.7	0.4
6	4.6	3.4	1.4	0.3
7	5.	3.4	1.5	0.2
8	4.4	2.9	1.4	0.2
9	4.9	3.1	1.5	0.1

train_test_split() 함수는 자료를 임의로 학습 자료와 검증 자료로 나눠준다. 이 함수는 속성변수에 해당하는 자료, 분류변수에 해당하는 자료 순으로 넣고, 다른 옵션을 조정해주면 된다. 따라서 이 예제에서는 *train_test_split()* 함수에 *dataset* 에 속해있는 *data, target* 순으로 넣어주었다. 이 함수에서 *test_size* 는 검증 자료의 비율을 말하고, *random_state* 는 *seed* 를 결정해준다. 여기서 *seed* 는 R 프로그램과 값이 다르므로, 앞 장의 R 프로그램 실습과는 학습 자료와 검증 자료가 다르다.

```
>>> X_train,X_test,y_train,y_test=train_test_split(
...         dataset.data,dataset.target,test_size=0.5,random_state=1)
```

DecisionTreeClassifier() 함수를 이용하여 학습 자료에 대한 의사결정나무를 그렸고, 가지를 나누는 기준으로 지니 불순도(디폴트 값)를 사용하였다.

```
>>> model=DecisionTreeClassifier()
>>> fit=model.fit(X_train,y_train)
```

export_graphviz() 함수는 만들어진 의사결정나무를 DOT 포맷의 파일로 내보내준다. 이렇게 생성된 파일이 *out* 인데, *getvalue()* 함수를 이용하면 Python 프로그램 내에서 DOT 파일을 열어준다. 즉, *getvalue()* 함수를 이용하면 생성된 의사결정나무에 대한 정보를 확인할 수 있다.

```
>>> out=StringIO()
>>> export_graphviz(fit,out_file=out,
...         feature_names=dataset.feature_names,
...         class_names=dataset.target_names,
...         filled=True,rounded=True)
>>> print(out.getvalue())
digraph Tree {
node [shape=box, style="filled, rounded", color="black", fontname=helvetica] ;
edge [fontname=helvetica] ;
0 [label="petal length (cm) <= 2.6
gini = 0.6656
samples = 75
value = [26, 26, 23]
class = setosa", fillcolor="#e5813900"] ;
1 [label="gini = 0.0
samples = 26
value = [26, 0, 0]
class = setosa", fillcolor="#e58139ff"] ;
0 -> 1 [labeldistance=2.5, labelangle=45, headlabel="True"] ;
2 [label="petal length (cm) <= 5.0
gini = 0.4981
samples = 49
value = [0, 26, 23]
class = versicolor", fillcolor="#39e5811d"] ;
0 -> 2 [labeldistance=2.5, labelangle=-45, headlabel="False"] ;
3 [label="petal width (cm) <= 1.6
```

```
gini = 0.1372
samples = 27
value = [0, 25, 2]
class = versicolor", fillcolor="#39e581eb"] ;
2 -> 3 ;
4 [label="gini = 0.0
samples = 24
value = [0, 24, 0]
class = versicolor", fillcolor="#39e581ff"] ;
3 -> 4 ;
5 [label="sepal width (cm) <= 3.0
gini = 0.4444
samples = 3
value = [0, 1, 2]
class = virginica", fillcolor="#8139e57f"] ;
3 -> 5 ;
6 [label="gini = 0.0
samples = 2
value = [0, 0, 2]
class = virginica", fillcolor="#8139e5ff"] ;
5 -> 6 ;
7 [label="gini = 0.0
samples = 1
value = [0, 1, 0]
class = versicolor", fillcolor="#39e581ff"] ;
5 -> 7 ;
8 [label="sepal length (cm) <= 6.05
gini = 0.0868
samples = 22
value = [0, 1, 21]
class = virginica", fillcolor="#8139e5f3"] ;
2 -> 8 ;
9 [label="sepal length (cm) <= 5.95
gini = 0.375
```

```
samples = 4
value = [0, 1, 3]
class = virginica", fillcolor="#8139e5aa"] ;
8 -> 9 ;
10 [label="gini = 0.0
samples = 3
value = [0, 0, 3]
class = virginica", fillcolor="#8139e5ff"] ;
9 -> 10 ;
11 [label="gini = 0.0
samples = 1
value = [0, 1, 0]
class = versicolor", fillcolor="#39e581ff"] ;
9 -> 11 ;
12 [label="gini = 0.0
samples = 18
value = [0, 0, 18]
class = virginica", fillcolor="#8139e5ff"] ;
8 -> 12 ;
}
```

이렇게 만들어진 모형을 평가하기 전에 검증 자료의 실제 분류값을 *expected*, 예측된 분류값을 *predicted* 로 하였다.

```
>>> expected=y_test
>>> predicted=fit.predict(X_test)
```

이를 이용하여 confusion matrix를 그린 결과는 다음과 같다. *confusion_matrix()* 함수는 confusion matrix를 생성해준다.

```
>>> conf=metrics.confusion_matrix(expected, predicted)
>>> conf
array([[24,  0,  0],
       [ 0, 23,  1],
       [ 0,  1, 26]])
```

위 결과에서는 분류값에 대한 정보가 없어 해석에 혼동을 줄 수 있다. 이는 앞서 사용한 *DataFrame()* 함수를 사용하면 된다. 이 함수에서 *index* 는 행 이름을 지정해준다. 이렇게 만들어진 confusion matrix를 해석하면, 실제 *virginica* 인 관측치를 *versicolor* 로 잘못 분류한 수가 1개, 반대로 실제 *versicolor* 인 관측치를 *virginica* 로 잘못 분류한 수가 1개임을 확인할 수 있다.

```
>>> DataFrame(conf,index=dataset.target_names,
...         columns=dataset.target_names)
```

	setosa	versicolor	virginica
setosa	24	0	0
versicolor	0	23	1
virginica	0	1	26

따라서 *accuracy_score()* 함수를 이용하여 정확도를 구하면 0.97이다.

```
>>> metrics.accuracy_score(expected,predicted)
0.97333333333333338
```

제4장

kNN 방법

지도학습의 분류방법 중에서 가장 간단한 방법이 최근접 이웃 nearest neighbor (NN) 방법이다. 이 NN방법을 자세히 설명하기 전에 이 방법이 다른 분류방법과 다른 특징적인 부분을 설명한다. 의사결정나무 방법, SVM (support vector machine), 그리고 나이브 베이지안 방법들은 주어진 학습자료에서 모형을 추정하여, 새로운 실증자료 validation data 가 주어지면 추정된 모형에 적합하여 의사결정을 한다. 반면에 앞으로 설명한 NN방법이나 kNN방법은 학습자료가 주어져도 아무런 움직임이 없다가 실증자료가 주어지면 그 때서 움직이기 시작한다. 그래서 학습자료를 이용하여 모형을 구축하는 의사결정나무 방법, SVM(support vector machine), 그리고 나이브 베이지안 방법들을 eager 학습이라고 하고, 학습자료를 이용하고 있지 않다가 실증자료가 주어지어야만 움직이는 NN방법이나 kNN방법을 lazy 학습이라고 한다.

1. 최근접 이웃 방법 Nearest Neighbor Method

지도학습의 학습자료에 따라 새로 주어진 실증자료 test data 의 범주 class 를 결정하고자 할 때, 이 실증자료에 가장 가까이 있는 nearest neighbor 학습자료의 범주로 결정하는 방법을 최근접 이웃 방법이라 한다. 즉, 다음과 n개의 학습자료가 있다.

$$\{(X_1, C_1), (X_2, C_2), \cdots (X_n, C_n)\}$$

여기서 C_i는 X_i의 범주이다. 새로운 실증자료 test data Y가 주어졌을 때, 이 Y의 범주는 이 Y와 거리가 가장 가까운 학습자료의 범주로 결정하는 것이 최근접 이웃 방법이다. 거리가 가장 가깝다는 것은

$$d(Y, X_k) = \min_{i \in \{1, n\}} \{d(Y, X_i)\}$$

일 때, 실증자료 Y와 학습자료 X_k가 가장 가깝게 위치하며 Y의 범주는 X_k의 범주와 같은 C_k로 결정한다.

예제 4-1

아래와 같은 18개의 학습자료가 주어졌다. 새로운 실증자료 $Y=(3.0, 2.0)$ 의 범주를 최근접 이웃 방법에 의하여 구해 보자.

먼저 실증자료 Y 와 18개의 학습자료 간의 거리를 구한다. Y 와 X_1과의 거리는

$$d(Y, X_1) = \sqrt{(0.8-3.0)^2 + (0.8-2.0)^2} = 2.51$$

과 같이 구한다. 나머지 자료들과의 거리를 구하면 18개의 거리 중에서 Y와 X_k과의 거리 18개 중에서 Y와 X_{16}과의 거리가 1.12로 가장 짧다. 그러므로 최근접 이웃 방법에 의한 실증자료 Y의 범주는 의 X_{16}범주와 같은 C_3이다.

$$X_1 = (0.8,\ 0.8,\ +),\ \ X_2 = (1.0,\ 1.0,\ +),\ \ X_3 = (1.2,\ 0.8,\ +)$$

$$X_4 = (0.8,\ 1.2,\ +),\ \ X_5 = (1.2,\ 1.2,\ +),\ \ X_6 = (4.0,\ 3.0,\ \times)$$

$$X_7 = (3.8,\ 2.8,\ \times),\ \ X_8 = (4.2,\ 2.8,\ \times),\ \ X_9 = (3.8,\ 3.2,\ \times)$$

$$X_{10} = (4.2,\ 3.2,\ \times),\ \ X_{11} = (4.4,\ 2.8,\ \times),\ \ X_{12} = (4.4,\ 3.2,\ \times)$$

$$X_{13} = (3.2,\ 0.4,\ *),\ \ X_{14} = (3.2,\ 0.7,\ *),\ \ X_{15} = (3.8,\ 0.5,\ *)$$

$$X_{16} = (3.5,\ 1.0,\ *),\ \ X_{17} = (4.0,\ 1.0,\ *),\ \ X_{18} = (4.0,\ 0.7,\ *)$$

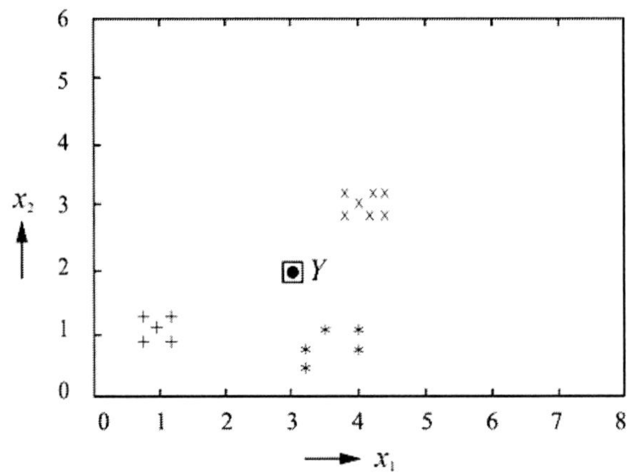

그림 4-1 산점도

2. kNN 방법 kNN Method

위에서 설명한 최근접 이웃 방법이 하나의 이웃을 선택하는 방법인데, 이웃의 개수를 k개 선택하여 이 k개의 학습자료의 범주 중에 가장 많이 나타난 범주를 실증자료의 범주로 결정하는 방법이 k 최근접 이웃 방법 k-nearest neighbor(kNN) method 이다.

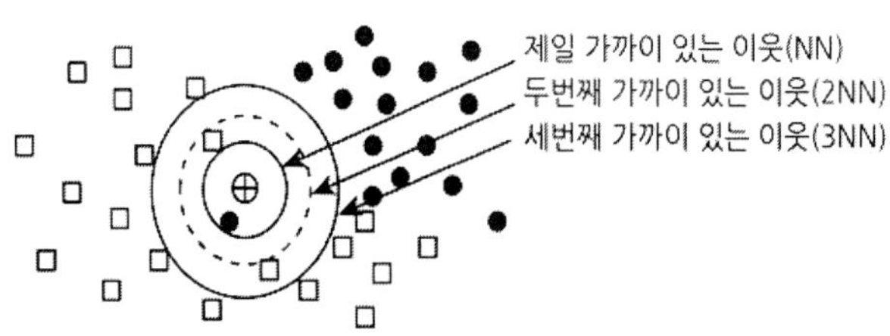

그림 4-2 kNN의 설명

예제 4-2

위의 예제에서 $k=5$, 즉 5NN 방법에 의하여 실증자료 $Y=(3.0, 2.0)$의 범주를 구하자. 18개의 거리를 오름차순으로 정리하면 5개의 최근접 이웃은 $\{X_{16}, X_7, X_{14}, X_6, X_{17}\}$이다. 5개의 최근접 이웃의 범주는 C_2가 2개이고 C_3가 3개이다. 그러므로 방법에 의한 실증자료 Y의 범주는 C_3이다.

아래 [그림 4-3]을 보자. NN (또는 1NN) 방법을 사용하면 실증자료 P는 자료 5에 가까워 x범주에 속하나, kNN 방법을 사용하면 ● 범주에 속하게 된다.

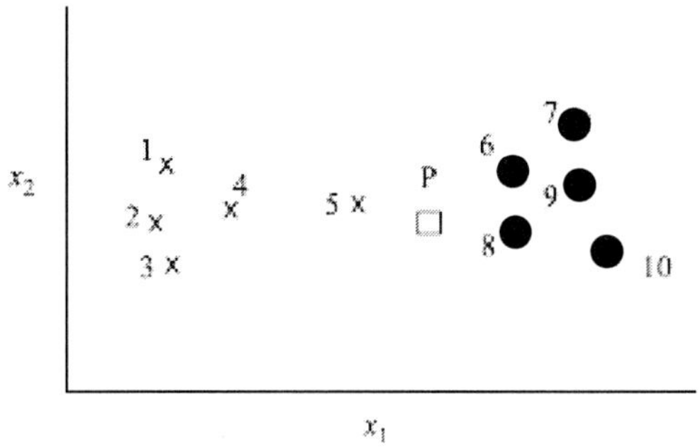

그림 4-3 NN과 kNN의 비교

그러므로 kNN 방법에서 k를 결정하는 것이 매우 중요하다. 일반적으로 k는 실증자료 validation data 나 또는 학습자료를 이용한 cross validation 방법을 이용하여 결정한다. 몇 개의 k를 실증자료나 cross validation을 이용한 통계실험 simulation 를 통하여 결정하는데 정확도가 가장 높은 k를 결정한다.

설명한 바와 같이 kNN 방법의 이론적 배경은 아주 간단하나 eager 학습의 여러 방법들에 뒤지지 않는 정확도를 가지고 있다고 연구되어 있다. 예를 들면, Yang과 Liu(1999)는 kNN 방법이 문서분류 text classification 연구에서 SVM (support vector machine) 과 같은 정확도를 가지고 있다고 한다. 물론 단점도 있는데 분류시간 classification time 이 많이 걸린다. 그 이유는 kNN 방법은 lazy 학습의 일종이므로 학습자료로 모형을 만들지 않기 때문에 모든 실증자료 validation data 또는 검증자료 test data 마다 따로 거리를 계산하기 때문이다. 이 시간이 많이 걸린다는 단점에도 그 방법의 간결함으로 많은 분야에서 사용되며 여러 종류의 변화된 방법이 제시되었다. 다음에 몇 가지 변형된 방법을 소개한다.[3)]

3. 변형된 kNN 방법 Modified k-NN Method

이 변형된 kNN 방법은 k개의 최근접 이웃을 사용하는 것은 kNN 방법과 같고, 다른 점은 이 선택된 k개의 최근접 이웃들에게 실증자료로부터 거리를 계산하여 가중치 weight 를 부여하는 것이다. 가중치는 아래와 같이 계산한다. 먼저 k개의 최근접 이웃을 선택하고 거리에 따라서 오름차순으로 정리한다. $d_1 \le d_2 \le \cdots \le d_k$ 그러면 k개의 최근접 이

3) Are-examination of text categorization methods. In Proceedings of ACM SIGIR Conf. on Research and Development in Information Retrieval (SIGIR-1999), 1999.

웃 중에서 i번째 가중치 w_i는

$$w_i = \begin{cases} \dfrac{d_k - d_i}{d_k - d_1}, & d_k \neq d_1, \quad i = 1, 2, \cdots, k \\ 1, & d_k = d_1 \end{cases}$$

가중치 w_i는 0에서 1사이의 값을 갖게 된다. 이 방법을 변형된 modified kNN 이라 하여 MkNN 방법이라고 한다. 이 MkNN 방법에서 실증자료의 범주는 k개의 최근접 이웃의 범주마다 가중치의 합 sum of weights 을 구하여 가중치의 합이 큰 범주로 결정된다. 그러므로 이상치 outlier 의 영향을 덜 받는 장점이 있다.

예제 4-3

위 예에서 $k=5$ 방법에 의하여 실증자료 $Y=(3.0, 2.0)$의 범주를 구하였다. 18개의 거리를 오름차순으로 정리하면 5개의 최근접 이웃은 $\{X_{16}, X_7, X_{14}, X_6, X_{17}\}$이고, 이들의 거리는 아래와 같다. 이들을 이용하여 MkNN 방법으로 Y 의 범주를 알아보자.

$$d(Y, X_{16}) = 1.12,\ d(Y, X_7) = 1.13,\ d(Y, X_{14}) = 1.32$$

$$d(Y, X_6) = 1.41,\ d(Y, X_{17}) = 1.41$$

이들을 이용하여 5개의 최근접 이웃들의 가중치를 구하면 아래와 같다.

$$w_{16} = 1$$

$$w_7 = \frac{(1.41 - 1.13)}{(1.41 - 1.12)} = 0.97$$

$$w_{14} = \frac{(1.41 - 1.32)}{(1.41 - 1.12)} = 0.31$$

$$w_6 = 0$$

$$w_{17} = 0$$

5개의 최근접 이웃의 범주는 C_2가 2개이고 C_3가 3개이다. 그러므로 각 범주의 가중치 합을 구하면 C_2에는 $\{X_6, X_7\}$이 속해 있고 이들의 가중치 합은 0.97이다. 또한 C_3에는 $\{X_{14}, X_{16}, X_{17}\}$이 속해 있고 이들의 가중치 합은 1.31이다. 그러므로 $k=5$ 인 MkNN 방법에 의한 실증자료 Y 의 범주는 C_3이다.

이번에는 다른 실증자료를 이용하여 kNN 방법의 결과와 MkNN 방법의 결과가 달리 나오는 예를 보자.

예제 4-4

이 예에서는 실증자료 $Y=(4.2,\ 1.8)$의 범주를 구하여 보자. 이 실증자료의 5개의 최근접 이웃을 구하면 $\{X_{17}, X_8, X_{11}, X_{16}, X_7\}$이다. 실증자료 Y와 이들 최근접 이웃간의 거리를 계산한다.

$$d(Y,\ X_{17})=0.83,\ \ d(Y,\ X_8)=1.0,\ \ d(Y,\ X_{11})=1.02$$

$$d(Y,\ X_{16})=1.06,\ \ d(Y,\ X_7)=1.08$$

이들을 이용하여 가중치를 계산한다.

$$w_{17}=1$$

$$w_8=\frac{(1.08-1.0)}{(1.08-0.83)}=0.32$$

$$w_{11}=\frac{(1.08-1.02)}{(1.08-0.83)}=0.24$$

$$w_{16}=\frac{(1.08-1.06)}{(1.08-0.83)}=0.08$$

$$w_7=0$$

5개의 최근접 이웃들의 가중치들을 각 범주마다 가중치 합을 구한다. 범주 C_1의 가중치 합은 0이고, 범주 C_2에는 $\{X_7, X_8, X_{11}\}$이 포함되어 있고 이들의 가중치 합은 0.56이다. 다음 범주 C_3에는 $\{X_{16}, X_{17}\}$이 포함되어 있고 이들의 가중치 합은 1.08이다. 그러므로 $k=5$인 M5NN 방법에 의한 실증자료 $Y=(4.2,\ 1.8)$의 범주는 C_3이다.

반면에 $k=5$ 방법에 의한 Y의 범주를 구하면, C_2에는 $\{X_7, X_8, X_{11}\}$이 포함되어 있고 범주 C_3에는 $\{X_{16}, X_{17}\}$이 포함되어 있기 때문에 $Y=(4.2,\ 1.8)$의 범주는 C_2이다.

4. R 프로그램 실습: kNN 방법

Iris 자료를 분석하기 위해 kNN 방법을 사용하고자 한다. *iris* 자료의 일부를 살펴보면, 자료는 꽃받침 길이를 나타내는 *Sepal.Length*, 꽃받침 너비인 *Sepal.Width*, 꽃잎 길이인 *Petal.Length*, 꽃잎 너비인 *Petal.Width*, 붓꽃의 종류인 *Species*로 이루어져 있음을 확인할 수 있다. *Species*는 붓꽃의 3가지 종류인 "*setosa*", "*versicolor*", "*virginica*"로 이루어져있다.

```
> data(iris)
> head(iris,n=10)
```

```
   Sepal.Length  Sepal.Width  Petal.Length  Petal.Width  Species
1       5.1          3.5          1.4           0.2       setosa
2       4.9          3.0          1.4           0.2       setosa
3       4.7          3.2          1.3           0.2       setosa
4       4.6          3.1          1.5           0.2       setosa
5       5.0          3.6          1.4           0.2       setosa
6       5.4          3.9          1.7           0.4       setosa
7       4.6          3.4          1.4           0.3       setosa
8       5.0          3.4          1.5           0.2       setosa
9       4.4          2.9          1.4           0.2       setosa
10      4.9          3.1          1.5           0.1       setosa
```

Iris 자료를 5:5 비율의 학습 자료와 검증 자료로 나누었다.

```
> set.seed(1)
> sub <- sample(nrow(iris),nrow(iris)*0.5)
> iris.train <- iris[-sub,]
> iris.test <- iris[sub,]
```

class 패키지에 있는 *knn()* 함수를 이용하여, 학습 자료에 3NN 방법을 적용하였다. *knn()* 함수에서 *prob=T*로 하면 예측된 검증 자료의 분류값뿐 아니라 예측된 분류값의 확률을 같이 확인할 수 있다.

```
> library(class)
> iris.knn <- knn(iris.train[,1:4], iris.test[,1:4], iris.train$Species,
+ k = 3, prob=T)
```

자료에 적용된 모형인 *iris.knn*을 살펴보면, 검증자료의 첫 번째 관측치는 100% 확률로 "*setosa*"로 분류되었고, 두 번째 관측치는 100% 확률로 "*versicolor*"로 분류되었음을 알 수 있다.

```
> iris.knn
 [1] setosa     versicolor versicolor virginica  setosa     virginica
 [7] virginica  versicolor versicolor setosa     setosa     setosa
[13] virginica  versicolor virginica  versicolor versicolor virginica
[19] versicolor virginica  virginica  setosa     virginica  setosa
[25] setosa     setosa     setosa     setosa     versicolor setosa
```

```
[31] versicolor versicolor versicolor setosa     versicolor versicolor
[37] versicolor setosa     versicolor setosa     virginica  virginica
[43] virginica  versicolor versicolor versicolor setosa     setosa
[49] versicolor versicolor virginica  versicolor setosa     setosa
[55] setosa     setosa     virginica  virginica  versicolor setosa
[61] virginica  setosa     setosa     virginica  virginica  virginica
[67] versicolor versicolor virginica  virginica  virginica  versicolor
[73] versicolor setosa     setosa
attr(,"prob")
 [1] 1.0000000 1.0000000 1.0000000 0.6666667 1.0000000 1.0000000 1.0000000
 [8] 1.0000000 1.0000000 1.0000000 1.0000000 1.0000000 1.0000000 1.0000000
[15] 1.0000000 1.0000000 1.0000000 1.0000000 1.0000000 1.0000000 1.0000000
[22] 1.0000000 0.8000000 1.0000000 1.0000000 1.0000000 1.0000000 1.0000000
[29] 1.0000000 1.0000000 1.0000000 1.0000000 1.0000000 1.0000000 1.0000000
[36] 1.0000000 1.0000000 1.0000000 1.0000000 1.0000000 1.0000000 1.0000000
[43] 1.0000000 1.0000000 0.7500000 1.0000000 1.0000000 1.0000000 1.0000000
[50] 1.0000000 1.0000000 1.0000000 1.0000000 1.0000000 1.0000000 1.0000000
[57] 1.0000000 1.0000000 1.0000000 1.0000000 1.0000000 1.0000000 1.0000000
[64] 1.0000000 1.0000000 1.0000000 1.0000000 1.0000000 1.0000000 1.0000000
[71] 1.0000000 1.0000000 1.0000000 1.0000000 1.0000000
Levels: setosa versicolor virginica
```

검증 자료의 실제 분류와 예측된 분류를 이용한 confusion matrix는 *conf* 와 같다. confusion matrix에 따르면 75개의 자료 중 3개가 잘못 분류되었으므로, 이 모형의 정확도는 0.96이다.

```
> conf <- table(iris.knn,iris.test$Species)
> conf

iris.knn      setosa versicolor virginica
  setosa          26          0         0
  versicolor       0         26         1
  virginica        0          2        20
```

```
> acc <- sum(diag(conf))/nrow(iris.test)
> acc
[1] 0.96
```

검증 자료에 대해 산점도 행렬을 그리면 [그림 4-4]와 같다. [그림 4-4]에서 1은 "*setosa*", 2는 "*versicolor*", 3은 "*virginica*"를 의미하고, 분류가 제대로 된 경우에는 회색, 그렇지 않은 경우에는 빨간색으로 표시하였다. 즉, "*versicolor*" 2개와 "*virginica*" 1개가 잘못 분류되었음을 알 수 있다.

```
> species <- iris.test$Species
> sp.num <- as.character(as.numeric(species))
> pairs(iris.test[,1:4], pch = sp.num, col = c("gray", "red")
+ [(iris.test$Species != iris.knn)+1])
```

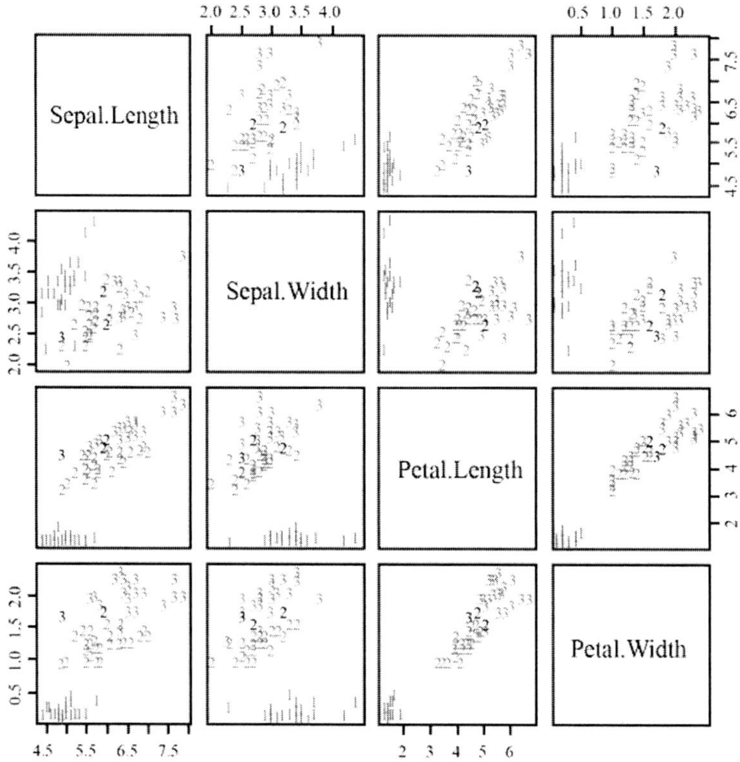

그림 4-4 검증 자료에 대한 산점도 행렬

이번에는 다변량 정규분포를 따르는 자료를 생성하여 kNN 방법을 적용해보자. 다변량 정규분포를 따르는 자료를 임의로 생성하기 위해서는 *mvtnorm* 패키지에 있는 *rmvnorm()* 함수를 이용하면 된다. 다음 코드에서는 평균이 $\mu_A = (0,0), \mu_B = (2,4)$ 이고, 분산이

$$\Sigma_A = \begin{pmatrix} 6 & 2 \\ 2 & 3 \end{pmatrix}, \Sigma_B = \begin{pmatrix} 14 & 3 \\ 3 & 11 \end{pmatrix}$$

인 이변량 정규분포 자료를 500개씩 생성하여, 각각 분류 변수 class를 "*A*", "*B*"로 하였다.

```
> library(mvtnorm)
> sigmaA <- matrix(c(6,2,2,3),ncol=2)
> sigmaB <- matrix(c(14,3,3,11),ncol=2)
> set.seed(1)
> X <- rmvnorm(500,mean=c(0,0),sigma=sigmaA)
> Y <- rmvnorm(500,mean=c(2,4),sigma=sigmaB)
> class <- c(rep("A",500),rep("B",500))
> data <- rbind(X,Y)
> data <- cbind(data,class)
> head(data)
                                                          class
[1,] "-1.4126752135149"   "-0.00365698932724276" "A"
[2,] "-1.21918444979482"  "2.23735417966794"     "A"
[3,] "0.386460252731194"  "-1.20008456985675"    "A"
[4,] "1.53326849700197"   "1.46611867161033"     "A"
[5,] "1.23111604139496"   "-0.223465276445222"   "A"
[6,] "3.81947655781505"   "1.39206915515828"     "A"
```

이렇게 만들어진 자료를 산점도로 나타내면 [그림 4-5]와 같다.

```
> plot(data[,1],data[,2],col=as.factor(data[,3]),xlab="X1",ylab="X2")
> legend("bottomright",c("A","B"),pch=1,col=1:2)
```

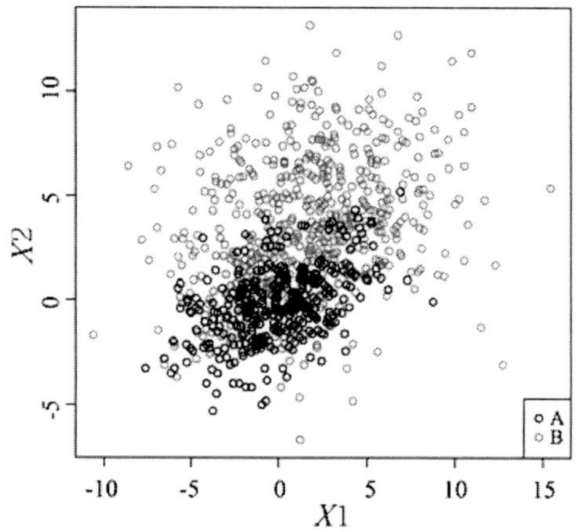

그림 4-5 이변량 정규분포를 따르는 자료의 산점도

이 자료를 5:5 비율로 학습 자료와 검증 자료로 나누어, 5NN 모형을 적용하였다.

```
> sam <- sample(nrow(data),nrow(data)*0.5)
> train <- data[-sam,]
> test <- data[sam,]
> library(class)
> knn <- knn(train[,1:2],test[,1:2],train[,3],k=5)
```

검증 자료의 실제 분류와 예측된 분류를 이용한 confusion matrix은 *mvn.conf* 와 같다. confusion matrix에 따르면 500개의 검증 자료 중 95개가 잘못 분류되었으므로, 이 모형의 정확도는 0.81이다.

```
> mvn.conf <- table(knn,test[,3])
> mvn.conf

knn    A   B
  A 215  54
  B  41 190
> mvn.acc <- sum(diag(mvn.conf))/nrow(test)
> mvn.acc
[1] 0.81
```

5. Python 프로그램 실습: kNN 방법

Python에서도 *iris* 자료에 대해 kNN 방법을 적용해보자. 분석에 이용될 모듈은 다음과 같다. kNN 방법은 *neighbors* 라는 서브 모듈의 *KNeighborsClassifier()* 함수를 이용한다.

```
In [1]: from sklearn import datasets,neighbors, metrics

In [2]: from sklearn.cross_validation import train_test_split

In [3]: from pandas import DataFrame
```

먼저 *iris* 자료를 불러와, 5:5 비율로 학습 자료와 검증 자료로 분할하였다.

```
In [4]: dataset=datasets.load_iris()

In [5]: dataset_head=dataset.data[:10,]

In [6]: DataFrame(dataset_head,columns=dataset.feature_names)
Out[6]:

    Sepal.Length(cm)  Sepal.Width(cm)  Petal.Length(cm)  Petal.Width(cm)
1        5.1               3.5               1.4               0.2
2        4.9               3.0               1.4               0.2
3        4.7               3.2               1.3               0.2
4        4.6               3.1               1.5               0.2
5        5.0               3.6               1.4               0.2
6        5.4               3.9               1.7               0.4
7        4.6               3.4               1.4               0.3
8        5.0               3.4               1.5               0.2
9        4.4               2.9               1.4               0.2
10       4.9               3.1               1.5               0.1

In [7]: X_train,X_test,y_train,y_test=train_test_split(
   ...:     dataset.data,dataset.target,test_size=0.5,random_state=1)
```

학습 자료에 3NN 방법을 적용하였다.

```
In [8]: knn=neighbors.KNeighborsClassifier(n_neighbors=3)

In [9]: fit=knn.fit(X_train,y_train)
```

검증 자료의 실제 분류와 예측된 분류를 이용한 confusion matrix은 *conf* 와 같다. confusion matrix에 따르면 75개의 검증 자료 중 6개가 잘못 분류되었으므로, 이 모형의 정확도는 0.92이다.

```
In [10]: expected=y_test

In [11]: predicted=fit.predict(X_test)

In [12]: conf=metrics.confusion_matrix(expected,predicted)

In [13]: DataFrame(conf,index=dataset.target_names,
columns=dataset.target_names)
Out[13]:
            setosa  versicolor  virginica
setosa          24           0          0
versicolor       0          24          0
virginica        0           6         21

In [14]: metrics.accuracy_score(expected,predicted)
Out[14]: 0.92000000000000004
```

제5장

나이브 베이즈 분류

지도학습에서 확률적으로 접근하는 방법 중 하나가 나이브 베이즈 분류 방법이다. 이 방법은 확률을 계산하기 위해 베이즈 정리를 이용하나, 계산의 편의를 위해 조건부 독립 conditional independence 을 가정하므로 이를 나이브 베이즈 분류 naïve Bayes classification 라 부른다. 여기서 '나이브 naïve'는 '숙련되지 않은'이라는 뜻을 가지고 있다.

이 방법의 핵심은 a개의 속성변수 $A_1, A_2, \cdots, A_a$가 각각 $a_1, a_2, \cdots, a_a$값을 가질 때, 분류변수 C 의 조건부 확률을 최대한으로 하는 분류변수의 값으로 분류하는 것이다. 즉,

$$\text{최대화} \ \{P(C = C_i | A_1 = a_1, A_2 = a_2, \cdots . A_a = a_a)\}$$

여기서 $i = 1, 2, \cdots, c$ 로, c는 분류변수 C 가 취하는 값의 수이다. 그러므로 속성변수 값이 $A_1 = a_1, A_2 = a_2, \cdots A_a = a_a$로 주어지면 분류변수가 취하는 값에 따라 c개의 조건부 확률을 계산한다. 가장 큰 조건부 확률을 갖는 분류변수 값이 c^*라 하면, 속성변수 값이 $A_1 = a_1, A_2 = a_2, \cdots A_a = a_a$인 관측치들은 c^*로 분류된다.

예제 5-1

다음과 같이 예제 3-3과 같은 속성을 갖은 지원자를 나이브 베이즈 분류 방법을 이용하여 분류해보자.

나이	장래희망의 유무	인터뷰 성적	고등학교 성적	합격 여부
적음	없음	매우 좋음	보통	?

계산된 조건부 확률은 다음과 같다고 하자.

$$P(\text{합격} \mid \text{적음, 없음, 매우 좋음, 보통}) = 0.7$$

$$P(\text{불합격} \mid \text{적음, 없음, 매우 좋음, 보통}) = 0.3$$

'합격 여부'가 {합격}일 때 계산된 조건부 확률이 더 크므로 {합격}으로 예측된다. 그러므로 위와 같은 속성들을 갖는 지원자는 통계학과에 합격할 것으로 예측할 수 있다.

1. 베이즈 정리

베이즈 정리를 이해하기 위해서는 먼저 집합의 분할 partition 에 대한 개념을 알아야 한다. $i \neq j$ 일 때 $C_i \cap C_j = \varnothing$ 이고 $\bigcup_{i=1}^{\infty} C_i = S$ 일 때, 사건 event $C_1, C_2, \cdots$ 는 집합의 분할 partition 을 이룬다고 한다. 여기서 S는 자료의 전체 공간을 의미한다.

사건 $C_1, C_2, \cdots$ 이 집합의 분할을 이룰 때, 사건 A에 대한 C_i의 조건부 확률 $P(C_i|A)$은 $P(C_i)$와 $P(A|C_i)$을 이용하여 다음과 같이 구할 수 있다.

$$P(C_i|A) = \frac{P(AC_i)}{P(A)} = \frac{P(C_i)P(A|C_i)}{\sum_{j=1}^{\infty} P(C_j)P(A|C_j)}$$

이를 베이즈 정리 Bayes' theorem 라고 하고, 여기서 $P(C_i)$는 사전확률 prior probability, $P(C_i|A)$는 사후확률 posterior probability 이라고 한다. $j = 1, 2, \cdots, 5$ 일 때의 베이즈 정리를 기하학적으로 나타내면 [그림 5-1]와 같다.

베이즈 정리를 이용하여, a개의 속성변수 $A_1, A_2, \cdots, A_a$가 각각 $a_1, a_2, \cdots, a_a$값을 가질 때의 분류변수 C의 조건부 확률을 구하면 다음과 같이 나타난다.

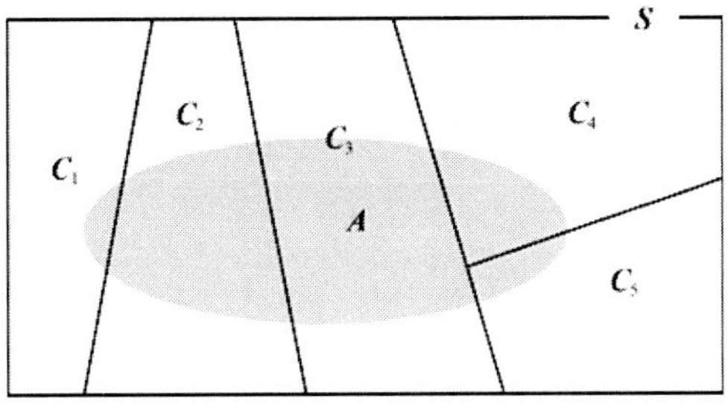

그림 5-1 베이즈 정리

$$\begin{aligned}&P(C=c_i|A_1=a_1,A_2=a_2,\cdots A_a=a_a)\\&=\frac{P(C=c_i)P(A_1=a_1,A_2=a_2,\cdots,A_a=a_a|C=c_i)}{\sum_{j=1}^{c}P(C=c_j)P(A_1=a_1,A_2=a_2,\cdots A_a=a_a|C=c_j)}\end{aligned}$$

이는 학습 자료 training data 를 이용하여 추정된다. 이 조건부 확률을 분류방법에서 사용할 경우에 분모인

$$\begin{aligned}&\sum_{j=1}^{c}P(C=c_j)P(A_1=a_1,A_2=a_2,\cdots,A_a=a_a|C=c_j)\\&=P(A_1=a_1,A_2=a_2,\cdots,A_a=a_a)\end{aligned}$$

는 모든 $C=c_i$ 값에 동일하기 때문에 계산할 필요가 없다. 즉 조건부 확률을 최대로 하는 $C=c_i$ 를 구하고자 하는 경우, 분모는 모든 $C=c_i$ 값에서 동일하므로 분자만을 최대로 하는 $C=c_i$ 를 구하는 문제와 같다. 분자는 다음과 같다.

$$\begin{aligned}&P(C=C_i)P(A_1=a_1,A_2=a_2,\cdots,A_a=a_a|C=c_i)\\&=P(C=c_i)P(A_1=a_1|A_2=a_2,\cdots,A_a=a_a,C=c_i)\times P(A_2=a_2,\cdots,A_a=a_a|C=c_i)\\&=P(C=c_i)P(A_1=a_1|A_2=a_2,\cdots A_a=a_a,C=c_i)\\&\times P(A_2=a_2|A_3=a_3,\cdots A_a=a_a,C=c_i)\times P(A_3=a_3,\cdots,A_a=a_a|C=c_i)\end{aligned}$$

이를 보면 속성변수의 수 a가 클수록 조건부 확률을 계산하기가 매우 어려워진다는 것을 알 수 있다. 그래서 나이브 베이즈 분류는 조건부 독립을 가정한다. 이는 다음 절에서 자세히 소개한다.

2. 조건부 독립

사건 A와 B가 독립 independence 이면 다음 식이 성립한다. 즉 다음 식이 성립하면 사건 A와 B는 서로 연관이 없음을 의미한다.

$$P(AB) = P(A)P(B)$$

사건 C하에서 사건 A와 B가 독립이면 다음 식이 성립한다.

$$P(AB|C) = P(A|C)P(B|C)$$

C가 일어난 상황에서 A와 B는 독립이지만 사건 C가 일어나지 않은 상황에서는 A와 B가 독립인 것은 아니다. A와 B는 C를 통해 연관성이 있기 때문이다. 이를 조건부 독립 conditional independence 이라고 한다.

3. 나이브 베이즈 분류

나이브 베이즈 분류는 조건부 독립을 만족하지 않더라도 조건부 독립을 가정하여 아래와 같이 계산한다. 조건부 독립을 증명하기 어려운 경우에도 나이브 베이브 분류 방법이 매우 효율적이라는 연구가 많이 있다. 따라서 앞서 설명한 조건부 확률의 분자는 베이즈 정리와 조건부 독립에 의해 다음과 같이 정리된다.

$$\begin{aligned}
&P(A_1 = a_1, A_2 = a_2, \cdots, A_a = a_a, C = c_i) \\
&= P(C = C_i)P(A_1 = a_1, A_2 = a_2, \cdots, A_a = a_a | C = c_i) \\
&= P(C = c_i)\prod_{k=1}^{a} P(A_k = a_k | C = c_i)
\end{aligned}$$

그러므로 이 분자를 최대로 해주는 분류변수 값으로 분류하면 된다. 즉,

$$\text{최대화 } \{P(C = c_i)\prod_{k=1}^{a} P(A_k = a_k | C = c_i)\}$$

예제 5-2

나이브 베이즈 분류 방법으로 <표 3-1>의 자료를 학습 자료 training data 로 하여 분류자 classifier 를 만들고, 만들어진 분류자로 다음과 같은 검증 자료 test data 를 분류해보자.

나이	장래희망의 유무	인터뷰 성적	고등학교 성적	합격 여부
적음	없음	매우 좋음	보통	?

먼저 학습 자료를 이용하여 나이브 베이즈 분류에 필요한 확률들을 계산한다.

$$P(\text{합격여부} = \text{합격}) = \frac{13}{20}, P(\text{합격여부} = \text{불합격}) = \frac{7}{20}$$

$$P(\text{나이} = \text{적음}|\text{합격 여부} = \text{합격}) = \frac{4}{13}, P(\text{나이} = \text{적음}|\text{합격 여부} = \text{불합격}) = \frac{3}{7}$$

$$P(\text{장래희망의 유무} = \text{없음}|\text{합격 여부} = \text{합격}) = \frac{1}{13}$$

$$P(\text{장래희망의 유무} = \text{없음}|\text{합격 여부} = \text{불합격}) = \frac{7}{7}$$

$$P(\text{인터뷰성적} = \text{매우좋음}|\text{합격 여부} = \text{합격}) = \frac{3}{13}$$

$$P(\text{인터뷰성적} = \text{매우좋음}|\text{합격 여부} = \text{불합격}) = \frac{1}{7}$$

$$P(\text{고등학교성적} = \text{보통}|\text{합격 여부} = \text{합격}) = \frac{2}{13}$$

$$P(\text{고등학교성적} = \text{보통}|\text{합격 여부} = \text{불합격}) = \frac{3}{7}$$

이제 주어진 검증 자료를 분류해보자. 분류변수 '합격 여부'가 가질 수 있는 값은 {합격, 불합격}이다. 주어진 자료는 이 2가지 값 중에서 더 큰 조건부 확률을 갖는 분류 값으로 분류된다. '합격 여부'가 {합격}일 때와 {불합격}일 때의 조건부 확률을 각각 구해보자.

$$P(\text{합격}|\text{적음}, \text{없음}, \text{매우 좋음}, \text{보통})$$

$$= P(\text{합격}) \times P(\text{적음}|\text{합격}) \times P(\text{없음}|\text{합격}) \times P(\text{매우 좋음}|\text{합격}) \times P(\text{보통}|\text{합격})$$

$$\div P(\text{적음}, \text{없음}, \text{매우 좋음}, \text{보통})$$

$$= \frac{13}{20} \times \frac{4}{13} \times \frac{1}{13} \times \frac{3}{13} \times \frac{2}{13} \div P(\text{적음}, \text{없음}, \text{매우 좋음}, \text{보통})$$

$$= 0.0005 \div P(\text{적음}, \text{없음}, \text{매우 좋음}, \text{보통})$$

$$P(\text{불합격}|\text{적음}, \text{없음}, \text{매우 좋음}, \text{보통})$$

$$= P(\text{불합격}) \times P(\text{적음}|\text{불합격}) \times P(\text{없음}|\text{불합격}) \times P(\text{매우 좋음}|\text{불합격})$$

$$\times P(\text{보통}|\text{불합격}) \div P(\text{적음}, \text{없음}, \text{매우 좋음}, \text{보통})$$

$$= \frac{7}{20} \times \frac{3}{7} \times \frac{7}{7} \times \frac{1}{7} \times \frac{3}{7} \div P(\text{적음}, \text{없음}, \text{매우 좋음}, \text{보통})$$

$$= 0.0092 \div P(\text{적음}, \text{없음}, \text{매우 좋음}, \text{보통})$$

그러므로 주어진 검증 자료에 대한 분류는 {불합격}이다. 이렇게 조건부 확률의 분자만을 계산하여도 분류할 수 있지만 정확한 조건부 확률을 구하면 다음과 같다.

$$P(\text{합격} | \text{적음}, \text{없음}, \text{매우 좋음}, \text{보통}) = 0.0005 \div (0.0005 + 0.0092) = 0.0515$$

$$P(\text{불합격} | \text{적음}, \text{없음}, \text{매우 좋음}, \text{보통}) = 0.0092 \div (0.0005 + 0.0092) = 0.9485$$

더 효율적으로 나이브 베이즈 분류 방법을 사용하기 위해서는 몇 가지 고려해야 할 점이 있다. 먼저 앞선 설명에서는 모든 속성변수를 이산형 속성변수로 가정하여 설명하였다. 하지만 자료에 연속형 속성변수가 존재하는 경우에는 해당 변수를 범주화 categorization 하면 연속형 속성변수도 나이브 베이즈 분류에 사용할 수 있다. 두 번째로 고려해야 할 점은 조건부 확률이 여러 확률의 곱으로 나타내지므로 하나라도 빈도가 0이라면 조건부 확률이 0이 되는 것이다. 이를 해결하기 위해서는 빈도가 0인 확률을 0.001과 같은 작은 값을 부여하거나, 확률을 보정하면 된다. 여기서 유의할 점은 작은 값을 부여하는 경우에는 빈도가 0인 확률만 바꿔주면 되지만, 확률을 보정하는 경우에는 모든 확률을 보정해주어야 한다. 보정 방법 중에는 리드스톤의 연속성 법칙 Lidstone's law of succession 이 있다. 이에 대한 식은 다음과 같다.

$$P(A_k = a_k | C = c_i) = \frac{n_{ki} + \lambda}{n_i + \lambda m_k}$$

여기서 n_{ki}는 학습 자료에서 속성변수 $A_k = a_k$와 분류 $C = c_i$의 관측치 수이고, n_i는 분류 $C = c_i$의 관측치 수이다. m_k는 속성변수 A_k가 취하는 속성의 개수이다. λ는 보정인자로, 학습 자료에 있는 관측치 수를 n이라고 하면 일반적으로 $\lambda = 1/n$을 이용한다. $\lambda = 1$로 하면 라플라스의 연속성 법칙 Laplace's law of succession 과 같다. 이러한 보정 방법들은 빈도가 0일 때의 문제를 해결하기 위해서뿐만 아니라 이산형 변수를 매끄럽게 smoothing 하기 위해 사용되기도 한다.

예제 5-3

<표 3-1>의 속성변수 '나이'에 대한 확률을 리드스톤의 연속성 법칙을 이용하여 보정해보자. 로 한다. 보정 전의 확률은 다음과 같다.

$$P(\text{나이}=\text{적음}|\text{합격 여부}=\text{합격})=\frac{4}{13}=0.3077$$

$$P(\text{나이}=\text{적음}|\text{합격 여부}=\text{불합격})=\frac{3}{7}=0.4286$$

리드스톤의 연속성 법칙을 이용하여 보정한 후의 확률은 다음과 같다.

$$P(\text{나이}=\text{적음}|\text{합격 여부}=\text{합격})=\frac{4+\frac{1}{20}}{13+3\times\frac{1}{20}}=0.3080$$

$$P(\text{나이}=\text{적음}|\text{합격 여부}=\text{불합격})=\frac{3+\frac{1}{20}}{7+3\times\frac{1}{20}}=0.4266$$

4. R 프로그램 실습: 나이브 베이즈 분류

mlbench 패키지에 있는 자료 *HouseVotes84* 는 435명의 미국 의원들이 주요 정책에 대해 투표한 자료이다. 이 자료에서 *Class* 는 해당 의원들이 속한 당을 말하고, *V1~V16* 은 각 16가지 정책에 관해 어느 쪽에 투표를 했는지 알려주는 변수이다. *V1~V16* 에서 *y* 는 해당 정책에 찬성, *n* 는 해당 정책에 반대, *〈NA〉* 는 해당 정책에 투표하지 않았음을 의미한다. 이 자료에 대한 자세한 내용은 *?HouseVotes84* 라고 코딩하면 확인할 수 있다.

```
> library(mlbench)
> data(HouseVotes84)
> head(HouseVotes84)
       Class   V1 V2 V3   V4   V5 V6 V7 V8 V9 V10  V11 V12 V13 V14 V15  V16
1 republican    n  y  n    y    y  y  n  n  n   y <NA>   y   y   y   n    y
2 republican    n  y  n    y    y  y  n  n  n   n    n   y   y   y   n <NA>
3   democrat <NA>  y  y <NA>    y  y  n  n  n   n    y   n   y   y   n    n
4   democrat    n  y  y    n <NA>  y  n  n  n   n    y   n   y   n   n    y
5   democrat    y  y  y    n    y  y  n  n  n   n    y <NA>  y   y   y    y
6   democrat    n  y  y    n    y  y  n  n  n   n    n   n   y   y   y    y
```

sample() 함수를 이용하여 *HouseVotes84* 자료를 임의로 random 50:50 비율로 학

습 자료 training data 와 검증 자료 test data 로 나누었다.

```
> set.seed(1)
> sub<-sample(nrow(HouseVotes84),nrow(HouseVotes84)*0.5)
> House.train<-HouseVotes84[sub,]
> House.test<-HouseVotes84[-sub,]
```

패키지 *e1071* 의 *naiveBayes()* 함수를 이용하면 나이브 베이즈 분류 모형을 생성할 수 있다. 이 함수에서 *Class~.* 는 학습 자료인 *House.train* 에서 *Class* 를 분류 변수로 하고 그 외의 *V1~V16* 를 속성 변수로 한다는 것을 의미한다.

```
> library(e1071)
> House.naive<-naiveBayes(Class~.,data=House.train)
```

이렇게 생성한 *House.naive* 모형을 살펴보면 크게 A-priori probabilities 와 Conditional probabilities로 나누어져 있는 것을 확인할 수 있다. 여기서 A-priori probabilities는 $P(C=c_i)$, Conditional probabilities는 $P(A_k=a_k|C=c_i)$을 말한다. 즉, 다음 결과에서는 A-priori probabilities는

$$P(Class=democrat)=0.6313$$

$$P(Class=republican)=0.3687$$

임을 말하고, Conditional probabilities에서 변수 *V1* 을 살펴보면

$$P(V1=n|Class=democrat)=0.3881$$

$$P(V1=y|Class=democrat)=0.6119$$

$$P(V1=n|Class=republican)=0.7722$$

$$P(V1=y|Class=republican)=0.2278$$

이다.

```
> House.naive

Naive Bayes Classifier for Discrete Predictors

Call:
```

```
naiveBayes.default(x = X, y = Y, laplace = laplace)

A-priori probabilities:
Y
  democrat republican
 0.6313364  0.3686636

Conditional probabilities:
            V1
Y                    n         y
  democrat   0.3880597 0.6119403
  republican 0.7721519 0.2278481

            V2
Y                    n         y
  democrat   0.4750000 0.5250000
  republican 0.5074627 0.4925373

            V3
Y                    n         y
  democrat   0.1044776 0.8955224
  republican 0.8717949 0.1282051

            V4
Y                     n          y
  democrat   0.94736842 0.05263158
  republican 0.02531646 0.97468354

            V5
Y                     n          y
  democrat   0.75939850 0.24060150
  republican 0.05128205 0.94871795

            V6
Y                    n         y
```

```
  democrat   0.4961832 0.5038168
  republican 0.1139241 0.8860759

            V7
Y                    n         y
  democrat   0.2575758 0.7424242
  republican 0.7307692 0.2692308

            V8
Y                    n         y
  democrat   0.1940299 0.8059701
  republican 0.7866667 0.2133333

            V9
Y                    n         y
  democrat   0.2615385 0.7384615
  republican 0.8734177 0.1265823

            V10
Y                    n         y
  democrat   0.5522388 0.4477612
  republican 0.4050633 0.5949367

            V11
Y                    n         y
  democrat   0.5075758 0.4924242
  republican 0.8947368 0.1052632

            V12
Y                    n         y
  democrat   0.8818898 0.1181102
  republican 0.1250000 0.8750000

            V13
Y                    n         y
```

```
  democrat    0.6769231 0.3230769
  republican 0.1038961 0.8961039

              V14
Y                          n          y
  democrat    0.6390977 0.3609023
  republican 0.0000000 1.0000000

              V15
Y                          n          y
  democrat    0.34848485 0.65151515
  republican 0.91891892 0.08108108

              V16
Y                          n          y
  democrat    0.0937500 0.9062500
  republican 0.3611111 0.6388889
```

만들어진 모형 *House.naive* 로 검증 자료 *House.test* 의 분류를 *predict()* 함수를 이용하여 예측하고, 이를 *table()* 함수를 이용하여 confusion matrix 를 그린 결과는 *House.conf* 와 같다. 총 218개의 관측치 중 21개의 관측치가 제대로 분류되지 않았으므로 정확도는 0.9037이다.

```
> House.pred<-predict(House.naive,House.test)
> House.conf<-table(Actual=House.test$Class,Predict=House.pred)
> House.conf
              Predict
Actual        democrat republican
  democrat         115         15
  republican         6         82
> House.acc<-sum(diag(House.conf))/sum(House.conf)
> House.acc
[1] 0.9036697
```

5. Python 프로그램 실습: 나이브 베이즈 분류

Python에서 나이브 베이즈 분류를 하기 위해서는 *sklearn* 모듈의 서브모듈인 *naive_bayes*에 있는 *MultinomialNB()* 함수를 이용하면 된다. *naive_bayes* 서브모듈에서는 *MultinomialNB()* 함수 외에도 *GaussianNB()*, *BernoulliNB()* 등의 다른 알고리즘의 나이브 베이즈 분류를 제공한다. 범주형 자료에 대한 나이브 베이즈 분류를 하기 위해서는 *MultinomialNB()* 함수를 이용하면 되고, 다른 나이브 베이즈 분류 함수에 대한 설명은 scikit learn 홈페이지를 참고하길 바란다.
(http://scikit-learn.org/stable/index.html)

```
In [1]: import numpy as np

In [2]: from sklearn import metrics

In [3]: from sklearn.cross_validation import train_test_split

In [4]: from sklearn.naive_bayes import MultinomialNB

In [5]: from pandas import DataFrame
```

나이브 베이즈 분류를 하기 위해 자료를 생성해주었다. 0~5의 숫자를 임의로 추출하여 관측치가 50개이고 변수가 5개인 자료를 생성하였고, 이 자료의 분류값을 1로 하였다. 또한 6~9의 숫자를 임의로 추출하여 관측치가 50개이고 변수가 5개인 자료를 생성하였고, 이 자료의 분류값을 2로 하였다.

```
In [6]: X1=np.random.randint(0,5,size=(50,5))

In [7]: X2=np.random.randint(6,9,size=(50,5))

In [8]: X=np.concatenate((X1,X2),axis=0)

In [9]: y=np.concatenate((np.repeat(1,50),np.repeat(2,50)))
```

자료를 6:4 비율로 학습 자료와 검증 자료로 분할하였다.

```
In [10]: X_train,X_test,y_train,y_test=train_test_split(
...:        X,y,test_size=0.4,random_state=1)
```

MultinomialNB() 함수를 이용하여 모형을 결정해주었다. 여기서 *alpha* 는 리드스톤의 연속성 법칙 Lidstone' s law of succession 의 보정인자 λ로, 다음 코드에서는 λ를 $1/n$으로 하였다(n: 학습 자료의 관측치 수). *fit_prior* 은 자료에 대한 사전 확률을 사용할지 말지를 결정해준다. 이를 *False* 로 하면 사전확률을 사용하지 않으므로 모든 분류값에 대해 동일한 확률을 사전확률로 이용한다. 이렇게 결정한 모형을 학습 자료에 적용하였다.

```
In [11]: naive=MultinomialNB(alpha=1/len(X_train),fit_prior=True)

In [12]: fit=naive.fit(X_train,y_train)
```

학습 자료를 이용하여 생성한 분류자 classifier 로 검증 자료의 분류값을 예측한 결과, 40개의 자료 중 26개가 제대로 분류되었으므로 정확도는 0.65이다.

제6장

서포트 벡터 머신

서포트 벡터 머신 Support Vector Machine(SVM) 에 대한 자세한 이론과 장점을 논의하기 전에 앞에서 공부한 의사결정나무 decision tree 의 특성을 정리해 보자. 의사결정나무는 먼저 여러 속성변수 attribute variable 중에서 어느 변수를 먼저 이용하여 의사결정나무를 만들까하는 문제를 해결하기 위하여 불순도 impurity 를 정의하고, 이 불순도를 이용하여 각각의 속성변수들의 정보획득량 information gain 을 계산한다. 이 계산된 정보획득량 중에서 가장 큰 값을 갖는 변수를 선택하여 의사결정나무를 만들기 시작한다. 각 마디 node 에서 다시 각 속성변수들의 정보획득량을 계산하여 다음 단계의 의사결정나무를 성장시켜 나간다. 아래 [그림 6-1]의 (A) 그림이 의사결정나무이다. 이 의사결정나무의 각 마디를 이루고 있는 두 연속변수 (X, Y)의 조건들을 이차원 좌표에 표시하면 [그림 6-1]의 (B) 그림이 된다. 이 좌표그림에서 보면 사용된 변수들의 조건이 해당변수의 축에는 직각으로 구분되고 다른 변수의 축에는 평행하게 영역을 구분하고 있음을 볼 수 있다.

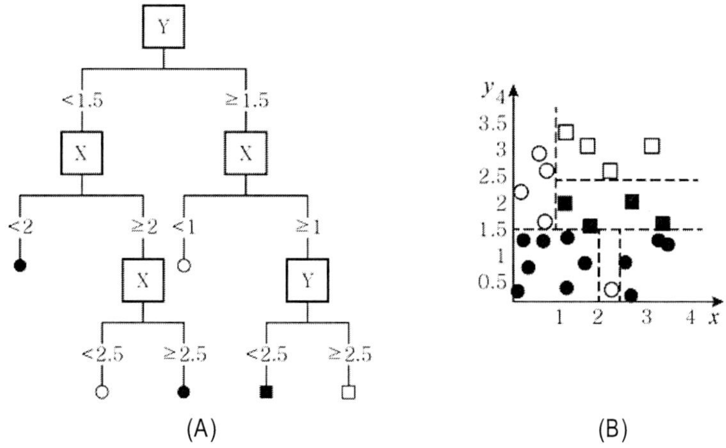

그림 6-1 의사결정나무와 이차원 좌표

다음은 아래 [그림 6-2]를 보자. 이 그림에 있는 {○, ●}을 구분하고자 한다. [그림 6-2]의 (A)는 위에서 설명한 바와 같이 의사결정나무 방법으로 분류한 것이다. 즉, 먼저 가로로 선을 그어서 위아래로 영역을 1차 분류하고, 다음에 위의 영역을 세로로 선을 그어서 전체 영역을 세 부분으로 나누어 {○, ●}을 분류하였다. [그림 6-2]의 (B)와 (C)를 보자. [그림 6-2]의 (B)는 직각이 아닌 비스듬한 직선을 하나 그어서 한번에 {○, ●}을 분류하였고, [그림 6-2]의 (C)는 하나의 곡선을 그어서 한번에 {○, ●}을 분류하였다. 이와 같이 의사결정나무는 이해하기 쉽고 직관적으로 사용하기 쉬운 장점이 있으나 절차를 여러 번 수행하여야 하는 불편함도 있다. [그림 6-2]의 (B)와 (C)와 같이 어느 함수를 이용하여 비스듬한 직선이나 곡선을 만들어서 분류를 하는 방법이 Support Vector Machine (SVM)이다. SVM은 [그림 6-2]의 (B)와 (C)에서 보는 바와 같이 선형적인 분류 linear classification 과 비선형적인 분류 nonlinear classification 을 사용하여 분류모형을 구축할 수 있다. 이러한 과정을 통해서 더 안정적이고 효율적인 분류모형을 얻을 수 있다.

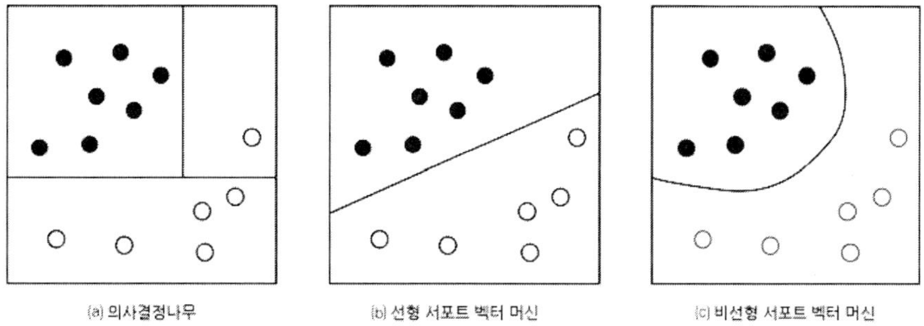

그림 6-2 의사결정나무와 서포트 벡터 머신

SVM은 기계학습 분야의 기법 중 하나로 패턴 인식 pattern recognition, 자료 분석 등을 위한 지도 학습 supervised learning 모형이며, 주로 분류 classification 와 회귀 분석 regression analysis 에 사용한다.

분류 변수가 두 가지의 범주 {○, ●}를 가질 때, 이진 분류 binary classification 모형을 만든다. SVM의 알고리즘은 주어진 자료를 이용하여 이진 분류 모형을 만들고, 이 모형에 근거하여 새로운 검증 자료 test data 가 주어졌을 때 이 검증 자료가 어느 범주에 속할지를 예측한다. 만들어진 SVM 분류 모형은 자료가 만드는 공간에서 [그림 6-2]의 (B)와 (C)에서 보는 바와 같이 경계 boundary 로 표현되는데 이 경계를 초평면 hyper-plane 이라고 한다. 이 초평면은 p차원의 공간 p-dimensional space 이 주어진 경우에 그보다 한 차원 낮은 (p-1)차원의 평면을 말한다. 2차원 공간 상에서는 1차원인 선 line 이 초평면이고, 3차원 공간 상에서는 2차원 면 2-dimensional space 이 초평면이 된다. SVM의 알고리즘은 그 중에서 가장 큰 폭 margin 을 가진 경계를 찾는 알고리즘이다. 경계의 폭 margin 에 대한 설명은 아래에 자세히 한다.

■ 1. 서포트 벡터 머신의 기본 개념

서포트 벡터 머신은 자료가 p차원의 벡터로 주어진 경우에, 이러한 자료의 점들을 차원이 하나 낮은 (p-1)차원의 초평면을 이용해 분류할 때 사용하는 분류방법이다. 이러한 작업을 선형 분류 linear classification 라고 말한다. 자료를 분류하는 초평면은 여러 가지가 나올 수 있으나, SVM의 이론에서 최적의 초평면을 선택하는 방법은 두 범주 사이에서 가장 큰 폭 margin 을 가지는 초평면을 선택하는 것이다. 따라서 서포트 벡터 머신에서는 초평면을 가운데 두고 이 초평면의 위아래 또는 좌우에 있는 가장 가까운 자료 점들 간의 거리를 최대로 하는 초평면을 선택한다. 만약 그런 초평면이 존재할 경우, 그 초평면을 찾을 수 있는 초평면 중에서 폭이 가장 크다고 해서 폭이 제일 큰 초평면 maximum-margin hyper-plane 이라 한다. 그때의 선형 분류기를 최대폭 분류기 maximum-margin classifier 라고 하고, 이 분류 모형을 SVM 분류 모형 SVM classification model 라고 한다.

먼저 SVM 분류 모형에서 초평면의 폭이 어떤 의미를 갖는지 그리고 폭이 크다는 것이 무슨 의미를 갖는지에 대하여 논의해 보자.

아래 [그림 6-3]에는 맨 위에 그림에는 직선 위에 자료들의 위치가 표시되어 있다. 우리는 이 자료들을 이진 분류하여 오른쪽에 있는 자료는 합격으로 왼쪽에 속할 자료들에는 불합격 판정을 하고자 한다. 이 자료를 분류하기 위한 두 개의 모형 (A)와 (B)를 만들었다.

모형(A)	모형(B)
만일 $x \geq 0$ 이면 합격{*} 만일 $x < 0$ 이면 불합격 {■}	만일 $x \geq 5$ 이면 합격{*} 만일 $x < 5$ 이면 불합격 {■}

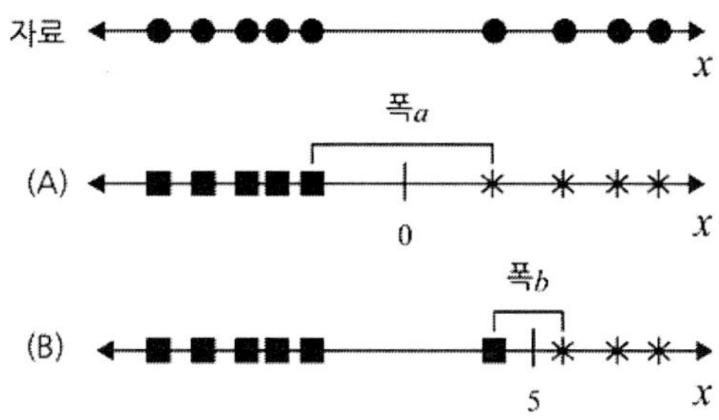

그림 6-3 분류 모형의 폭 (1차원)

모형(A)는 분류의 기준이 되는 $x = 0$을 중심으로 좌우의 폭 margin 이 넓어서 합격한 자료와 불합격한 자료사이에 충분한 차이가 있다. 그래서 $x = 0$이라는 기준점으로 분류를 할 경우에 타당하다는 판단을 받을 것이다. 또 새로운 자료가 주어 졌을 때, 이 분류 모형, 즉 $x = 0$이라는 경계점에 근거하여 합격과 불합격을 판단한다하여도 타당한 판단이라는 평가를 받을 수 있다.

반면에 모형 (B)의 기준점은 $x = 5$인데 이 기준점의 좌우에 있는 값들은 별 차이가 없어 폭 margin 이 아주 작다. 과연 $x = 5$라는 기준점에 근거하여 합격과 불합격을 나눈다면 타당한 분류라는 의견을 듣기가 어렵다. 그 이유는 그 조그만 차이가 정말로 합격과 불합격을 나눌 정도로 의미가 있는 차이인가 하는 의구심이 들기 때문이다. 또 이 자료를 측정할 때의 여러 가지 환경적 영향에 의하여 자료의 noise가 있을 수도 있는데 그렇게 폭이 작은 경계점이 분류의 기준으로 타당한가에 대한 답이 마땅치 않다. 그러므로 이러한 폭이 작은 기준점을 갖은 분류 모형으로 새로 주어지는 검증자료에 적용하는 것을 동의하지 않을 것이다.

그래서 x의 값이 $x = 0$ 인 경계점에서 자료를 분류하는 것이 바람직하다. 그러므로 분류모형을 선택하는데 있어서 가능한 기하학적으로 분류모형이 포함하는 간격이 넓은 경우가 새로운 자료를 분류하는데 있어서 그 신뢰도를 높여주고 분류오류를 줄여준다. 학습자료에서 추정된 분류모형에 위와 같이 검증자료를 적용하는 것을 일반화 generalization

한다고 하고 이 때 나타나는 분류오류를 일반화 오류 generalization error 라고 한다. 그러므로 분류의 폭이 넓으면 일반화 오류를 범할 가능성이 낮고, 폭이 좁으면 일반화 오류를 범할 가능성이 높다. 다음은 [그림 6-4]를 통해서 위의 설명을 SVM의 이론과 함께 설명하도 하자.

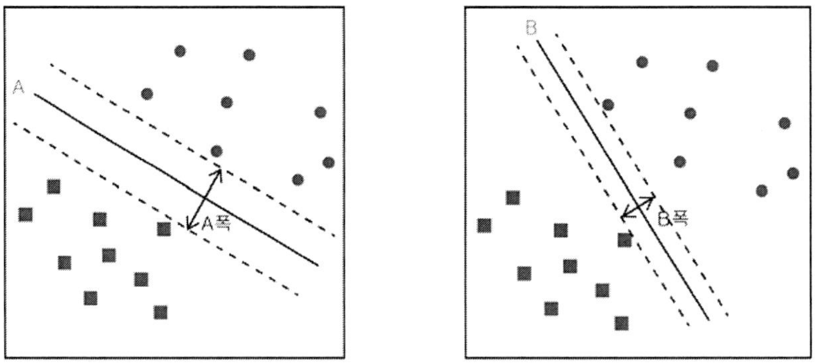

(A) 넓은 폭(larger margin) (B) 좁은 폭(smaller margin)

그림 6-4 분류 모형의 폭 (2차원)

위의 [그림 6-4]는 (x, y)의 2차원 평면에 두 범주의 자료가 {■, ●}으로 표시되었다. 이 자료를 분류하기 위한 (분류)결정 경계선 (classification) decision boundary 의 예로 위의 두 가지가 주어졌다. 이 평면은 2차원 자료이기 때문에 여기에서는 결정 경계선 decision boundary 이 1차원인 직선이 되며 이 직선이 2차원 공간에서의 초평면 hyperplane 이 된다. 어느 결정 경계선을 선택할 것인가는 위에서 설명한 바와 같이 폭 margin 이 넓은 왼쪽의 분류를 선택해야 한다. 즉, 간격이 넓어야 새로운 자료에 대한 일반화 분류오류가 작아진다. 그러므로 [그림 6-4]에서 (A)와 (B) 두 개의 결정 경계선 중에서 A의 폭이 B의 폭보다 넓으므로 A 결정경계선을 채택하는 것이 모형을 일반화할 때 분류오류를 작게 함으로서 바람직하다. 이와 같이 서포트 벡터 머신은 주어진 자료에서 가장 간격이 넓은 결정 경계선을 찾는 것이 목적이다.

2. 초평면의 수리적 이론

위에서 설명한 초평면 hyperplane 에 대하여 수리적으로 보다 자세히 설명한다. p차원 공간에서의 초평면은 $(p-1)$차원의 평면을 말한다. 예를 들면 2차원에서의 초평면은 1차원의 선 line 을 말한다. 3차원에서의 초평면은 2차원의 평면 plane 을 말한다. 3차원 이상의 공간에서의 초평면은 시각화를 하기는 어렵지만 한 차원 낮은 공간을 말한다.

초평면의 수리적 정의를 위하여 먼저 2차원 공간을 고려해 보자. 두 변수 X_1, X_2를 2차원 벡터 $X=[X_1, X_2]^T$ 로 표시할 수 있다. 두 변수 X_1, X_2 간에 아무런 함수적 관계가 없고, X_1, X_2 가 모든 실수 real number 를 가진다면 2차원 벡터 $X=[X_1, X_2]^T$ 는 2차원 평면을 형성한다. 그러나 두 변수 X_1과 X_2사이에 선형 linear 인 관계가 있으면 2차원 벡터 $X=[X_1, X_2]^T$는 2차원 평면을 형성하지 못하고, 2차원 평면에서 직선을 형성한다. 이 직선이 초평면 hyperplane 이다. 즉, 두 변수 X_1, X_2 사이의 선형관계를

$$\beta_0 + \beta_1 X_1 + \beta_2 X_2 = 0$$

라 하면, 이 선형식이 2차원 평면에서 만들 수 있는 모든 직선, 즉 모든 초평면의 일반식이 된다. 따라서 2차원 공간에서 경계선인 초평면에 위치하지 않는 자료는 식 (6.1)과 같은 두 가지의 경우로 나눌 수 있다.

$$\begin{aligned} &\beta_0 + \beta_1 X_1 + \beta_2 X_2 < 0 \\ &\beta_0 + \beta_1 X_1 + \beta_2 X_2 > 0 \end{aligned} \tag{6.1}$$

이러한 초평면을 2차원에서 p차원 공간상의 초평면으로 확장하면 이 초평면의 일반식은 다음과 같다.

$$\beta_0 + \beta_1 X_1 + \beta_2 X_2 + \cdots + \beta_P X_p = 0$$

즉, p차원 다변량 벡터 $x=[x_1, x_2, \cdots, x_p]^T$가 앞의 식을 만족하면 x는 p차원 공간의 초평면 상에 있게 된다. 그러므로 p차원 공간의 초평면에 위치하지 않는 경우는 식 (6.2)와 같은 두 가지의 경우로 나눌 수 있다.

$$\begin{aligned} &\beta_0 + \beta_1 X_1 + \beta_2 X_2 + \cdots + \beta_p X_p < 0 \\ &\beta_0 + \beta_1 X_1 + \beta_2 X_2 + \cdots + \beta_p X_p > 0 \end{aligned} \tag{6.2}$$

식 (6.1)과 식 (6.2)의 경우에서 알 수 있듯이 초평면을 중심으로 서로 다른 쪽에 위치하게 됨을 의미한다. 이와 같이 초평면은 p차원의 공간을 양분 divide into two subspaces 하는 기준으로 사용될 수 있다.

p차원의 공간을 양분 divide into two subspaces 하는 초평면을 중심에 두고, 이 초평면에서 제일 가까운 점들을 통과하는 두 개의 초평면들의 값을 $\pm\alpha$로 표시할 수 있으며 그

러한 경우에 식 (6.3)과 같은 직선식으로 표시할 수 있다.

$$\beta_0 + \beta_1 X_1 + \beta_2 X_2 + \cdots + \beta_p X_p = \pm\,\alpha \tag{6.3}$$

지금까지 설명한 초평면은 [그림 6-5]와 같이 나타낼 수 있다.

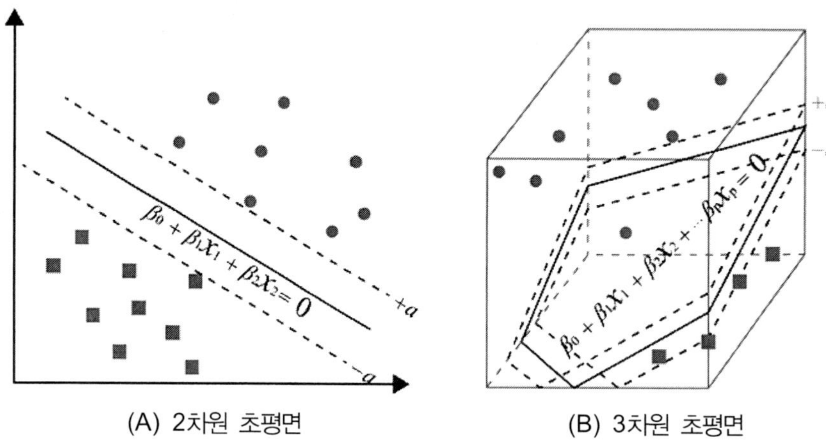

그림 6-5 2차원과 3차원 상에서의 초평면

[그림 6-5]에서 직선은 2차원과 3차원의 공간을 양분 divide into two subspaces 하는 초평면이 되고 초평면을 중심으로 두 영역의 상하에 제일 가까운 점들을 통과하는 초평면들의 값을 가지는 초평면은 점선으로 나타나게 된다. 식 (6.3)에서의 $+\alpha$값과 $-\alpha$값은 자료에 따라 여러 가지의 값을 가질 수 있다. 이러한 경우 식 (6.4)와 같이 양변을 α로 나누어서 우항 right side 에 +1과 -1만을 남기는 방식으로 일반화를 시킬 수 있게 된다. 이 일반화 시킨 초평면을 사용하여 SVM 분류 모형를 구하는 방법을 알아보도록 하자.

$$\frac{\beta_0}{\alpha} + \frac{\beta_1}{\alpha} X_1 + \frac{\beta_2}{\alpha} X_2 + \cdots + \frac{\beta_p}{\alpha} X_p = \pm 1$$

여기서 $\beta_i^* = \beta_i / \alpha$로 놓으면

$$\beta_0^* + \beta_1^* X_1 + \cdots + \beta_p^* X_p = \pm 1 \tag{6.4}$$

그러므로 식 (6.4)를 p차원의 공간을 양분 divide into two subspaces 하는 초평면을 중심에 두고, 이 초평면에서 제일 가까운 점들을 통과하는 두 개의 초평면들의 일반식으로 사용한다.

3. 최대 폭 분류 모형

p차원의 공간을 양분 divide into two subspaces 하는 초평면은 공간상에서 무수히 많이 존재한다. 이 중에서 분류를 하는 측면에서 가장 잘 바람직한 초평면은 이 초평면을 중심에 두고, 이 초평면이 나누는 두 영역의 상하에 제일 가까운 점들을 통과하는 두 개의 초평면들 사이의 폭이 가장 넓은 것을 선택하는 것이 바람직하다. 이 최대의 폭을 가지는 초평면을 분류의 경계로 갖는 분류 모형이 support vector 분류 모형 maximum margin classifier 이다. 이번 절에서는 이 최대의 폭 maximum margin 을 구하는 방법에 대해서 알아보도록 하자.

p차원 공간에서 학습 자료 training dataset 를 $n \times p$행렬인 X로 표시하자. 이 때 n개의 관측점들은 두개의 범주를 가지는 분류변수 Y를 갖는다. $Y = (y_1, y_2, \cdots y_n) \in \{-1, +1\}$으로 나타낼 수 있다. 즉, 모든 $y_i, i = 1,2,\cdots,n$ 는 -1이나 +1 중 하나의 값을 갖는다. 만일 첫 번째의 관측점인 $(x_{11}, \cdots, x_{1p})$ 의 분류변수 class variable 가 -1의 값을 가지면, 첫 번째 관측점은 양분된 p차원 평면의 한 쪽에 위치하고, 반대로 +1의 값을 가지면 첫 번째 관측점은 양분된 p차원의 다른 한 쪽에 위치한다. 우리의 목적은 검증 자료 test dataset 의 한 점 $x^* = (x_1^*, x_2^*, \cdots x_p^*)$ 이 주어지는 경우에 n개의 학습 자료 training dataset 에 만들어진 분류 모형(또는 분류 초평면)으로 정확하게 x^*의 위치를 분류하는 것이다. 즉, x^*의 분류 변수인 y^*의 값이 -1인지 또는 +1인지를 예측하는 것이다.

이제 분류자의 최대폭 maximum margin 을 유도하는 방법을 알아보도록 하자. 설명의 편리함을 위하여 우선은 2차원 평면상에서의 SVM 모형를 살펴보도록 한다.

위에서 설명한 바와 같이 [그림 6-6]의 초평면의 일반식

$$\beta_0 + \beta_1 X_1 + \beta_2 X_2 = 0$$

은 두 벡터 $W = [\beta_1, \beta_2]^T$ 와 $X = [X_1, X_2]^T$ 를 이용하여 초평면의 일반식을 다시 쓸 수 있다.

$$W^T X + \beta_0 = 0$$

[그림 6-6]에 있는 바와 같이 이 초평면 상의 서로 다른 두 점 P_a와 P_b는

$$W^T P_a + \beta_0 = 0, \;\; W^T P_b + \beta_0 = 0$$

이 두 식을 이용하여 나타낼 수 있다. 이 두 식을 이용하여 다음과 같이 식 (6.5)를 구할 수 있다.

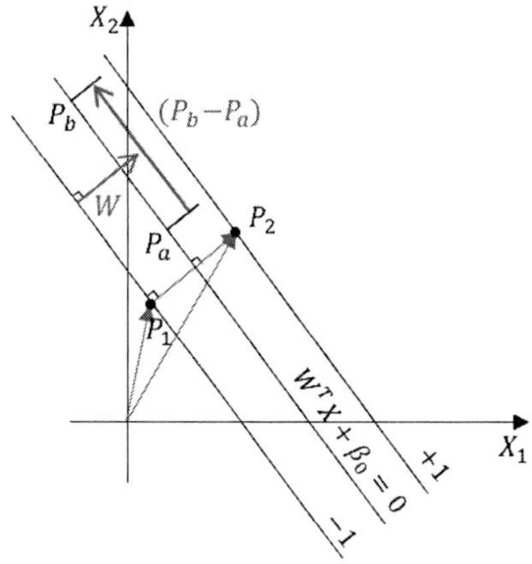

그림 6-6 2차원 상의 폭

$$
\begin{array}{r}
W^TP_b+\beta_0=0 \\
-\ \underline{\left|\ W^TP_a+\beta_0=0\right.} \\
W^T(P_b-P_a)=0
\end{array}
\tag{6.5}
$$

식 (6.5)를 통하여 벡터 W와 벡터 (P_b-P_a) 는 서로 직교[4]임을 알 수 있다. 즉 벡터 (P_b-P_a) 는 초평면상에 있는 벡터이므로 벡터 W와 초평면은 서로 직교한다. [그림 6-6]의 2차원 상에서 무수히 많은 초평면 중에서 초평면과 그 계수인 W는 초평면과 항상 직교한다. 이러한 직교의 관계는 2차원에만 한정되는 것이 아니라 p차원에서도 성립한다. 즉, p차원 상에서의 초평면과 계수로 이루어진 벡터 W는 초평면과 항상 직교한다.

다음으로 초평면의 폭에 대해서 설명하자. [그림 6-6]의 점 P_1은 초평면의 밑에 있는 음수 영역에 가장 가까이 있는 점이고, 점 P_2는 초평면의 위에 있는 양수 영역에 가장 가까이 있는 가장 가까운 점이다. 초평면의 일반식은 $W^TX+\beta_0=0$ 이며 이 초평면의 상하로 제일 가까운 점들을 지나는 초평면의 일반식은 초평면의 밑에 있는 경우의 일반식은 $W^TX+\beta_0=-1$ 이고 초평면의 위에 있는 경우의 일반식은 $W^TX+\beta_0=+1$ 이다(식

4) 벡터가 서로 직교한다는 것은 두 개의 벡터가 서로 직각으로 만난다라는 것이며, 벡터 W와 (P_b-P_a)가 직교하는 경우 두 벡터의 내적 $W\bullet(P_b-P_a)=0$이다.

(6.4) 참조). 따라서 점 P_1과P_2 는 식 (6.6)과 같이 나타낼 수 있다.

$$W^TP_2+\beta_0=+1,\quad W^TP_1+\beta_0=-1 \tag{6.6}$$

설명의 편의를 위하여 벡터 (P_2-P_1)은 초평면 $W^TX+\beta_0=0$에 직교한다고 하자. 그러면 (P_2-P_1)의 거리가 이 초평면의 폭으로 정의된다. 이 관계로부터 최대의 폭 maximum margin 을 유도할 수 있다.

초평면의 일반식은 $W^TX+\beta_0=0$ 이며 이 초평면의 상하로 제일 가까운 점들의 일반식은 초평면의 아래와 위에 있는 점 P_1과 점 P_2 는 식 (6.6)과 같이 나타 낼 수 있다. 그러면 이들을 [그림 6-7]과 간단히 그려보자.

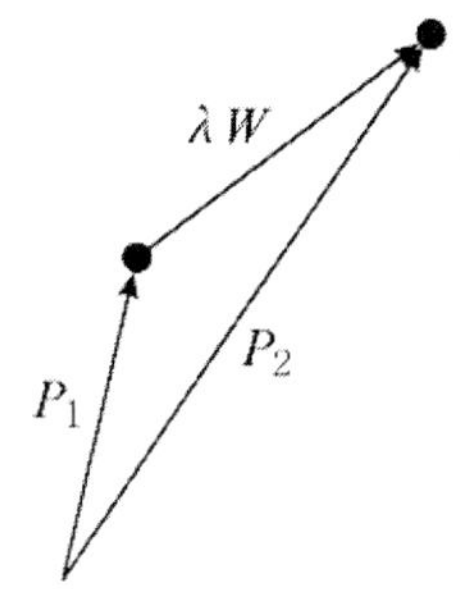

그림 6-7 폭을 구하기 위한 그림

벡터 (P_2-P_1) 은 초평면 $W^TX+\beta_0=0$ 에 직교한다고 하였으므로 벡터 (P_2-P_1)는 벡터 W와 평행하게 된다. 따라서, 벡터 (P_2-P_1) 의 크기는 λW로 표시 가능하며 $P_2-P_1=\lambda W$ 로 나타낼 수 있다. 여기서 λ는 임의의 양수이다. 그러므로 아래 식을 얻는다.

$$P_2=P_1+\lambda W$$

이를 이용해서 식 (6.7)과 같이 λ를 구할 수 있다.

$$\begin{aligned} W^TP_2+\beta_0 &= W^T(P_1+\lambda W)+\beta_0 \\ &=(W^TP_1+\beta_0)+W^T\lambda W \\ &=(-1)+W^T\lambda W=1 \end{aligned}$$

그러므로

$$W^T \lambda W = \lambda \| W \|^2 = 2 \; (\| W \| = \sqrt{W^T W} = \sqrt{\beta_1^2 + \beta_2^2})$$

$$\lambda = \frac{2}{\| W \|^2} \tag{6.7}$$

구해진 λ의 값을 가지고 두 점 사이의 거리 $\| P_2 - P_1 \|$ 을 식 (6.8)과 같이 나타낼 수 있다.

$$\begin{aligned} \| P_2 - P_1 \| &= \| (P_1 + \lambda W) - P_1 \| \\ &= \| \lambda W \| = \lambda \| W \| \\ &= \frac{2}{\| W \|} \end{aligned} \tag{6.8}$$

SVM은 두 개의 점 P_1과 P_2사이의 거리 $\| P_2 - P_1 \|$ 를 최대화 시키는 초평면을 찾는 것이 목적인데, 두 점사이의 거리는 $W = [\beta_1, \beta_2]^T$ 로 표시됨으로 결국은 두 점사이의 거리를 최대화하는 (β_1, β_2)를 찾는 것이 목적이었다. 이 최대의 폭 margin 을 갖는 $W = [\beta_1, \beta_2]^T$를 찾은 이후에 분류모형을 적용하는데 $W^T X + \beta_0$ 의 값이 1보다 큰 경우에는 분류변수 Y는 '+1'로 분류하고, $W^T X + \beta_0$의 값이 −1보다 작은 경우에는 분류변수 Y는 '−1'로 분류한다.

만일 $W^T X + \beta_0 > 1$ 이면 $y = +1 \rightarrow \{*\}$
만일 $W^T X + \beta_0 < 1$ 이면 $y = -1 \rightarrow \{\blacksquare\}$

이 두 가지의 경우를 합쳐서 하나의 식으로 나타내면 식 (6.9)과 같이 표현할 수 있다. 이는 각 경우에 대해서 Y의 값과 $W^T X + \beta_0$을 곱해서 부등식으로 나타내면 두개의 곱은 1보다 커져야 함을 알 수 있다.

$$y(W^T X + \beta_0) > 1 \tag{6.9}$$

따라서 서포트 벡터 머신은 제약식 (6.9)을 만족시키면서 $\frac{2}{\| w \|}$ 를 최대화 시키는 문제가 되었다. 여기서 폭을 최대화시키는 것은 분모와 분자를 바꾸어 최소화의 문제로도 생각할 수 있다. 이는 2차식의 최적화에 대한 문제를 풀기 위해 사용하는 라그랑지 승수법 Lagrangian multiplier method 을 사용하는 경우 그 편리성을 변환해 나타내어 준 것이

다. 이를 사용하여 $\frac{\| w \|^2}{2}$를 최소화하는 라그랑지 승수법을 사용할 수 있다.

이러한 서포트 벡터 머신 분류자는 [그림 6-8]와 같이 나타낼 수 있다.

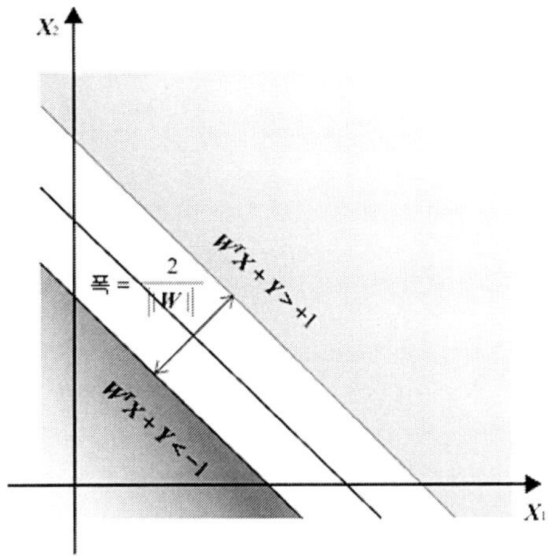

그림 6-8 서포트 벡터 머신 분류자

■ 4. 라그랑지 승수법

이제 제약식이 주어진 상황에서의 최소화 문제는 그 상황과 조건에 따라서 다른 수치 해석적인 방법 numerical method 이 사용된다. 폭 $\frac{\| w \|^2}{2}$ 를 최소화시키며, $Y(w^T x + \beta_0) > 1$ 같은 부등식 제약조건을 갖는 경우에 라그랑지 승수법 Lagrangian multiplier method 을 사용하는데, 라그랑지 승수법을 사용하기 위해서는 식 (6.10)과 같이 목적함수 objective function 와 제약식 constraint 이 정의되어야 한다.

$$
\begin{aligned}
&\text{목적함수 objective function : 최소화} f(x) \\
&\text{제약식 constraint : } h_i(x) \le 0,\ i = 1,2,\cdots,p
\end{aligned}
\tag{6.10}
$$

식 (6.10)과 같이 정의된 목적함수와 제약식은 식 (6.11)과 같이 라그랑지 함수 Lagrangian 로 나타낼 수 있다.

$$L = f(X) + \sum_{i=1}^{p} \lambda_i h_i(X) \tag{6.11}$$

식 (6.11)에서 λ_i는 라그랑지 승수 Lagrange multiplier 로 양수의 값을 갖는다. 이러한 경우에 식 (6.11)의 라그랑지 함수에서 유도되는 조건들을 KKT조건 Karush–Kuhn–Tucker condition 이라 부르며 그 조건들은 식 (6.12)와 같이 나타난다. 이 조건들에 대해서는 아래에 설명한다.

$$\begin{aligned} &\frac{\partial L}{\partial x_i} = 0, \forall_i = 1,2,\cdots,d \\ &h_i(X) \le 0, \forall_i = 1,2,\cdots,q \\ &\lambda_i \ge 0, \forall_i = 1,2,\cdots,q \\ &\lambda_i h_i(X) = 0, \forall_i = 1,2,\cdots,q \end{aligned} \tag{6.12}$$

다시 서포트 벡터 머신으로 돌아가 보도록 하자. 이러한 라그랑지 승수법 Lagrangian multiplier method 을 사용하는 경우 목적함수 objective function 와 제약식 constraint 은 식 (6.13)과 같이 나타낼 수 있다.

목적 함수 objective function 와 제약식 constraint
목적함수 objective function : 최소화 $(\frac{\lVert w \rVert^2}{2})$ 제약식 constraint : $1-y_i(w^T x_i+\beta_0) \le 0, i=1,2,\cdots,N$ (6.13)

사용하여 주어진 제약식 constraint 을 이용한 라그랑지 함수는 식 (6.14)과 같다.

라그랑지 함수 Lagrangian
$L=\frac{\lVert w \rVert^2}{2}+\sum_{i=1}^{N}\lambda_i\{1-y_i(w^T x_i+\beta_0)\}$ (6.14)

여기서 제약식은 각각의 관측치에 대해서 나타내었으며 관측치의 수는 총 N개이다. 각 i번째에 해당하는 관측치 변수는 x_i이며 이때에 해당하는 분류변수는 y_i가 된다. 여기에서 λ_i는 각 관측치에 해당하는 라그랑지 승수 Lagrangian multiplier 가 된다. 이제 식

(6.14)에서의 라그랑지 함수 Lagrangian (L) 를 일차 미분을 하여 식 (6.15)을 유도할 수 있다. 또 제약식을 통해서 식 (6.16)의 조건이 주어지게 된다. 라그랑지 승수는 항상 양수여야 함으로 식 (6.17)의 조건이 주어지고, 마지막으로 제약식을 이용한 벌칙 함수 penalty function 으로 식 (6.18)가 주어지게 된다. 식 (6.15)부터 식 (6.18)까지가 서포트 벡터 머신에서의 KKT조건 Karush–Kuhn–Tucker condition 이라 부른다.

KKT 조건 Karush–Kuhn–Tucker condition

$$\frac{\partial L_p}{\partial w} = 0 \rightarrow w = \sum_{i=1}^{N} \lambda_i y_i x_i \,, \quad \frac{\partial L_p}{\partial x_i} = 0 \rightarrow \sum_{i=1}^{N} \lambda_i y_i = 0 \tag{6.15}$$

$$-(y_i(w^T x_i + \beta_0) - 1) \le 0 \tag{6.16}$$

$$\lambda_i \ge 0 \tag{6.17}$$

$$\lambda_i(y_i[w^T x_i + \beta_0] - 1) = 0 \tag{6.18}$$

위의 식 (6.18)에서 $y_i[w^T x_i + \beta_0] - 1 = 0$ 을 만족하는 경우만 λ_i의 값이 주어져서 최대의 폭 margin 을 갖는 w벡터를 구할 수 있으므로,

$$y_i[w^T x_i + \beta_0] - 1 = 0$$

을 만족하는 경우에 해당하는 x_i들이 서포트 벡터 support vector 가 된다.

이러한 알고리즘을 서포트 벡터 머신 support vector machine 이라 한다. 서포트 벡터 이외의 모든 점은 라그랑지 상수의 값인 λ_i가 0이 나오게 된다. 식 (6.14)의 라그랑지 함수는 그 형태가 복잡하여 쉽게 함수의 값을 구할 수 없는 단점을 가진다. 이러한 경우 보다 쉽게 그 값을 구하기 위해서 라그랑지 함수를 식 (6.19)처럼 dual form 로 바꾸어 줄 수 있다.

dual form
$$\begin{aligned} L &= \frac{\lVert w \rVert^2}{2} - \sum_{i=1}^{N} \lambda_i \{ y_i (w^T x_i + \beta_0) - 1 \} \\ &= \frac{1}{2} \sum_{i,j}^{N} \lambda_i \lambda_j y_i y_j x_i x_j - w \sum_{i=1}^{N} \lambda_i y_i x_i - \beta_0 \sum_{i=1}^{N} \lambda_i y_i + \sum_{i=1}^{N} \lambda_i \\ &= \frac{1}{2} \sum_{i,j}^{N} \lambda_i \lambda_j y_i y_j x_i x_j - \sum_{i,j}^{N} \lambda_i \lambda_j y_i y_j x_i x_j + \sum_{i=1}^{N} \lambda_i \\ &= \sum_{i=1}^{N} \lambda_i - \frac{1}{2} \sum_{i,j}^{N} \lambda_i \lambda_j y_i y_j x_i x_j = L_D \end{aligned} \quad (6.19)$$ $$\therefore L_D = \sum_{i=1}^{N} \lambda_i - \frac{1}{2} \sum_{i,j}^{N} \lambda_i \lambda_j y_i y_j x_i x_j$$

Dual form 인 L_D로 바꾸게 되면 더 편리하게 라그랑지 함수를 계산할 수 있다. 지금까지 구해본 구분 가능한 경우의 서포트 벡터 머신을 예제를 통해서 알아보도록 하자.

예제 6-1

<표 6-1>과 같이 10개의 관측치가 주어져 있는 경우에 대해서 서포트 벡터 머신을 적용시켜 보고자 한다. 자료는 X_1과 X_2의 변수와 분류변수 Y를 가지고 있으며, 분류변수는 −1과 +1의 값을 가진다.

표 6-1 관측치와 분류변수

관측치 번호	X_1	X_2	분류변수 Y
1	0	4	+1
2	1	0	−1
3	1	3	+1
4	1.5	4	+1
5	2	3	−1
6	2	7	+1
7	2.5	8	+1
8	3	5	−1
9	4	1	−1
10	4	6	−1

우선 관측치들을 좌표공간에 [그림 6-9]과 같이 나타낼 수 있다.

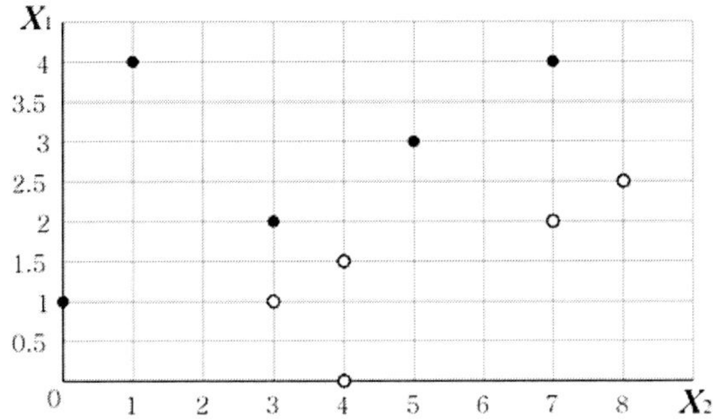

그림 6-9 산점도

이제 관측치들을 가지고 서포트 벡터 머신을 구하기 위해서 식 (6.13)과 같이 목적함수 objective function 와 제약식 constraint 을 정하고 그들를 이용한 라그랑지 함수 Lagrangian 를 식 (6.14)와 같이 구해보면, KKT 조건 중 식 (6.18)에 근거하여 서포트 벡터 support vector 를 정의할 수 있다.

$\lambda_i(y_i[w^Tx_i+\beta_0]-1)=0$에서 $(y_i[w^Tx_i+\beta_0]-1)=0$을 만족하는 경우에만 라그랑지 승수 λ_i가 존재하게 되며, 이 때 $y_i[w^Tx_i+\beta_0]-1=0$ 를 만족하는 x_i들이 서포트 벡터 support vector 가 된다. 이 때 라그랑지 승수 λ_i는 수치 해석적인 방법으로 컴퓨터에 의해서 계산되어 얻어진다. <표 6 –1>의 자료에서는 3번, 4번, 5번, 8번의 관측치가 서포트 벡터 support vector 가 되므로 4개의 라그랑지 승수 λ_i가 존재하게 된다.

구해진 승수값들과 KKT 조건 중에서 식 (6.15)의 조건을 가지고 초평면을 결정하는 w벡터와 β_0를 구할 수 있다. $y_i[w^Tx_i+\beta_0]-1=0$를 만족하는 서포트 벡터 support vector 들만을 따로 <표 6 –2>에 나타내어 보도록 하자.

표 6-2 서포트 벡터 관측치

관측치 번호	X_1	X_2	분류변수(Y)
3	1	3	+1
4	1.5	4	+1
5	2	3	–1
8	3	5	–1

식 (6.15)의 조건 중에서 $w=\sum_{i=1}^{N}\lambda_i y_i x_i$ 를 사용하여 w벡터를 식 (6.20)과 같이 계산가능하다.

$$\begin{aligned} w_1 &= \lambda_1(1)(+1)+\lambda_2(1.5)(+1)+\lambda_3(2)(-1)+\lambda_4(3)(-1)=2 \\ w_2 &= \lambda_1(3)(+1)+\lambda_2(4)(+1)+\lambda_3(3)(-1)+\lambda_4(5)(-1)=-1 \\ &\therefore w=(w_1\ \ w_2)=(2\ -1) \end{aligned} \tag{6.20}$$

이제 초평면을 결정해주는 또 하나의 성분인 β_0는 식 (6.21)과 같이 계산할 수 있다. 식 (6.20)에서 w벡터가 계산되었으므로 이를 $y_i[w^Tx_i+\beta_0]-1=0$에 대입시켜 각각의 서포트 벡터 support vector

에 대해서 같은 β_0값의 추정량인 b_0를 식 (6.21)과 같이 계산할 수 있다.

$$
\begin{aligned}
&\text{3번째 관측치: } b_0 = -1-(2\ -1)(\tfrac{1}{3}) = 0 \\
&\text{4번째 관측치: } b_0 = -1-(2\ -1)(\tfrac{1.5}{4}) = 0 \\
&\text{5번째 관측치: } b_0 = 1-(2\ -1)(\tfrac{2}{3}) = 0 \\
&\text{8번째 관측치: } b_0 = 1-(2\ -1)(\tfrac{3}{5}) = 0
\end{aligned}
\qquad (6.21)
$$

이렇게 구해진 초평면 hyperplane 의 식은 $2x_1 - x_2 = 0$이 되며, 이를 좌표상에 나타내면 [그림 6 –10]과 같다.

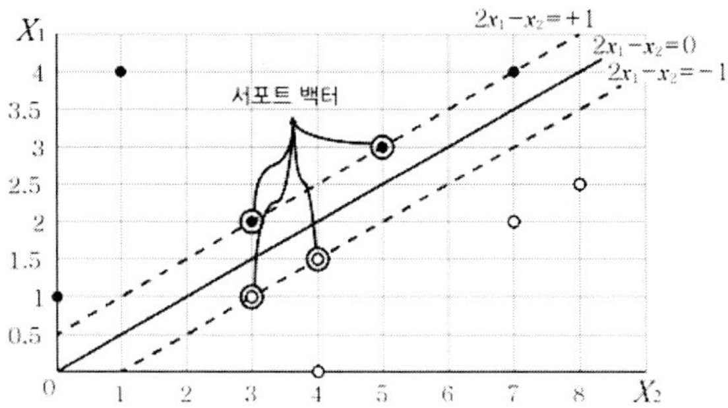

그림 6–10 초평면과 support vectors

즉, 이 자료는 4개의 서포트 벡터 support vector 에 의해서 분류를 가능하게 하는 초평면 $2x_1 - x_2 = 0$ 을 가지게 된다. 뒤에서 같은 자료에 대해서 R프로그램을 통해서 같은 결과가 나오는지 확인해 보도록 하겠다.

5. 완충 변수를 이용한 서포트 벡터 머신

앞 절에서 설명한 서포트 벡터 머신은 선형적인 모형을 가지고 주어진 학습자료를 이용하여 사용 가능한 초평면 중에서 최대의 폭을 갖는 초평면을 구하는 방법이었다. 실제의 자료에서는 거의 대부분 잡음 noise 을 가지고 있는 경우가 많다. 이러한 경우에는 선형적인 분류 모형을 가지고 최대 폭을 갖는 초평면을 구한다 하더라도 검증 자료에 적용할 때 만족할 만한 분류를 해내기 어렵다. 아래의 [그림 6-11]에 있는 초평면 (A)와 (B)를 비교하여 보자. 초평면 (A)의 폭이 초평면 (B)의 폭보다 매우 좁다. 그러나 (A)의 경우에는 이 초평면에 근접한 두 개의 점이 존재하지 않는다면 초평면 (B)보다 초평면 (A)의 폭이 훨씬 넓게 된다. 이러한 경우에 학습 자료를 정확히 분류하기 위해서 초평면 (B)를 사용할 것인가 아니면 초평면 (A)에 근접한 두 점을 잡음으로 간주하고 어느 정도의 오분류 misclassification 를 허용하면서 폭이 넓은 초평면 (A)를 사용할 것인가 하는 문제를 고려하여야 한다. 이러한 문제는 어느 정도의 오분류를 감내하고 선형 분류모형을 만드는 경우와 비선형적인 모형을 사용하여 분류모형을 만드는 것 등으로 해결이 가능하다. 이번 장에서는 두 가지 해결책 중에서 첫번째인 어느 정도의 오분류 misclassification 를 허용하면서, 선형적인 분류모형을 만들어 낼 수 있는 서포트 벡터 머신 알고리즘을 설명한다. 이러한 서포트 벡터 머신을 완충 변수를 이용한 서포트 벡터 머신 slack variable support vector machine 이라고 한다.

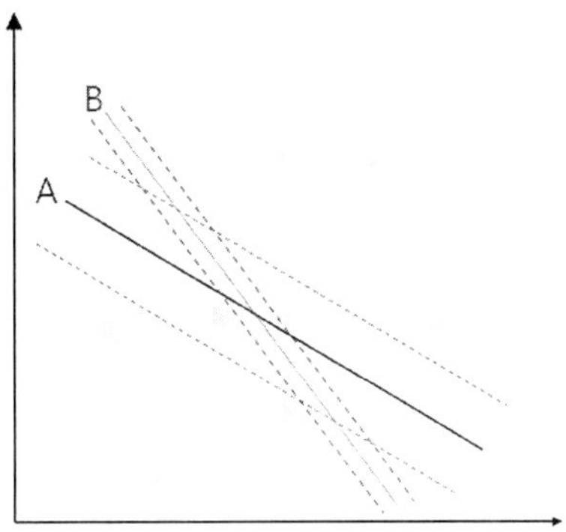

그림 6-11 서포트 벡터 예시

[그림 6-11]을 부연하여 설명하면 초평면 (B)는 학습자료를 완전하게 분류해내는 모형을 만드는 경우이고, 초평면 (A)는 어느 정도(각각 1개씩)의 오분류를 허용하면서 나머지 학습자료에 대해서는 폭이 넓은 초평면을 선택하는 모형이다. 초평면 (B)는 초평면 (A)에 비하여 서포트 벡터 머신에서의 폭 margin 이 더 좁음을 알 수 있다. 초평면 (B)는 모형 A에 비해서 주어진 학습자료를 더 잘 분류해내기는 하지만 이는 주어진 학습 자료 training dataset 에만 해당하는 정확도이고, 다른 자료에 일반화 시켜 모형을 적용하는 경우에는 오분류가 많을 가능성이 크다(초평면의 폭이 작기 때문에). 반면에 초평면 (A)는 주어진 학습자료의 분류에서 두 개의 분류오류가 있으나 이 초평면의 폭이 넓으므로 이 초평면을 일반화할 때 정확도가 올라갈 가능성이 높다. 이처럼 초평면의 폭의 넓이 width of the margin 와 오분류 사이의 상호 교환 trade-off 을 고려하여야 한다. 주어진 자료에 대하여 어느 정도의 오분류를 허용하면서 더 넓은 폭 margin 을 가지는 초평면을 선택하면 이 모

형을 다른 자료에 일반화하는 경우에 분류 정확도를 높일수 있다. 이러한 서포트 벡터 머신을 구하는 것이 바람직하다. 모형 A와 같이 어느 정도의 오분류를 허용하고 초평면의 폭 margin 을 넓게 가져가는 초평면 (A)의 폭을 완화된 폭 soft margin 이라고 부르기도 한다.

이러한 경우에 어느 정도의 오류를 허용하는지에 대한 이론은 완충 변수 slack variable $(\xi_i, \forall_i = 1,\cdots,N)$ 를 이용하여 설명할 수 있다. 완충 변수는 오류를 허용하는 관측치에만 각각 적용되는 변수이며 양수의 값을 가진다. 따라서, 완충 변수를 이용한 서포트 벡터 머신 slack variable support vector machine 은 식 (6.22)과 같은 방식으로 분류를 진행함을 알 수 있다.

$$\begin{aligned} w^T x_i + \beta_0 &\geq +1 - \xi_i \text{이면 } y_i = 1 \\ w^T x_i + \leq \beta_0 &\leq -1 + \xi_i \text{이면 } y_i = -1 \end{aligned} \tag{6.22}$$

여기서 완충 변수 slack variable 는 양수 $\xi_i > 0, \forall_i = 1,\cdots,N$ 이다. 식 (6.22)의 두 식을 정리해서 식 (6.23)과 같이 나타낼 수 있다.

$$y_i[w^T x_i + \beta_0] \geq 1 - \xi_i, \quad \forall i = 1,\cdots,N \tag{6.23}$$

완충 변수 slack variable 에 대해서 [그림 6-12]을 통하여 조금 더 설명해보도록 하자.

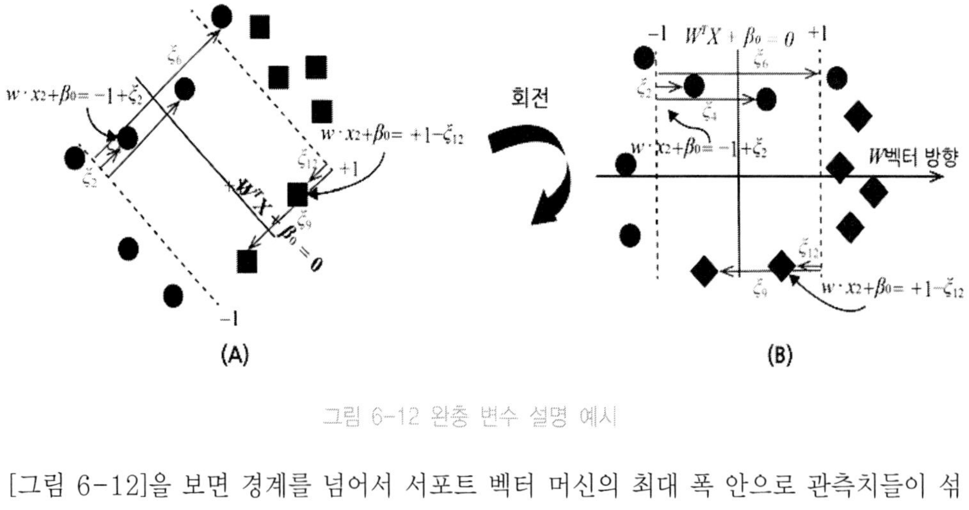

그림 6-12 완충 변수 설명 예시

[그림 6-12]을 보면 경계를 넘어서 서포트 벡터 머신의 최대 폭 안으로 관측치들이 섞여 들어간 것을 볼 수 있다. [그림 6-12]의 (A)를 보면 경계선인 $w^T x + \beta_0 = 0$ 을 기준

으로 경계선의 안쪽에 더 가까운 ξ_2의 경우에는 그 값이 0보다는 크고 1보다는 작거나 같게 나타나고, 경계선의 바깥쪽에 가까운 ξ_4의 경우에는 그 값이 1보다 크게 된다. 또한, 완충 변수를 이용한 서포트 벡터 머신 slack variable support vector machine 에서는 해당하는 관측치에 대해서만 완충 변수 slack variable 를 적용시켜주게 된다. [그림 6-12]의 (B)를 보면 완충 변수는 경계선과 수직하는 벡터의 방향과 평행하게 작용함을 알 수 있다. 완충 변수가 적용되는 실제의 크기는 $\frac{\xi_i}{|w|},(i=1,2,\cdots,N)$으로 나타난다. 이러한 완충 변수를 적용시켜서 최소화의 문제와 라그랑지 승수법을 적용시키는 것을 생각해 보도록 하자. 완충 변수를 이용한 서포트 벡터 머신 slack variable support vector machine 에서의 목적함수 objective function 와 제약식 constraint 은 식 (6.24)과 같이 나타낼 수 있다.

목적 함수 objective function 와 제약식 constraint
목적함수 objective function : $(\frac{\parallel w \parallel^2}{2}+C\sum_{i=1}^{N}\xi_i)$ (6.24) 제약식 constraint : $1-\xi_i-y_i(w^Tx_i+\beta_0)\le 0, i=1,2,\cdots N$

식 (6.24)에서의 $C\sum_{i=1}^{N}\xi_i$ 에 대해서 설명하도록 하자. 큰 완충 변수를 사용하는 관측치에 대해서 벌칙을 제공하기 위하여 식 (6.24)과 같이 목적함수를 변형시켜서 사용한다. 왜 벌칙이라는 단어를 사용하는가 하면 최소화 하고자 하는 목적함수에 $C\sum_{i=1}^{N}\xi_i$라는 양수값을 더해주고 최소화하고자 하니 벌칙인 셈이다. 여기서 C는 비용 cost 을 나타낸다. 비용은 완충 변수 slack variable 인 ξ_i들의 합을 어느 정도 반영하여 최소화 시키고자 하는 목적함수에 반영할지에 대한 조절 매개변수 tuning parameter 이다. 일반적으로 이 비용을 결정하는 기준은 명확하지 않으며 이는 조절 매개변수 tuning parameter 이기 때문에 일반적으로 구축된 SVM의 검증 자료에서의 분류결과에 따라 결정한다.

[그림 6-13]를 보면 비용 cost 에 따른 모형의 변화는 (a)와 같이 비용값이 1/100인 경우는 오류를 허용하는 관측치의 수가 많아 완충 변수들이 많이 사용된 것을 알 수 있으며, 비용값이 점점 커지는 경우 오류를 허용하는 관측치의 수가 점점 작아지어 완충 변수

들을 덜 사용되어 구분하기 쉬운 서포트 벡터 머신 separable support vector machine 의 경우에 가까워진다. 즉, SVM의 폭이 점점 작아지고 있다.

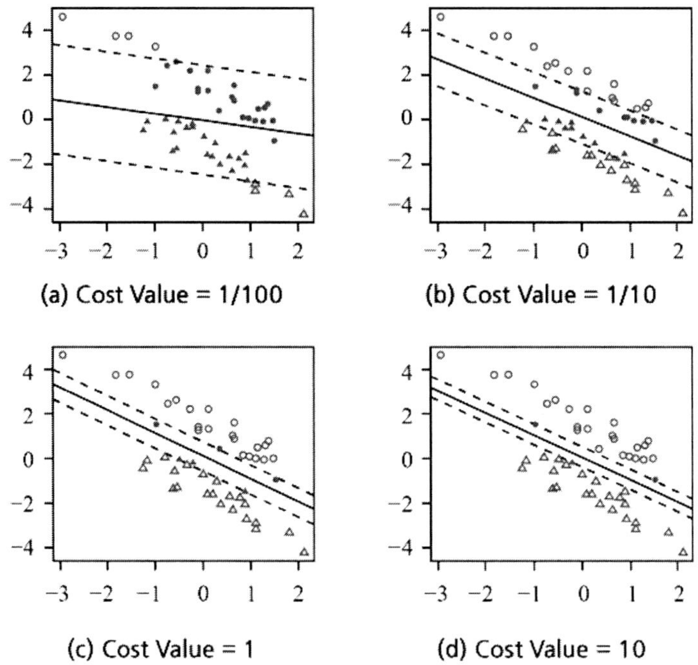

그림 6-13 비용(cost)에 따른 모형 변화

완충 변수를 이용한 서포트 벡터 머신 slack variable support vector machine 은 식 (6.24)의 목적함수 objective function 와 제약식 constraint 을 사용하여 라그랑지 함수 Lagrangian 로 식 (6.25)과 같이 나타나게 된다.

라그랑지 함수 Lagrangian
$$L = \frac{\lVert w \rVert^2}{2} + C\sum_{i=1}^{N}\xi_i + \sum_{i=1}^{N}\lambda_i\{1-\xi_i - y_i(w^T x_i + \beta_0)\} - \sum_{i=1}^{N}\mu_i\xi_i, \quad i = 1,2,\cdots,N \qquad (6.25)$$

식 (6.25)은 최소화 시키려는 목적함수 $\frac{\lVert w \rVert^2}{2} + C\sum_{i=1}^{N}\xi_i$ 와 부등식 제약조건인 $\sum_{i=1}^{N}\lambda_i\{1-\xi_i - y_i(w^T x_i + \beta_0)\}$까지는 기존의 구분 가능한 SVM separable support vector machine 과 동일하게 구성된다. 여기에 추가적으로 $-\sum_{i=1}^{N}\mu_i\xi_i$ 는 완충 변수 slack variable ξ_i 가 음수이지 않는 것에 대한 추가 조건이며, λ_i와 μ_i가 라그랑지 승수 Lagrange multiplier 가 된다. 완충 변수 slack variable 의 추가로 식이 변형 되었고, 이는 만약 완충 변수 slack variable 이 존재하지 않고 모두 0이면 기존의 구분 가능한 서포트 벡터 머신 separable support vector machine 의 라그랑지 함수인 식 (6.14)와 동일해진다. 식 (6.25)의 라그랑지 함수 Lagrangian 는 구분하기 쉬운 서포트 벡터 머신 separable support vector machine 의 경우와 마찬가지로 KKT조건 Karush–Kuhn–Tucker condition 을 유도 가능하다.

KKT 조건 Karush–Kuhn–Tucker condition	
$\frac{\partial L_p}{\partial w}=0\rightarrow w=\sum_{i=1}^{N}\lambda_i y_i x_i$ $\frac{\partial L_p}{\partial \gamma}=0\rightarrow \sum_{i=1}^{N}\lambda_i y_i=0$ $\frac{\partial L_p}{\partial \xi_i}=0\rightarrow C=\lambda_i+\mu_i,\ i=1,2,\cdots,n$	(6.26)
$(y_i(w^T x_i+\gamma)-1+\xi_i)\geq 0,\ i=1,2,\cdots n$	(6.27)
$\xi_i\geq 0,\ \lambda_i\geq 0,\ \mu_i\geq 0,\ i=1,2,\cdots n$	(6.28)
$\lambda_i(y_i[w^T x_i+\beta_0]-1+\xi_i)=0,\ i=1,2,\cdots n$ $\mu_i\xi_i=0,\ i=1,2,\cdots,n$	(6.29)

식 (6.26)부터 식 (6.29)까지가 완충 변수를 이용한 서포트 벡터 머신 slack varia- ble support vector machine 에서 유도되는 KKT조건 Karush–Kuhn–Tucker condition 이다. 식 (6.25)의 라그랑지 함수도 dual form인 형태로 바꾸어서 더 편리하게 계산이 가능하다. 유도되는 dual form 는 다음의 식 (6.30)와 같다.

dual form	
$L_D=\sum_{i=1}^{N}\lambda_i-\frac{1}{2}\sum_{i,j=1}^{N}y_i y_j\lambda_i\lambda_j x_i^T x_j$	(6.30)

Dual form 의 식 (6.30)는 식 (6.26)에서 유도되는 $\sum_{i=1}^{N}\lambda_i y_i = 0$ 과 $0 \le \lambda_i \le C$, $i = 1,2,\cdots,n$의 제약조건을 갖게 된다. 이렇게 유도되는 함수를 통해서 그에 해당하는 라그랑지 승수의 값과 w벡터 그리고 β_0의 값을 찾아내서 분류자를 구할 수 있다.

6. 비선형 서포트 벡터 머신

지금까지 살펴본 구분하기 쉬운 서포트 벡터 머신 separable support vector machine 과 구분하기 어려운 서포트 벡터 머신 non-separable support vector machine 은 모두 선형적인 분류식에 의하여 분류 알고리즘이 이루어졌다. 만약 선형적인 분류가 가능하지 않은 경우에는 어떠한 방법으로 분류가 가능할까? 이번 장에서는 이에 대한 질문에 대한 해결책 중에 하나인 비선형 서포트 벡터 머신 nonlinear support vector machine 에 대해서 알아보도록 하자.

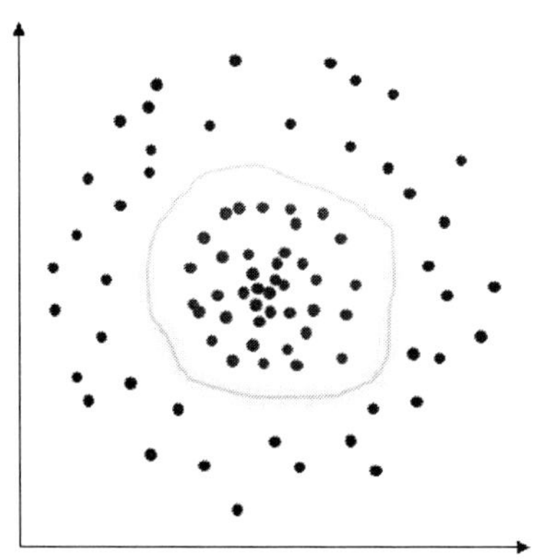

그림 6-14 비선형 서포트 벡터 머신 예제

[그림 6-14]를 보게 되면 연한 회색과 진한 회색을 분류하는데 있어서 지금까지 우리가 배운 선형적인 서포트 벡터 머신 linear support vector machine 알고리즘은 적용시키기 어렵다. 이러한 경우에는 [그림 6-14]에서 보는 것과 같이 비선형 분류기 nonlinear classifier 를 사용하여 그 분류가 가능하다. 비선형 nonlinear 적인 방법을 사용하는 것은 [그림 6-15]을 통하여 설명 가능하다.

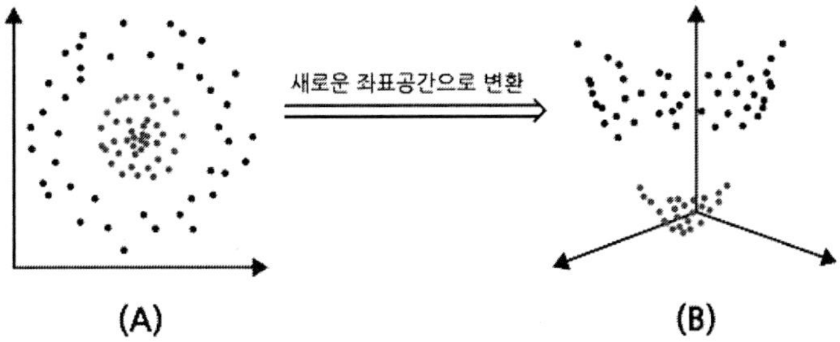

그림 6-15 새로운 좌표공간으로의 변환

[그림 6-15]을 보게 되면, (A)의 좌표 공간에서는 비선형의 초평면 non-linear hyperplane 을 만들거나 폭이 제일 큰 비선형 초평면을 찾기가 어렵다. 이러한 경우에 본래의 좌표 공간 (A)에 있는 자료를 선형적인 분류가 가능한 새로운 좌표 공간으로 변환시켜 주는 과정을 거치게 되며, [그림 6-15]의 (B)와 같은 새로운 좌표 공간으로 변환시켜 주게 된다. 새로운 좌표 공간으로 변환시켜서 선형분류 linear separable 가 가능한 초평면을 찾은 후에 이를 다시 역변환 시켜서 원래의 좌표공간으로 가져오면 비선형적인 분류가 가능해진다. 이 때 변환되는 새로운 좌표 공간을 feature space 라 부른다. 변환된 공간에서의 선형분류는 [그림 6-16]을 보며 설명하도록 하자.

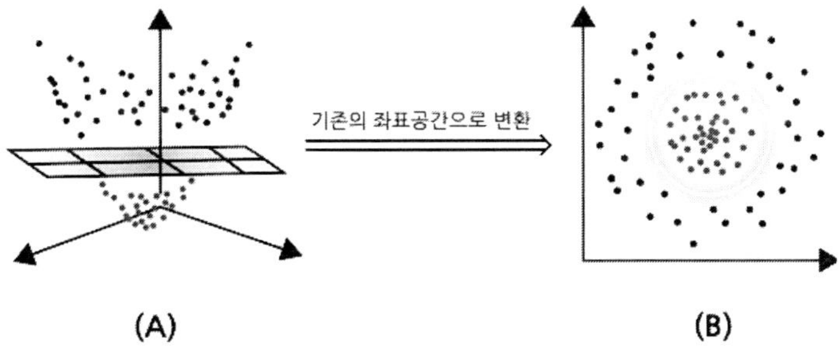

그림 6-16 좌표공간 변환에 의한 분류 모형

[그림 6-16]에서 변환된 새로운 좌표 공간인 (A)에서는 평면 즉 선형적인 분류기 linear classifier 를 사용하여 분류가 가능해진다. 이를 다시 기존의 좌표 공간으로 가져오게 되면, (B)에서 비선형적인 분류기 nonlinear classifier 에 의해서 자료가 분류 가능하다. 비선형 nonlinear 적인 방법을 사용하여 분류하는 것은 이와 같은 공간의 변환으로서 생각할 수 있다. 이러한 식으로 새로운 좌표 공간으로 변환시켜주는 함수를 $\Phi()$로 표시하자. 예를 들면 2차원의 자료를 3차원의 공간에 변환시키는 $\Phi()$ 함수는 식 (6.31)와 같이 나타낼 수 있다.

$$\Phi : (x_1, x_2) \rightarrow (x_1^2, x_2^2, \sqrt{2}\, x_1 x_2) \tag{6.31}$$

좌표공간의 변환을 나타내는 $\Phi()$ 함수를 사용한 비선형 서포트 벡터 머신 nonlinear support vector machine 에서의 목적함수 objective function 와 제약식 constraint 은 식 (6.32)와 같이 나타나게 된다.

목적 함수 objective function 와 제약식 constraint
목적함수 objective function : $\dfrac{\Vert W \Vert^2}{2}$ 제약식 constraint : $1 - y_i(w^T \Phi(X_i) + \beta_0) \leq 0, i = 1,2,\cdots,N$ (6.32)

비선형 서포트 벡터 머신에서의 알고리즘의 구성 방법은 구분하기 쉬운 경우의 서포트 벡터 머신 separable support vector machine 과 거의 비슷하다. 비선형 서포트 벡터 머신 nonlinear support vector machine에서 식 (6.32)의 목적함수 objective function 와 제약식 constraint 을 사용하여 라그랑지 함수 Lagrangian 의 dual form 는 식 (6.33)과 같이 나타나게 된다.

라그랑지 함수 Lagrangian 의 dual form
$L_D = \sum_{i=1}^{N} \lambda_i - \frac{1}{2} \sum_{i,j}^{N} \lambda_i \lambda_j y_i y_j \Phi(X_i) \cdot \Phi(X_j)$ (6.33)

식 (6.33)에서 유도되는 함수를 통해서 그에 해당하는 라그랑지 승수의 값과 벡터 w 그리고 β_0의 값을 찾아내서 비선형 서포트 벡터 머신 nonlinear support vector machine 에서의 분류자를 구할 수 있다. 여기서 공간의 변환 과정에서 문제가 되는 것이 차원수의 문제 curse of dimensionality 이다. 이러한 차원수의 문제를 해결하기 위한 방법 중에 하나가 커널 트릭 kernel trick 이다.

식 (6.33)에서 라그랑지 함수는 $\Phi(X_i) \cdot \Phi(X_j)$ 과 같은 함수들의 내적을 포함하고 있다. 이러한 함수의 내적은 변환하는 함수의 차원이 높아지는 경우 계산도 복잡하다. 이러한 경우에 $\Phi(X_i)$ 와 $\Phi(X_j)$ 같은 변환함수들을 기존 공간의 좌표값들로 계산 가능하게 해주는 커널 함수 kernel function 를 찾아주는 것이 커널 트릭 kernel trick 이다.

기존의 공간에 있던 (X_i, X_j) 좌표가 새로운 공간인 $(\Phi(X_i), \Phi(X_j))$ 으로 변환되는 경우에, 이 변환을 만족시키는 커널 함수 kernel function 를 식 (6.34)와 같이 정의할 수 있다.

$$K(X_i, X_j) = \Phi(X_i) \cdot \Phi(X_j) \tag{6.34}$$

이 때, 커널 함수$K(X_i, X_j)$ kernel function 가 Mercer 정리를 따르는 경우에 커널 트릭 kernel trick 의 적용이 가능하다. Mercer 정리를 만족하는 커널 함수 kernel function 의 예로 식 (6.35)과 같은 커널 함수 kernel function 들이 존재한다.

$$\begin{aligned} K(X, Y) &= (X \cdot Y + 1)^p \\ K(X, Y) &= e^{-\frac{\| X - Y \|^2}{2\sigma^2}} \\ K(X, Y) &= \tanh(kX \cdot Y - \delta) \end{aligned} \tag{6.35}$$

커널 함수는 다음 7절에서 자세히 설명한다.

7. 커널 함수

커널 함수 kernel function 는 두 변수 (x,y) 의 실수 함수 $k(x,y) \in R$로 정의하며, x와 y에 대하여 대칭 symmetric 이며 음수가 아닌 non-negative 성질을 만족해야 한다. 즉 $k(x,y) = k(y,x)$ 이며 $k(x,y) \geq 0$ 이다. 그러므로 통계 머신 학습 statistical machine learning 에서 사용하는 두 자료의 유사성 similarity 척도의 성질과 같다.

x와 y를 두 개의 문서라 하고 이 두 문서를 비교 분류하고자 할 때 이 두 문서의 유사성의 척도로 코사인 유사도 cosine similarity 를 사용한다.

$$k(x,y) = \frac{x \cdot y}{\| x \| \, \| y \|}$$

이 코사인 유사도는 커널 함수의 두 조건을 만족하므로 두 문서 x와 y의 커널 함수이다. 그래서 커널함수는 자료들의 유사도로 사용할 수 있다.

여러 자료들을 비교하거나 분류하기 위하여 커널 함수를 사용하고자 하는 경우에는 커널 함수로 만들어진 행렬을 사용할 수 있는데, 이 두 자료 쌍 pair 들에 의하여 정의된 커널 함수의 행렬이 양정치 positive definite 행렬일 때 이 행렬을 Gram 행렬이라 한다. 즉 Gram 행렬

$$K = \begin{bmatrix} k(x_1,y_1) \cdots k(x_1,y_n) \\ k(x_2,y_1) \cdots k(x_2,y_n) \\ \vdots \quad \ddots \quad \vdots \\ k(x_n,y_1) \cdots k(x_n,x_n) \end{bmatrix}$$

는 양정치 행렬이다. n은 자료의 개수이다. 이때의 커널을 Mercer 커널 또는 양정치 커널이라고 한다.

Mercer 커널은 아래 Mercer 정리 때문에 더욱 중요하다. 위 커널 함수로 만들어진 Gram 행렬이 양정치 행렬이고 대칭이기 때문에 고유값 분해 eigenvalue decomposition 를 통하여 다음과 같이 쓸 수 있다.

$$K = U^T \Lambda U$$

이때 Λ는 $\lambda_i > 0$ 으로 이루어진 대각행렬 diagonal matrix 이다. 그러므로 행렬 $K = [k_{ij}]\,(i,j = 1,2,\cdots,n)$는

$$K_{ij} = (\Lambda^{\frac{1}{2}} U)_i^T (\Lambda^{\frac{1}{2}} U)_j$$

로 쓸 수 있다. 여기서 $()_i$는 괄호 안 행렬의 i번째 열을 의미한다.

$$\phi(X_i) = (\Lambda^{\frac{1}{2}} U)_i$$

라 하면

$$K_{ij} = \phi(x_i)^T \phi(x_j)$$

로 쓸 수 있다. 즉, 커널 함수는 K_{ij}는

$$K_{ij} = K(x_i, x_j) = \phi(x_i)^T \phi(x_j)$$

이다.

그러므로 두 자료 쌍들에 의하여 정의된 커널 함수로 만들어진 행렬이 양정치 행렬이면 즉, Gram 행렬이면 이 행렬의 요소 K_{ij}는 이 행렬의 고유값과 고유 벡터에 의하여 변환된 함수 $\phi()$의 내적 inner product 으로 표현될 수 있다. 예를 들어서 커널 함수

$k(x,y)=(1+x^Ty)^2$이라 하고 $x,y\in R^2$이면

$$
\begin{aligned}
(1+x^Ty)^2 &= (1+x_1y_1+x_2y_2)^2 \\
&= 1+2x_1y_1+2x_2y_2+(x_1y_1)^2+(x_2y_2)^2+2x_1y_1x_2y_2
\end{aligned}
$$

이다. 여기서 $\phi(x)$는 다음과 같이 정의한다.

$$\phi(x)=(1,\sqrt{2}\,x_1,\sqrt{2}\,x_2,\sqrt{2}\,x_1x_2)^T$$

그러면

$$
\begin{aligned}
k(x,y) &= (1+x^Ty)^2 \\
&= 1+2x_1y_1+2x_2y_2+(x_1y_1)^2+(x_2y_2)^2+2x_1y_1x_2y_2 \\
&= \phi(x)^T\phi(y)
\end{aligned}
$$

즉 $\phi(x)$와 $\phi(y)$의 내적으로 표시할 수 있다. 이러한 커널 함수를 다항 커널 polynomial kernel 이라고 한다. 이 다항 커널의 일반 형태는 다음과 같다.

$$k(x,y)=(\alpha x^Ty+\beta)^m,\ \beta>0,\ m=1,2,\cdots$$

또 다른 Mercer 커널은 Gaussian 커널과 코사인 커널이 있다(Sahami & Heilman, 2006). Gaussian 커널은

$$k(x,y)=\exp\left(-\frac{1}{2}(x-y)^T\Sigma^{-1}(x-y)\right)$$

이고 코사인(유사성) 커널은

$$k(x,y)=\frac{x^Ty}{\|x\|\ \|y\|}$$

이다.

결론적으로 커널 함수와 Mercer 정리를 설명하면 다음과 같다. 통계 학습 statistical learning 에서 분류와 군집 및 자료간 비교를 하고자 할 때 먼저 사용할 유사성을 정의하고 측정한다. 이때 유사성은 두 벡터(자료)의 내적으로 표시된다. 위에서 정의한 커널 함수는 두 벡터에 의하여 정의되면, 두 벡터 간 대칭이며 음수가 아니다. 이러한 성질은 유사성이 가져야 하는 성질과 같아서 커널 함수를 유사성 척도로 자주 사용한다. 그러므로 커널 함수 또한 두 벡터의 내적의 함수로 정의할 수 있다(코사인 커널 참조).

여러 벡터(자료)들의 쌍에 의하여 정의된 커널 함수로 이루어진 행렬을 생각할 수 있는

데 이 행렬이 정칙 행렬이면 이 행렬을 Mercer 행렬이라 하고, 이때의 커널을 Mercer 커널이라고 한다. Mercer 행렬은 정칙이며 대칭행렬이므로 고유값 분해를 할 수 있다. 이 분해를 통하여 고유값과 고유 벡터로 정의되는 새로운 함수를 만들 수 있고, 각 Mercer 커널은 이 새로운 함수의 내적으로 표시된다.

이 Mercer 정리를 역으로 이용하면 변환된 공간에서의 유사성이나 내적을 구하고자 할 경우에는 변환된 함수의 내적을 직접 구하지 말고 원래 벡터 (x,y) 의 내적을 이용하여 구할 수 있다(다항 커널 참조). 이 성질은 다차원 공간에서의 변환된 함수의 내적을 구하는데 사용할 수 있다. 따라서 Mercer 정리는 서포트 벡터 머신에서 비선형 분류를 할 때 사용할 수 있고 이를 커널 트릭 kernel trick 이라 한다.

8. R 프로그램 실습: 서포트 벡터 머신

서포트 벡터 머신 support vector machine 을 R 프로그램을 사용하여 실습하고자 한다. 우선은 선형 분류자 linear classifier 중에서 구분 가능한 서포트 벡터 머신 separable support vector machine 에 대해서 먼저 알아보도록 하자 앞의 예제 6-1에서 쓰였던 자료를 그대로 사용하여 *e1071* 패키지 안에 있는 *svm( )* 에 대해서 알아보도록 하자. 우선 10개의 관측치를 x에 할당하여 입력하고 그에 해당하는 분류 변수를 *y*에 할당한다. 그 후에 *svm( )* 함수를 사용하여 서포트 벡터 머신 알고리즘을 실행시킨다. 여기서 *kernel= "linear"* 는 선형으로 분류모형을 만들어주는 기능을 가지고 있으며, *cost=100'* 은 앞의 [그림 6-12]에서 설명하였듯이 구분하기 쉬운 서포트 벡터 머신 separable support vector machine 을 구현하기 위해서 그 값을 크게 설정한 것이다. *scale=FALSE* 의 경우에는 각각의 변수들을 평균이 0이고 분산이 1인 단위로 통일시켜 줄지에 대한 기능이며, 여기서는 *FALSE* 로 프로그램을 실행하였으므로, 단위화 시키지 않은 채로 자료값을 그대로 사용하게 된다. *plot(svmfit, data)* 의 결과창은 뒤의 [그림 6-18]을 보며 추가 설명 하도록 한다. *svmfit$index* 를 실행시키게 되면 모형에서 서포트 벡터 support vector 로 사용한 관측치를 알려준다. '[1] 3 4 5 8'이라고 나온 것을 보아 3번째, 4번째, 5번째, 그리고 8번째 관측치가 서포트 벡터 support vector 로 사용되었음을 알 수 있다. *summary(svmfit)* 을 실행하면 사용된 모수(*cost*, *gamma*)들의 값과 서포트 벡터의 수 그리고 분류변수의 종류와 수 등이 나타난다.

```
> install.packages("e1071");library(e1071)
> x=matrix(c(0,4,1,0,1,3,1.5,4,2,3,2,7,2.5,8,3,5,4,1,4,6)
+ ,ncol=2,byrow=T)
> # plot(example[,2],example[,1],xlim=c(0,8),ylim=c(-1,6), xlab="x2",ylab="x1")
> y=c(1,-1,1,1,-1,1,1,-1,-1,-1)
> data=data.frame(x=x,y=as.factor(y))
> svmfit=svm(y~., data=data,kernel="linear",cost=100,scale=FALSE)
> plot(svmfit, data)
> svmfit$index
[1] 3 4 5 8
> summary(svmfit)
Call:
svm(formula = y ~ ., data = data, kernel = "linear", cost = 100, scale = FALSE)

Parameters:

   SVM-Type:  C-classification
 SVM-Kernel:  linear
       cost:  100
      gamma:  0.5

Number of Support Vectors:  4

 ( 2 2 )

Number of Classes:  2

Levels:

 -1 1
```

plot(svmfit, data) 의 결과창인 [그림 6-17]을 보게 되면, 서포트 벡터 support vector 인 관측치는 좌표 상에서 'X'로 나타나고, 나머지 관측치들은 'O'로 나타난다. 이 결과는 앞의 예제에서 구한 [그림 6-11]의 결과와 같으며, 4개의 서포트 벡터 support vector 에 의하여 초평면이 결정되고 그 분류가 진행되었음을 알 수 있다.

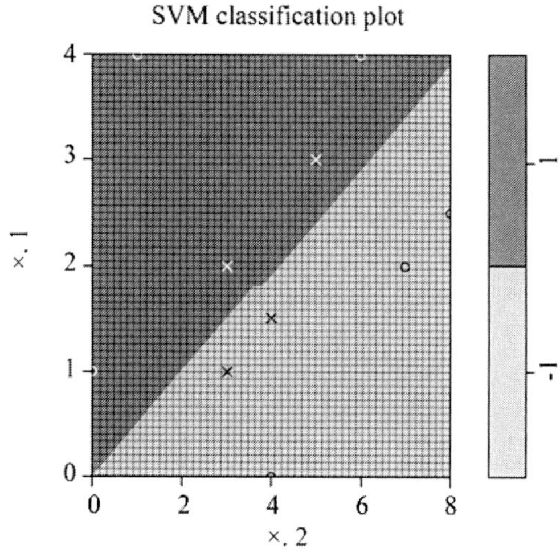

그림 6-17 예제 서포트 벡터 머신 (R프로그램)

구분 불가능한 서포트 벡터 머신 support vector machine 이 어떻게 작용하는지 살펴보도록 하자. 프로그램을 실행시키기 위해서는 위에서 언급한 *e1071* 패키지가 필요하고 *ISLR* 패키지에 있는 *Carseats* 자료를 가지고 모형을 적합시켜 보도록 하겠다.

우선 *ISLR* 패키지를 설치하고 분류 변수 class variable 를 만들어야 함으로 판매량에 해당하는 *Sales* 변수의 평균값을 기준으로 평균값보다 큰 경우에는 새로운 변수 *Profit*이 *Yes* 의 값을 가지고 평균값보다 작은 경우에는 *Profit* 의 값이 *No* 를 가지도록 설정한다. 이 경우 *Profit* 변수가 분류 변수 class variable 가 된다. 또한, 자료에서 분류변수에 사용한 *Sales* 변수와 범주형 변수인 *ShelveLoc*, *Urban*, 그리고 *US* 변수는 빼고 모형을 적합시켜 보도록 하자.

```
> install.packages("ISLR");library(ISLR)
> attach(Carseats)
> # mean(Carseats$Sales) # 7.496325
> Profit=ifelse( Sales <= mean(Carseats$Sales),"No","Yes")
> Carseats=data.frame(Carseats,Profit)
> # summary(Carseats) #-Sales, -ShelveLoc, -Urban, -US
> Carseats=Carseats[,-c(1,7,10,11)]
```

우선 전체의 자료를 학습 자료 training dataset 와 검증 자료 test dataset 로 나누어야 한다. 의사결정나무와 마찬가지로 그 비율을 5:5로 나누어서 진행하도록 한다. 또한, 분류변수인 *Profit* 변수는 *Yes* 또는 *No* 의 2개의 분류를 가진 변수의 상태로 모형을 적합하자. 원래 모형을 적합시키는 경우에는 여러 변수 중에서 어떠한 변수를 모형에 사용할지에 대한 변수 선택 feature selection 과정이 필요하지만 그에 관해서는 더 자세한 설명이 필요함으로 여기서는 생략하고 전체 변수에 대해서 모형을 적합시켜 보도록 하자.

```
> sub=sample(nrow(Carseats),nrow(Carseats)*0.5)
> Carseats.train=Carseats[sub,]
> Carseats.test=Carseats[-sub,]
> # summary(Carseats.train)
> factor(Carseats.test$Profit)
```

svm() 함수의 기본값들은 다음과 같다. *x* 와 *y* 는 자료를 나타내며, *scale=TRUE* 를 설정해주면 모든 변수들을 평균이 0이고 단위 분산을 가지는 형태로 표준화시켜서 모형을 적합시키게 된다. *kernel=* 의 경우에는 *linear*, *polynomial*, *radial*, *sigmoid* 의 종류를 선택 가능하며, *linear* 의 경우에는 선형 분류를 진행하고 나머지는 커널 함수 kernel function 를 적용한 비선형 형태의 분류를 진행하게 된다. 이 외에 *cost* 와 *gamma* 는 비선형 서포트 벡터 머신 nonlinear support vector machine 을 적용시키는 경우에 사용하는 모수의 값들로 수치적인 계산에 의해서 찾게 된다. 마지막으로 *cross*의 경우에는 Cross validation 을 통한 모형을 구축하게 해주는 기능이다.

```
svm(x, y=NULL, scale=TRUE, kernel="radial", cost=1, gamma=if(is.vector(x)) 1
else 1/ ncol(x), cross=0)
```

수치적인 계산에 의해서 계산하는 모수의 값인 *cost* 와 *gamma* 는 프로그램 상에서는 *tune( )* 이라는 함수를 사용하여 그 값을 계산 가능하다. 이는 학습자료인 *Carseats.train* 사용하여 *ranges=list(gamma=2^(-15:3), cost=2^(-5:15))* 의 범위만큼을 계산하여 최적의 *cost* 와 *gamma* 을 찾아내는 과정이다. *tunecontrol* 기능에서 확인 가능하듯이 계산 과정에서는 각각의 모수값에 따른 정확도를 계산함에 있어서 *sampling="cross"* 를 사용한다.

```
> obj = tune(svm, Profit~., data = Carseats.train , scale=TRUE,
             ranges = list(gamma = 2^(-15:3), cost = 2^(-5:15)),
             tunecontrol = tune.control(sampling = "cross",
```

```
                  sampling.aggregate=mean,sampling.dispersion=sd,
                                                    cross=10))
> warnings()
> summary(obj)
> plot(obj)
```

계산에 의해 나온 *cost* 값은 '128'이고 *gamma* 값은 '0.00390625'이다. 이제 이 값을 사용하여 서포트 벡터 머신을 적용시켜 보도록 하자. 해당하는 모수값들을 설정해주고 학습 자료 training dataset 에 대해서 모형을 적합시키면 다음과 같은 결과를 얻을 수 있다. 여기서의 전체 정확도는 80%가 나오는 것을 알 수 있다.

```
> svm.model.1 <- svm(Profit ~ ., data=Carseats.train,
+                    cost=128, gamma =0.00390625,
+                    cross=10,
+                    decision.values = TRUE, type="C-classification")

> summary(svm.model.1)

Call:
svm(formula = Profit ~ ., data = Carseats.train, cost = 128, gamma =
0.00390625, cross = 10, decision.values = TRUE,
    type = "C-classification")

Parameters:
   SVM-Type:  C-classification
 SVM-Kernel:  radial
       cost:  128
      gamma:  0.00390625

Number of Support Vectors:  102

 ( 50 52 )
Number of Classes:  2

Levels:
 No Yes
```

```
10-fold cross-validation on training data:
Total Accuracy: 80
Single Accuracies:
 95 75 85 75 80 70 95 80 75 70
```

이제 검증 자료 test dataset 에 대해서 정확도가 얼마나 되는지를 확인해 보도록 하자. *predict( )*함수를 사용해서 구해진 모형이 검증 자료에 대해서 어느정도 정확한지를 계산 가능하다. 구해진 결과를 보면 이 모형은 검증 자료 test dataset 에 대해서 73.5%의 정확도를 가지는 것을 알 수 있다.

```
> svm.pred  <- predict (svm.model.1,Carseats.test)
> table (Carseats.test$Profit, svm.pred)
      svm.pred
        No Yes
  No   78  33
Yes   20  69
> accuracy=(78+69)/(78+33+20+69)
> accuracy
[1] 0.735
```

9. Python 프로그램 실습: 서포트 벡터 머신

Python에서 서포트 벡터 머신을 하기 위해서는 *sklearn* 모듈의 *svm* 서브 모듈에 있는 *SVC()* 함수를 이용하면 된다.

```
In [1]: from sklearn import datasets,metrics

In [2]: from sklearn.cross_validation import train_test_split

In [3]: from sklearn.svm import SVC

In [4]: from pandas import DataFrame
```

Iris 자료에 서포트 벡터 머신을 적용해보자. *Iris* 자료의 일부를 살펴보면, 자료는 꽃받침 길이를 나타내는 *Sepal.Length*, 꽃받침 너비인 *Sepal.Width*, 꽃잎 길이인

Petal.Length, 꽃잎 너비인 *Petal.Width*, 붓꽃의 종류인 Species로 이루어져 있음을 확인할 수 있다. *Species*는 붓꽃의 3가지 종류인 "*setosa*", "*versicolor*", "*virginica*"로 이루어져있다.

```
In [5]: dataset=datasets.load_iris()

In [6]: dataset_head=dataset.data[:10,]

In [7]: DataFrame(dataset_head,columns=dataset.feature_names)
Out[7]:
   sepal length (cm)  sepal width (cm)  petal length (cm)  petal width (cm)
0        5.1               3.5                1.4                0.2
1        4.9               3.0                1.4                0.2
2        4.7               3.2                1.3                0.2
3        4.6               3.1                1.5                0.2
4        5.0               3.6                1.4                0.2
5        5.4               3.9                1.7                0.4
6        4.6               3.4                1.4                0.3
7        5.0               3.4                1.5                0.2
8        4.4               2.9                1.4                0.2
9        4.9               3.1                1.5                0.1
```

Iris 자료를 5:5 비율로 학습 자료와 검증 자료로 분할하였다.

```
In [8]: X_train,X_test,y_train,y_test=train_test_split(
...:     dataset.data,dataset.target,test_size=0.5,random_state=1)
```

SVC() 함수를 이용하여 학습 자료에 서포트 벡터 머신을 적용하였다. 이 함수의 *C* 와 *gamma* 에서는 각각 cost 값과 gamma 값을 지정할 수 있다. kernel은 *linear*, *poly*, *rbf*, *sigmoid*, *precomputed* 등으로 설정할 수 있다.

```
In [9]: sv=SVC(C=1,kernel='linear',gamma='auto')

In [10]: fit=sv.fit(X_train,y_train)
```

검증 자료의 실제 분류와 예측된 분류를 이용한 confusion matrix는 conf와 같다. confusion matrix에 따르면 75개의 자료 모두 제대로 분류되었으므로, 이 모형의 정확도는 1이다.

```
In [11]: expected=y_test

In [12]: predicted=fit.predict(X_test)

In [13]: conf=metrics.confusion_matrix(expected,predicted)

In [14]: DataFrame(conf,index=dataset.target_names,
columns=dataset.target_names)
Out[14]:
```

	setosa	versicolor	virginica
setosa	24	0	0
versicolor	0	24	0
virginica	0	0	27

```
In [15]:metrics.accuracy_score(expected,predicted)
Out[15]: 1.0
```

제 7 장

분류모형 평가

지도학습 supervised learning 을 통해 분류모형 classification model 이 완성되면 그 모형을 평가한다. 일반적으로 학습 자료 training data 를 통해 만들어진 분류모형은 검증 자료 test data 를 통해 평가할 수 있다.

분류모형을 평가하는 측도와 방법은 여러 가지가 있다. 그 중에서 가장 많이 알려진 평가 측도는 정확도 accuracy 이고, 앞 절에서 설명한 임의로 random 자료를 학습 자료와 검증 자료를 나누는 것은 holdout set 이라는 평가 방법이다. 이 절에서는 다양한 평가 측도와 방법을 설명한다.

1. ROC 곡선

앞 절에서 설명한 정확도 외에도 여러 가지의 평가 측도가 존재한다. 이 측도들을 설명하기 위해 confusion matrix를 이용하면 편리하다. 분류 변수 class variable C의 값을 $C=\{+,-\}$이라고 하면, confusion matrix는 다음과 같은 용어로 다시 표현할 수 있다. 단, 분류 값이 2개보다 많은 경우에는 관심 있는 분류를 긍정 집단 positive class 인 $\{+\}$로, 나머지 분류를 모두 합쳐 부정 집단 negative class 인 $\{-\}$로 이분 binary 하여 분석한다.

- 참 긍정 true positive(TP): 실제로 긍정인 관측치가 긍정으로 분류된 수
- 거짓 부정 false negative(FN): 실제로 긍정인 관측치가 부정으로 분류된 수
- 거짓 긍정 false positive(FP): 실제로 부정인 관측치가 긍정으로 분류된 수
- 참 부정 true negative(TN): 실제로 부정인 관측치가 부정으로 분류된 수

이 용어들을 이용하여 분할표 confusion matrix 를 표현하면 〈표 7-1〉과 같다.

표 7-1 confusion matrix

		예측	
		+	−
실제	+	TP	FN
	−	FP	TN

ROC 곡선 receiver operating characteristic(ROC) curve 은 거짓 긍정률과 참 긍정률을 동시에 나타낸 그래프이다. 여기서 거짓 긍정률 false positive rate(FPR) 는 실제 부정인 관측치 중 긍정으로 분류된 비율을 말하고, 참 긍정률 true positive rate(TPR) 는 실제 긍정인 관측치 중 긍정으로 분류된 비율을 말한다. 통계학에서는 참 긍정률을 민감도 sensitivity 라고 한다. 이를 식으로 표현하면 다음과 같다.

$$\text{거짓 긍정률 false positive rate : } FPR = \frac{FP}{TN + FP}$$

$$\text{참 긍정률 true positive rate : } TPR = \frac{TP}{TP + FN} = \text{민감도}(sensitivity)$$

통계학에서 쓰는 또 다른 측도는 특이도 specificity 인데, 이는 참 부정률과 같다. 참 부정률 true negative rate 은 실제 부정인 관측치 중 부정으로 분류된 비율을 말한다.

$$\text{참 부정률 true negative rate : } TNR = \frac{TN}{TN + FP} = \text{특이도}(specificity)$$

그러므로 다음과 같은 관계를 확인할 수 있다.

$$\begin{aligned}\text{거짓 긍정률 false positive rate : } FPR &= 1 - \text{특이도}(specificity) \\ &= 1 - TNR\end{aligned}$$

ROC 곡선은 다음과 같은 순서로 만들어진다.

1. 검증 자료의 i번째 관측치에 대하여 a개의 속성변수 $A_1, A_2, \cdots, A_a$가 각각 $a_{i1}, a_{i2}, \cdots, a_{ia}$값을 가질 때의 분류변수 C가 긍정 집단 $\{+\}$일 확률 $P(C=+|A_1 = a_{i1}, A_2 = a_{i2}, \cdots, A_a = a_{ia})$을 각각 구한다.
2. 확률 $P(C=+|A_1 = a_{i1}, A_2 = a_{i2}, \cdots, A_a = a_{ia})$를 기준으로 관측치를 내림차순 descending order 로 정의한다.
3. 확률 $P(C=+|A_1 = a_{i1}, A_2 = a_{i2}, \cdots, A_a = a_{ia})$과 기준값 threshold 를 이용해 관측치들을 차례대로 $\{+\}$와 $\{-\}$로 분류한다. 자세히 설명하자면, 각 확률이 기준값보다 크거나 같은 경우에는 $\{+\}$, 기준값보다 작은 경우는 $\{-\}$로 분류한다.
4. 0과 1 사이의 모든 기준값마다 분할표 confusion matrix 를 작성하여 거짓 긍정률(1-특이도)과 참 긍정률(민감도)을 계산한다.
5. 거짓 긍정률(FPR)을 가로축으로, 참 긍정률(TPR)을 세로축으로 하여 각 기준값 별로 점(FPR, TPR)을 찍어 연결한다. (두 축의 범위는 0~1이다)

이렇게 만들어진 ROC 곡선은 곡선 아래 면적 area under the curve(AUC) 이 클수록 좋은 분류모형이라 할 수 있다. 다음 예제를 통해 ROC 곡선을 그려보자.

예제 7-1

10개의 관측치로 이루어진 어떤 검증 자료에 대하여 ROC 곡선을 그려보자. 다음은 확률 $P(C=+|A_1 = a_{i1}, A_2 = a_{i2}, \cdots, A_a = a_{ia})$을 기준으로 관측치를 내림차순한 모습이다($i = 1, 2, \cdots, 10$). 이를 이용하여 거짓 긍정률(FPR)과 참 긍정률(TPR)을 계산한다.

표 7-2 긍정일 확률을 기준으로 내림차순한 검증 자료

순위	1	2	3	4	5	6	7	8	9	10
$P(+\|A)$	0.93	0.90	0.87	0.83	0.74	0.74	0.42	0.38	0.23	0.15
실제 분류	+	−	+	+	+	−	+	+	−	−

$P(+|A)$의 가장 큰 값인 0.93을 기준값으로 하여, $P(+|A)$이 0.93보다 크거나 같은 경우는 $\{+\}$, 0.93보다 작은 경우는 $\{-\}$로 분류한다. 즉, 1순위 관측치는 $\{+\}$로 분류하고, 나머지 순위의 관측치는 모두 $\{-\}$로 분류한다(예측).

표 7-3 순위 1을 기준으로 예측

순위	1	2	3	4	5	6	7	8	9	10
$P(+\|A)$	0.93	0.90	0.87	0.83	0.74	0.74	0.42	0.38	0.23	0.15
실제 분류	+	−	+	+	+	−	+	+	−	−
예측분류	+	−	−	−	−	−	−	−	−	−

표 7-4 분할표 confusion matrix (순위 1 기준 예측)

		예측 +	예측 −
실제	+	$TP=1$	$FN=5$
	−	$FP=0$	$TN=4$

따라서 $FP=0$, $TP=1$이므로

$$FPR=0,\ TPR=\frac{1}{6}$$

이번에는 $P(+|A)$의 2번째로 큰 값인 0.90을 기준값으로 하여, $P(+|A)$이 0.90보다 크거나 같은 경우는 $\{+\}$, 0.90보다 작은 경우는 $\{-\}$로 분류한다(예측).

표 7-5 순위 2를 기준으로 예측

순위	1	2	3	4	5	6	7	8	9	10
$P(+\|A)$	0.93	0.90	0.87	0.83	0.74	0.74	0.42	0.38	0.23	0.15
실제 분류	+	−	+	+	+	−	+	+	−	−
예측분류	+	+	−	−	−	−	−	−	−	−

표 7-6 분할표 confusion matrix (순위 2 기준 예측)

		예측 +	예측 −
실제	+	$TP=1$	$FN=5$
	−	$FP=1$	$TN=3$

따라서 $FP=1$, $TP=1$이므로

$$FPR=\frac{1}{4},\ TPR=\frac{1}{6}$$

계속적으로 구하여 $P(+|A)$의 확률값이 10번째인 0.15을 기준값으로 하면, $P(+|A)$

이 0.15보다 크거나 같은 경우는 {+}, 0.15보다 작은 경우는 {−}로 분류한다(예측). 이때 마지막 값의 경우에는 순위가 가장 마지막이므로 {+} 값으로만 예측이 된다.

표 7-7 순위 10를 기준으로 예측

순위	1	2	3	4	5	6	7	8	9	10
$P(+\|A)$	0.93	0.90	0.87	0.83	0.74	0.74	0.42	0.38	0.23	0.15
실제 분류	+	−	+	+	+	−	+	+	−	−
예측분류	+	+	+	+	+	+	+	+	+	+

표 7-8 분할표 confusion matrix (순위 10 기준 예측)

		예측 +	예측 −
실제	+	$TP=6$	$FN=0$
	−	$FP=4$	$TN=0$

따라서 $FP=4$, $TP=6$이므로

$$FPR=\frac{4}{4}=1,\ TPR=\frac{6}{6}=1$$

모든 값에 대하여 거짓 긍정률(FPR)과 참 긍정률(TPR)을 구하면 아래 〈표 7-9〉와 같다. 여기에서 유의할 점은 5, 6순위 관측치와 같이 확률 $P(+|A)$ 값이 같은 경우에는 한 번만 거짓 긍정률(FPR)과 참 긍정률(TPR)을 구한다 한다.

표 7-9 검증자료에 대한 거짓 긍정률과 참 긍정률

순위	1	2	3	4	5	6	7	8	9	10
$P(+\|A)$	0.93	0.90	0.87	0.83	0.74	0.74	0.42	0.38	0.23	0.15
실제 분류	+	−	+	+	+	−	+	+	−	−
FPR	0	1/4	1/4	1/4		2/4	2/4	2/4	3/4	1
TPR	1/6	1/6	2/6	3/6		4/6	5/6	1	1	1

ROC 곡선은 항상 $(0,0)$에서 시작해서 $(1,1)$로 끝나므로, 〈표 7-9〉을 이용해 FPR을 가로축으로, TPR을 세로축으로 하여 각 점을 찍으면 아래와 같은 ROC 곡선을 그릴 수 있다.

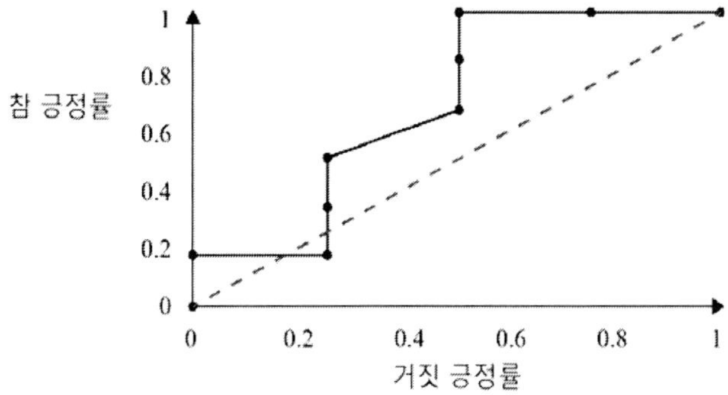

그림 7-1 검증자료에 대한 ROC 곡선

2. 그 외의 평가 척도

앞서 설명한 confusion matrix를 이용하여 정확도(acc) accuracy 를 표현하면 다음과 같다.

$$acc = \frac{TP + TN}{TP + FN + FP + TN}$$

일반적으로 분류자 classifier 를 평가하기 위해 위와 같은 정확도를 많이 이용하지만 주어진 자료의 형태에 따라 정확도의 의미가 없어질 수 있다.

어느 응용분야에서는 특정한 분류의 관측치들에 관심이 집중되는 경우가 있다. 예를 들면 의학 통계에서 어느 특정 질병이 있는 환자들에 관심이 있거나, 금융권에서 신용카드 도용에 관심이 있는 경우가 좋은 예라고 할 수 있다. 이와 같은 예들의 공통점은 관심 있는 분류가 아주 드물게 일어나는 현상이라는 것이다. 이렇게 희귀한 현상을 분석할 때는 희귀 현상이 일어나는 분류를 긍정 집단 positive class, 다수의 일반적인 현상이 일어나는 분류를 부정 집단 negative class 으로 나누어 분석한다. 이와 같은 희귀 현상에 대한 분석에서는 정확도는 큰 의미를 가지지 못한다. 분석의 정확도는 아주 높지만 실질적으로 관심이 있는 희귀한 현상이 정확히 분류 되었는지에 대해서는 제대로 분석해 내지 못하는 문제점이 있기 때문이다.

이러한 경우에 적합한 측도는 정밀도 precision 와 리콜 recall 이다. 이 측도들은 분류문제에 있어서 희귀 현상에 대한 긍정 집단을 얼마나 자세히 또는 완벽하게 분류하였는가를 측정한다. 정밀도(p) precision 와 리콜(r) recall 을 분할표 confusion matrix 를 이용하여 수식적으로 표현하면 다음과 같다.

$$\text{정밀도 } p = \frac{TP}{TP + FP}$$

$$\text{리콜 } r = \frac{TP}{TP + FN}$$

그러므로 정밀도 precision 은 긍정이라고 예측된 관측치 중에서 실제로 긍정인 비율을 말하며, 리콜 recall 은 실제로 긍정인 관측치 중에서 긍정이라고 예측된 관측치의 비율을 말한다. 이 두 측도의 의미는 명확하나 이 두 측도를 이용하여 분류자를 비교하기에는 적합하지 않다. 정밀도는 아주 높으나 리콜이 아주 낮은 경우나 그 반대인 경우가 존재하기 때문이다. 이러한 경우에는 더 중요한 측도를 이용하여 모형을 선택한다.

예제 7-2

어느 질병이 있는 사람이 100명 있고, 이 질병에 걸리지 않은 사람이 900명이 있다. 분류자를 이용하여 다음과 같은 분할표 confusion matrix 가 만들어졌다. 이 질병에 걸린 사람이 제대로 분류되는지 관심이 있다고 할 때, 모형을 평가해보자.

표 7-10 질병 유무에 대한 confusion matrix

		예측	
		+	−
실제	+	5	95
	−	0	900

먼저 이 분할표 confusion matrix 를 이용하여 정확도를 구해보자.

$$acc = \frac{5+900}{1000} = 0.95$$

95% 라는 정확도는 매우 높은 수치로 바람직하다. 즉, 1,000명의 사람 중 950명이 정확히 분류되었다. 그러나 질병에 걸린 사람을 제대로 분류되었는지 확인하는 문제에서는 정확도가 별 효용이 없다. 이런 경우에 적합한 정밀도 p와 리콜 r을 구해보자.

$$p = \frac{5}{5+0} = 1, r = \frac{5}{5+95} = 0.05$$

즉, 이 분류자가 긍정 집단이라고 분류한 사람이 5명인데, 이 사람들이 모두 긍정 집단으로 정밀도는 100%이다. 또한 실제로 이 자료가 긍정 집단에 속하는 100명의 사람들이 있는데 그 중에 5명만 긍정 집단으로 정확히 분류하여 리콜은 5%이다.

정밀도와 리콜을 통합한 하나의 측도가 필요한 경우에는 F를 이용할 수 있다. 이는 정밀도 p 와 리콜 r의 조화평균으로 정의한다.

$$F = \frac{2}{\frac{1}{p}+\frac{1}{r}} = \frac{2pr}{p+r}$$

3. 평가 방법

평가 측도들은 다양한 방법으로 구해질 수 있다. 이 평가 방법들은 정확도 accuracy 를 이용하여 자세히 알아보자. 먼저 예비 기법 holdout set 은 자료 D를 서로 겹치지 않는 두 개의 부분 집합으로 나누어 각각 학습 자료 training data, 검증 자료 test data 라 한다. 이 방법은 자료 D가 매우 클 때 사용한다. 앞서 설명했듯이 자료 D에 있는 모든 관측치는 분류 변수 class variable 를 가지고 있다. 또한 학습 자료를 이용하여 분류자를 만들고 검증 자료를 이용하여 만들어진 분류자를 평가한다. 학습 자료와 검증 자료는 일반적으로 50:50 이나 70:30 비율로 나눈다. 자료 D를 나누는 방법에는 2가지가 있다.

1. 임의로 random D를 학습 자료와 검증 자료로 나누는 방법이 있고,
2. 자료가 순차적으로 얻어지는 경우에는 먼저 얻은 자료를 학습 자료, 그 후에 얻어지는 자료를 검증 자료로 사용하는 방법이 있다. 자료 얻는데 오랜 시간이 걸리는 실제상황에서는 이 방법이 효율적이다.

자료 D가 작은 경우에는 예비 기법을 사용할 수 없다. 즉, 자료가 너무 작아 이 자료에서 얻어지는 통계량을 신뢰할 수 없다. 이 경우에는 자료 D로부터 단순 임의 추출을 한 표본으로 정확도를 계산한다. 이와 같은 단순 임의 추출 표본을 n번 시행하면 n개의 정확도가 계산되고, 최종 정확도는 이들 n개의 정확도를 평균한 값을 사용한다. 이 방법을 임의 표본 방법 random samples method 이라 한다.

교차 검증 cross-validation 방법에서는 모든 관측치가 같은 횟수만큼 학습 자료에 사용되고 한 번만 검증 자료에 사용된다. 가장 간단한 교차 검증 방법은 자료 D를 관측치 개수가 동일한 두 개의 부분 집합으로 나누어 하나는 학습 자료로 사용하고 다른 하나는 검증 자료로 사용한다. 그 다음에는 역할을 바꾸어 학습 자료로 사용했던 부분 집합을 검증 자료로 사용하고 검증 자료로 사용했던 부분 집합을 학습 자료로 사용한다. 이 방법을 이중 교차 검증 two-fold cross-validation 방법이라 한다. 이 방법에서는 모든 관측치는 한 번씩 학습 자료와 검증 자료로 사용되었다. 또한 두 개의 정확도가 계산되므로 두 개의 정

확도를 평균 내어 최종 정확도로 사용한다.

일반적으로 다중 교차 검증 k-fold cross-validation 방법은 자료 D를 같은 수의 관측치를 갖는 k개의 부분 집합으로 나누어, k개 중에서 첫 번째 부분 집합은 검증 자료로 사용하고 나머지 $(k-1)$개의 부분 집합은 학습 자료로 사용한다. 다음에는 두 번째 부분 집합을 검증 자료로 사용하고 나머지 $(k-1)$개의 부분 집합은 학습 자료로 사용한다. 같은 방식으로 반복하여 마지막에는 k번째 부분 집합은 검증 자료로 사용하고 나머지 $(k-1)$개의 부분 집합은 학습 자료로 사용한다. 같은 과정을 k번 수행하였으므로 모든 관측치는 학습 자료로 $(k-1)$번, 검증 자료로 1번 사용되었다. 또 k개의 검증 자료로부터 k개의 정확도가 계산되었으므로 이를 평균 내어 최종 정확도로 사용한다. 가장 많이 사용하는 다중 교차 검증 방법은 5중 교차 검증 방법과 10중 교차 검증 방법이다.

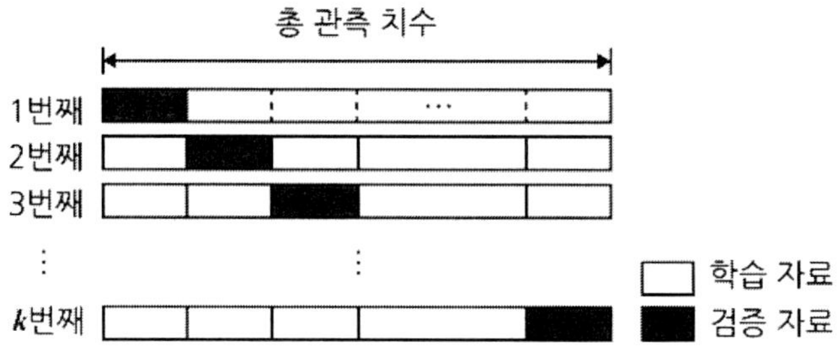

그림 7-2 다중 교차 검증

특별한 교차 검증 방법으로는 leave-one-out cross-validation 방법이 있다. 이 방법은 자료 D의 총 관측치 개수를 N개라 하면, N중 교차 검증 방법이라 한다. 이 방법은 자료가 아주 작을 때 사용한다. 자료가 큰 경우에는 만들어야 하는 분류모형이 너무 많아 비효율적이다.

여기까지 설명한 학습 자료나 검증 자료를 뽑을 때 모두 비복원 추출 sampling without replacement 을 하였으므로 하나의 관측치는 학습 자료나 검증 자료로 한 번만 나타난다. 반면에 복원 추출 sampling with replacement 을 하여 학습 자료를 만들면 하나의 관측치가 여러 번 학습 자료에 뽑힐 수 있다. 이러한 재표본 resample 추출법을 부트스트랩 bootstrap 방법이라 하고 이렇게 뽑힌 표본을 부트스트랩 표본이라 한다.

자료의 총 관측치 개수가 N개라 하자. 복원 추출로 표본 수가 N인 부트스트랩 표본을 만든다면 하나의 관측치가 첫 번째 시행에서 이 부트스트랩 표본이 뽑힐 확률은 $1/N$, 뽑히지 않을 확률은 $(1-1/N)$ 이 된다. 이 시행을 N번 하여도 이 관측치가 뽑히지 않을 확률은 $(1-1/N)^N$이 된다. 그러므로 이 관측치가 N번 시행하여 이 부트스트랩 표본에 포함될 확률은 $1-(1-1/N)^N$이 되고, N이 매우 큰 경우에는 이 확률이 0.632가 된다. 왜냐하면 무한급수의 수렴에 의하여 $\lim_{N\to\infty} 1-(1-1/N)^N = 1-e^{-1} = 0.632$이기 때문이다. 즉, 표본 수가 N개의 부트스트랩 표본에는 원래 자료의 약 63%의 관측치를 가지고 있다. 그리고 부트스트랩 표본에 뽑히지 않은 나머지 37%의 관측치는 검증 자료에 사용한다. 만일 b개의 부트스트랩 표본을 사용하였다면 이때의 정확도(acc_{boot})는 아래와 같이 계산한다.

$$acc_{boot} = \frac{1}{b}\sum_{i=1}^{b}(0.632 \times acc_i + 0.368 \times acc_s)$$

여기서 acc_i는 i번째 시행의 정확도, acc_s는 전체 데이터를 이용하여 계산한 정확도이다.

제8장

앙상블 방법

분류자 classifier 의 앙상블 ensemble 은 새로운 자료를 보다 정확하게 분류 혹은 예측하기 위해 개별의 분류자들을 조합한 집합체 combined set of classifiers 를 말한다. 또한, 앙상블을 만드는 것을 앙상블 학습 ensemble learning 이라고 한다. 일반적으로 앙상블을 구성하고 있는 개별의 분류자들보다 이들을 조합하여 만든 집합체인 앙상블이 더 높은 정확성 accuracy 을 가지고 있다. 그 이유는 최선 best 의 분류자 하나를 선택한다고 할 때, 주어진 하나의 학습 자료 training data 로는 가용할 충분한 정보를 제공받지 못할 수 있기 때문이다. 앙상블이 더 높은 정확성을 갖는 또 다른 이유는 자료의 숨겨진 진짜 패턴 pattern 을 파악하는 문제에 대해 하나의 학습 알고리즘 learning algorithm 으로부터 생성된 분류자는 적절한 답안을 제시하지 못할 수 있기 때문이다. 즉, 자료의 패턴을 설명하는 최적의 유일한 가설 the unique best hypothesis 혹은 모형 model 이 존재하더라도, 충분한 사전 지식과 학습 자료를 이용하여 이 최적의 모형을 찾지 못할 수도 있다. 이때 여러 분류자로부터 얻은 정보들을 활용함으로써 불완전한 분류자들을 보완하여 진정한 모형 true model 으로 근접하는 앙상블 학습은 훌륭한 대안 alternative 이 될 수 있다.

통계이론을 이용하여 앙상블 학습의 필요성과 정당성에 대하여 좀 더 논의하여 보자. 먼저 통계(기계)학습 statistical (machine) learning 에서는 전체 자료를 학습 자료 training data 와 실증 자료 validation data 로 나누어 학습을 시작한다. 자료를 (X, Y)로 표시하고, 통계모형을

$$Y = f(X) + \epsilon$$

라고 하자. 여기서 ϵ는 오차항 error term 으로 자료 측정의 노이즈 noise 를 나타내며 기댓값은 0이고 분산은 σ^2이라고 가정한다. 주어진 학습 자료의 변수 X를 통하여 모형 $f(X)$의 추정량 $f\widehat{(X)}$을 구한다. 확률변수인 추정량 estimator 으로 추정대상 estimand 을 추정할 때 필연적으로 차이 difference 가 나는데, 이 차이에 대한 척도를 통계학습에서는 평균오차제곱(오차제곱의 기댓값) mean square error(MSE) 라고 한다. 이 MSE는 아래 식과 같이 세 개의 요소로 나눠진다.

$$MSE = E[(Y - f\widehat{(X)})^2]$$

$$= E[(f\widehat{(X)} - E[f\widehat{(X)}])^2] + (E[f\widehat{(X)}] - f(X))^2 + \sigma^2$$

=(추정량의 분산)+(추정량의 편의의 제곱)+(오차항의 분산)

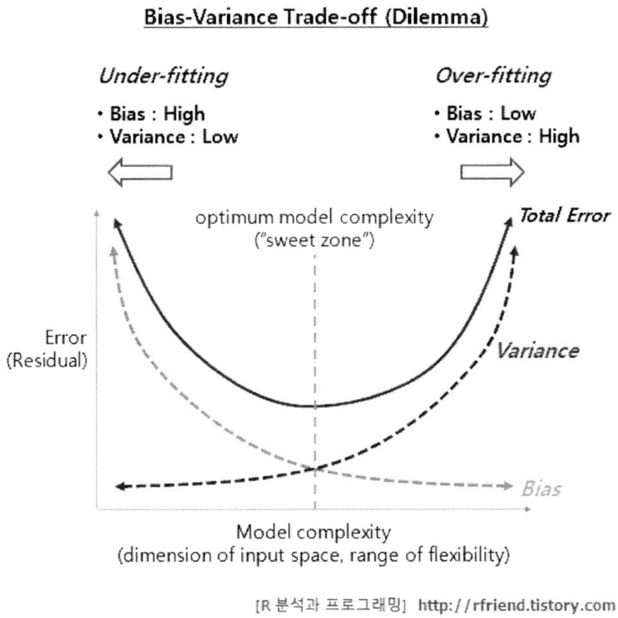

그림 8-1 분산과 편의의 관계

추정량의 편의 bias 는 추정량의 기댓값과 추정대상 estimand 와의 차이이다. 추정량이 편의가 있다는 것은 무수히 많은 수의 학습 자료를 만들어 이들로 추정량을 학습 자료의 수만큼 만들어서 평균을 내도 추정대상과 여전히 차이가 존재한다는 것으로 목적에 대한 과녁이 잘못 맞춰졌다는 개념과 같다. 물론 추정량으로서 바람직한 성질은 아니다. 추정량의 기댓값이 추정대상과 일치하면 편의가 없다 unbiased 라고 하여 불편추정량 unbiased estimator 라고 한다. 여기서 고민은 추정량의 편의가 바람직한 성질은 아니나 편의를 무리하게 줄이면 분산이 급격히 증가한다. [그림 8-1]에서 보는 바와 같이 편의가 감소하면 분산이 증가하고, 분산이 감소하면 편의가 증가한다. 그러므로 적정한 선에서 타협을 여야 한다.

그러므로 실증 자료 validation data / test data 를 이용하여 Y를 예측 prediction 하고자 할 때도 또한 마찬가지로 위와 같은 예측값과 실제값과의 차이가 나타난다. 즉,

$$prediction\ MSE = \text{분산} + bias^2 + \sigma^2$$

추정이나 예측에서의 분산과 편의에 대하여 [그림 8-2]을 통하여 설명하면 두 용어의 의미가 명확해진다.

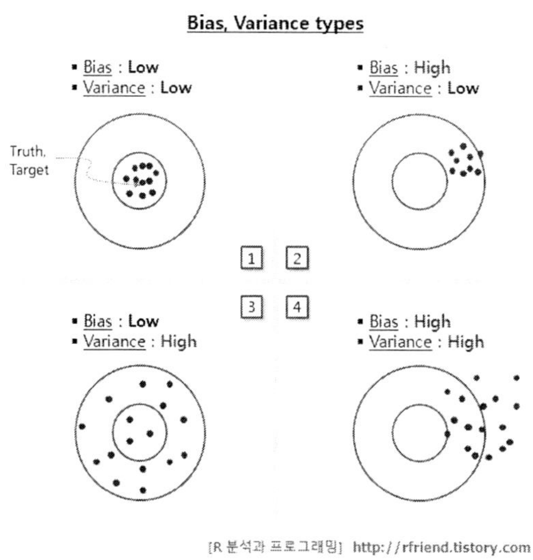

그림 8-2 분산과 편의의 의미

[그림 8-2]은 양궁의 과녁이다. 각 과녁에 있는 점들은 화살이 박혀 있던 자리라고 하자. 하나의 화살은 통계분석에서 하나의 추정량의 역할과 같다. [그림 8-2]의 (2)와 (4)에서는 아무리 화살을 많이 쏘아도 과녁의 중앙으로 가지 못하고 한 쪽으로 치우쳐서 꽂힌

다. 이런 현상은 마치 추정량에 편의가 있어 아무리 많은 학습 자료들을 만들어 추정량을 만들어도 추정대상 estimand 을 맞출 수 없다. [그림 8-2]의 (4)과 같은 현상을 나타내는 추정량은 [그림 8-2]의 (2)에 비하여 편의도 있고 분산도 아주 큰 경우이다. [그림 8-2]의 (4)와 같은 추정량은 MSE도 제일 크다. 추정량으로써 제일 바람직하지 않다. [그림 8-2]의 (3)도 화살이 아주 넓게 퍼져서 있다. 그 중 몇 개는 과녁의 중심에 맞혔으나 나머지는 전 방향에 골고루 퍼져 있다. 과녁의 중심에서 화살의 자리까지의 거리를 합하여 평균을 내면 과녁의 중심으로 향한다. 추정량이 이런 현상일 때는 편의는 작으나(없으나) 분산이 아주 큰 경우이다. 추정량이나 분류자가 편의를 가지지 않는다 하여도 우리가 전체 자료에서 일정 비율로 학습 자료와 실증 자료를 만들 때, 어떤 학습 자료가 투입되느냐에 따라 일정량의 분산이 생기게 되어 있다. 이러한 현상 때문에 하나의 추정량이나 분류자가 예측대상이나 추정대상을 정확히 예측할 수 없으므로, 여러 개의 추정량이나 분류자의 결과를 조합하여 진실에 근접하는 방법이 대안이다.

그러면 여러 개의 분류기를 조합한 집합체는 과연 추정 오류나 예측 오류를 줄일 수 있는가? 그 부분을 이론적으로 정리하여 보자.

예제 8-1

하나의 이항 분류자 binary classifier 의 오분류율 error rate 가 0.28이라고 하자. 하나의 분류자로 실증 자료 validation data 에 있는 하나의 자료를 분류한다면 오분류율은 0.28이다. 같은 학습 자료에 의한 같은 분류자로 20번 분류를 하여도 같은 것을 20번 반복하였으니 여전히 오분류율은 0.28이다. 실증 상황을 좀 바꾸어 서로 다른 20개의 학습 자료를 투입한 이항 분류자로 이 자료를 20번 분류하여 이항 binary - 예를 들면 1이나 0 - 중에서 많이 나온 결과를 이 자료의 최종 분류로 결정한다고 하자. 즉, 20번 중에서 11번 이상 1이 나오면 이 자료는 1로 분류한다. 또한 마찬가지로 20번 중에서 11번 이상 0이 나오면 이 자료는 0로 분류한다. 20개의 분류자의 결과를 이러한 방법으로 취합하여 분류하는 방법이 앙상블의 결정방법 중의 하나이다. 이 앙상블 방법의 오분류율은 진실은 0인데 11번 이상 1이 나왔거나, 반대로 진실은 1인데 11번 이상 0이 나오는 확률이다. 두 상황 중에서 한 경우만 존재한다. 그러므로 한 경우 - 진실이 0인 경우 - 만 고려해보자. 진실이 0인데 11번 1이 나올 확률은 20번의 독립시행 independent trials 중에서 1이 나오는 경우 - 즉 오류를 범하는 경우 - 의 수를 X라 하면 X는 이항분포 $b(20,p)$를 따른다. 여기서 성공의 확률은 오분류율이며 0.28이다. 그러므로 진실이 0인데 11번 이상 1이 나오는 경우의 확률은

$$Error_{essemble} = \sum_{k=11}^{20} \binom{20}{k} 0.28^k (1-0.28)^{20-k} = 0.009977$$

이다.

하나의 분류자의 오분류율이 0.28보다 훨씬 작다. 위 수식을 요약하면 오분류율이 0.28인 이항실험 Bernoulli trial 을 독립적으로 20번 실행하여 1이 나오는 수의 확률분포인 이항분포를 이용하여 앙상블의 오분류률을 구하였다.

앙상블 학습은 크게 다음과 같은 2가지 문제를 다루게 된다.

1. 다양한 개별의 분류자들을 어떻게 찾아내는가?
2. 1에서 찾아낸 개별의 분류자들을 어떻게 조합하는가?

문제에 대한 답을 해결하기 위해 하나의 학습 알고리즘과 하나의 학습 자료가 있다고 가정해 보자. 위 예에서 설명하였듯이 똑같은 학습 자료에 같은 학습 알고리즘을 몇 번을 반복하여 적용하면 그로부터 생성된 모형은 항상 같다. 이 모형들은 주어진 자료를 잘 설명하겠지만, 같은 모형들이기 때문에 이들을 이용하여 앙상블을 만드는 것은 의미가 없다. 따라서 다양한 개별의 분류자들을 찾을 필요가 있다. 이들을 찾는 방법은 크게 2가지로 나누어진다. 우선, 하나의 학습 자료 training data 에 대해 여러 학습 알고리즘 learning algorithm 을 적용하여 학습 자료를 잘 설명하는 모형들을 만들 수 있다. 이러한 방법을 스태킹 stacking 이라고 한다. 다음으로 학습 자료를 변형하고 변형된 각각의 학습 자료에 학습 알고리즘을 적용하여 모형들을 만드는 방법이 있다. 이 방법이 여기서 소개할 앙상블이다. 다음의 예를 통해 하나의 학습 알고리즘과 변형된 자료를 이용하여 얼마나 다양한 예측값들을 생성할 수 있는지를 살펴보자.

예제 8-2

2개의 분류 변수 class variable 값 $(+,-)$을 갖는 분류 변수 Y와 독립 변수 independent variable X_1, X_2로 구성된 학습 자료 (X_1, X_2, Y)가 있다. 학습 자료의 개수는 8개이고 아래와 같다.

$$P_1 = (1, 1, +),\ P_2 = (2, 1, +),\ P_3 = (1, -1, +),\ P_4 = (2, -1, +)$$

$$P_5 = (4, 4, -),\ P_6 = (3, 3, -),\ P_7 = (4, 3, -),\ P_8 = (5, 3, -)$$

이를 X_1, X_2로 이루어진 2차원공간에 표시하면 [그림 8-3]과 같다. 최근접 이웃 알고리즘 nearest neighbor algorithm 과 학습 자료의 부분 집합들을 이용하여 다양한 분류자 classifier 들을 생성할 수 있다.

1. 최근접 이웃 알고리즘 nearest neighbor algorithm 은 새로운 자료의 분류 변수 값

을 예측할 때, 그 자료와 가장 가까운 학습 자료의 분류 변수 값을 예측 값으로 이용한다. 새로운 검증 자료 test data $P_N=(3,2,Y_n)$의 분류 변수 값 Y_N을 예측하기 위해 모든 학습 자료를 사용한다면 P_N과 가장 가까운 자료는 P_6이므로 P_6의 분류 변수 값인 "−"를 Y_N의 예측 값으로 생성할 것이다.

2. 하지만 자료를 변형하는 방법 중 하나로써 학습 자료의 부분 집합을 활용한다면 예측 결과가 달라질 수 있다. 만약 학습 자료의 부분 집합에 P_6과 P_7이 포함되지 않는다면 Y_N 은 "+" 라는 예측 값을 생성할 것이다.
3. 반대로 학습 자료의 부분 집합이 P_6을 포함하면 Y_N은 "−" 라는 예측 값을 생성할 것이다.

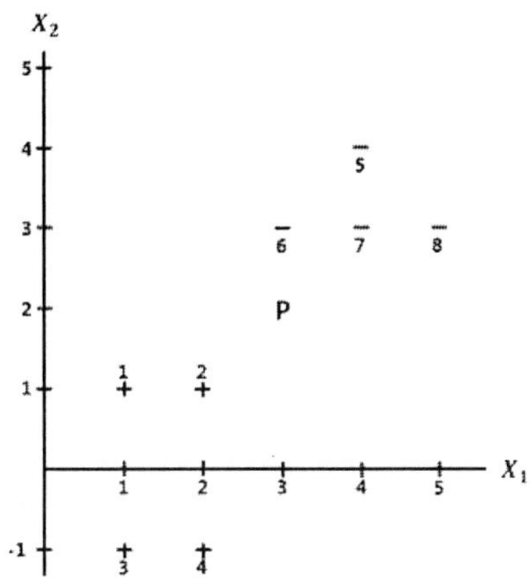

그림 8-3 2개의 분류 변수 값을 갖는 학습 자료

다양한 개별의 분류자 classifier 들을 조합하여 앙상블 ensemble 을 만들 때에는 가중치 weight 를 이용한다. 따라서 앙상블을 이용한 예측 값은 개별의 분류자로부터 얻어진 예측 값들과 가중치들을 조합하여 만들어 진다. 가중치를 만드는 방법과 이를 이용하여 조합하는 방법도 다양하다.

4. 예를 들어 예제 8-2에서 모든 분류자들에 대해 가중치를 1로 설정해보자. 8개의 학습 자료의 부분 집합들 중 대다수가 P_6을 포함한다면 대부분의 분류자들은 "−" 라는 예측 값을 생성한다. 따라서 앙상블의 예측 결과 역시 "−" 라는 예측 값을 갖는다.
5. 반대로 학습 자료의 부분 집합들 중 대다수가 P_6, P_7을 포함하지 않는다면 앙상블의 예측 결과는 "+" 가 될 것이다.

가중치 부여와 조합 방법은 뒤에서 자세히 다룰 것이다.

1. 앙상블을 구성하는 분류자들을 구축하는 방법

앙상블 ensemble 을 구성하는데 사용할 여러 개의 분류자 classifier 들을 구축하는 다양한 방법이 있다. 기본적인 가정은 위 예제 8-1에서 보았듯이 앙상블의 오분류율이 하나의 분류자의 오분류율보다 작아지도록 앙상블을 구성하는 각 분류자들의 이항실험 Bernoulli trial 이 독립적 independent 이어야 한다는 점이다. 아래에 소개하는 방법들은 가능한 각각의 분류자에 독립성을 확보해 주고자 하는 것이다. 그러기 위해서 분석 자료에 임의성 randomness 을 가능한 많이 부여하는 방법을 쓴다. 가능한 많은 임의성을 확보하기 위한 방법들로는 학습 자료 training data 로부터 부분 집합을 추출하는 방법, 학습 자료의 변수 혹은 특징 feature 을 조작하는 방법, 예측 대상이 되는 변수 값을 조작하는 방법과 분류자에 임의성 randomness 을 추가하여 변형시키는 방법이 있다.

가장 일반적인 앙상블 방법은 주어진 하나의 학습 자료로부터 복원추출 with replication 을 하여 여러 개의 학습 자료를 만드는 방법, 단계별 추출확률을 달리하는 방법, 학습 자료의 다변량 변수 multivariate variable 에서 변량의 수를 조작하는 방법 등이다.

1.1 학습 자료로부터 부분 집합 추출하기

이 방법은 학습 자료로부터 반복적으로 추출한 부분 집합에 대해 동일한 학습 알고리즘 learning algorithm 을 반복적으로 수행하는 것을 말한다. 동일한 학습 알고리즘을 수행하였지만 학습 알고리즘을 적용한 자료가 다르므로 매 번 다른 분류자를 얻게 된다. 이 방법은 학습 자료의 조그마한 변화가 분류자에 큰 영향을 미치는 학습 알고리즘에 특히 효과적이다.

- 배깅 bagging

이 방법은 우선 n 개의 관측치를 가진 기존의 학습 자료로부터 복원추출법을 통해 무작위로 m 개의 관측치들을 반복 추출한다. 여기서 $m \le n$이나 일반적으로 $m = n$을 사용한다. 다음으로 무작위로 추출된 m 개의 관측치들을 이용해 분류자를 생성한다. 이를 반복적으로 수행하면 다양한 분류자들을 얻을 수 있다. 이 때 m 개의 관측치를 가진 학습 자료들을 부트스트랩 표본 bootstrap replicate 이라 하고 이 기법을 부트스트랩 결합 bootstrap aggregating 혹은 줄여서 배깅 bagging 이라고 한다. 평균적으로 각 부트스트랩 표본은 기존의 학습 자료의 63%에 해당되는 자료를 가지고 있다. 배깅 기법을 이용해 생성된 앙상블을 이용한 의사결정 하는 방법은 만일 하나의 새로운 자료를 분류하기 위하여 k개의 부트스트랩 표본을 만들어 k번의 분류를 하였다면 가장 많이 나타난 분류 변수 값을 최종 예측 값으로 사용한다. 배깅은 불안정적인 unstable 분류방법에 적용하였을 때 정확도를 유의적으로 향상시킨다. 여기서 불안정적 분류방법은 학습 자료에 조그만 변화가 있어도 결과에 많은 변화를 주는 분류방법을 말하며 의사결정나무방법이 대표적인 예이다. 반면에 학습 자료에 조그만 변화에 민감하지 않은 분류방법은 안정적인 stable 방법이라고 kNN 방법과 나이브 베이즈 naive Bayes 방법이 예이다. 그러므로 배깅은 의사결정나무 방법에 사용하면 효과가 크게 나타난다.

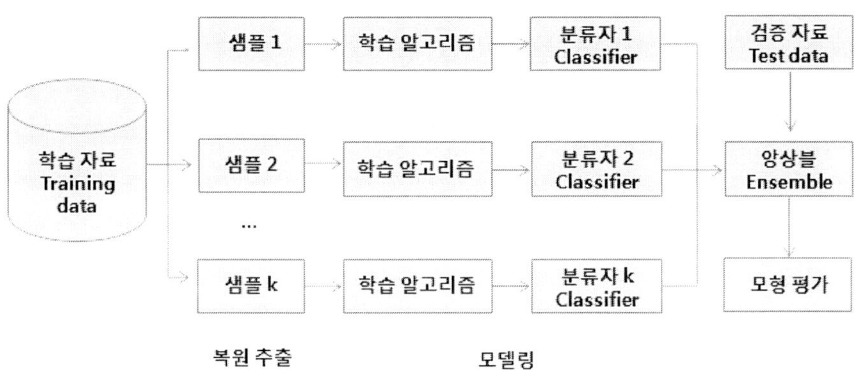

그림 8-4 Bagging flow chart

예제 8-3

이래 다변량 변수 (x_1, x_2, C)의 10개의 관측치로 구성된 학습자료 S가 있다. 이 학습 자료를 이용하여 위에서 설명한 배깅 알고리즘을 알아본다. 각 관측치는 이항 범주 $C=\{X, O\}$로 분류되어 있다.

$$X_1 = (1,1,X),\quad X_2 = (2,\ 1,\ X),\quad X_3 = (3.3,\ 1,\ X),\quad X_4 = (1,\ 2,\ X),$$

$$X_5 = (2,\ 2,\ X),\quad X_6(5,\ 1,\ O),\quad X_7 = (6,\ 1,\ O),\quad X_8 = (5,\ 2,\ O),$$

$$X_9 = (6,\ 2,\ O),\quad X_{10} = (5,\ 3,\ O)$$

이들을 이차원 공간에 표시하면 [그림 8-5]와 같다. 검증 자료 $Y=[4,2]$을 최근접 이웃 방법 nearest neighbor method 과 배깅 앙상블을 이용하여 범주를 결정하자. 배깅은 bootstrap aggregation 이므로 먼저 10개의 관측치를 같은 학습 자료로부터 bootstrap 표본들을 만들어야 한다. 일반적으로 배깅에서는 원 학습자료 base training data 에서 같은 수의 관측치를 추출하지만 설명의 편리를 위하여 표본수 2인 bootstrap 표본을 뽑는다. 표본을 추출할 때 모든 관측치는 같은 추출확률 0.1을 가지며 복원추출을 한다.

Bootstrap 표본: $\{X_3, X_5\}$, $\{X_7, X_9\}$, $\{X_1, X_4\}$, $\{X_6, X_7\}$, $\{X_8, X_8\}$

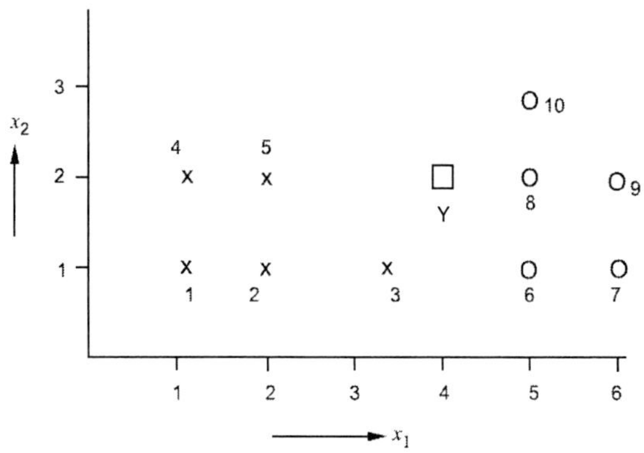

그림 8-5 예제 8-3 자료의 산점도

첫 번째 bootstrap 표본 $\{X_3, X_5\}$ 에서 X_3이 검증 자료 $Y=[4,2]$ 에 가깝고 X_3의 범주가 X이므로 Y의 범주는 X로 결정한다. 두 번째 bootstrap 표본 $\{X_7, X_9\}$ 에서 X_9이 검증 자료 Y에 가깝고 X_9의 범주가 O이므로 Y의 범주는 O로 결정한다. 세 번째 bootstrap 표본 $\{X_1, X_4\}$ 에서 X_4이 검증 자료 Y에 가깝고 X_4의 범주가 X이므로 Y의 범주는 X로 결정한다. 네 번째 bootstrap 표본 $\{X_6, X_7\}$에서 X_6이 검증 자료 Y에 가깝고 X_6의 범주가 O이므로 Y의 범주는 O로 결정한다. 끝으로 다섯 번째 bootstrap 표본 $\{X_8, X_8\}$ 에서 복원추출이기 때문에 X_8이 두 번 추출되었다. X_8의 범주가 O이므로 Y의 범주는 O로 결정한다. 이것을 표로 정리하면 〈표 8-1〉과 같다.

표 8-1 5개의 Bootstrap 표본의 범주

표본 번호	Bootstrap 표본	분류 범주	이항변수
1	X_3, X_5	X	−1
2	X_7, X_9	O	+1
3	X_1, X_4	X	−1
4	X_6, X_7	O	+1
5	X_8, X_8	O	+1

위 표에서 이항변수는 5개의 분류자의 결론을 결합하기 쉽게 하기 위하여 사용한다. 분류 범주 X는 −1로 분류 범주 O는 +1로 이항변수를 정의하여 이 값을 모두 합하여 그 부호를 보면 어느 범주가 많은가를 쉽게 알 수 있다. 이 예에서 이항변수의 합은 +1이므로 범주 O이 더 많다는 결과이다. 그러므로 최근접 이웃 방법의 배깅 결과는 검증자료 $Y=[4,2]$의 범주를 O으로 결정한다.

- AdaBoost 알고리즘

부스팅 boosting 은 앙상블의 한 방법이다. AdaBoost는 Adaptive Boosting의 합성어이다. 앞에서 설명한 배깅 bagging 은 원 학습 자료 base training data 로부터 여러 학습 자료들을 만들 때, 각 자료들이 추출될 확률이 같게 uniform 하여 복원추출을 한다. 반면에 부스팅은 첫 번째 학습 자료는 배깅과 같은 조건 – 추출확률이 uniform – 하에서 만들어 분류 모형을 구축하여 원 학습 자료에 적용한다. 두 번째 이 후의 학습 자료에서는 첫 번째 학습 자료에 의한 분류결과에 따라 추출확률을 변화시킨다. 즉, 옳게 분류된 자료에 대해서는 다음 학습자료 추출 시에 추출될 확률을 적게 하고, 잘못 분류된 자료에는 다음에 추출될 확률을 증가시킨다. 추출확률을 변화시키는 방법에 따라 아주 다양한 부스팅 방법이 제안되어 사용된다. 여러 부스팅 방법에 공통으로 사용되는 개념은 옳고 그르게 분류된 자료에 가중치를 다르게 주고, 이 가중치를 정규화 normalization – 각 가중치를 전체 가중치의 합으로 나눔 – 하여 이를 추출확률로 사용한다.

좀더 자세히 설명하면 첫 단계에서는 추출확률을 같게 하고 복원추출을 하여 부트스트랩 표본 bootstrap replicate 을 만들고 이를 이용하여 분류 모형을 구축한다. 이 분류 모형을 원 자료에 적용한다. 이 때 나타나는 오분류된 자료들을 이용하여 오류율 error rate 을 계산하고, 이 오류율의 오즈 odds 를 이용해 다음 단계에서 사용할 정규화된 가중치를 만든다. 정규화된 가중치를 만들 때는 (1) 오분류된 자료에게는 높은 가중치를 주고, 옳게 분류된 자료에는 낮은 가중치를 주도록 한다. (2) 이 정규화된 가중치의 합이 학습 자료의 개수와 같은 n이 되도록 조정을 한다. 정규화된 가중치를 이 들의 총합으로 나누어 다음 단계에서 사용할 추출확률 분포 selection probability distribution 를 얻을 수 있다. 각 관측치의 가중치를 이용하여 추출확률 분포를 만들었으므로 분류가 잘못된 관측치에 대해 높은 추출 확률 – 혹은 가중치 – 를 부여하고 분류가 잘 된 관측치에 대해 낮은 추출 확률 – 혹은 가중치 – 를 부여하는 식으로 조정된다. 마지막으로 오류율의 오즈의 역수인 $(1-\epsilon_i)/\epsilon_i$을 이용해 개별 분류자의 예측 값들을 조합할 때 사용한다. 오류율의 오즈의 역수는 분류자가 얼마나 정확하게 분류하였는가의 상대 척도이므로 크면 클수록 좋은 분류자라 할 수 있다. 그러므로 검증 자료 test data 를 만들어진 여러 개의 분류자 - 분류 모형 - 에 따라 범주를 구별한다. 다음에 각 범주에 따라서 오류율의 오즈의 역수 - 분류 모형의 상대 정확도 relative accuracy - 를 합하여 이 합이 가장 큰 범주로 검증 자료의 범주를 결정한다. 이것이 AdaBoost 알고리즘의 기본 개념이다.

아다부스트 알고리즘 adaboost algorithm

단계 1: 크기가 n인 학습 자료 S의 모든 관측치에 대해 동일한 가중치 1을 준다. 이 가중치를 학습 자료의 수 n로 나누면 추출확률 $\frac{1}{n}$이 된다.

단계 2: 단계 3부터 단계 8까지 r번 반복 수행한다. 첨자 i는 i번째 반복 수행 중임을 의미한다.

단계 3: 가중치들을 이용해 i번째 학습 자료와 이를 이용한 분류자를 생성한다. 기호로 나타내면 다음과 같다.

$$C_i = I(S)$$

단계 4: 분류자 C_i와 가중치를 이용하여 오류율을 다음과 같이 구한다.

$$\epsilon_i = \frac{1}{n} \sum_{x_j \in S:\, C_i(x_j) \neq y_j} weight(x_j)$$

단계 5: 만일 $\epsilon_i > \frac{1}{2}$ 이면, $i-1$번째 가중치를 가지고, 단계 3으로 돌아간다.

단계 6: 단계 4에서 구한 오류율 ϵ_i을 이용해 다음을 계산한다.

$$\alpha_i = \frac{\epsilon_i}{1-\epsilon_i}$$

단계 7: 학습 자료의 관측치 $x_j \in S$에 대해 만약 분류자가 예측을 정확히 한다면 $(c_i(x_j) = y_j)$, 가중치를 다음과 같이 조정한다.

$$weight(x_j) = weight(x_j) \times \alpha_i$$

단계 8: 가중치들의 합이 학습 자료의 수 n이 되도록 가중치들을 조정한다. 이 작업을 가중치를 정규화 normalization 라 한다. 이 정규화된 가중치들을 학습 자료의 수인 n 으로 나누어 다음 단계의 추출확률로 사용한다.

단계 9: 새로운 관측치 x 에 대해 다음과 같은 방식으로 예측한다.

$$C^*(x) = \underset{y \in Y}{\arg\max} \sum_{i:\, C_i(x) = y} \log \frac{1}{\alpha_i}$$

예제 8-4

예제 8-3에서 사용한 10개의 다변량 자료를 이용하여 Adaboost 알고리즘을 설명한다. 알고리즘의 가중치와 추출확률에 대한 부분을 보다 자세히 설명하기 위한 설명의 편의를 위하여 아래 라운드 1부터 라운드 3에서 사용한 분류모형은 실제로 분류 모형을 구하지 않고 분류모형을 가정한다.

라운드 1: 첫 번째 학습 자료

단계 1 ~ 단계 2: 첫 단계는 위 학습 자료 S에서 추출확률을 균일 uniform 하게 $1/m = 1/10 = 0.1$로 하고, 복원 추출하여 10개의 관측치를 뽑는다. 즉, 하나의 bootstrap 표본이다. 아래 단계 3의 분류 모형을 가정하자. 이 모형을 원래의 학습 자료 S에 속한 10개의 자료에 적용하여 분류를 한다. 초기의 가중치 weight 는 모두 추출확률인 1이다.

단계 3: 만일 $x_1 \le 3$이면 관측치를 범주 X로 분류하고, 그렇지 않으면 범주 O로 분류한다. $C_1 = \{X, O\}$을 수행하였다.

여기서 변량이 (x_1, x_2) 둘인데, 의사결정나무 모형에서 x_1만 사용하였다. 이렇게 다변량 변수를 구성하고 있는 여러 변량 또는 속성 attribute 중에서 하나만 이용한 모형을 decision stump라고 한다.

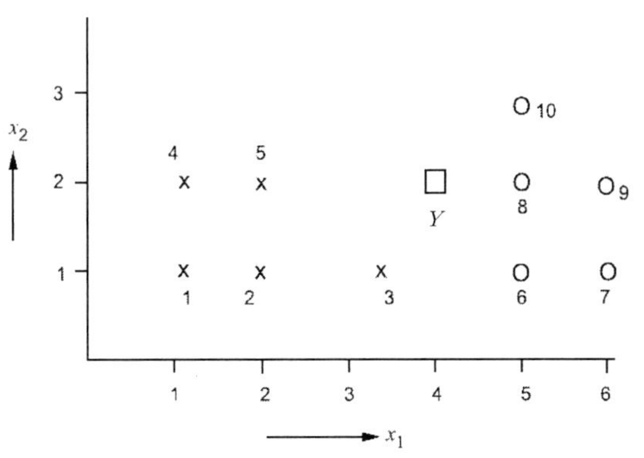

그림 8-6 예제 8-4 자료의 산점도

단계 4 ~ 단계 6: 위와 같이 의사결정을 하면, 10개의 관측치 중에서 3번째 관측치 X_3가 오분류 misclassification 가 된다. 10개중에 하나가 잘못 분류되었고 초기 가중치는 1이므로 오분류율 error rate ϵ_1은

$$\epsilon_1 = \frac{1}{10} = 0.1$$

$$\alpha_1 = \frac{\epsilon_1}{1-\epsilon_1} = \frac{0.1}{0.9} = 0.111$$

단계 7: 그러므로 X_3만 오분류 되었으므로 이 관측치의 가중치는 1로 남아 있고, 나머지 9개 관측치의 가중치는 $1 \times \alpha_1 = 0.111$로 바뀌었다.

단계 8: 다음은 위에서 구한 10개의 가중치를 정규화 normalization 한다. 각 가중치를 이들의 총합 $Sum\,Weight = 9 \times 0.111 + 1 = 1.999$으로 나누어 준다. 정규화된 가중치의 합이 학습 자료 S의 수인 10이 되어야 함으로 정규화된 가중치는 다음과 같이 구한다.

$$weight(X_1) = \frac{0.111}{1.999} \times 10 = 0.555$$

그러므로 X_3을 제외한 $weight(X_1) = weight(X_2) = \cdots = weight(X_{10}) = 0.555$이다. 그리고 오분류된 X_3의 가중치는

$$weight(X_3) = \frac{1}{1.999} \times 10 = 5.000$$

이다. 정규화된 가중치의 합은 $n = 10$이 된다. 이 정규화된 가중치를 자료의 수 $n = 10$로 나누어 다음번 학습 자료를 만드는데 추출확률로 사용한다.

라운드 2: 두 번째 학습자료

라운드 1의 단계 8에서 만든 추출확률로 두 번째 학습 자료를 만들어서 다음과 같은 분류 모형을 가정하자.

만일 $x_1 \leq 5.5$이면 관측치를 범주 X로 분류하고, 그렇지 않으면 범주 O로 분류한다. $C_2 = \{X, O\}$을 수행하였다. 이 모형을 원 학습자료 S에 적용하면 X_6, X_8, X_{10}이 오분류된다. 라운드 1에서 했던 단계대로 계산을 한다.

$$\epsilon_2 = \frac{1}{10}(0.555 + 0.555 + 0.555) = 0.166$$

$$\alpha_2 = \frac{\epsilon_2}{1-\epsilon_2} = \frac{0.166}{1-0.166} = 0.200$$

이번에 잘못 분류된 관측치 X_6, X_8, X_{10}과 라운드 1에서 잘못 분류된 X_3을 제외한 나머지 관측치들의 가중치는 다음과 같다.

$$weight(X_1) = weight(X_2) = \cdots = weight(X_9) = 0.555 \times 0.2 = 0.111$$

이번에 잘못 분류된 관측치 X_6, X_8, X_{10}의 가중치는

$$weight(X_6) = weight(X_8) = weight(X_{10}) = 0.555$$

이다. 다음으로 라운드 1에서 잘못 분류된 X_3의 가중치는

$$weight(X_3) = 5.000 \times 0.2 = 1.000$$

이다.

Adaboost 알고리즘의 단계 8에서와 같이 이들을 다시 정규화하자.

위에서 계산한 가중치의 총합은 $(0.111 \times 6) + (0.555 \times 3) + 1.000 = 3.331$이므로 각 가중치를 3.331으로 나누어 주면 아래와 같은 정규화된 가중치를 얻는다. 관측치 X_3, X_6, X_8, X_{10}을 제외한 관측치의 정규화된 가중치는 다음과 같다.

$$weight(X_1) = weight(X_2) = \cdots = weight(X_9) = \frac{0.111}{3.331} \times 10 = 0.333$$

다음으로 관측치 X_3의 정규화된 가중치는

$$weight(X_3) = \frac{1.000}{3.331} \times 10 = 3.000$$

이고, 관측치 X_6, X_8, X_{10}의 정규화된 가중치는

$$weight(X_6) = weight(X_8) = weight(X_{10}) = \frac{0.555}{3.331} \times 10 = 1.666$$

이다.

라운드 3: 세 번째 학습자료

라운드 2에서 구한 정규화된 가중치를 이용하여 세 번째 학습 자료를 만들어 아래와 같은 분류 모형을 만들었다고 가정하자.

만일 $x_1 + x_2 \leqq 3.5$ 관측치를 범주 X로 분류하고, 그렇지 않으면 범주 O으로 분류한다. $x_1 + x_2 = 3.5$이 만드는 직선 밑은 X로 분류하고, 이 직선 위는 범주 O으로 분류한다. 이 경우에 관측치 X_3과 X_5가 오분류 misclassification 된다. 그러면

$$\epsilon_3 = \frac{1}{10}(3.000 + 0.333) = 0.333$$

$$\alpha_3 = \frac{\epsilon_3}{1 - \epsilon_3} = \frac{0.333}{1 - 0.333} = 0.500$$

각 관측치들의 가중치는 다음과 같다.

$$weight(X_1) = 0.333319 \times 0.5002 = 0.16673, \ \ weight(X_2) = 0.16673$$

$$weight(X_3) = 3.0003, \ \ weight(X_4) = 0.16673, \ \ weight(X_5) = 0.333319$$

$$weight(X_6) = 1.6666 \times 0.5002 = 0.8336,\ \ weight(X_7) = 0.16673$$

$$weight(X_8) = 0.8336,\ \ weight(X_9) = 0.16673,\ \ weight(X_{10}) = 0.8336$$

Adaboost 알고리즘의 단계 8에서와 같이 이들을 다시 정규화하자.

$$weight(X_1) = \frac{0.16673}{6.668069} \times 10 = 0.2502,\ \ weight(X_2) = 0.2502$$

$$weight(X_3) = \frac{3.0003}{6.668069} \times 10 = 4.4995,\ \ weight(X_4) = 0.2502$$

$$weight(X_5) = \frac{0.333319}{6.668069} \times 10 = 0.4999,\ \ weight(X_6) = \frac{0.8336}{6.668069} \times 10 = 1.2501$$

$$weight(X_7) = 0.2502,\ \ weight(X_8) = 1.2501,\ \ weight(X_9) = 0.2502,\ \ weight(X_{10}) = 1.2501$$

Adaboost 알고리즘에 따라 세 개의 분류 모형을 만들었다. 다시 앞에서 언급하였던 앙상블의 두가지 문제들을 상기해 보자.

1. 다양한 개별의 분류자들을 어떻게 찾아내는가?

2. 1에서 찾아낸 개별의 분류자들을 어떻게 조합하는가?

Adaboost 알고리즘의 단계 8까지는 위 앙상블 문제 1을 해결하였고, 아래 단계 9는 앙상블 문제 2를 해결할 차례이다.

단계 9: 이제 검증 자료 test data $Y=[4,2]$가 주어졌다. 세 개의 분류자 중에서 첫 번째 분류 모형은 Y를 범주 O, 두 번째 분류 모형은 Y를 범주 X에, 그리고 세 번째 분류 모형은 범주 O로 분류하였다. 그러면 범주 X에 대하여

$$\sum \log\frac{1}{\alpha_i} = \log\frac{1}{\alpha_2} = \log\frac{1}{0.2} = 0.699$$

범주 O에 대하여

$$\sum \log\frac{1}{\alpha_i} = \log\frac{1}{\alpha_1} + \log\frac{1}{\alpha_3} = \log\frac{1}{0.111} + \log\frac{1}{0.500} = 1.255$$

이다. 여기서 $\frac{1}{\alpha_i} = \frac{1-\epsilon_i}{\epsilon_i}$는 i번째 분류모형의 상대 정확도이므로 이 합이 큰 범주가 검증자료 $Y=[4,2]$의 범주가 된다. 이 예에서 AdaBoost 알고리즘은 검증자료 $Y=[4,2]$의 범주를 O로 결정한다.

- Leaving Out Disjoint Sub-sets

기존의 학습 자료를 겹치지 않는 여러 개의 부분 집합으로 나누고 한번에 하나의 부분 집합을 빼고 남은 부분을 학습자료로 사용한다.

이 방법이 leaving out disjoint sub-sets 방법이다. 가장 많이 사용되는 방법이 k-fold cross validation 이나 leave one out validation 방법이다. 이 방법들은 분류모형의 평가에서 많이 사용되어 7장 분류모형 평가에서 자세히 설명하였다.

예제 8-5

예제 8-3에서 사용한 10개의 다변량 자료를 사용한다. 이 자료를 이용하여 검증자료 $Y=[4,2]$의 범주를 Leaving Out Disjoint Sub-sets 방법을 이용하여 결정한다. 먼저 원 학습자료를 겹치지 않는 부분집합으로 나눈다.

$S_1=\{X_1, X_2, X_3\}$, $S_2=\{X_4, X_5\}$, $S_3=\{X_6\}$

$S_4=\{X_7, X_8\}$, $S_5=\{X_9\}$, $S_6=\{X_{10}\}$

표본 1: $\{X_1, X_2, X_3, X_4, X_5, X_7, X_8, X_{10}\}$. S_3와 S_5가 제외됨.

표본 2: $\{X_4, X_5, X_7, X_8, X_9, X_{10}\}$. S_1과 S_3가 제외됨.

표본 3: $\{X_1, X_2, X_3, X_6, X_7, X_8, X_{10}\}$. S_2와 S_5가 제외됨.

표본 4: $\{X_1, X_2, X_3, X_4, X_5, X_6, X_9\}$. S_4와 S_6가 제외됨.

표본 5: $\{X_1, X_2, X_3, X_9, X_{10}\}$. S_3와 S_4가 제외됨.

각 표본에서 최근접 이웃 방법 nearest neighbor method를 이용하여 검증 자료 Y의 범주를 결정한다. 표본 1에서는 X_8이 Y와 가장 가깝고 X_8의 범주가 O이므로 Y의 범주도 O로 결정한다. 표본 2와 표본 3도 X_8이 Y와 가장 가깝고 X_8의 범주가 O이므로 Y의 범주도 O로 결정한다. 표본 4는 X_3이 Y와 가장 가깝고 X_3의 범주가 X이므로 Y의 범주도 X로 결정한다. 표본 5는 X_3이 Y와 가장 가깝고 X_3의 범주가 X이므로 Y의 범주도 X로 결정한다. 이 5번의 분류결과를 조합하여 검증자료 Y의 범주를 결정한다. Leaving out disjoint sub-sets 방법으로 만들어진 학습 자료를 이용하여 최근접 이웃 방법에 의한 검증 자료 $Y=[4,2]$의 범주는 범주 X가 2번, 범주 O가 3번 나타나서 많이 나타난 범주인 O로 결정한다.

■ 2. R 프로그램 실습: 앙상블 방법

2.1 의사결정나무

동일한 자료에 대해 의사결정나무, 배깅, AdaBoost 알고리즘으로 각각 모형을 생성하고 평가해보자. 자료로는 *ISLR* 패키지에 있는 *Carseats* 자료를 이용했다. *Carseats* 자료는 400개 매장의 어린이 카시트에 대한 판매량을 포함하고 있는 시뮬레이션 자료이다.

매장 별 판매량을 나타내는 변수인 *Sales* 를 이용해서 *High* 라는 분류 변수를 생성했다.

```
> library(ISLR)
> str(Carseats)
'data.frame':   400 obs. of  11 variables:
 $ Sales       : num  9.5 11.22 10.06 7.4 4.15 ...
 $ CompPrice   : num  138 111 113 117 141 124 115 136 132 132 ...
 $ Income      : num  73 48 35 100 64 113 105 81 110 113 ...
 $ Advertising: num  11 16 10 4 3 13 0 15 0 0 ...
 $ Population : num  276 260 269 466 340 501 45 425 108 131 ...
 $ Price       : num  120 83 80 97 128 72 108 120 124 124 ...
 $ ShelveLoc   : Factor w/ 3 levels "Bad","Good","Medium": 1 2 3 3 1 1 3 2 3 3 ...
 $ Age         : num  42 65 59 55 38 78 71 67 76 76 ...
 $ Education   : num  17 10 12 14 13 16 15 10 10 17 ...
 $ Urban       : Factor w/ 2 levels "No","Yes": 2 2 2 2 2 1 2 2 1 1 ...
 $ US          : Factor w/ 2 levels "No","Yes": 2 2 2 2 1 2 1 2 1 2 ...
> attach(Carseats)
> High<-ifelse(Sales<=8,"No","Yes")
> detach(Carseats)
> Carseats<-data.frame(Carseats,High)
> head(Carseats)
   Sales CompPrice Income Advertising Population Price
1   9.50       138     73          11        276   120
2  11.22       111     48          16        260    83

3  10.06       113     35          10        269    80
4   7.40       117    100           4        466    97
5   4.15       141     64           3        340   128
6  10.81       124    113          13        501    72

   ShelveLoc Age Education Urban  US High
1       Bad   42        17   Yes Yes  Yes
2      Good   65        10   Yes Yes  Yes
3    Medium   59        12   Yes Yes  Yes
4    Medium   55        14   Yes Yes   No
5       Bad   38        13   Yes  No   No
6       Bad   78        16    No Yes  Yes
```

자료를 5:5 비율로 학습 자료와 검증 자료로 분할하였다.

```
> set.seed(2)
> sub <- sample(nrow(Carseats),nrow(Carseats)*0.5)
> car.train <- Carseats[-sub,]
> car.test <- Carseats[sub,]
```

rpart 패키지의 *rpart()* 함수를 이용하여 학습 자료에 대한 의사결정나무를 생성하였다. 분류 변수인 *High* 를 생성하기 위해 *Sales* 변수를 이용하였으므로, 모형 생성 시에는 *Sales* 변수를 제외하였다. *rpart()* 함수의 *maxdepth* 는 뿌리마디 root node 를 제외한 최대 마디의 개수를 지정한다. 이렇게 생성된 의사결정나무는 [그림 8-7]과 같다.

```
> library(rpart)
> tree<-rpart(High~.-Sales,data=car.train,maxdepth=5)
> plot(tree)
> text(tree,all=T)
```

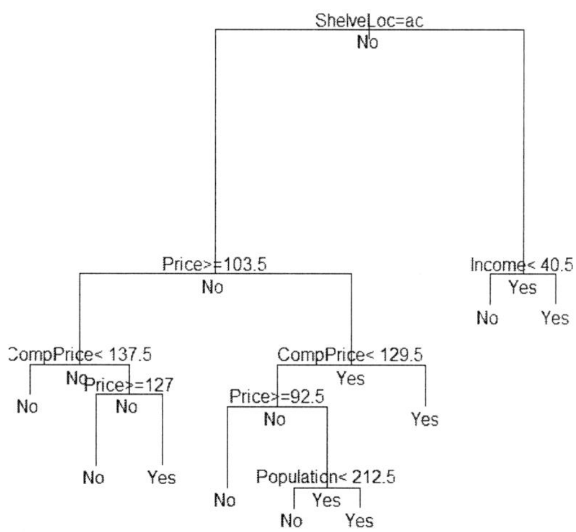

그림 8-7 카시트 판매량에 대한 의사결정나무

이 모형에서 변수의 상대적 중요도를 살펴보면, *Price, CompPrice, ShelveLoc* 순으로 모형에 중요한 영향을 미쳤음을 알 수 있다. 여기서 *importance* 는 Gini impurity 를 기반으로 하여 변수의 중요도를 나타내는 척도이다.

```
> tree$variable.importance
      Price     CompPrice    ShelveLoc       Income    Population
 22.0812930   15.8108148   14.6979597    9.4767458    4.3722647

 Advertising        Age     Education        Urban
   3.2772874   2.2444515    0.3520833    0.3520833
```

검증 자료를 이용하여 모형을 평가한 결과, 200개의 관측치 중 57개의 관측치가 잘못 분류되었으므로 정확도는 0.715이다.

```
> tree.pred<-predict(tree,newdata=car.test,type="class")

> tree.conf<-table(Predicted=tree.pred,Observed=car.test$High)
> tree.conf
           Observed
 Predicted   No   Yes
       No   101    38
       Yes   19    42
> tree.acc<-sum(diag(tree.conf))/nrow(car.test)
> tree.acc
[1] 0.715
```

2.2 배깅

배깅은 *adabag* 패키지의 *bagging()* 함수를 이용하면 된다. 이 함수는 의사결정나무 모형에만 적용된다. 다음 코드에서는 10개의 의사결정나무를 이용하였고, 앞선 의사결정나무 모형과 동일하게 *maxdepth* 를 5로 하였다.

```
> library(adabag)
> bag<-bagging(High~.-Sales,data=car.train,mfinal=10,
+ control=rpart.control(maxdepth=5))
```

이 모형에서 변수의 상대적 중요도를 살펴보면, *Price, ShelveLoc, Advertising* 순으로 중요한 영향을 미쳤음을 알 수 있다.

```
> sort(bag$importance,decreasing=T)
    Price   ShelveLoc  Advertising  CompPrice       Age
27.656931   20.200815    16.284004  16.184288  8.482758

   Income   Education   Population      Urban        US
 6.804867    3.899683     0.486654   0.000000  0.000000
```

검증 자료를 이용하여 모형을 평가한 결과, 200개의 관측치 중 46개의 관측치가 잘못 분류되었으므로 정확도는 0.77이다.

```
> bag.pred<-predict.bagging(bag,newdata=car.test)
> bag.pred$confusion
               Observed Class
Predicted Class   No   Yes
            No   101    27
            Yes   19    53
> bag.acc<-1-bag.pred$error
> bag.acc
[1] 0.77
```

2.3 AdaBoost 알고리즘

AdaBoost 알고리즘은 *adabag* 패키지에 있는 *boosting()* 함수를 이용한다. 이 함수는 의사결정나무 모형에만 적용된다. 다음 코드에서는 앞서 배깅과 마찬가지로 10개의 의사결정나무를 이용했고, *maxdepth* 는 5로 하였다.

```
> library(adabag)
> ada<-boosting(High~.-Sales,data=car.train,mfinal=10,
+ control=rpart.control(maxdepth=5))
```

이 모형에서 변수의 상대적 중요도를 살펴보면, *Price, CompPrice, ShelveLoc* 순으로 중요한 영향을 미쳤음을 알 수 있다.

```
> sort(ada$importance,decreasing=T)
      Price   CompPrice   ShelveLoc         Age Advertising      Income
  21.644524   19.267516   18.171126   13.198193   11.493303    9.276896
 Population   Education       Urban          US
   4.464576    2.483867    0.000000    0.000000
```

검증 자료를 이용하여 모형을 평가한 결과, 200개의 관측치 중 40개의 관측치가 잘못 분류되었으므로 정확도는 0.8이다.

```
> ada.pred<-predict.boosting(ada,newdata=car.test)
> ada.pred$confusion
               Observed Class
Predicted Class  No  Yes
            No  108   28
            Yes  12   52
> ada.acc<-1-ada.pred$error
> ada.acc
[1] 0.8
```

의사결정나무, 배깅, AdaBoost 알고리즘을 이용한 모형을 비교하면, AdaBoost 알고리즘을 이용한 모형의 정확도가 0.8로 가장 높다. 따라서 해당 자료에서는 AdaBoost 알고리즘을 이용한 모형이 가장 적절한 것으로 판단할 수 있다.

3. Python 프로그램 실습: 앙상블 방법

3.1 배깅

Python에서 배깅을 하기 위해서는 *sklearn* 모듈의 *ensemble* 서브모듈에 있는 *BaggingClassifier()* 함수를 이용하면 된다.

```
In [1]: from sklearn import datasets,metrics
In [2]: from sklearn.cross_validation import train_test_split
In [3]: from sklearn.ensemble import BaggingClassifier
```

```
In [4]: from sklearn.neighbors import KNeighborsClassifier

In [5]: from pandas import DataFrame
```

자료로는 *iris* 자료를 이용했다.

```
In [6]: dataset=datasets.load_iris()

In [7]: dataset_head=dataset.data[:10,]

In [8]: DataFrame(dataset_head,columns=dataset.feature_names)
Out[8]:
   sepal length (cm)  sepal width (cm)  petal length (cm)  petal width (cm)
0        5.1               3.5                1.4                0.2
1        4.9               3.0                1.4                0.2
2        4.7               3.2                1.3                0.2
3        4.6               3.1                1.5                0.2
4        5.0               3.6                1.4                0.2
5        5.4               3.9                1.7                0.4
6        4.6               3.4                1.4                0.3
7        5.0               3.4                1.5                0.2
8        4.4               2.9                1.4                0.2
9        4.9               3.1                1.5                0.1
```

Iris 자료를 5:5 비율로 학습 자료와 검증 자료로 분할하였다.

```
In [9]: X_train,X_test,y_train,y_test=train_test_split(
...:      dataset.data,dataset.target,test_size=0.5,random_state=1)
```

R과는 달리 *BaggingClassifier()* 함수에서는 의사결정나무 모형 외에 다른 모형에도 적용할 수 있다. 다음 코드에서는 5NN 모형 10개를 이용했다. *BaggingClassifier()* 함수에서 *max_samples* 는 모형을 만드는데 사용할 관측치의 비율을 지정해준다.

```
In [10]: bag=BaggingClassifier(KNeighborsClassifier(n_neighbors=5),
...:                          n_estimators=10,max_samples=1.0,
...:                          random_state=3)

In [11]: bag_fit=bag.fit(X_train,y_train)
```

검증 자료를 이용하여 모형을 평가한 결과, 75개의 관측치 중 4개의 관측치가 잘못 분류되었으므로 정확도는 0.95이다.

```
In [12]: expected=y_test

In [13]: bag_pred=bag_fit.predict(X_test)

In [14]: bag_conf=metrics.confusion_matrix(expected,bag_pred)

In [15]: DataFrame(bag_conf,index=dataset.target_names,
columns=dataset.target_names)
Out[15]:

            setosa   versicolor   virginica
setosa        24         0            0
versicolor     0        23            1
virginica      0         3           24

In [16]: metrics.accuracy_score(expected,bag_pred)
Out[16]: 0.9466666666666666
```

3.2 AdaBoost 알고리즘

AdaBoost 알고리즘은 *sklearn* 모듈의 *ensemble* 서브모듈에 있는 *AdaBoostClassifier()* 함수를 이용하면 된다.

```
In [17]: from sklearn.ensemble import AdaBoostClassifier
```

10개의 의사결정나무를 이용해서 AdaBoost 알고리즘을 적용했다.

```
In [18]: ada=AdaBoostClassifier(n_estimators=10,random_state=3)

In [19]: ada_fit=ada.fit(X_train,y_train)
```

검증 자료를 이용하여 모형을 평가한 결과, 75개의 관측치 중 7개의 관측치가 잘못 분류되었으므로 정확도는 0.91이다.

```
In [20]: ada_pred=ada_fit.predict(X_test)


In [21]: ada_conf=metrics.confusion_matrix(expected,ada_pred)


In [22]: DataFrame(ada_conf,index=dataset.target_names,
columns=dataset.target_names)
Out[22]:

              setosa   versicolor   virginica
   setosa       24         0            0
 versicolor      0        24            1
  virginica      0         7           20


In [23]: metrics.accuracy_score(expected,ada_pred)
Out[23]: 0.90666666666666662
```

제9장

군집 분석

지도학습 supervised learning 에서 분석하는 자료들은 여러 속성들 attributes 을 측정한 변량 variate 와 각 자료들이 속하는 범주를 구별해주는 범주 변수 class variable 를 포함하여 다변량 변수로 구성되어 있다. 따라서 지도학습에서는 전체 자료들이 포함되어 있는 각 범주들의 특징적 현상들을 찾아 준다. 또한 지도학습에서는 이러한 특징적 현상은 미래에 얻게 될 자료들이 어떤 범주에 속할 지를 예측하는데 사용한다. 오랜 기간 동안 스크랩한 신문 기사를 스포츠, 정치, 경제, 그리고 사회 분야로 나누어 각 분야에 있는 기사들에 있는 단어들의 패턴을 분석하였다면, 이 패턴을 이용하여 분류되지 않은 새로운 기사가 어느 분야의 기사인지를 분류할 수 있다. 또 의사들은 어느 특정 질병의 몇 가지 특징적 현상들이 어떻게 나타나는지 그 패턴을 잘 알고 있다. 이러한 패턴을 이용하면 어느 사람이 그 질병을 가지고 있는지를 분류해 낼 수 있다.

그런데 어떤 자료들은 범주 변수 class variable 를 가지고 있지 않은 경우가 있다. 각각의 자료들이 어느 범주에 속한다는 변수는 없으나, 자료가 가지고 있는 다른 속성들이 어떠한 패턴을 가지고 있는지를 파악하여 그 패턴이 유사한 자료들끼리 모아서 군집 cluster 을 만드는 것을 군집화 clustering 한다고 한다. 군집화의 결과로 군집간 inter-cluster 에는 서로 이질적이고 군집

내 intra-cluster에 있는 자료들간에는 속성들의 패턴이 아주 유사하다. 이 군집을 유사집단 similarity group 이라고도 한다. 이 군집화 clustering 를 자료들이 어느 집단에 속한다고 결정해주는 범주 변수 class variable 가 없다고 하여 비지도학습 unsupervised learning 이라고도 한다.

1. 기본 개념

군집화에서는 모든 자료는 다차원 공간의 자료점 data point 로 간주된다. 그러므로 군집은 다차원 공간에서 서로 가까이 있는 자료들의 집합이다. 자료들간의 거리는 유클리디안 거리 Euclidean distance 를 사용한다. 다차원 공간에 있는 하나의 군집내에 있는 자료점들에 몇 가지 이름이 있는 자료점들이 있다. 먼저 평균점 또는 중심점 centroid 와 중간점 medoid 이다. 평균점은 각 자료들을 다차원 평균을 하여 얻어지는 점이며, 평균점은 꼭 실제 자료점일 필요가 없다. 우리가 10명의 사람 키를 재서 평균키를 구했다면 이 평균키는 10명 중의 한 사람의 키와 정확하게 일치하지 않는 이치와 같다. 중간점은 그 군집에 있는 자료점들과의 거리를 다 합하면 최소값을 갖는 자료점을 말하다. 그러므로 중심점과 달리 중간점은 자료점 중에 하나이다. 또 다른 점은 이 군집 안에 속해있지 않고 멀리 떨어져있는 점들이 있는데 이 점들을 이상점 outlier 라고 한다. r차원 공간에 있는 두 자료점 X와 Y 간의 유클리디안 거리 Euclidean distance 는 다음과 같이 계산한다.

$$dist(X, Y) = \sqrt{\sum_{i=1}^{r}(x_i - y_i)^2}$$

유클리디안 거리외의 다른 거리들에 대하여서는 다음 절에서 설명한다.

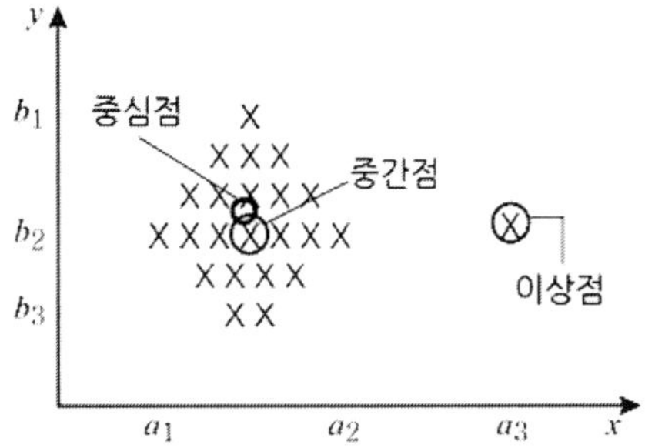

그림 9-1 중심점, 중간점 및 이상점

예제 9-1

다음과 같이 2차원 공간의 10개의 자료점들이 주어졌다.

$$X_1 = (1,1),\ X_2 = (2,1),\ X_3 = (1,2)$$

$$X_4 = (2,2),\ X_5 = (6,1),\ X_6 = (7,1)$$

$$X_7 = (6,2),\ X_8 = (6,7),\ X_9 = (7,7),\ X_{10} = (7,6)$$

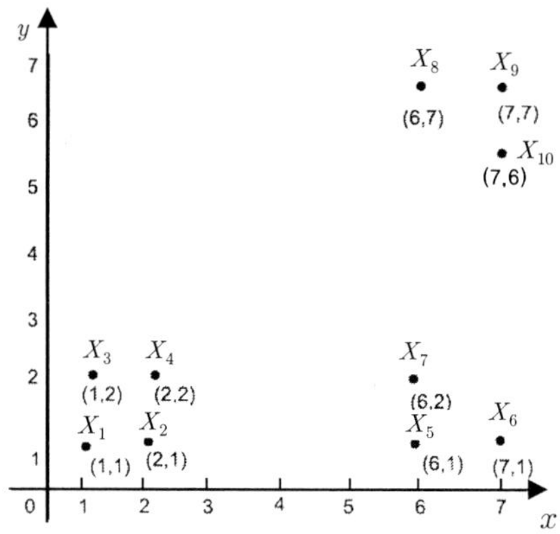

그림 9-2 2차원 공간에서의 10점

쌍을 이루는 자료점들 간의 유클리디안 거리를 구하면 아래 테이블과 같다.

표 9-1 10개의 점들 간의 거리

	X_1	X_2	X_3	X_4	X_5	X_6	X_7	X_8	X_9	X_{10}
X_1	0	1	1	2	25	36	26	61	72	61
X_2	1	0	2	1	16	25	17	52	61	50
X_3	1	2	0	1	26	37	25	50	61	52
X_4	2	1	1	0	17	26	16	41	50	41
X_5	25	16	26	17	0	1	1	36	37	26
X_6	36	25	37	26	1	0	2	37	36	25
X_7	26	17	25	16	1	2	0	25	26	17
X_8	61	52	50	41	36	37	25	0	1	2
X_9	72	61	61	50	37	36	26	1	0	1
X_{10}	61	50	52	41	26	25	17	2	1	0

그러면 군집화는 어떤 곳에 사용할 수 있는가를 생각해 보자.

예제 9-2

어느 회사에서 신제품을 만들어서 출시하고자 한다. 이때 가장 효율적인 마케팅은 각각의 소비자의 취향에 맞추어 제품을 만들고 마케팅을 하는 방법일 것이다. 그러나 이 방법은 수많은 소비자를 생각할 때 소비자 각각의 상황과 취향을 맞추는 것은 비용과 시간 면에서 불가능한 방법이다. 또 다른 극단적인 방법은 한 가지 종류의 제품만을 만드는 것일 것이다. 이 방법 또한 효율적인 면에서 효과는 최소일 것으로 채택될 수가 없다. 비용대비 가장 효율적인 방법은 대상 소비자를 각각의 취향과 특성에 따라 몇 개의 군집으로 나누어 각 군집의 특성에 맞는 상품을 출시하여 마케팅하는 것이다. 이러한 마케팅 연구에서 소비자를 몇 개의 군집으로 나누는 것을 분할 segmentation 이라고 한다. 즉, 어느 회사에서 티셔츠를 만들 때, 하나의 크기로 만드는 것 보다는 대상 소비자를 몸의 크기에 따라 (대, 중, 소) 세 부류로 나누어 각 부류의 중간 치수로 티셔츠를 만드는 것이 더욱 효과적이다.

예제 9-3

매일 셀 수 없이 많은 뉴스기사들이 쏟아져 나온다. 어느 웹사이트에서 하루하루 쏟아져 나오는 뉴스들을 내용 별로 분류하여 독자에게 제공하고자 한다. 이러한 경우에는 위 예제 9-2에서 설명한 것처럼 전체 자료를 한자리에 모아 놓고 뉴스 기사들을 분류할 수 없다. 뉴스 기사는 실시간으로 쏟아지기 때문에 기사의 단어들을 분석하여 나눌 수가 없다. 이럴 때 대안으로 할 수 있는 분류는 시간으로 나오는 뉴스들을 먼저 제목에 따라 일차 분류를 하고, 다음으로 부 제목들에 따라 축차적으로 분류해 나가는 방법이 더 효율적이다.

위 두 예제에서 군집화 방법이 두 종류로 나뉜다. 먼저 예제 9-2 경우와 같이 자료점들을 다 모아 놓고 모든 속성들을 한 번에 고려하여 분류하는 방법을 분할적 군집화 partitional clustering 이라 하고, 예제 9-3과 같이 순차적으로 군집화 하는 것을 계층적 군집화 hierarchical clustering 이라 한다.

위 두 예에 있는 내용을 이용하여 군집화의 과정을 알아보자. 군집화 과정은 다음과 같은 단계로 이루어진다.

1) 군집화 하고자 하는 자료를 적합하게 표현한다. 위 예제 9-3에서 뉴스기사를 군집화 하기위하여 무엇을 군집대상으로 할 지 등을 명확하게 결정하여야 한다. 예제 9-2에서는 옷의 크기가 군집대상이기 때문에 의류계통에서 옷의 치수에 해당하는 변량들을 이용하여 다변량 변수를 만들면 될 것이다.
2) 위에서 구한 자료의 성질에 적합한 군집간의 유사성 척도 similarity measure 또는 비유사성 척도 dissimilarity measure 를 결정한다. 비유사성 척도는 거리 distance 를 사용한다. 다음에 여러 가지 거리를 소개한다.
3) 합당한 군집방법 clustering algorithm 을 사용한다.
4) 위에서 선택한 방법들의 특성을 이용하여 의사결정하고 구한 군집의 특성을 설명한다.

그림 9-3 군집화의 절차

군집화 방법은 다양하다. 군집화는 크게 hard clustering(HC)과 soft clustering (SC)으로 나뉜다. HC는 하나의 자료가 하나의 군집에만 포함되는 군집화를 말하고, SC는 하나의 원소가 여러 개의 군집에 포함되게 군집화가 이루어 지는 방법을 말한다. SC의 대표적인 예는 퍼지 집합 fuzzy set 방법이 있다. 여기서는 HC 방법만 다루기로 한다. 또 HC는 계층적 방법 hierarchical method 와 분할적 방법 partitional method 로 나뉜다. 또한 계층적 방법은 분리적인 divisive 방법과 병합적인 agglomerative 방법이 있다.

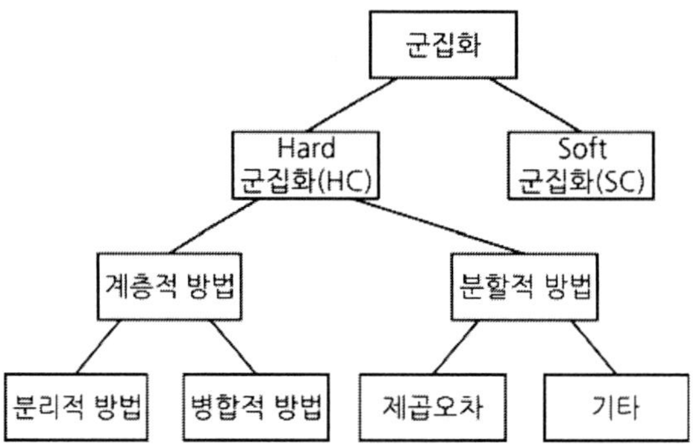

그림 9-4 군집화의 구조

2. 두 군집을 연결하는 방법

두 군집간의 거리를 측정하는 방법은 군집을 분리하거나 병합하기 전에 고려하여야 할 중요한 과정이다. 두 군집간의 거리는 각 군집에 속해 있는 어느 자료점들을 사용하느냐에 따라 구분된다. 두 군집을 편의상 A와 B라고 하고, 두 군집간의 거리는 $dist(A, B)$라고 한다. 또 두 자료점 x와 y간의 거리는 $dist(x, y)$로 표시하기로 한다.

1) 최단 연결법 single linkage method : 두 군집 A와 B 간의 거리는 각 군집에 속하는 임의의 두 자료점들 사이의 거리 중에서 최단거리로 정의하여 한다. 자료구름 data cloud 가 타원형 형태를 취하지 않고 순서적 의미를 갖는 자료에 대하여 좋은 군집화

결과를 제공한다. 그러나 큰 두 군집 사이에 체인과 같이 몇 개의 개체들이 연결되어 있는 체인 효과 chain effect 가 있는 경우에는 아주 부적합한 군집화를 나타낸다.

$$dist(A, B) = \min[dist(x, y) : x \in A,\ y \in B]$$

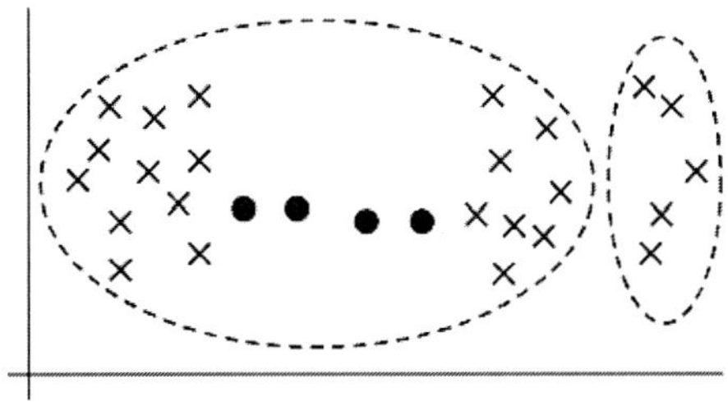

그림 9-5 최단 연결법에서 체인 효과

2) 최장 연결법 complete linkage method: 두 군집 A와 B 간의 거리는 각 군집에 속하는 임의의 두 자료점들 사이의 거리 중에서 최장거리로 정의하여 한다. 최장 연결법은 여러 군집들 사이에 최장거리가 가장 작은 두 군집을 병합한다. 최장 연결법을 사용하면 최단 연결법이 가지고 있는 체인 효과 chain effect 를 해소할 수 있으나, 집단 내의 이상치들에게 영향을 많이 받는 단점이 있다.

$$dist(A, B) = \max[dist(x, y) : x \in A,\ y \in B]$$

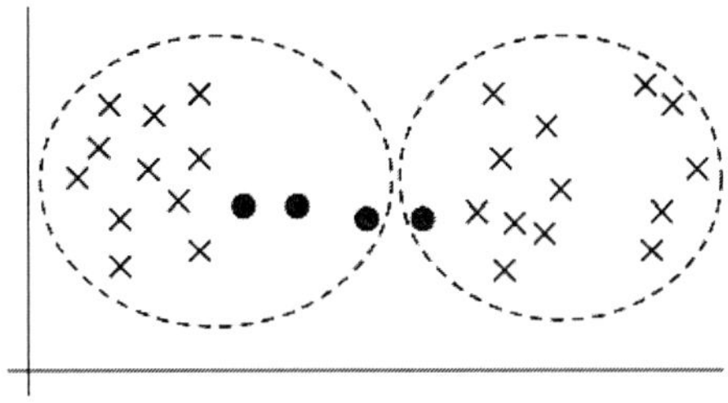

그림 9-6 최장 연결법을 이용한 군집화

3) 평균 연결법 average linkage method: 군집 A에 속해 있는 자료점들과 군집 B에 속해있는 자료점들로 쌍을 이루어 거리를 측정하고, 이 거리들의 평균거리를 두 군집 A와 B의 거리로 정의한다. 이 평균거리가 가장 작은 두 군집을 유사성이 높다고 하고 하나로 병합한다.

4) 중심 연결법 centroid linkage method: 두 군집 A와 B의 거리는 두 군집의 두 평균점 centroid 들간의 거리로 정의한다.

5) Ward 연결법 Ward linkage method: 두 군집 A와 B의 거리는 두 군집에서 계산한 각각의 오차제곱합에서 두 군집을 하나의 군집으로 병합하였을 때 만들어진 큰 군집의 오차제곱합의 증가분을 두 군집 A와 B의 거리로 정의한다. 두 군집이 많이 떨어져 있으면 병합된 군집의 오차제곱합은 크게 증가하게 된다.

지금까지 군집간의 거리를 어떻게 계산하여 가까이 있는 군집을 정의하고 새로운 군집으로 합칠 것인가 하는 방법에 대하여 설명을 하였다. 다음은 군집화 방법에 대하여 설명한다.

3. 계층적 군집화

계층적 군집법 hierarchical clustering method 은 두 가지 유형으로 나뉜다. 먼저 전체 자료를 하나의 군집으로 묶어 넣고 차례로 나누어 divisive 군집이 최종적으로 하나의 자료점이 하나의 군집이 되도록 군집을 만드는 방법이 있고, 다른 하나는 각각의 자료점들을 하나의 군집으로 간주하고 가장 유사한 것들끼리 차례차례 모아서 군집화를 완성하는 방법이 있다. 계층적 군집화는 일반적으로 나무형태의 구조로 표현하는데, 이를 덴드로그램 dendrogram 이라 한다. 첫 번째 방법은 분리적 계층군집화 divisive hierarchical clustering 로 하나의 군집에서 여러 개의 군집으로 가지를 치듯이 내려가는 탑다운 top-down 방식이고, 두 번째 방법은 병합적 계층군집화 agglomerative hierarchical clustering 로 자료수만큼의 군집에서 서로 유사한 것끼리 응집하여 결국은 하나의 군집이 될 때까지 군집화를 진행함으로 이를 바텀업 buttom-up 방법이라 한다.

• 분리적 계층군집화 Divisive Hierarchical Clustering

하나의 군집에서 여러 개의 군집으로 가지를 치듯이 내려가는 탑다운 top-down 방식

• 병합적 계층군집화 Agglomerative Hierarchical Clustering

자료수만큼의 군집에서 서로 유사한 것끼리 응집하여 결국은 하나의 군집이 될 때까지 군집화를 진행하는 바텀업 buttom-up 방법

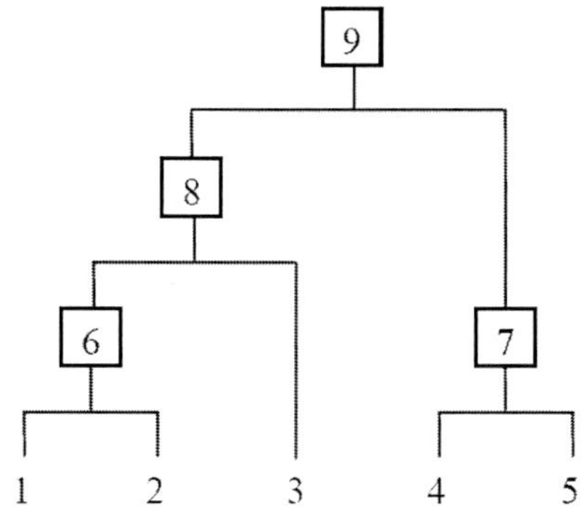

그림 9-7 계층군집화

3.1 분리적 계층군집법

분리적 계층군집화 divisive hierarchical clustering 는 맨 첫 단계에서는 전체 자료를 하나의 군집으로 생각하고, 이를 두 개의 군집으로 나누는 것이다. 전체 자료를 두 개의 군집으로 나눌 수 있는 방법을 모두 고려하여 가장 좋은 두 군집을 선택한다. 그러므로 전체 자료의 수가 n 개이면 두 개의 군집으로 나눌 수 있는 총 방법은 $(2^{(n-1)}-1)$ 가지가 있다. 제일 좋다함은 만들어진 두 군집의 제곱의 합 sum of squares 이 가장 작은 것을 말한다. 두 번째 단계에서는 만들어진 두 개의 군집을 다시 나누는 것인데, 두 군집 중에서 어느 군집을 나눌 것인가의 판단은 두 군집 중에서 제곱 합이 큰 군집을 선택하여 둘로 나눈다. 이 방법을 하나의 자료가 하나의 군집이 될 때까지 한다.

군집의 제곱합을 구하는 방법을 자세히 설명을 하자. 두 개의 군집 A 와 B 가 있다. 군집 $A=\{X_1, X_2, \cdots, X_m\}$ 이고 군집 $B=\{Y_1, Y_2, \cdots, Y_n\}$ 이라 한다. 또한 군집 A 의 중심 centroid 는 C_A 라 하고 군집 B 의 중심 centroid 은 C_B 라 한다. 그러면 두 군집의 제곱합은 아래와 식과 같다.

$$\sum_{i=1}^{m}(X_i - C_A)^2 + \sum_{j=1}^{n}(Y_j - C_B)^2$$

예제 9-4

아래와 같이 8개의 2차원 자료가 8개 주어졌다. 이를 이용하여 분리적 계층군집화를 하자.

$$A=(0.5, 0.5),\ B=(2, 1.5),\ C=(2, 0.5),\ D=(5, 1),$$

$$E=(5.75, 1),\ F=(5, 3),\ G=(5.5, 3),\ H=(2, 3)$$

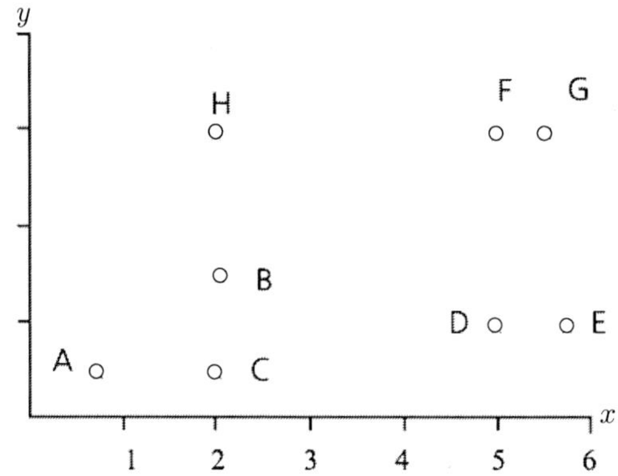

그림 9-8 산점도

분리적 계층군집화는 하나의 군집부터 시작한다. 그 군집에는 8개의 2변량 변수가 모두 포함되어 있다. 두 번째 단계는 이 군집을 두 개로 나누는데, 원소가 8개인 군집을 2개로 나누는 방법은 $2^7-1=127$개의 방법이 있다. 즉, 아래의 군집들과 같이 나누어 질 수 있다.

$$\{A\}\{B,C,\cdots,H\}$$
$$\vdots$$
$$\{H\}\{A,B,\cdots,G\}$$
$$\{A,B\}\{C,D,\cdots,H\}$$
$$\vdots$$
$$\{G,H\}\{A,B,\cdots,F\}$$
$$\{A,B,C\}\{D,E,\cdots,H\}$$
$$\vdots$$
$$\{F,G,H\}\{A,B,\cdots,E\}$$
$$\vdots$$

다음은 각각의 군집이 4개씩의 원소를 갖게 나눈다. 이렇게 나누어진 두 개의 군집들의 제곱합을 구한다. 즉, 각 군집들의 중심점 centroid 를 구하여 위에서 소개한 제곱합 공식에 의해 두 군집의 제곱합을 구한다. 그러면 총 127개의 제곱합 중에서 가장 작은 제곱합을 만든 두 군집이 선택된다. 이 예에서는 두 군집 $\{A,B,C,H\}$, $\{D,E,F,G\}$가 최소의 제곱합을 갖는다. 그 다음 단계는 두 군집 중에서 제곱합이 큰 군집을 둘로 나눈다. 두 군집 중에서 $\{D,E,F,G\}$의 제곱합이 크므로, 다시 이 원소가 4인 군집을 둘로 나눈다. 총 $2^3-1=7$의 수 만큼 나누어진다. 그 중에서 $\{D,E\}$와 $\{F,G\}$가 제곱합이 가장 작다. 그러면 현재 우리는 세 개의 군집 $\{A,B,C,H\}$, $\{D,E\}$와 $\{F,G\}$을 만들었다. 다음 단계는 이 세 군집 중에서 가장 제곱합이 큰 군집을 둘로 나눈다. 세 군집 중에서 제곱합이 제일 큰 군집은 $\{A,B,C,H\}$이고 이 군집을 제곱합이 제일 작게하는 두 군집으로 나누면 $\{A,B,C\}$, $\{H\}$와 같이 된다. 이제 하나의 군집에서 4개의 군집 $\{A,B,C\}$, $\{H\}$, $\{D,E\}$와 $\{F,G\}$이 얻어졌다. 이와 같은 단계를 계속하여 하나의 원소가 하나의 군집을 이룰 때까지 분류해나가는 것이 분리적 계층군집화이다. 이러한 분리적 계층군집화는 결과는 아래 그림과 같은 덴드로그램이 만들어 진다.

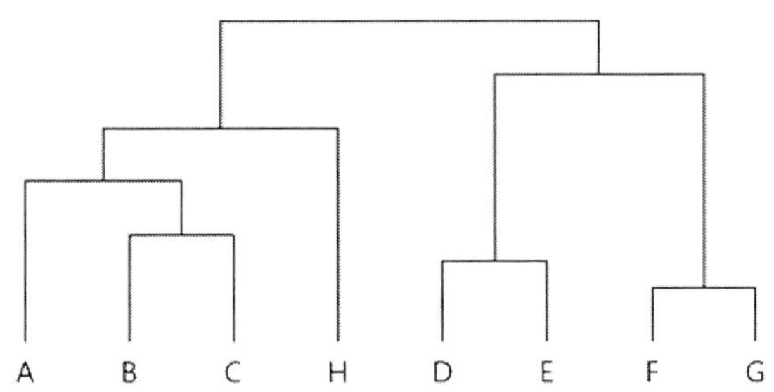

그림 9-9 분리적 계층군집화의 결과

3.2 병합적 계층군집법

병합적 계층군집화 agglomerative hierarchical clustering 는 첫 단계에서 하나의 자료가 하나의 군집을 이루고 있으므로, 각각 자료들간의 거리를 계산하여 가장 가까이 있는 두 개의 자료점들을 합병하여 군집을 만든다. 두 번째 단계는 이 새로 만들어진 군집과 주위에 있는 군집(또는 자료점)들의 거리를 계산한다. 이들 거리를 비교하여 또 가장 거리가 짧은 군집 두 개를 병합하여 새로운 군집을 만든다. 이러한 단계를 계속하여 모든 자료가 하나의 군집으로 묶여질 때까지 군집화 과정을 진행한다. 두 군집을 병합하는 방법은 위 2절에서 설명한 최단 연결법 single linkage method, 최장 연결법 complete linkage method, 평균 연결법 average linkage method, 중심 연결법 centroid linkage method, 그리고 Ward 연결법 Ward linkage method 등을 사용할 수 있다.

또 군집화를 수월하게 하기 위하여 유사성 행렬 similarity matrix 를 사용하면 편리하다. 이 유사성 행렬을 만드는 방법은 아래 예제에서 설명한다.

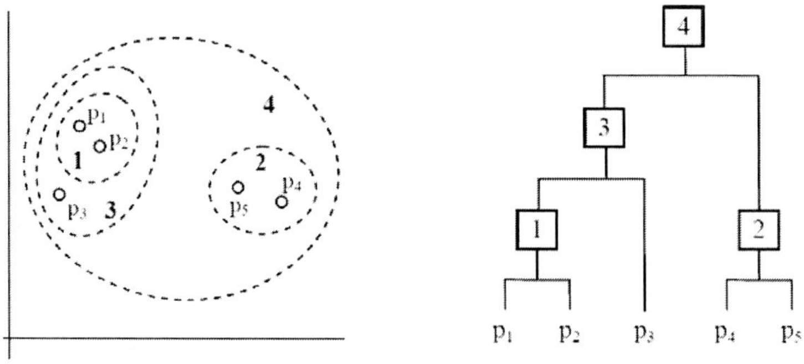

(A) 병합적 계층군집 (B) 덴드로그램

그림 9-10 병합적 계층군집과 덴드로그램

예제 9-5

위의 예를 이용하여 최단 연결법 single linkage method 을 이용한 병합적 계층군집법을 설명하고자 한다. 여기서는 두 군집간의 거리 측도로는 맨하탄 거리 또는 city-block 거리를 사용한다. d 차원 공간의 두 자료점 X와 Y의 맨하탄 거리는

$$dist(X, Y) = \sum_{i=1}^{d} |x_i - y_i|$$

로 정의한다. 이 자료에는 2차원의 8개의 자료점이 있으므로 아래와 같이 두 개의 점들간의 거리를 행렬과 같이 계산할 수 있다. 즉, 첫 행은 자료점 A와 나머지 자료점들간의 맨하탄 거리이다. 자료점 A와 자료점 A간의 거리는 0이고, 자료점 A와 자료점 B와의 거리는 2.5, 자료점C와의 거리는 1.5이다. 그러므로 자료점 A에서 가장 거리가 먼 자료점은 자료점 G이고 두 자료점 간의 거리는 7.5이다. 이 8×8 행렬의 원소 값을 보면 0을 제외하고 가장 작은 숫자는 0.5이고 이는 자료점 F와 자료점 G와의 거리이다.

표 9-2 8×8거리행렬

	A	B	C	D	E	F	G	H
A	0	2.5	1.5	5	5.75	7	7.5	4
B	2.5	0	1.0	3.5	4.25	4.5	5	1.5
C	1.5	1	0	3.5	4.25	5.5	6	2.5
D	5	3.5	3.5	0	0.75	2	2.5	5
E	5.75	4.25	4.25	0.75	0	2.75	2.25	5.75
F	7	4.5	5.5	2	2.75	0	0.5	3
G	7.5	5	6	2.5	2.5	0.5	0	3.5
H	4	1.5	2.5	2.5	5.75	3	3.5	0

그러므로 제일 먼저 두 자료점 F와 G를 묶어서 하나의 군집을 만든다. 두 자료점을 합하여 하나의 군집을 만들었으므로 이제 총 7개의 군집이 되었고, 이들을 이용하여 또 다른 7×7 맨하탄 거리행렬을 만들 수 있다. 여기서 고려해야 할 점은 새 군집과 다른 군집들간의 거리를 어느 점으로 사용할 것이냐에 따라 최단 연결법 single linkage method 이 되거나 최장 연결법 complete linkage method 이

된다. 즉, 군집(자료점) A와 군집 $\{F,G\}$ 간의 거리를 어떻게 계산할 것이가, A와 F간의 거리를 사용할 것인가 A와 G간의 거리를 사용할 것인가. 최단 연결법은 거리가 작은 쪽을 사용하고, 최장 연결법은 거리가 큰 쪽을 사용한다. 이 자료에서는 A와 F와의 거리가 7로서 A와 G간의 거리 7.5보다 작으므로 A와 F와의 거리인 7를 사용한다. 이러한 최단 연결법을 이용하여 7×7 맨하탄 거리행렬을 만들면 아래와 같다.

표 9-3 7×7 거리행렬

	A	B	C	D	E	F,G	H
A	0	2.5	1.5	5	5.75	7	4
B	2.5	0	1.0	3.5	4.25	4.5	1.5
C	1.5	1	0	3.5	4.25	5.5	2.5
D	5	3.5	3.5	0	0.75	2	5
E	5.75	4,25	4.25	0.75	0	2.25	5.75
F, G	7	4.5	5.5	2	2.75	0	3
H	4	1.5	2.5	2.5	5.75	3	0

이 7개의 군집 중에서 가장 가까이 있는 군집은 군집 D와 E이고, 이들간의 거리는 0.75이다. 이 두 개를 합쳐서 새로운 군집 $\{D,E\}$를 만든다. 그 다음은 자료점 B와 C로 이들 간의 거리는 1.0이다. 새로운 군집 $\{B,C\}$가 만들어졌다. 그 다음은 자료점 A와 B간의 거리는 2.5 이고 자료점 A와 C간의 거리는 1.5이며 현재 최단 연결법을 사용하고 있으므로 군집 $\{A\}$와 군집 $\{B,C\}$간의 거리는 1.5가 되어 두 군집이 새로운 군집 $\{A,B,C\}$를 이룬다. 같은 이유로 즉, 자료점 B와 H가 가까워서 군집 $\{A,B,C\}$와 군집 $\{H\}$가 합쳐지게 되어 새 군집 $\{A,B,C,H\}$가 된다. 이 절차를 덴드로그램으로 그리면 아래와 같다.

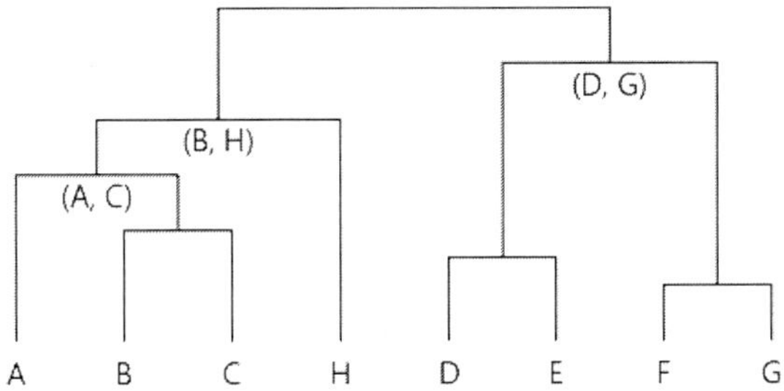

그림 9-11 최단 연결법의 군집화 결과

다음은 같은 자료를 이용하여 최장 연결법 complete linkage method을 설명한다. 처음 단계는 한 군집에 하나의 자료점만이 있으니 최단 연결법과 최장 연결법이 같다. 두 개 이상의 자료점들로 군집이 만들어 지면 고려하는 거리가 다르게 된다. 위 최단 연결법에서 군집 $\{A\}$와 $\{B,C\}$ 사이의 거리를 비교할 때, 최단 연결법에서는 자료점 A와 가장 가까운 자료점 C의 거리 1.0를 다른 군집과의 거리비교에 사용하였으나. 최장 연결법에서는 자료점 A와 가장 거리가 먼 자료점 B와의 거리 2.5를 다른 군집들과의 거리비교에 사용하였다. 마찬가지로 군집 $\{A,B,C\}$와 $\{H\}$간의 거리도 자료점 H와 가장 거리가 먼 자료점 A와의 거리를 사용하였다. 최장 연결법에 의한 군집결과는 아래 덴드로그램과 같다.

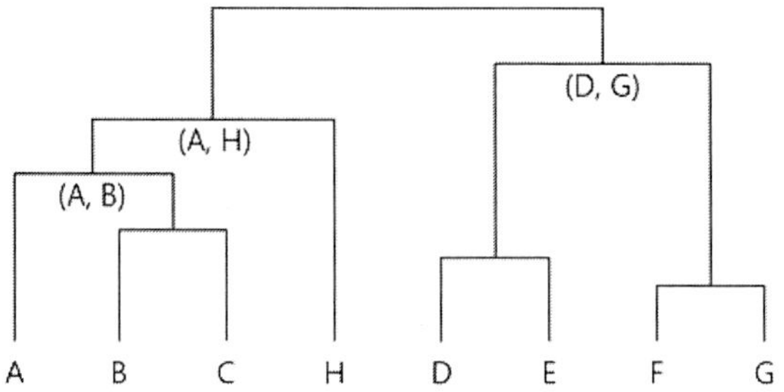

그림 9-12 최장 연결법에 의한 군집화

최단 연결법과 최장 연결법의 자세한 특성은 앞 절에서 설명하였다.

3.3 계층군집법에서 고려할 점들

계층군집법은 다음에 설명할 k-평균 군집법등 분할군집법과 비교하여 몇 가지 장점을 가지고 있다.

- 계층군집법은 어느 형태의 거리나 유사성 함수를 사용할 수 있다.
- k-평균 군집법은 군집의 수 k를 미리 정해야 할 뿐만 아니라 군집의 수가 k로 결정되지만 계층군집법은 만들어진 나무구조의 군집의 계층의 어느 단계에서나 군집을 수를 결정할 수 있다. 많은 응용분야에서 이 장점은 매우 유용하게 사용된다.
- 몇몇 연구에서 병합적 계층군집법은 k-평균 군집법에 버금가는 군집화를 만든다는 연구가 있다. 또한, 최단 연결법 single linkage method 를 사용하면 다양한 형태의 자료구름 data cloud 에서도 바람직한 군집화를 한다.

위에서 이미 설명한 바와 같이 계층분할법에는 몇 가지 단점이 있다.

- 최단 연결법은 체인 효과 chain effect 가 있고, 최장거리 연결법은 이상치 outliers 에 취약하며, 전체적으로 계층군집법은 군집화에 시간이 많이 걸리는 단점이 있다. k-평균 군집법에 비하여 군집화의 시간이 많이 걸리므로 큰 자료의 군집화에는 실용적이지 않다.
- 이 문제를 해결하기 위해서는 확률표본을 사용할 수 있다. 전체 자료에서 임의의 확률표본을 만들어 이 표본으로부터 군집화를 하고, 나머지 자료는 각 군집과의 적당한 연결법을 사용하여 각 군집에 포함시킨다. 또 다른 방법은 표본에 의하여 만들어진 군집을 범주 class 화 하여 지도학습의 분류법 classification 을 할 수도 있다.

- 또 다른 방법은 scale-up 방법이다. 먼저 전체 자료를 일차적으로 크기가 작은 많은 수의 군집들로 나누고, 다음 단계로 각 군집의 중심점들을 자료로 하여 이차 군집화를 한다. 그러면 이차 군집화에서는 군집들의 크기가 더 커졌다. 다시 더 커진 군집들의 군집 중심점들을 계산하고 이 군집 중심점 centroid 들을 자료인양 사용하여 다음 단계의 군집화를 한다. 이러한 방법을 scale-up 방법에 의한 군집화라 한다.

4. 분할적 군집법

분할적 군집법 partitional clustering method 중에서 가장 잘 알려진 방법이 k-평균 군집법 k-means clustering 이다. 이 방법은 군집화를 시작하기 전에 먼저 총 군집의 수를 미리 정한다. 이 부분이 - 총 군집의 수를 미리 정함 - 계층적 군집법과 가장 다른 부분이다. 간편하고 효율적인 장점으로 인하여 가장 많이 사용되는 군집법이다.

4.1 k-평균 군집법

이 군집법을 설명하기 편하게 하기 위하여 n개의 자료 $\{x_1, x_2, \cdots, x_n\}$ 이 주어졌다고 하고, 각 자료들은 r개의 속성(변수)들을 가지고 있다고 한다. 즉, $x_i = [x_{i1,} x_{i2,} \cdots, x_{ir}]$, $i = 1, 2, \cdots, n$는 r차원 벡터이며, r차원 공간에 자료점 data cloud 이다. k-평균 군집법은 이 r차원 공간에 있는 n개의 자료점들을 미리 정한 k개의 군집으로 나누는 방법이다. 각각의 군집은 그 군집의 중심점 centroid 를 가지고 있다. 이 군집의 중심점은 단순히 각 군집에 속해 있는 자료들을 평균한 값이다. 그러므로 k-평균 군집법에서는 k개의 평균을 계산해야 하고 그래서 이 군집화 방법을 k-평균 군집법이라 한다.

k-평균 군집법의 절차는 다음과 같다. 처음에 n개의 자료점 중에서 임의의 k개 자료점들을 초기 중심점 seed centroid 으로 선택한다. 다음으로 모든 자료점들과 k개의 초기 중심점들간의 거리를 계산한다. 각각의 자료점들은 가장 가까이 있는 초기 중심점으로 배당된다. 그리하여 하나의 초기 중심점과 이 중심점과 가장 가까이 있는 점들이 하나의 군집을 형성하여 총 k개의 군집이 만들어 진다. 다음 단계는 새로 만들어진 각각의 군집에서 군집 중심점 centroid 을 새로 계산하는 것이다. 이 새로 계산된 군집 중심점은 초기 중심점과 당연히 다르다. 이 새로 계산된 군집 중심점에 가장 가까이 자료점들을 새로 계

산된 군집 중심점에 배당한다. 그리하여 새 군집 중심접과 이 중심점에 배당된 자료점들이 새로운 군집을 형성하게 되어 또 다른 k개의 군집이 형성된다. 그러면 다시 중심점을 계산하고, 이들에 가장 가까운 자료점들로 새로운 k개의 군집을 만드는 과정을 반복한다. 이 반복된 작업은 다음 중 하나의 조건을 만족하면 정지한다.

- 더 이상 자료점들의 다른 군집으로의 이동이 없는 경우
- 더 이상 군집 중심점이 변하지 않는 경우
- 오차제곱합 SSE sum of squared errors 가 유의할 정도로 변하지 않는 경우

여기서 SSE는 다음과 같이 계산한다.

$$SSE = \sum_{j=1}^{k} \sum_{x_i \in C_j} [dist(x_i, m_j)]^2$$

그리고 군집 중심점 centroid m_j는 다음과 같다.

$$m_j = \frac{\sum_{x_i \in c_j} x_i}{n(C_j)}, \quad n(C_j) = \text{군집 } C_j \text{에 있는 자료들의 개수}$$

자료점 x_i와 군집 중심점 m_j간의 거리는 다음과 같이 계산한다.

$$dist(x_i, m_j) = \sqrt{\sum_{d=1}^{r} (x_{id} - m_{jd})^2}$$

예제 9-6

아래 [그림 9-13 (A)]에는 2차원 공간에 자료점들이 분포되어 있다. 이 자료를 이용하여 k-평균 군집법의 절차를 알아 본다.

단계 1: 먼저 k-평균 군집법을 시행하기 위해서는 군집의 수 k를 먼저 정하여야 한다. 이 자료를 두 개의 군집으로 나누자. 그러면 $k=2$가 된다.

단계 2: 다음 단계는 주어진 자료 중에서 군집의 수 $k=2$와 같은 수인 두 개의 자료점들을 임의로 random 선택한다. 이 임의로 선택된 두 개의 자료점이 초기 중심점 centroid 가 된다.

단계 3: 이 초기 중심점들과 각 자료점들간의 거리를 계산하여 각 자료점들이 두 개의 초기 중심점중에서 어느 것에 가까운지를 결정한다. 초기 중심점을 중심으로 가까운 자료점들로 두개의 군집을 나눈다. [그림 9-13 (B)].

단계 4: 단계 3에서 만들어진 두 개의 군집에서 다시 군집의 중심점 centroid 을 계산한다. [그림 9

−13 (C)]. 여기서 유의할 점은 이 새로 계산된 중심점들은 주어진 자료에 있는 점들이 아닐 경우가 대부분이다. 자료 중에서 선택된 점들이 아니라 계산된 수치이기 때문이다. 이 새로 계산된 두 개의 중심점과 자료들과의 거리를 계산하여, 각각의 중심점에 가까운 자료점들로 새로운 군집을 만든다. [그림 9 −13(D)].

단계 5: 단계 4를 반복한다. [그림 9 −13 (E) − (G)]. 두 개의 군집간에 자료점들의 움직임이 없으면 단계 4의 반복 iteration 을 멈춘다. [그림 9 −13(G)].

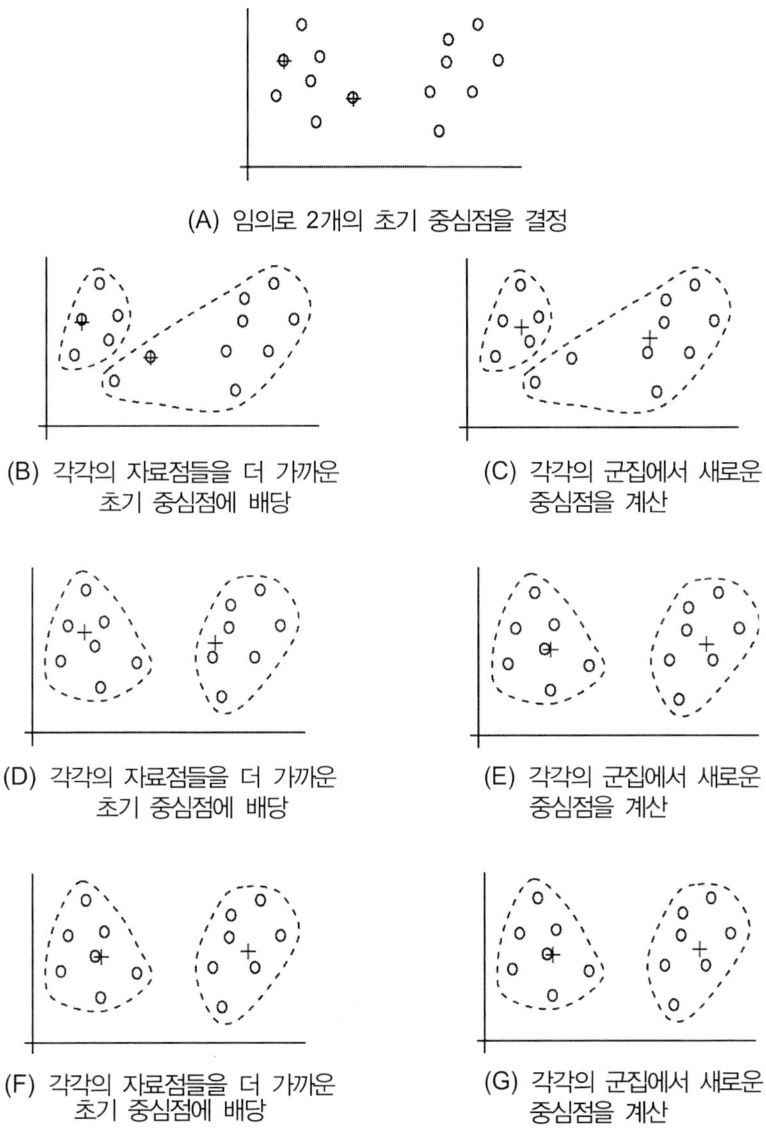

(A) 임의로 2개의 초기 중심점을 결정

(B) 각각의 자료점들을 더 가까운 초기 중심점에 배당

(C) 각각의 군집에서 새로운 중심점을 계산

(D) 각각의 자료점들을 더 가까운 초기 중심점에 배당

(E) 각각의 군집에서 새로운 중심점을 계산

(F) 각각의 자료점들을 더 가까운 초기 중심점에 배당

(G) 각각의 군집에서 새로운 중심점을 계산

그림 9−13 k−평균 군집화의 과정[5]

5) [그림 9-13]~[그림 9-17] Liu, B(2013) Web Data Mining. 참고

4.2 k-평균 군집화에서 고려해야 할 점들

1) k-평균 군집화에서 나타날 수 있는 문제는 k개의 군집 중에서 군집에 자료점이 하나도 없는 빈군집 empty cluster 이 생길 수 있는 것이다. 이 빈군집 문제를 해결하기 위해서는 대체 군집 중심점을 찾아서 해결한다. 대체 군집 중심점은 k개의 군집 중에서 가장 큰 군집으로부터 가장 멀리 떨어져 있는 자료점을 대체 군집 중심점으로 사용한다. 만일 군집화의 반복 작업을 중지하기 위한 조건으로 SSE sum of squared error 를 사용한다면 k개의 군집중에서 SSE가 가장 큰 군집에서 대체 군집 중심점을 찾는다.

2) k-평균 군집화는 평균의 의미가 잘 정의되는 자료에만 적용할 수 있다. 그러기 때문에 범주형 자료에는 적용하기 어렵다. 범주형 자료에는 k-최빈수 군집법을 사용할 수 있다. 이 k-최빈수 군집법은 평균대신에 최빈수를 군집의 중심점으로 사용한다. 위에서와 같이 n개의 자료 $\{x_1, x_2, \cdots, x_n\}$가 주어졌다고 하고, 각 자료들은 r개의 속성(변수)들을 가지고 있다고 한다. $x_i = [x_{i1}, x_{i2,} \cdots, x_{ir}], i = 1, 2, \cdots, n$은 r차원 벡터이며, r차원 공간에 자료점 data cloud 이다. j번째 군집 C_j의 최빈수는 $m_j = (m_{j1}, m_{j2}, \cdots, m_{jr})$로 표시하고, m_{jd}는 d번째 속성(변수)의 최빈수이다. 각각의 자료점와 최빈수와의 유사성은 자료점과 최빈수와 얼마나 값이 일치하느냐 또는 일치하지 않느냐로 결정한다. 다음 절에 나오는 여러 가지 거리 중에 범주형 자료의 거리의 정의에서 자세히 설명한다.

3) k-평균 군집법에서는 미리 군집의 개수 k를 결정해야 하지만, 실제 자료분석을 할 경우에는 몇 개의 k값을 시도하여 가장 군집의 결과가 좋은 것을 선택한다. 군집화의 평가는 다음에 설명한다.

4) 기초 통계학에서 평균의 단점중의 하나가 이상치에 너무 많은 영향을 받는 것이었다. k-평균 군집법도 각 속성의 평균을 사용하기 때문에 이상치에 많은 영향을 받는다. 그러므로 이상치에 대한 적절한 처리를 하지 않고 이 군집방법을 사용하면 바람직하지 않은 결과를 갖게 된다. [그림 9-14(A)]

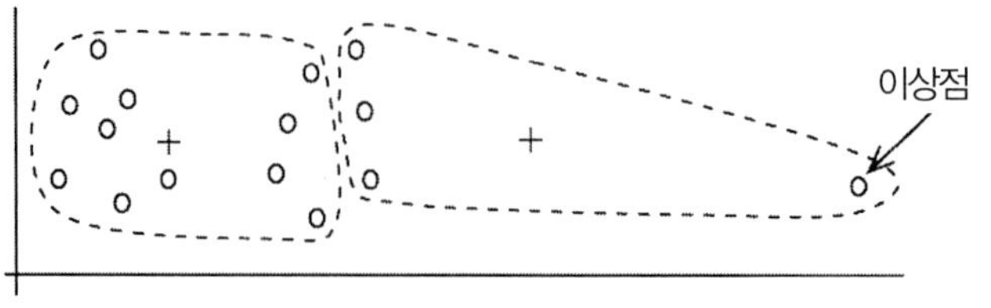

(A) 바람직하지 않은 군집화

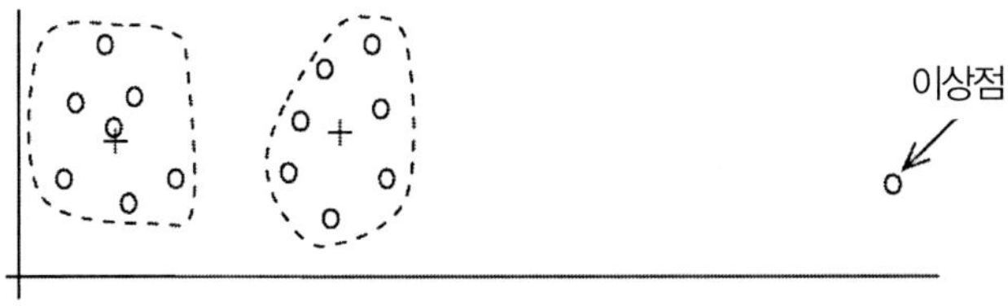

(B) 바람직한 군집화

그림 9-14 군집화에서 이상점의 영향

5) 이상치를 처리하는 방법에는 여러 가지가 있다. 먼저 제일 간단한 방법은 이상치를 제거하는 일이다. 안전한 방법은 몇 단계의 군집화를 시행하면서 이상치로 의심되는 자료점이 어떠한 영향을 미치는 지를 관찰한 후에 제거여부를 결정하는 것이다. 일반적으로 이상치를 결정하는 값을 정하고 분석을 하는 것이 좋다. [그림 9-14(B)]

6) 또 하나의 방법은 전체 자료에서 확률표본 random sample 를 추출하여 사용하는 것이다. 이상치의 수는 적기 때문에 확률표본을 추출할 경우에 적은 수의 이상치가 추출될 확률은 아주 작다. 이 추출된 확률표본으로 먼저 군집화를 시행하고, 나머지 자료는 만들어진 군집에 할당하는 방법이다. 이렇게 할당하는 방법에 세 가지가 있다.

- 나머지 자료들을 확률표본에 의하여 만들어진 k개의 군집 중심점 centroid 들 중에서 가장 가까운 군집 중심점에 배당하는 방법이다. 이 방법이 가장 간단하다.
- 확률표본에 의하여 만들어진 k개의 군집을 각각의 범주 class 로 간주하고 지도학습의 분류법 classification 을 시행한다. 이것은 마치 확률표본을 학습자료 training dataset 로 간주하고 나머지를 검증자료 test dataset 으로 사용하는 방법과 동일하다.
- 세 번째 방법은 semi-학습 learning 방법이다. semi-학습 방법은 두 종류의 자료를 사용하는데, 하나는 작은 수의 -계급을 나타내는 변수가 있는- 지도학습 자료이고 다른 하나는 다수의 -계급을 나타내는 변수가 없는- 비지도학습 자료이다. 이 두 종류의 자료를 동시에 사용하는 기계학습 방법을 semi-학습 방법이라 한다. 이 방법은 이 책에서는 다루지 않는다.

7) k-평균 군집법은 위에서 설명한 바와 같이 이상치에 영향을 많이 받을 뿐만 아니라, 또한 초기 중심점 seed centroid 에도 많은 영향을 받는다. 아래 두 그림에서 보는 바와 같이 초기 중심점에 따라서 아주 바람직하지 않는 군집을 얻는다. [그림 9-15 (A) - (C)]

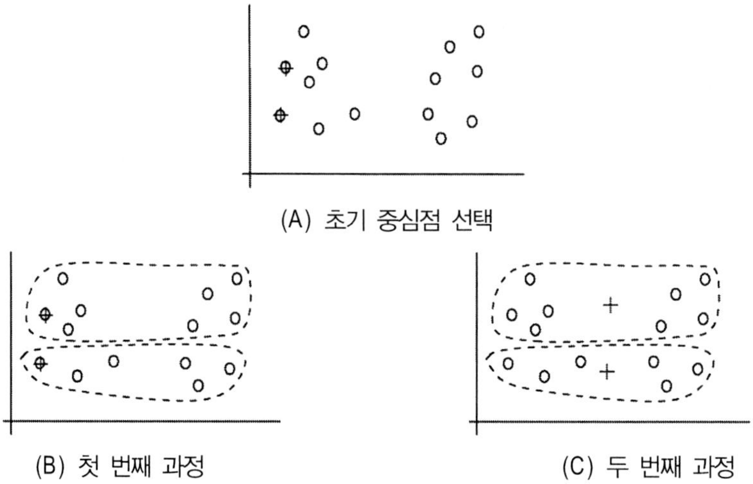

그림 9-15 잘못된 초기 중심점의 결과

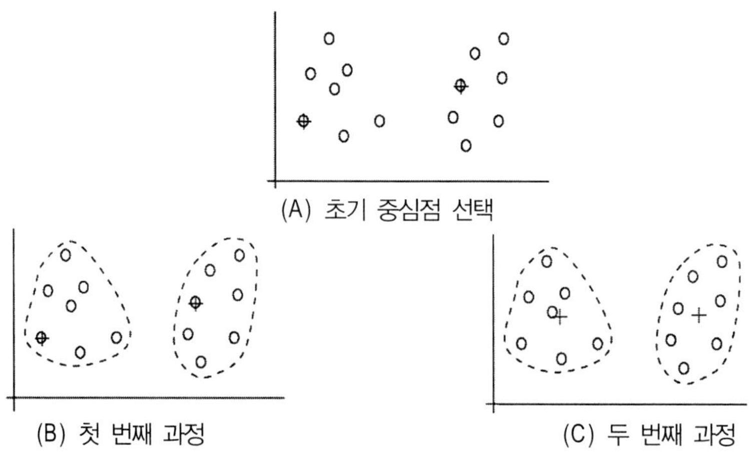

그림 9-16 바람직한 초기 중심점의 결과

8) 좋은 초기 중심점을 찾을 수 있는 몇 가지 방법이 소개되어 있다. 이론적으로는 초기 중심점을 임의로 선택하여 사용하게 되어 있으나, 잘못된 초기 중심점의 선택으로 바람직하지 못한 군집화를 피하기 위해서, 아래와 같은 방법을 통하면 좋은 초기 중심점을 찾아낼 수 있다.

- 첫 번째 방법은 전체 자료의 평균을 계산하고, 전체 평균을 초기 중심점의 하나로 사용하는 것이다. 그 다음은 전체 평균에서 가장 멀리 있는 자료를 두 번째 중심점 x_1으로 선택한다. 그런 다음, 두 번째 중심점 x_1과의 거리가 가장 멀리 있는 자료를 세

번째 중심점 x_2으로 선택한다. 아직 k개의 중심점이 채워지지 않았으면 그 다음부터는 이미 선택된 군집 중심점들 - 전체 평균, x_1, x_2- 과의 거리를 합하여 가장 큰 거리합을 가지는 자료들을 차례로 선택한다. 그러나 전체 자료에 이상치들이 포함되어 있으면 이 방법 또한 효과적이지 않다. 그러한 경우에는 확률표본을 추출하여 위에 설명한 과정으로 초기 중심점을 찾으면 좋은 초기 중심점을 찾을 수 있다.

- 두번째 방법은 전체 자료에서 확률표본을 추출하고, 추출된 표본을 이용하여 계층 군집법으로 k개의 군집을 만든다. 이때 만들어진 k개의 군집의 중심점을 k-평균 군집법의 초기 중심점으로 사용하는 것이다.
- 세번째 방법은 초기 중심점을 수작업으로 선택하는 것이다. 이 방법은 군집화를 유의적으로 좋은 결과를 만들 수 있도록 한다.

9) k-평균 군집법은 전체 자료에 있는 군집들이 타원형이 아닌 경우에는 실제로 그 군집을 찾아내는데 어려움이 있다.

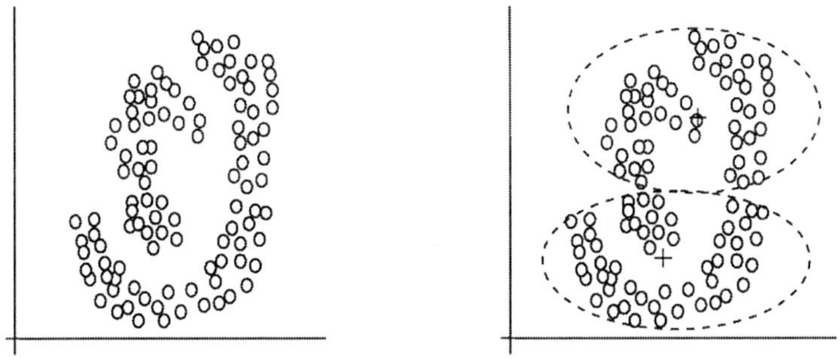

(A) 자연스러운 군집 (B) k-평균 군집화의 결과

그림 9-17 타원형 형태의 자연스러운 군집과 k-평균 군집화

위와 같이 몇 가지 단점을 포함한 고려할 점에도 불구하고 간단함과 효율성으로 인하여 가장 많이 사용되고 있는 군집법이다. 비록 어느 군집법이 특별한 자료의 군집화에 효율적일 수는 있으나 일반적으로 k-평균 군집법보다 더 좋다는 뚜렷한 증거는 없다. 지도학습과 같이 자료에 계급값 class value 이 없기 때문에 비지도학습 자료에서는 어느 군집이 정확한지 모르므로 군집법 간의 군집화 효율성을 정확히 비교하기는 쉽지가 않다.

5. 거리 함수

군집과 군집, 자료점과 자료점과의 거리 distance 나 유사성 similarity 척도는 군집화에 중심적인 역할을 한다. 유의할 점은 자료의 속성 attribute 또는 변수의 종류 variable type 에 따라 의미있는 거리 함수나 유사성 척도를 사용하여야 한다.

5.1 연속형 자료의 거리

연속형 변수나 연속형이 아니어도 숫자가 의미를 갖는 변수들에게는 일반적으로 유클리디안 거리 Euclidean distance 를 사용한다. 이 유클리디안 거리외에 맨하탄 거리 Mahattan(city block) distance, 또는 민코프스키 거리 Minkowski distance 를 사용한다. 유클리디안 거리나 맨하탄 거리는 민코프스키 거리의 특별한 형태이다.

- 민코프스키 Minkowski 거리: 아래 식에서 p는 양수이다.

$$dist(x_i, x_j) = (|x_{i1} - x_{j1}|^p + |x_{i2} - x_{j2}|^p + \cdots + |x_{ir} - x_{jr}|^p)^{\frac{1}{p}}$$

- 유클리디안 Euclidean 거리: 위 민코프스키 거리에서 $p = 2$인 경우이다.

$$dist(x_i, x_j) = \sqrt{(x_{i1} - x_{j1})^2 + (x_{i2} - x_{j2})^2 + \cdots + (x_{ir} - x_{jr})^2}$$

- 가중 유클리디안 거리 : 각 속성간에 가중치를 차등있게 적용하고자 할 때.

$$dist(x_i, x_j) = \sqrt{w_1(x_{i1} - x_{j1})^2 + w_2(x_{i2} - x_{j2})^2 + \cdots + w_r(x_{ir} - x_{jr})^2}$$

- 맨하탄 Mahattan 거리: 민코프스키 거리에서 $p = 1$인 경우이다.

$$dist(x_i, x_j) = |x_{i1} - x_{j1}| + |x_{i2} - x_{j2}| + \cdots + |x_{ir} - x_{jr}|$$

- 체비세프 Chebychev 거리:

$$dist(x_i, x_j) = \max(|x_{i1} - x_{j1}|, |x_{i2} - x_{j2}|, \cdots, |x_{ir} - x_{jr}|)$$

체비세프 거리는 자료들간에 r 개의 변량(속성)중에서 하나의 변량(속성)에서라도 큰 차이가 있으면 그 차이를 이용하고자 할 때 사용하는 거리이다. 이 외에도 유클리디안 거리를 제곱한 값을 거리로 사용할 수도 있다.

5.2 범주형 자료의 거리

위 절에서 소개한 거리는 수치적 자료 numeric data에만 사용이 가능하다. 그러한 자료는 이항 자료 binary data 나 명목형 자료 nominal data 에는 사용할 수 없다. 이런 자료에는 다른 거리함수를 사용해야 한다. 먼저 이항 자료에 사용할 함수에 대하여 설명한다.

이항 자료는 성별과 같이 하나의 속성(변수)가 2가지 상태 state or level 를 가지는 자료들을 말하며, 만일 이 상태들을 0과 1로 표시한다 하더라도 이는 단순히 표시일 뿐 숫자적 의미를 갖는 것이 아니다. 이런 이항 자료들 간의 거리는 전체 자료의 개수 중에서 두 상태가 얼마나 일치하는가 하는 비율로 나타낸다. 이렇게 비율로 나타내는 자료의 거리척도는 contingency table 또는 confusion matrix를 사용하여 정의하면 편리하다. 두 자료 $x_i \in \{0, 1\}$와 $x_j \in \{0, 1\}$를 이용한 confusion matrix는 다음과 같다.

		이항변수 X_j 1	0	
이항변수 X_i	1	a	b	$a+b$
	0	c	d	$c+d$
		$a+c$	$b+d$	$a+b+c+d$

a : 자료 $x_i = 1$ 이고 $x_j = 1$ 인 경우의 빈도

b : 자료 $x_i = 1$ 이고 $x_j = 0$ 인 경우의 빈도

c : 자료 $x_i = 0$ 이고 $x_j = 1$ 인 경우의 빈도

d : 자료 $x_i = 0$ 이고 $x_j = 0$ 인 경우의 빈도

그림 9-18 이항 변수의 (2×2) 분할표

이항 자료 간의 의미가 있는 거리를 만들기 위하여 이항 자료가 갖는 2가지 상태 state의 관계에 따라 두 가지 종류의 거리를 사용한다. 먼저 2가지 상태가 동등하게 중요한 경우에는 균등한 거리 symmetric distance 를 사용하고, 2가지 상태 중에 어느 하나가 더 중요한 경우에는 비균등한 거리 asymmetric distance 를 사용한다.

먼저 이항 자료의 두 상태가 동등하게 중요한 경우에 사용하는 두 분류변수 x_i와 x_j간의 균등한 거리를 소개한다.

• 단순 일치 거리 simple matching distance:

$$dist(x_i, x_j) = \frac{b+c}{a+b+c+d}$$

이 거리는 전체 빈도 중에서 두 이항변수의 상태가 불일치하는 빈도의 비율 proportion of mismatches 이다.

위 거리에서 일치하는 matched 경우와 일치하지 않는 mismatched 경우에 각각 두 배의 가중치를 부여하여 새로운 거리를 만들어 사용할 수도 있다.

• 일치하지 않는 경우에 두 배의 가중치를 주는 경우.

$$dist(x_i, x_j) = \frac{2(b+c)}{a+d+2(b+c)}$$

• 일치하는 경우에 두 배의 가중치를 주는 경우.

$$dist(x_i, x_j) = \frac{b+c}{2(a+d)+b+c}$$

예제 9-7

아래 자료 x_1과 x_2는 2가지 상태 $\{0, 1\}$가 동등하게 중요한 균등 이항변수의 7개의 관측값들이다.

x_1	1	1	1	0	1	0	0
x_2	0	1	1	0	0	1	0

이 자료을 이용하여 contingency table을 만들면 아래와 같다.

표 9-4 이항자료의 분할표

	$x_2=1$	$x_2=0$	합
$x_1=1$	2	2	4
$x_1=0$	1	2	3
합	3	4	7

이때 이 contingency table에 있는 자료를 이용한 단순 일치 거리는

$$dist(x_i, x_j) = \frac{b+c}{a+b+c+d} = \frac{2+1}{2+2+1+2} = \frac{3}{7} = 0.429$$

이다.

다음으로 이항 자료의 두 상태 state or level $\{0, 1\}$의 중요도가 서로 다른 경우에 두 자료 x_i와 x_j 간의 비균등한 거리 asymmetric distance 를 소개한다. 설명을 수월하게 하기 위하여 두 상태 $\{0, 1\}$ 중에서 $\{1\}$을 더 중요한 상태라고 하자. 여기서 덜 중요한 상태 $\{0\}$는 출현 빈도가 작거나 흔치 않은 rare or infrequent 경우를 말한다. 두 상태의 중요도가 서로 다른 경우 비균등한 거리 중에서 가장 많이 사용하는 거리는 자카드 거리 Jaccard distance 이다.

- 자카드 거리 Jaccard distance:

$$dist(x_i, x_j) = \frac{b+c}{a+b+c}$$

위 균등한 거리에서와 같이 일치하는 matched 경우와 일치하지 않는 mismatched 경우에 두 배의 가중치를 부여하여 자카드 거리를 사용할 수 있다.

- 일치하지 않는 경우에 두 배의 가중치를 주는 경우.

$$dist(x_i, x_j) = \frac{2(b+c)}{a+2(b+c)}$$

- 일치하는 경우에 두 배의 가중치를 주는 경우.

$$dist(x_i, x_j) = \frac{b+c}{2(a)+b+c}$$

여기까지 정의한 거리 외에 두 자료간의 유사성 similarity 를 정의할 수 있는데, 이 유사성 척도를 자카드 계수 Jaccard coefficient 라 한다.

- 자카드 계수 Jaccard coefficient:

$$coef\,(x_i, x_j) = \frac{a}{a+b+c}$$

이항 자료가 아닌 다항 자료 multinomial data 인 경우에는 이항 자료와 유사하게 거리 함수를 정의할 수 있다. 예를 들어 자료의 속성(변수)의 수가 총 r개이고, 두 자료 x_i와 x_j간의 일치하는 속성의 수가 s개이면 두 분류변수 x_i와 x_j간의 거리는 아래와 같다.

- 다항 자료 multinomial data 의 거리:

$$dist(x_i, x_j) = \frac{r-s}{r}$$

◢ 5.3 텍스트 문서들간의 거리

글자들만으로 구성된 문서 text document 들은 문장 sentence 로 이루어져 있고, 문장들은 일련의 단어들의 배열로 되어 있다. 그래서 텍스트 마이닝 text mining 등의 단어-문서 분석 또는 문서-단어 분석에서는 문서를 단어의 자루 bag of words 라는 말을 쓴다. 일반적으로 단어-문서 분석 또는 문서-단어 분석에서 단어들의 순서 sequence 나 위치는 무시하고 어느 특정 단어들이 출현한 빈도만을 고려한다. 이러한 경우에 하나의 문서는 단어들의 출현빈도만으로 이루어진 벡터와 같다. 두 문서를 비교할 때는 두 벡터간 거리 distance 보다는 유사도 similarity 를 사용하는데 가장 대표적인 유사도는 코사인 유사도 cosine similarity 이다. 두 문서벡터 A와 B의 코사인 유사도는

$$cosine(A, B) = \frac{A \cdot B}{|A| \times |B|}$$

이다. 여기서 $A \cdot B$는 두 문서벡터의 내적 inner product 이며, 분모에 있는 $|A| \times |B|$는 두 벡터의 유클리디안 거리의 곱이다.

예를 들면 다음과 같은 문서-단어 행렬 document-term matrix 이 있다. 두 문서 A와 B의 코사인 유사도는

	단어1	단어2	단어3	단어4	단어5	단어6	단어7	단어8	단어9
A	0	4	7	0	10	4	2	4	6
B	7	10	6	4	15	0	0	0	5

$$cosine(A, B) = \frac{A \cdot B}{|A| \times |B|} = \frac{262}{15.39 \times 21.24} = 0.80$$

6. R 프로그램 실습: 군집분석

6.1 분리적 계층군집법

Iris 자료를 분석하기 위해 분리적 계층군집법을 사용하고자 한다. *iris* 자료의 일부를 살펴보면, 자료는 꽃받침 길이를 나타내는 *Sepal.Length*, 꽃받침 너비인 *Sepal.Width*, 꽃잎 길이인 *Petal.Length*, 꽃잎 너비인 *Petal.Width*, 붓꽃의 종류인 *Species*로 이루어져 있음을 확인할 수 있다. *Species*는 붓꽃의 3가지 종류인 "*setosa*", "*versicolor*", "*virginica*"로 이루어져있다.

```
> data(iris)
> head(iris,n=10)
   Sepal.Length Sepal.Width Petal.Length Petal.Width Species
1      5.1         3.5          1.4          0.2      setosa
2      4.9         3.0          1.4          0.2      setosa
3      4.7         3.2          1.3          0.2      setosa
4      4.6         3.1          1.5          0.2      setosa
5      5.0         3.6          1.4          0.2      setosa
6      5.4         3.9          1.7          0.4      setosa
7      4.6         3.4          1.4          0.3      setosa
8      5.0         3.4          1.5          0.2      setosa
9      4.4         2.9          1.4          0.2      setosa
10     4.9         3.1          1.5          0.1      setosa
```

R에서 분리적 계층군집법을 하기 위해서는 *cluster* 패키지에 있는 *diana()* 함수를 이용하면 된다. 다음 코드에서는 *diana()* 함수에서 유사성 행렬을 생성하기 위해 유클리디안 거리를 이용했다. 이 함수에서는 유클리디안 거리와 맨하탄 거리를 이용할 수 있다. 이렇게 *diana()* 함수에 바로 자료를 넣어도 되고, *dist()* 함수를 이용해서 유사성 행렬을 구한 후 *diana()* 함수에 넣어도 같은 결과를 얻을 수 있다. *dist()* 함수는 유클리디안, 맨하탄, 민코프스키, 캔버라 Canberra 거리 등을 이용하여 유사성 행렬을 생성할 수 있다.

```
> library(cluster)
> div<-diana(iris[,-5],metric="euclidean")
> #iris.dist<-dist(iris[,-5],method = "euclidean")
> #div<-diana(iris.dist)
```

이 군집 결과를 그래프로 그리면 [그림 9-19]와 같다. *Iris* 자료의 분류 변수인

Species 는 3개의 분류값을 가지고 있으므로, 군집을 3개로 지정하였다. 여기서 *rect.hclust()* 함수를 이용하면 군집 그래프에 지정해준 군집 개수에 맞게 분할해주는 빨간 상자를 그려주고, *cutree()* 함수는 지정해준 군집 개수에 맞게 관측치에 군집을 부여해준다.

```
> plot(div)
> rect.hclust(div,k=3)
> div.clust<-cutree(as.hclust(div),k=3)
> div.clust
 [1] 1 1 1 1 1 1 1 1 1 1 1 1 1 1 1 1 1 1 1 1 1 1 1 1 1 1 1 1 1 1 1 1 1 1 1 1
 [37] 1 1 1 1 1 1 1 1 1 1 1 1 1 1 2 2 2 2 2 2 2 1 2 2 2 2 2 2 2 2 2 2 2 2
 [73] 2 2 2 2 2 3 2 2 2 2 2 2 2 2 2 2 2 2 2 2 2 2 1 2 2 2 2 1 2 3 2 3 3 3 3 2 3
 [109] 3 3 3 3 3 2 2 3 3 3 3 3 2 3 2 3 2 3 3 2 2 3 3 3 3 3 2 3 3 3 3 3 2 3 3 3 3 2 3
 [145] 3 3 2 3 3 2
```

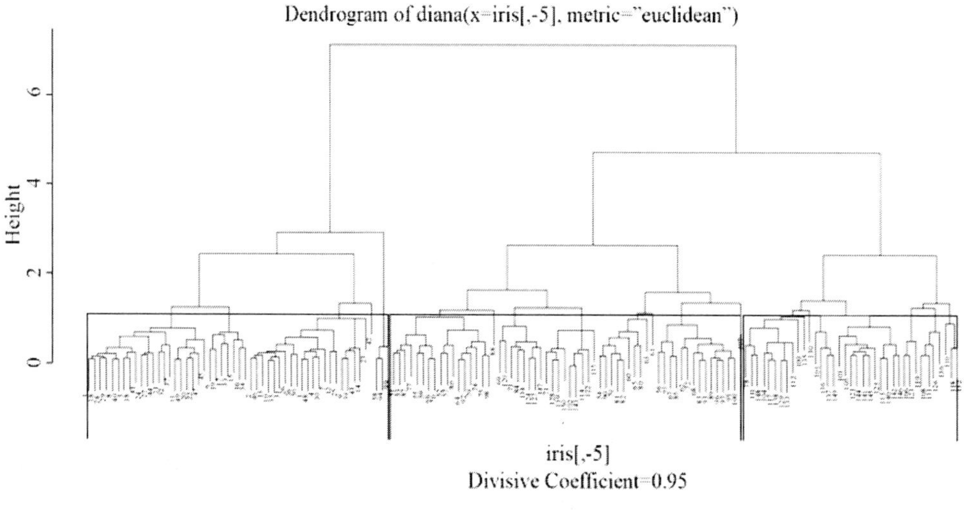

그림 9-19 *iris* 자료에 대한 분리적 계층군집법

군집과 분류값을 이용하여 이원분할표를 그리면 다음과 같다. 이를 보면 "*setosa*"는 군집 1, "*versicolor*"는 군집 2, "*virginca*"는 군집 3으로 대부분 분류된 것을 확인할 수 있다.

```
> div.conf<-table(div.clust,iris$Species)
> div.conf
div.clust    setosa    versicolor    virginica
    1          50          3             0
    2           0         46            14
    3           0          1            36
```

6.2 병합적 계층군집법

마찬가지로 *Iris* 자료에 병합적 계층군집법을 적용하였다. 병합적 계층군집법을 하기 위해서는 *hclust()* 함수를 이용하면 된다. 이 함수에서는 최단 연결법 single linkage method , 최장 연결법 complete linkage method , 평균 연결법 average linkage method , 중심 연결법 centroid linkage method , Ward 연결법 Ward linkage method 등을 사용할 수 있는데, 다음 코드에서는 평균 연결법을 이용했다. 이 함수를 이용하기 위해서는 먼저 *dist()* 함수를 이용하여 자료의 유사성 행렬을 구한 후 함수에 넣어주어야 한다. *Iris* 자료에 대한 군집 결과를 그래프로 나타내면 [그림 9-20]과 같다.

```
> iris.dist<-dist(iris[,-5],method = "euclidean")
> agg<-hclust(iris.dist,method="average")
> plot(agg)
> rect.hclust(agg,k=3)
> agg.clust<-cutree(agg,k=3)
> agg.clust
[1] 1 1 1 1 1 1 1 1 1 1 1 1 1 1 1 1 1 1 1 1 1 1 1 1 1 1 1 1 1 1 1 1 1 1 1 1
[37] 1 1 1 1 1 1 1 1 1 1 1 1 1 1 2 2 2 2 2 2 2 2 2 2 2 2 2 2 2 2 2 2 2 2 2 2
[73] 2 2 2 2 2 2 2 2 2 2 2 2 2 2 2 2 2 2 2 2 2 2 2 2 2 2 2 2 3 2 3 3 3 3 2 3
[109] 3 3 3 3 3 2 2 3 3 3 3 2 3 2 3 2 3 3 2 2 3 3 3 3 3 2 3 3 3 3 2 3 3 3 2 3
[145] 3 3 2 3 3 2
```

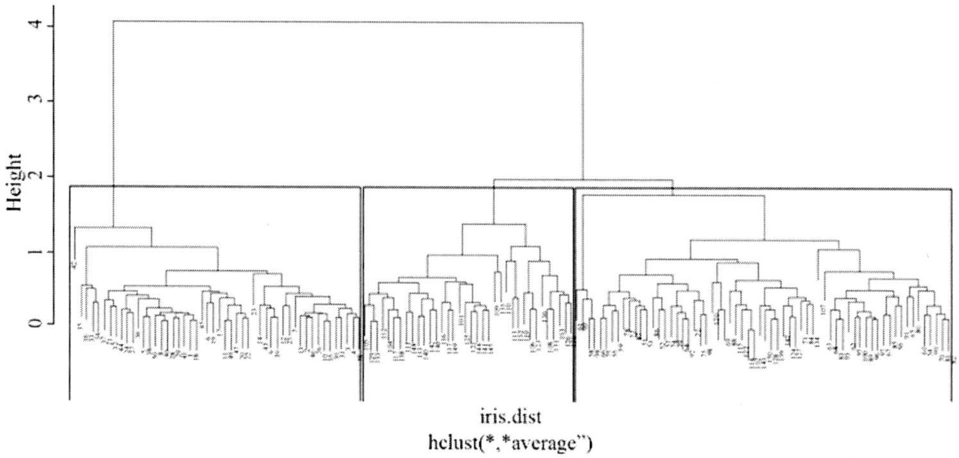

그림 9-20 *iris* 자료에 대한 병합적 계층군집법

군집과 분류값을 이용하여 이원분할표를 그리면 다음과 같다. 이를 보면 "*setosa*"는 군집 1, "*versicolor*"는 군집 2, "*virginca*"는 군집 3으로 대부분 분류된 것을 확인할 수 있다.

```
> agg.conf<-table(agg.clust,iris$Species)
> agg.conf

agg.clust    setosa    versicolor    virginica
    1          50          0             0
    2           0         50            14
    3           0          0            36
```

6.3 k-평균 군집법

R에서 k-평균 군집법을 하기 위해서는 *kmeans()* 함수를 이용하면 된다. 다음 코드에서는 *iris* 자료를 이용했고, 군집 개수를 3개로 하였다.

```
> kmean<-kmeans(iris[,-5],centers=3)
```

군집과 분류값을 이용하여 이원분할표를 그리면 다음과 같다. 이를 보면 "*setosa*"는 군집 3, "*versicolor*"는 군집 2, "*virginca*"는 군집 1으로 대부분 분류된 것을 확인할 수 있다.

```
> kmean.conf<-table(kmean$cluster,iris$Species)
> kmean.conf

     setosa  versicolor  virginica
  1       0           2         36
  2       0          48         14
  3      50           0          0
```

7. Python 프로그램 실습: 군집분석

7.1 병합적 계층군집법

Iris 자료에 병합적 계층군집법을 적용하고자 한다.

```
In [1]: from sklearn import datasets,metrics

In [2]: from pandas import DataFrame

In [3]: dataset=datasets.load_iris()

In [4]: dataset_head=dataset.data[:10,]

In [5]: DataFrame(dataset_head,columns=dataset.feature_names)
Out[5]:
   sepal length (cm)  sepal width (cm)  petal length (cm)  petal width (cm)
0        5.1               3.5               1.4               0.2
1        4.9               3.0               1.4               0.2
2        4.7               3.2               1.3               0.2
3        4.6               3.1               1.5               0.2
4        5.0               3.6               1.4               0.2
5        5.4               3.9               1.7               0.4
6        4.6               3.4               1.4               0.3
7        5.0               3.4               1.5               0.2
8        4.4               2.9               1.4               0.2
9        4.9               3.1               1.5               0.1
```

Python에서 병합적 계층군집법을 하기 위해서는 *sklearn* 모듈의 *cluster* 서브 모듈에 있는 *AgglomerativeClutsering()* 함수를 이용하면 된다. 다음 코드에서는 유클리디안 거리를 이용한 유사성 행렬에 대해 평균연결법을 적용하였고, 군집은 3개로 하였다.

```
In [6]: from sklearn.cluster import AgglomerativeClustering

In [7]: agg=AgglomerativeClustering(n_clusters=3,affinity='euclidean',
linkage='average')

In [8]: fit=agg.fit(dataset.data)
```

군집과 분류값을 이용하여 이원분할표를 그리면 다음과 같다. 이를 보면 "*setosa*"는 군집 1, "*versicolor*"는 군집 0, "*virginca*"는 군집 2로 대부분 분류된 것을 확인할 수 있다.

```
In [9]: expected=dataset.target

In [10]: agg_pred=agg.labels_

In [11]: agg_conf=metrics.confusion_matrix(expected,agg_pred)

In [12]: DataFrame(agg_conf,index=dataset.target_names,columns=(0,1,2))
Out[12]:
             0   1   2
setosa       0  50   0
versicolor  50   0   0
virginica   14   0  36
```

7.2 k-평균 군집법

Python에서 k-평균 군집법을 하기 위해서는 *sklearn* 모듈의 *cluster* 서브모듈에 있는 *KMeans()* 함수를 이용하면 된다. 다음 코드에서는 군집을 3개로 하였다.

```
In [13]: from sklearn.cluster import KMeans

In [14]: km=KMeans(n_clusters=3,random_state=1)

In [15]: fit=km.fit(dataset.data)
```

군집과 분류값을 이용하여 이원분할표를 그리면 다음과 같다. 이를 보면 "*setosa*"는 군집 1, "*versicolor*"는 군집 0, "*virginca*"는 군집 2로 대부분 분류된 것을 확인할 수 있다.

```
In [16]: kmean_pred=km.labels_

In [17]: kmean_conf=metrics.confusion_matrix(expected,kmean_pred)

In [18]: DataFrame(kmean_conf,index=dataset.target_names,columns=(0,1,2))
Out[18]:
             0   1   2
setosa       0  50   0
versicolor  48   0   2
virginica   14   0  36
```

제10장

연관성 분석

연관성 association 은 각 자료들이 동시에 발생하는 co-occurrence 관계를 말하며, 데이터에 함축되어 있는 규칙적인 연관성들의 집합을 연관성 법칙 association rule 이라 한다. 연관성 분석 association analysis 는 데이터가 가지고 있는 규칙적인 연관성 법칙 association rule 을 찾아내는 것을 목적으로 하는 기계학습 machine learning 기법 중에 하나이다. 연관성 분석 association analysis 는 Agrawal 등에 의해서 1993년에 처음 소개되었다. 그 이후로 연관성 분석 association analysis 는 기계학습 machine learning 분야에서 가장 심도 있게 연구되고, 개발되어 왔고 다양한 분야에서 활용되었다.

장바구니 market basket 자료 분석은 연관성 분석 association analysis 를 활용한 전형적이고 대표적인 사례이다. 이 분석의 목적은 고객이 가게에서 어떤 물건들을 공통적으로 구입하는지를 알아내는 것이다. 하나의 연관성 법칙 association rule 을 예로 들면 다음과 같다.

{돼지고기} → {김치}

(지지도=60%, 신뢰도=90%)

이 연관성 법칙 association rule 으로부터 2가지 사실을 알 수 있다. 첫 번째는 가게에 오는 고객의 60%가 돼지고기와 김치를 같이 구매한다는 것이다.

두 번째로는 돼지고기를 구매한 고객의 90%가 김치를 구매한다는 것이다. 여기서 지지도 support 와 신뢰도 confidence 는 연관성 법칙 association rule 의 강도를 나타내는 측도이다. 이에 대해 뒤에서 자세히 설명하도록 하겠다.

연관성 법칙 association rule 과 같은 기계학습 machine learning 모형은 장바구니 market basket 자료 분석뿐만 아니라 다른 분야에도 적용할 수 있다. 예를 들면 비즈니스 영역 외에도 웹 web 이나 텍스트 text 형태의 문서에서 나타나는 단어들의 연관성이나 웹 사용자들의 패턴을 찾아내는데 사용할 수 있다.

연관성 분석에서는 자료들이 발생하는 순서를 고려하지 않는다. 장바구니 자료 분석을 예로 들면 "5%의 고객이 침대를 먼저 구매하고, 다음에 침대 매트리스와 베개 순으로 구매한다."와 같은 순서가 고려된 구매 패턴은 축차적 연관성 분석 sequential association analysis 에서 다루어 진다. 이러한 분석은 특히 웹 사용자 web usage 분석에서 각각의 서버에 방문하는 순서를 찾아내고자 할 때 유용하다. 또한 자연어로 된 텍스트 text 를 분석하는 텍스트 마이닝 text mining 에서 언어학적 또는 언어의미학적 패턴을 발견하는데도 자주 사용된다.

1. 연관성 법칙의 기본 개념

연관성 법칙 association rule 을 학습하기 전에 그와 관련한 용어와 기호들을 먼저 정의할 필요가 있다. 우선 장바구니 market basket 자료 분석에서 이들을 정의한 후에 일반적인 자료 분석으로 확장하도록 하겠다. 장바구니 자료 분석에서 분석의 대상은 가게에 진열된 상품들의 집합이다. 가게에서 구매할 수 있는 모든 상품의 종류들을 나타내는 집합을 총상품집합 set of items 이라 하고 $I = \{i_1, i_2, \dots, i_l, \dots, i_m\}$로 나타낸다. i_l는 가게에서 판매하는 상품의 종류 중 l 번째 상품을 나타낸다. 특정한 기간 동안에 가게에서 이루어진 거래의 집합을 총거래집합 set of transactions 이라 하고 $T = (t_1, t_2, \dots, t_n)$로 나타낸다. t_j는 특정한 기간 동안에 발생한 거래 중 j 번째 거래에서 판매된 상품의 종류를 나타내는 목록이자 총상품집합인 I의 부분집합이다. 마지막으로 연관성 법칙은 다음과 같이 화살표를 이용한 도식으로 표시한다.

$$X \rightarrow Y$$
$$(X \subset I,\ Y \subset I,\ X \cap Y = \varnothing)$$

위와 같은 연관성 법칙에서 X와 Y는 구매한 상품의 집합 혹은 상품집합 itemset 이라고 한다. 이 연관성 법칙의 도식은 'X를 구입한 사람은 Y를 구입한다' 라는 것을 의미한다.

예제 10-1

가게에서 판매되는 상품들이 어떤 연관성을 가지고 있는지 알아보자. 우선, 위에서 설명한 용어들을 기호로 나타내어 보자. 가게에서 판매되는 모든 상품의 종류를 총상품집합이라 하고, I라고 표기한다. 가게에서 발생하는 거래 transaction 은 각 고객이 한 번에 산 상품의 종류를 나열한 목록으로 나타낸다. 예를 들면, 총상품집합 I와 총거래집합 T는 다음과 같이 나타낼 수 있다.

$$I = \{감자, 고추, 김치, 돼지고기, 마늘, 생닭, 생선, 양파, 토마토\}$$

$$T = \{t_1, t_2, t_3, \dots, t_8, t_9, t_{10}\}$$

$$t_1 = \{감자, 김치, 돼지고기, 양파\}$$

$$t_2 = \{감자, 고추, 생닭, 양파\}$$

…

첫 번째 거래 t_1에서 감자, 김치, 돼지고기, 양파와 같은 네 가지 상품이 거래되었다. 첫 번째 거래에 대해 여러 가지 연관성 법칙을 만들어 낼 수 있다. 만약 '돼지고기를 산 사람은 감자와 김치를 산다' 를 연관성 분석의 도식으로 나타내면 아래와 같다.

$$\{돼지고기\} \rightarrow \{감자,\ 김치\}$$

여기서 {돼지고기}는 상품집합 itemset X가 되고, {감자, 김치}는 상품집합 itemset Y가 된다.

첫 번째 거래에 대해 {김치} → {감자, 돼지고기}와 같이 다른 연관성 법칙을 만들어 낼 수도 있다. 첫 번째 거래뿐만 아니라 두 번째, 세 번째 등 총거래집합의 모든 거래를 고려한다면 무수히 많은 연관성 법칙을 만들 수 있다. 그렇다면 어떠한 연관성 법칙이 유용한 것일까?

그 답에 접근하는 방법은 연관성 법칙의 강도를 나타내는 측도를 이용하는 것이다. 이 측도는 지지도 support 와 신뢰도 confidence 로 구성된다.

연관성 법칙 $X \rightarrow Y$의 지지도는 총거래집합 T에서 상품집합 X와 상품집합 Y가 동시에 발생할 확률의 추정치이다. 즉, 지지도는 두 상품집합의 구매가 얼마나 자주 발생하였는가를 측정하는 지표이다. 지지도 support 는 총거래집합 T에서 연관성 법칙을 얼마나 자주 적용할 수 있는지 혹은 연관성 법칙을 얼마나 지지할 수 있는지를 나타낸다. 지지도를 아래와 같이 계산한다.

$$(\text{지지도}) = \frac{(\text{상품집합 } X\text{와 } Y\text{를 동시에 포함하는 거래 횟수})}{(\text{전체 거래 횟수})} = \frac{n(T_{X,Y})}{n(T)}$$

여기서 $n(A)$ 는 A 집합을 구성하는 원소의 개수를 나타낸다. T는 $t_1, t_2, \dots, t_n$ 와 같이 n개의 거래 내역으로 구성되어 있으므로 $n(T) =$ 전체 거래 횟수(n)이다. T를 집합 기호로 표현하면 다음과 같다.

$$T = \{ t_j \mid t_j,\ j = 1, \dots, n \}$$

$T_{X,Y}$는 상품집합 X와 상품집합 Y를 동시에 포함하는 거래의 집합을 의미한다. 따라서 $n(T_{X,Y}) =$ 상품집합 X, Y를 동시에 포함하는 거래 횟수이다. $T_{X,Y}$를 집합 기호로 표현하면 다음과 같다.

$$T_{X,Y} = \{ t_j \mid X \subset t_j \text{ 이고 } Y \subset t_j \text{ 이고 } t_j \subset T \}$$

연관성 법칙의 지지도는 총거래집합 T에서 상품집합 X와 Y가 얼마나 자주 발생하는지를 나타내는 상대 빈도이다. 이 값이 아주 작으면 상품집합 X와 Y가 자주 거래되는 상품이 아니라 우연히 거래된 상품들로 간주되며, 경제적인 측면에서 큰 관심을 끄는 상품들이 아니라고 말할 수 있다.

연관성 법칙 $X \rightarrow Y$의 신뢰도는 상품집합 X가 거래 되었을 때, 상품집합 Y가 거래될 확률, 즉 조건부 확률의 추정치이다. 신뢰도는 연관성 법칙을 얼마나 믿을 수 있는가를 나타낸다. 신뢰도 confidence 는 아래와 같이 계산한다.

$$(\text{신뢰도}) = \frac{(\text{상품집합 } X\text{와 } Y\text{를 동시에 포함하는 거래 횟수})}{(\text{상품집합 } X\text{를 포함하는 거래 횟수})} = \frac{n(T_{X,Y})}{n(T_X)}$$

여기서 T_X는 상품집합 X를 포함하는 거래의 집합을 의미한다. 따라서 $n(T_X)$=(상품집합 X를 포함하는 거래 횟수)이다. T_X를 집합 기호로 표현하면 다음과 같다.

$$T_X = \{ t_j \mid X \subset t_j \text{ 이고 } t_j \subset T \}$$

신뢰도는 상품집합 X를 포함하는 거래의 집합 T_X 중에서 상품집합 Y가 얼마나 자주 발생하는지를 나타내는 상대 빈도이다. 따라서 신뢰도는 연관성 법칙의 예측 가능성을 나타낸다. 만일 신뢰도가 너무 낮으면 상품집합 X를 구매한 고객들이 상품집합 Y도 구매할 것이라고 예측하기 어렵다. 그러므로 신뢰도가 낮은 연관성 법칙은 별로 유용하지 않다.

이제 독자들은 이 두 가지 측도를 이용하여 어떠한 연관성 법칙이 유용한 것인가에 대한 답을 찾아낼 수 있을 것이다. 지지도가 높은 연관성 법칙은 총거래집합에서 자주 활용할 수 있다. 신뢰도가 높은 연관성 법칙은 두 상품집합 X와 Y가 높은 연관성을 가지고 있음을 의미한다. 사용자는 찾고자 하는 연관성 법칙들의 활용 정도와 신뢰 정도를 고려하여 최소한의 지지도 support 와 신뢰도 confidence 를 결정할 수 있다. 따라서 사용자는 수많은 연관성 법칙들 중 그들이 정의한 최소한의 지지도와 신뢰도 이상의 값을 가지는 연관성 법칙들을 유용하다라고 정의할 수 있다. 이 때, 최소한의 지지도와 신뢰도 각각을 최소 지지도 minimum support 와 최소 신뢰도 minimum confidence 라고 한다.

앞서 언급한 용어와 기호들을 이용하여 연관성 분석의 목적을 아래와 같이 표현할 수 있다.

연관성 분석의 목적은 주어진 총거래집합 T에서 사용자가 정의한 최소 지지도 minimum support 와 최소 신뢰도 minimum confidence 이상의 지지도 support 와 신뢰도 confidence 를 갖는 모든 연관성 법칙을 찾는 것이다.

여기서 유의해야 할 단어는 "모든"이다. 즉 연관성 분석은 위 조건을 만족하는 일부가 아닌 모든 연관성 법칙을 찾는다. 이 최소 지지도와 최소 신뢰도를 만족하는 연관성 법칙을 유용한 연관성 법칙이라고 한다.

예제 10-2

예제 10-1의 식료품 가게에서 10건의 거래가 발생하였다고 가정하자. 10건의 거래로 총거래집합 T을 구성할 수 있다. 각 거래 t_j는 한 고객이 한 가게에서 구매한 상품의 집합이다. 가게의 총상품집합 I과 총거래집합 T는 아래와 같다.

$$I = \{감자, 고추, 김치, 돼지고기, 마늘, 생닭, 생선, 양파, 토마토\}$$

$$T = \{t_1, t_2, t_3, \cdots, t_8, t_9, t_{10}\}$$

$$t_1 = \{감자, 김치, 돼지고기, 양파\}$$

$$t_2 = \{감자, 고추, 생닭, 양파\}$$

$t_3 = \{감자, 김치, 돼지고기, 생선, 양파\}$

$t_4 = \{감자, 고추, 김치, 돼지고기\}$

$t_5 = \{감자, 고추, 김치, 마늘, 생닭, 양파\}$

$t_6 = \{감자, 고추, 김치, 돼지고기, 생선\}$

$t_7 = \{감자, 고추, 김치, 마늘, 생닭\}$

$t_8 = \{감자, 고추, 김치, 생닭, 양파\}$

$t_9 = \{감자, 김치, 돼지고기, 마늘, 양파\}$

$t_{10} = \{감자, 고추, 김치, 돼지고기, 양파\}$

만일 사용자가 최소 지지도를 40%로, 최소 신뢰도를 80%라 정했다고 하자. 그렇다면 연관성 법칙 {김치, 돼지고기} →{감자}에 대해서 지지도와 신뢰도를 다음과 같이 구할 수 있다.

$T = \{t_1, t_2, t_3, \dots, t_8, t_9, t_{10}\}$

$X = \{김치, 돼지고기\}$

$Y = \{감자\}$

$T_X = \{t_j \mid X \subset t_j \text{ 이고 } t_j \subset T\} = \{t_1, t_3, t_4, t_6, t_9, t_{10}\}$

$T_{X,Y} = \{t_j \mid X \subset t_j \text{ 이고 } Y \subset t_j\} = \{t_1, t_3, t_4, t_6, t_9, t_{10}\}$

$\text{지지도} = \frac{n(T_{X,Y})}{n(T)} = \frac{6}{10}$

$\text{신뢰도} = \frac{n(T_{X,Y})}{n(T_X)} = \frac{6}{6} = 1$

따라서 아래의 연관성 법칙은 유용하다.

{김치, 돼지고기} →{감자}

(지지도 = 60%, 신뢰도 = 100%)

위 연관성 법칙은 최소 지지도와 최소 신뢰도 이상의 값을 갖는 것을 확인할 수 있다. 또한, 상품집합 Y쪽에 두 개의 상품이 들어가는 연관성 법칙 {돼지고기} →{감자, 김치}에 대해서 지지도와 신뢰도를 구하면 아래와 같다.

$T = \{t_1, t_2, t_3, \dots, t_8, t_9, t_{10}\}$

$X = \{돼지고기\}$

$$Y = \{감자, 김치\}$$

$$T_X = \{t_j | X \subset t_j \text{ 이고 } t_j \subset T\} = \{t_1, t_3, t_4, t_6, t_9, t_{10}\}$$

$$T_{X,Y} = \{t_j | X \subset t_j \text{ 이고 } Y \subset t_j\} = \{t_1, t_3, t_4, t_6, t_9, t_{10}\}$$

$$지지도 = \frac{n(T_{X,Y})}{n(T)} = \frac{6}{10}$$

$$신뢰도 = \frac{n(T_{X,Y})}{n(T_X)} = \frac{6}{6} = 1$$

따라서, 상품집합 Y쪽에 두 개의 상품이 들어가는 아래와 같은 연관성 법칙도 유용하다.

{돼지고기} → {감자, 김치}

(지지도 = 60%, 신뢰도 = 100%)

총거래집합 T에서 유용한 연관성 법칙을 더 찾을 수 있다. 모든 유용한 연관성 법칙을 찾는 방법은 뒤에서 설명한다.

여기서 유의할 점은 연관성 분석에서는 각 거래의 상품들의 수량이나 가격은 고려하지 않는다. 이러한 연관성 분석은 장바구니 market basket 자료뿐만 아니라 문서 텍스트 document text 나 문장 sentence 을 대상으로 적용할 수 있다. 이 때 각 문서나 문장은 하나의 거래로 처리되며, 어느 단어들이 각 문서나 문장에서 동시에 나타나는지를 즉, 단어 사이의 연관성을 찾아 낼 수 있다.

예제 10-3

아래는 어느 영화의 감상평의 일부분이다. 이를 이용해 예제 10-2와 같이 연관성 법칙을 찾아 낼 수 있다.

(감상평 1) 절대 후회하지 않을 코미디 영화입니다. 재미있어요.

(감상평 2) 이 영화를 보고 한 번이라도 웃지 않은 사람을 없을 것이다.

(감상평 3) 정말 재미있는 코미디 영화, 최고입니다.

(감상평 4) 내가 본 코미디 영화 중 최고다. 정말 재미있다.

(감상평 5) 기대하는 것 그 이상의 재미를 느낄 수 있습니다.

(감상평 6) 몇 번씩 봐도 재미있는 코미디 영화!

(감상평 7) 남녀노소 누구나 빵 터질 만큼 재미있는 영화!

(감상평 8) 내 생애 최고의 코미디 영화입니다.

(감상평 9) 코미디 영화로 적극 추천합니다.

(감상평 10) 다시 봐도 유쾌하고 재미있는 영화입니다.

감상평에서 주요 어근만을 빼내어서 어근을 장바구니 market basket 분석의 상품과 같이 고려할 수 있다. 따라서, 예제 10-2의 총거래집합처럼 문서 집합 D을 만들 수 있다.

$$D = \{ d_1, d_2, d_3, \dots, d_8, d_9, d_{10} \}$$

$$d_1 = \{영화, 재미, 코미디, 후회하지않다\}$$

$$d_2 = \{보다, 없다, 영화, 웃지않다, 사람\}$$

$$d_3 = \{영화, 재미, 코미디, 최고\}$$

$$d_4 = \{보다, 영화, 재미, 코미디, 최고\}$$

$$d_5 = \{기대, 느끼다, 재미\}$$

$$d_6 = \{보다, 영화, 재미, 코미디\}$$

$$d_7 = \{남녀노소, 누구나, 빵터지다, 영화, 재미\}$$

$$d_8 = \{생애, 영화, 코미디, 최고\}$$

$$d_9 = \{영화, 추천, 코미디\}$$

$$d_{10} = \{보다, 영화, 유쾌, 재미\}$$

만일 사용자가 최소 지지도 minimum support 를 40%로, 최소 신뢰도 minimum confidence 를 60%라 정했다고 하자. 그렇다면 연관성 법칙 {영화, 코미디} →{재미}에 대해서 지지도와 신뢰도를 다음과 같이 구할 수 있다.

$$X = \{영화, 코미디\}$$

$$Y = \{재미\}$$

$$D_X = \{ d_j \mid X \subset d_j \text{ 이고 } d_j \subset D \} = \{ d_1, d_3, d_4, d_6, d_8, d_9 \}$$

$$D_{X,Y} = \{ d_j \mid X \subset d_j \text{ 이고 } Y \subset d_j \} = \{ d_1, d_3, d_4, d_6 \}$$

$$지지도 = \frac{n(D_{X,Y})}{n(D)} = \frac{4}{10}$$

$$신뢰도 = \frac{n(D_{X,Y})}{n(D_X)} = \frac{4}{6}$$

따라서, 아래의 연관성 법칙은 유용하다.

{영화, 코미디} → {재미}

(지지도 = 40%, 신뢰도 = 67%)

위 연관성 법칙은 최소 지지도와 최소 신뢰도 이상의 값을 갖는 것을 확인할 수 있다. 따라서, 영화 감상 평으로부터 '코미디 영화는 재미있다'라고 유추할 수 있다.

유용한 연관성 법칙을 효율적으로 찾아내는 알고리즘은 매우 많이 존재한다. 하지만, 총거래집합 T, 최소 지지도와 최소 신뢰도 가 주어지면 유용한 연관성 법칙들의 집합은 유일 unique 하므로 모든 알고리즘의 방법과 효율성에는 차이가 있으나 같은 결과를 제공한다[6]. 여러 알고리즘 중에서 널리 알려진 알고리즘은 Apriori 알고리즘이다.

2. Apriori 알고리즘

Apriori는 라틴어로 선험적, 연역적이라는 의미를 가지고 있다. 즉, '실험이나 경험이 아닌 가설과 논리에 의한'이라는 의미이다. Apriori 알고리즘의 이름은 이 알고리즘이 유용한 연관성 법칙을 찾기 위해 모든 상품집합 itemset 을 고려하는 것이 아니라, 특정 상품집합들을 논리적으로 선별하여 향후 고려해야 할 상품집합의 수를 축소한 후에 이러한 상품집합들만을 이용하여 체계적으로 유용한 연관성 법칙을 찾는 것에서 비롯되었다. 하향 폐쇄 downward closure 성질을 이용하여 특정 상품집합을 선별할 수 있는데, 이에 대해서는 다음 장에서 자세히 설명하도록 하겠다. Apriori 알고리즘은 크게 두 단계로 나눌 수 있고 아래와 같다.

1. 거래가 빈번한 frequent 모든 상품집합 itemset 을 찾는 단계이다. 이 단계에서는 최소 지지도 이상의 지지도를 갖는 모든 상품집합을 찾는다. 이러한 상품집합을 거래가 빈번한 상품집합 frequent itemset 이라 한다.
2. 거래가 빈번한 상품집합으로부터 유용한 연관성 법칙을 찾는 단계이다. 거래가 빈번한 상품집합을 구성하는 상품들을 이용하여 최소 신뢰도 이상의 신뢰도를 가지는 연관성 법칙을 찾아낸다. 이러한 연관성 법칙은 최소 지지도 minimum support

6) Lijun et al. (2009) Comparison and Analysis of algorithms for association rules, IEEE computer society, 2009 First International Workshop on Database Technology and Applications, 196-198

와 최소 신뢰도 minimum confidence 를 만족한다고 말한다.

상품집합에 속해 있는 상품의 개수를 상품집합의 크기 size 라고 하자. 그리고 크기가 k 인 상품집합을 k-상품집합 k-itemset 이라고 한다. 그러면 앞의 예제 10-2에서 {감자, 김치, 돼지고기}는 거래가 빈번한 3-상품집합 frequent 3-itemset 이며 지지도는 60%이다. 이 상품집합을 이용하여 다음과 같은 최소 신뢰도가 70% 이상인 유용한 연관성 법칙을 찾을 수 있다.

표 10-1 거래가 빈번한 3-상품집합의 유용한 연관성 법칙

	연관성 법칙	지지도	신뢰도
1	{김치, 돼지고기} → {감자}	60%	100%
2	{감자, 돼지고기} → {김치}	60%	100%
3	{감자, 김치} → {돼지고기}	60%	75%

2.1 거래빈도가 많은 상품집합 찾기

Apriori 알고리즘의 1단계에서는 최소 지지도를 만족하는 모든 상품집합을 찾아낸다. 이 때 Apriori 알고리즘은 하향 폐쇄 downward closure 성질을 사용하여 이 작업을 수행한다.

만일 어느 상품집합의 지지도가 최소 지지도보다 크다면, 이 상품집합의 공집합 empty set 이 아닌 모든 부분집합의 지지도는 최소 지지도보다 크다. 이 성질을 하향 폐쇄 downward closure 성질이라 한다.

이 성질의 증명은 간단하다. 두 개의 상품집합 X, Y를 고려해 보자. 상품집합 Y가 품집합 X를 포함할 경우 $(X \subset Y)$, 하나의 거래 t_j 가 상품집합 Y를 포함하면, 거래 t_j 는 상품집합 Y의 모든 부분집합을 포함한다. 따라서, 거래 t_j 는 상품집합 X도 포함한다. Y 를 포함하는 거래들의 집합 T_Y와 X를 포함하는 거래들의 집합 T_X는 다음의 관계를 갖는다.

$$n(T_X) \geq n(T_Y)$$

즉, X를 포함하는 거래의 횟수는 Y를 포함하는 거래의 횟수보다 항상 크거나 같다.

T_X의 지지도는 T_Y의 지지도 보다 크므로 하향 폐쇄 downward closure 성질을 만족한다. 최소 지지도를 설정하고 이 성질을 활용하여 빈도가 높지 않은 상품집합들을 체계적으로 제외할 수 있다.

예제 10-4

최소 지지도 minimum support 가 40%일 때, 예제 10-3의 {영화, 코미디, 재미}는 거래가 빈번한 3-상품집합 frequent 3-itemset 이다. 따라서, 하향 폐쇄 downward closure 성질에 의해 상품집합 {재미}는 거래가 빈번한 1-상품집합 frequent 1-itemset 이다. 이를 확인해 보자.

$$D = \{ d_1, d_2, d_3, \dots, d_8, d_9, d_{10} \}$$

$$d_1 = \{영화, 재미, 코미디, 후회하지않다\}$$

$$d_2 = \{보다, 없다, 영화, 웃지않다, 사람\}$$

$$d_3 = \{영화, 재미, 코미디, 최고\}$$

$$d_4 = \{보다, 영화, 재미, 코미디, 최고\}$$

$$d_5 = \{기대, 느끼다, 재미\}$$

$$d_6 = \{보다, 영화, 재미, 코미디\}$$

$$d_7 = \{남녀노소, 누구나, 빵터지다, 영화, 재미\}$$

$$d_8 = \{생애, 영화, 코미디, 최고\}$$

$$d_9 = \{영화, 추천, 코미디\}$$

$$d_{10} = \{보다, 영화, 유쾌, 재미\}$$

$$X = \{영화, 코미디\}$$

$$Y = \{재미\}$$

$$D_Y = \{ d_j \mid Y \subset d_j \text{ 이고 } d_j \subset D \} = \{ d_1, d_3, d_4, d_5, d_6, d_7, d_{10} \}$$

$$D_{X,Y} = \{ d_j \mid X \subset d_j \text{ 이고 } Y \subset d_j \} = \{ d_1, d_3, d_4, d_6 \}$$

$$(\text{상품집합 } Y\text{의 지지도}) = \frac{n(D_Y)}{n(D)} = \frac{7}{10}$$

$$(\text{상품집합 \{ 영화, 코미디, 재미 \}의 지지도}) = \frac{n(D_{X,Y})}{n(D)} = \frac{4}{10}$$

위의 결과에서 알 수 있듯이, 상품집합 {재미}는 거래가 빈번한 1 –상품집합 frequent 1–itemset 이다. 이는 총 문서 집합 D에서 {재미}라는 상품집합이 상품집합 {영화, 코미디, 재미}가 발생하는 문서 (d_1, d_3, d_4, d_6)에서뿐만 아니라 추가적으로(d_5, d_7, d_{10}) 더 발생하기 때문이다. 즉, T_Y의 지지도는 $T_{X,Y}$의 지지도 보다 크다.

Apriori 알고리즘을 수행하기 전에 가게에서 판매하는 모든 상품의 종류에 대한 목록인 총상품집합 I에 있는 상품들을 사전식 배열 lexicographic order 로 정리한다. 이렇게 나열된 상품들의 순서는 알고리즘의 모든 과정에서 사용된다. 그러므로 k –상품집합 k–itemset X는 다음과 같이 표시한다.

$$X = \{ x[1], x[2], \ldots, x[k] \}$$

k –상품집합 k–itemset 는 알파벳 순서로 정리되었으므로, $x[1]$은 첫 번째 상품을, $x[2]$는 두 번째 상품을, $x[k]$는 k 번째 상품을 나타낸다.

Apriori 알고리즘의 1단계를 설명하기에 앞서 알고리즘에 사용된 기호들을 설명하고자 한다. 총상품집합 set of items I 에 속하는 임의의 원소를 i 라고 하자. 즉, 가게에서 판매하는 임의의 상품은 i 이다. 총거래집합 set of transactions T에 속하는 임의의 원소를 t 라고 하자. 가게에서 발생한 임의의 거래는 t 이다. C_k는 후보 k –상품집합[7] candidate k–itemset 들의 모임으로써 후보 k –상품집합들을 원소로 갖는다. F_k는 거래가 빈번한 k –상품집합들의 모임으로써 거래가 빈번한 k –상품집합들을 원소로 갖는다. 임의의 후보 k –상품집합 c와 임의의 거래가 빈번한 k –상품집합 f 는 사전식 배열 lexicographic order 로 정렬되어 있고 k –상품집합 k–itemset 이므로 다음과 같이 표기할 수 있다.

$$c = \{ c[1], c[2], \ldots, c[k-1], c[k] \}$$

$$f = \{ f[1], f[2], \ldots, f[k-1], f[k] \}$$

Apriori 알고리즘의 1단계는 총 상품집합 I와 총거래집합 T를 이용하여 모든 거래가 빈번한 상품집합들의 모임 $F_1, F_2, F_3, \ldots$ 을 찾아내는 알고리즘이다. 앞의 기호들을 이용하여 다음과 같이 Apriori 알고리즘의 1단계를 순서도로 나타낼 수 있다.

---

7) 후보 k –상품집합은 거래가 빈번한 k –상품집합이 될 가능성이 있는 k –상품집합이다.

Apriori 알고리즘 1단계

① $Apriori(I, T, minsup)$

② $C_1 \leftarrow \{\{i\} | \{i\} \subset t$ 이고 $i \in I$ 이고 $t \in T\}$

③ $F_1 \leftarrow \left\{ c \mid c \in C_1 \text{ 이고 } \frac{n(T_c)}{n(T)} \geq minsup \right\}$

④ $(k = 2; F_{k-1} \neq \varnothing; k{+}{+})$

⑤ $C_k \leftarrow CG(F_{k-1})$ # CG 는 후보 k -상품집합 생성 알고리즘이다.

⑥ $F_k \leftarrow \left\{ c \mid c \in C_k \text{ 이고 } \frac{n(T_c)}{n(T)} \geq minsup \right\}$

⑦ $F \leftarrow \cup_k F_k$, F 를 출력

그림 10-1 거래가 빈번한 상품집합을 생성하기 위한 Apriori 알고리즘

Apriori 알고리즘 1단계를 설명하면 다음과 같다.

① 알고리즘을 시작한다. 총 상품집합 I , 총 거래집합 T 와 사용자가 정의한 최소 지지도 minimum support (minsup)를 입력 혹은 설정한다.

② 총 거래집합 T 에 포함되어 있는 각 상품 i 를 후보 1-상품집합으로 만들어 준다. 후보 1-상품집합 candidate 1-itemset 들을 원소로 하는 후보 1-상품집합들의 모임 C_1 을 생성한다.

③ 후보 1 -상품집합 c 중에서 지지도 $\left(\frac{n(T_c)}{n(T)}\right)$ 가 최소 지지도(minsup)보다 큰 1 -상품집합을 거래가 빈번한 1 -상품집합으로 만들어 준다. 거래가 빈번한 1 -상품들을 원소로 하는 거래가 빈번한 1 -상품집합들의 모임 F_1 를 생성한다.

④ k 에 2 를 입력하고, $F_{k-1} \neq \varnothing$ 라면 ⑤~⑥을 반복적으로 시행한다. 매 반복 시행 후에는 k 에 1 을 더해준다.

⑤ 거래가 빈번한 $(k-1)$ -상품집합 frequent (k-1)-itemset 들의 모임 F_{k-1} 과 후보 k -집합 생성 알고리즘을 이용하여 후보 k -상품집합 c 들을 원소로 하는 후보 k -상품집합 candidate k-itemset 들의 모임 C_k 를 생성한다.

⑥ 후보 k -상품집합 c 중에서 지지도 $\left(\dfrac{n(T_c)}{n(T)}\right)$ 가 최소 지지도(minsup)보다 큰 k -상품집합을 거래가 빈번한 k -상품집합으로 만들어 준다. 거래가 빈번한 k -상품들을 원소로 하는 거래가 빈번한 k -상품집합들의 모임 F_k 를 생성한다.

⑦ 알고리즘을 통해 생성된 거래가 빈번한 상품집합들 $\cup_k F_k$ 을 F 로 두고 출력한 후 알고리즘을 종료한다.

Apriori 알고리즘의 1단계의 순서도에는 후보 k -상품집합 생성 알고리즘 candidate k-itemset generating algorithm 이 나타난다. 후보 k -상품집합 생성 알고리즘과 거래가 빈번한 $(k-1)$-상품집합들의 모임 F_{k-1}을 이용하여 후보 k -상품집합들의 모임 C를 생성한다. 이 알고리즘 역시 순서도로 다음과 같이 나타낼 수 있다.

후보 k -상품집합 생성 알고리즘

① $CG(F_{k-1})$

② $C_k \leftarrow \varnothing$

③ $(\forall f_1, f_2 \in F_{k-1}; f_1 = \{i_1, ..., i_{k-2}, i_{k-1}\}, f_2 = \{i_1, ..., i_{k-2}, i^*_{k-1}\}$, $i_{k-1} < i^*_{k-1})$

④ $c \leftarrow \{i_1, ..., i_{k-2}, i_{k-1}, i^*_{k-1}\}$

⑤ $C_k \leftarrow C_k \cup \{c\}$

⑥ $(\forall s \subset c; n(s) = k-1)$

⑦ 만약 $s \not\in F_{k-1}$ 이면, $C_k \leftarrow C_k - \{c\}$

⑧ C_k 를 출력

그림 10-2 후보 k-상품집합 생성 알고리즘

후보 k -상품집합 생성 알고리즘을 설명하면 아래와 같다.

① 알고리즘을 시작한다. 거래가 빈번한 $(k-1)$ -상품집합의 모임 F_{k-1} 을 입력한다.

② 후보 k -상품집합들의 모임 C_k 를 초기화한다. C_k 는 공집합이다.

③ 사전식 배열로 정렬된 모든 쌍의 거래가 빈번한 $(k-1)$-상품집합 f_1, f_2 들 중 조건 (a)와 조건 (b)을 만족하는 쌍들에 대해 ④~⑦을 시행한다. (a) f_1, f_2 는 마지막 순서에 있는 상품들을 제외하고 같은 상품들을 갖는다. (b) 사전식 배열로 정렬했을 때 f_1 의 마지막 상품이 f_2 의 마지막 상품보다 앞에 위치한다.

④ 거래가 빈번한 $(k-1)$ -상품집합 f_1 과 f_2 의 합집합 c 를 생성한다.

⑤ 후보 k -상품집합들의 모임 C_k 에 k -상품집합 c 를 추가한다.

⑥ k -상품집합 c 는 k 개의 $(k-1)$-상품 부분 집합 s 을 갖는다. k 개의 부분 집합 s 들에 대해 ⑦을 시행한다.

⑦ k 개의 부분 집합 s 중 하나라도 거래가 빈번한 $(k-1)$-상품집합 F_{k-1} 의 원소가 아니라면 k -상품집합 c 를 후보 k -상품집합들의 모임 C_k 에서 제거한다.

⑧ 후보 k -상품집합들의 모임 C_k 을 출력한다.

후보 k -상품집합을 생성하기 위해 결합 단계 join step (③,④,⑤) 과 제거 단계 pruning step (⑥,⑦) 을 사용하는 이유는 하향 폐쇄 downward closure 성질 때문이다. 하향 폐쇄 성질에 의하면 거래가 빈번한 상품집합의 모든 부분 집합은 거래가 빈번한 상품집합이다. 이를 도식화하면 다음과 같다.

$$p \Rightarrow q$$

p : 어떤 k -상품집합 k-itemset 은 거래가 빈번한 k -상품집합 frequent k-itemset 이다.

q : 어떤 k -상품집합의 모든 부분 집합은 거래가 빈번한 상품집합 frequent itemset 이다.

따라서, 어떤 k -상품집합이 거래가 빈번한 k -상품집합이 되기 위한 필요조건은 "이 k -상품집합의 모든 부분 집합이 거래가 빈번한 상품집합이다" 라고 할 수 있다. 어떤 k -상품집합의 $(k-1)$-상품 부분 집합들이 모두 거래가 빈번한 $(k-1)$-상품집합이라면, 모든 거래가 빈번한 $(k-1)$-상품집합의 모든 부분 집합들 역시 거래가 빈번한 상품집합이다. 따라서, 이러한 k -상품집합은 거래가 빈번한 k -상품집합이 되기 위한 필요조건을 만족한다. 결합 단계 join step 과 제거 단계 pruning step 은 이러한 필요조건을 만족하는 k -상품집합 k-itemset 을 체계적으로 생성한다. 결합 단계 join step 에서는 서로 다른 거래가 빈번한 $(k-1)$-상품집합 쌍 f_q , f_r 을 결합함으로써 거래가 빈번한 k -상품집합이 되기 위한 필요조건을 만족할 가능성이 있는 k -상품집합을 생성한다. 제거 단계 pruning step 에서는 결합 단계 join step 에서 생성된 k -상품집합이 실제로 거래가 빈번한 상품집합이 되기 위한 필요조건을 만족하는지를 확인하고 이를 만족하지 않는다면 제거한다. 결합 단계 join step 에서 마지막 원소만 다른 거래가 빈번한 상품집합 쌍 f_q , f_r 을 찾는 이유는 사전식 배열 lexicographic order 를 이용해 거래가 빈번한 k -상품집합이 되기 위한 필요조건을 만족할 가능성이 있는 k -상품집합을 효율적으로 생성할 수 있기 때문이다. 다음의 예제를 통해 이를 확인해보자.

예제 10-5

다음은 예제 10-2에서의 총 상품집합 I와 총 거래집합 T 를 이용하여 생성한 거래가 빈번한 2-상품집합 frequent 2-itemset 들의 모임 F_2 를 나타낸다. 최소 지지도 40%이다.

$$F_2 = \{f_1, f_2, \dots, f_{10}, f_{11}\}$$

$$f_1 = \{감자, 고추\},\ f_2 = \{감자, 김치\},\ f_3 = \{감자, 돼지고기\},$$

$$f_4 = \{감자, 생닭\},\ f_5 = \{감자, 양파\},\ f_6 = \{고추, 김치\},$$

$$f_7 = \{고추, 생닭\},\ f_8 = \{고추, 양파\},\ f_9 = \{김치, 돼지고기\},$$

$$f_{10} = \{김치, 양파\},\ f_{11} = \{돼지고기, 양파\}$$

거래가 빈번한 2-상품집합 frequent 2-itemset 들의 모임 F_2 로부터 결합 단계 join step 을 수행하여 만든 3-상품집합 3-itemset {감자, 고추, 김치}를 고려해보자. 만약 사전식 배열 lexicograp- hic order 을 고려하여 3-상품집합을 생성한다면, f_1 과 f_6 를 결합하는 것으로만 상품집합 {감자, 고추, 김치}를 만들 수 있다. 즉, {감자, 고추, 김치 }를 만들 수 있는 방법은 1가지이다. 만약 사전식 배열 lexicographic order 을 고려하지 않는다면, f_1 과 f_6 을 결합해도 상품집합 {감자, 고추, 김치}를 만들 수 있다. 따라서 후자의 알고리즘은 비효율적이다. 결합 단계 join step 에서 사전식 배열을 활용함으로써 효율적인 계산이 가능하다.

후보 k -상품집합 생성 알고리즘을 통해 생성된 후보 k -상품집합들은 거래가 빈번한 k -상품집합이 되기 위한 필요조건을 만족하는 k -상품집합들이다. 따라서, 후보 k -상품집합들은 거래가 빈번한 k -상품집합이 될 가능성이 있는 집합들이다. 따라서, 후보 k -상품집합들이 정말로 거래가 빈번한 k -상품집합인지 확인할 필요가 있다. 알고리즘의 1단계의 ⑥는 후보 k -상품집합들 중 지지도 support 가 최소 지지도 보다 큰 k -상품집합, 즉 거래가 빈번한 k -상품집합들을 찾아낸다. 다음의 예제를 통해 후보 k -상품집합과 거래가 빈번한 k -상품집합을 만들어 보자.

예제 10-6

다음은 예제 10-2에서의 총 상품집합 I와 총 거래집합 T를 이용하여 생성한 거래가 빈번한 2-상품집합 frequent 2-itemset 들의 모임 F_2를 나타낸다. 최소 지지도 40%이다.

$$F_2 = \{f_1, f_2, \cdots, f_{10}, f_{11}\}$$

$f_1 = \{$감자, 고추$\}$, $f_2 = \{$감자, 김치$\}$, $f_3 = \{$감자, 돼지고기$\}$,

$f_4 = \{$감자, 생닭$\}$, $f_5 = \{$감자, 양파$\}$, $f_6 = \{$고추, 김치$\}$,

$f_7 = \{$고추, 생닭$\}$, $f_8 = \{$고추, 양파$\}$, $f_9 = \{$김치, 돼지고기$\}$,

$f_{10} = \{$김치, 양파$\}$, $f_{11} = \{$돼지고기, 양파$\}$

거래가 빈번한 2-상품집합 frequent 2-itemset 들의 모임 F_2 로부터 결합 단계 join step 을 수행하여 만든 3-상품집합 3-itemset {감자, 고추, 김치}를 고려해보자. 만약 사전식 배열 lexicograp- hic order 을 고려하여 3-상품집합을 생성한다면, f_1 과 f_6 를 결합하는 것으로만 상품집합 {감자, 고추, 김치}를 만들 수 있다. 즉, {감자, 고추, 김치}를 만들 수 있는 방법은 1가지이다. 만약 사전식 배열 lexicographic order 을 고려하지 않는다면, f_1 과 f_6 을 결합해도 상품집합 {감자, 고추, 김치}를 만들 수 있다. 따라서 후자의 알고리즘은 비효율적이다. 결합 다음은 예제 10-2에서의 총상품집합 I와 총거래집합 T를 이용하여 생성한 거래가 빈번한 3-상품집합들의 모임 F_3 을 나타낸다. 최소 지지도는 40%이다. 이를 이용하여 거래가 빈번한 4-상품집합들의 모임 F_4 를 생성해 보자.

$$F_3 = \{f_1, f_2, \cdots, f_6, f_7\}$$

$f_1 = \{$감자, 고추, 김치$\}$, $f_2 = \{$감자, 고추, 생닭$\}$

$f_3 = \{$감자, 고추, 양파$\}$, $f_4 = \{$감자, 김치, 돼지고기$\}$

$f_5 = \{$감자, 김치, 양파$\}$, $f_6 = \{$감자, 돼지고기, 양파$\}$

$f_7 = \{$김치, 돼지고기, 양파$\}$

거래가 빈번한 3-상품집합들의 모임 F_3 과 후보 k -상품집합 생성 알고리즘을 이용하여 후보 4-상품집합들의 모임 C_4 를 생성해보자. 후보 k -상품집합 생성 알고리즘의 결합단계 join step (④과 ⑤)을 행한다. 예를 들어 f_1 과 f_2 는 사전식 배열로 정렬되어 있고 마지막 원소를 제외한 모든 원소가 같은 집합이므로($f_1 \cap f_2 = \{$감자, 고추$\}$) f_1 과 f_2 를 합하여 후보 4-상품집합을 만들 수 있다. 모든 거래가 빈번한 3-상품집합 쌍에 대해 같은 작업을 수행한다. 아래는 결합단계 join step 의 결과를 보여준다.

$$C_4 = \{c_1, c_2, c_3, c_4\}$$

$c_1 = f_1 \cup f_2 = \{$감자, 고추, 김치, 생닭$\}$

$c_2 = f_1 \cup f_3 = \{$감자, 고추, 김치, 양파$\}$

$c_3 = f_2 \cup f_3 = \{$감자, 고추, 생닭, 양파$\}$

$c_4 = f_4 \cup f_5 = \{$감자, 김치, 돼지고기, 양파$\}$

그 다음으로 후보 4-상품집합들의 모임 C_4 를 상으로 후보 k -상품집합 생성 알고리즘의 제거단계 pruning step (⑦)를 수행한다. 예를 들어 c_1 의 부분 집합이자 3-상품집합 {고추, 김치, 생닭}은 거래가 빈번한 3-상품집합들의 모임 F_3 에 속하지 않으므로 c_1 을 후보 상품집합들의 모임 에서 제거한다. 후보 상품집합들의 모임 C_4 의 모든 원소에 대해 같은 작업을 수행한다. 아래는 제거 단계 pruning step 의 결과를 보여준다.

$$C_4 = \{c_4\}$$

$c_4 = f_4 \cup f_5 = \{$감자, 김치, 돼지고기, 양파$\}$

마지막으로 후보 4-상품집합들의 모임 C_4 를 대상으로 Apriori 알고리즘의 1단계의 ⑥를 수행한다. 후보 4-상품집합들 중 지지도 support 가 최소 지지도보다 큰 상품집합, 즉 거래가 빈번한 상품집합들을 찾아낸다. 예를 들어 후보 상품집합 의 지지도는 40% 이므로 c_4 는 거래가 빈번한 4-상품집합이다. 후보 4-상품집합들의 모임 C_4 의 모든 원소에 대해 같은 작업을 수행한다. 결과는 아래와 같다.

$$F_4 = \{f_1\}$$

$f_1 = \{$감자, 김치, 돼지고기, 양파$\}$(지지도 $= 40\%$)

예제 10-7

예제 10-2에서 사용한 거래 자료를 이용하여 Apriori 알고리즘 1단계를 수행하여 보자. 여기서 사용자가 정의하는 최소 지지도는 40% 이다.

Apriori 알고리즘의 1단계의 ②를 수행한다. 총거래집합 T 에 포함된 모든 상품들은 후보 1-상품집합 candidate 1-itemset 이다. 따라서 결과는 아래와 같다.

$$C_1 = \{c_1, c_2, \dots, c_7, c_8\}$$

$c_1 = i_1 = \{$감자$\}$, $c_2 = i_2 = \{$고추$\}$, $c_3 = i_3 = \{$김치$\}$,

$c_4 = i_4 = \{$돼지고기$\}$, $c_5 = i_5 = \{$마늘$\}$, $c_6 = i_6 = \{$생닭$\}$,

$c_7 = i_7 = \{$생선$\}$, $c_8 = i_8 = \{$양파$\}$

예제 10－6에서와 같이 Apriori 알고리즘의 1단계의 ③를 수행한다. 결과는 다음과 같다.

$F_1 = \{f_1, f_2, \cdots, f_5, f_6\}$

$f_1 = \{$감자$\}$ (지지도 $= 100\%$), $f_2 = \{$고추$\}$ (지지도 $= 70\%$),

$f_3 = \{$김치$\}$ (지지도 $= 90\%$), $f_4 = \{$돼지고기$\}$ (지지도 $= 60\%$),

$f_5 = \{$생닭$\}$ (지지도 $= 40\%$), $f_6 = \{$양파$\}$ (지지도 $= 70\%$)

F_1 을 이용하여 Apriori 알고리즘의 1단계의 ⑤과 ⑥를 수행한다. 결과는 다음과 같다.

$C_2 = \{c_1, c_2, \cdots, c_{14}, c_{15}\}$

$c_1 = f_1 \cup f_2 = \{$감자, 고추$\}$, $c_2 = f_1 \cup f_3 = \{$감자, 김치$\}$,

$c_3 = f_1 \cup f_4 = \{$감자, 돼지고기$\}$, $c_4 = f_1 \cup f_5 = \{$감자, 생닭$\}$,

$c_5 = f_1 \cup f_6 = \{$감자, 양파$\}$, $c_6 = f_2 \cup f_3 = \{$고추, 김치$\}$,

$c_7 = f_2 \cup f_4 = \{$고추, 돼지고기$\}$, $c_8 = f_2 \cup f_5 = \{$고추, 생닭$\}$,

$c_9 = f_2 \cup f_6 = \{$고추, 양파$\}$, $c_{10} = f_3 \cup f_4 = \{$김치, 돼지고기$\}$,

$c_{11} = f_3 \cup f_5 = \{$김치, 생닭$\}$, $c_{12} = f_3 \cup f_6 = \{$김치, 양파$\}$,

$c_{13} = f_4 \cup f_5 = \{$돼지고기, 생닭$\}$, $c_{14} = f_4 \cup f_6 = \{$돼지고기, 양파$\}$,

$c_{15} = f_5 \cup f_6 = \{$생닭, 양파$\}$

$F_2 = \{f_1, f_2, \cdots, f_{10}, f_{11}\}$

$f_1 = \{$감자, 고추$\}$(지지도 $= 70\%$),

$f_2 = \{$감자, 김치$\}$(지지도 $= 90\%$),

$f_3 = \{$감자, 돼지고기$\}$(지지도 $= 60\%$),

$f_4 = \{$감자, 생닭$\}$(지지도 $= 40\%$),

$f_5 = \{$감자, 양파$\}$(지지도 $= 70\%$),

$f_6 = \{$고추, 김치$\}$(지지도 $= 60\%$),

$f_7 = \{$고추, 생닭$\}$(지지도$= 40\%$),

$f_8 = \{$고추, 양파$\}$(지지도$= 40\%$),

$f_9 = \{$김치, 돼지고기$\}$(지지도$= 60\%$),

$f_{10} = \{$김치, 양파$\}$(지지도$= 60\%$),

$f_{11} = \{$돼지고기, 양파$\}$(지지도$= 40\%$)

F_2 를 이용하여 Apriori 알고리즘의 1단계의 ⑤과 ⑥를 수행한다. 결과는 다음과 같다.

$C_3 = \{c_1, c_2, \cdots, c_7, c_8\}$

$c_1 = f_1 \cup f_2 = \{$감자, 고추, 김치$\}$,

$c_2 = f_1 \cup f_4 = \{$감자, 고추, 생닭$\}$,

$c_3 = f_1 \cup f_5 = \{$감자, 고추, 양파$\}$,

$c_4 = f_2 \cup f_3 = \{$감자, 김치, 돼지고기$\}$,

$c_5 = f_2 \cup f_5 = \{$감자, 김치, 양파$\}$,

$c_6 = f_3 \cup f_5 = \{$감자, 돼지고기, 양파$\}$,

$c_7 = f_6 \cup f_8 = \{$고추, 김치, 양파$\}$,

$c_8 = f_9 \cup f_{10} = \{$김치, 돼지고기, 양파$\}$

$F_3 = \{f_1, f_2, \cdots, f_6, f_7\}$

$f_1 = \{$감자, 고추, 김치$\}$(지지도$= 60\%$),

$f_2 = \{$감자, 고추, 생닭$\}$(지지도$= 40\%$),

$f_3 = \{$감자, 고추, 양파$\}$(지지도$= 40\%$),

$f_4 = \{$감자, 김치, 돼지고기$\}$(지지도$= 60\%$),

$f_5 = \{$감자, 김치, 양파$\}$(지지도$= 60\%$),

$f_6 = \{$감자, 돼지고기, 양파$\}$(지지도$= 40\%$),

$f_7 = \{$김치, 돼지고기, 양파$\}$(지지도$= 40\%$)

F_3 을 이용하여 Apriori 알고리즘 1단계의 ⑤와 ⑥을 수행한다. 결과는 다음과 같다.

$C_4 = \{c_4\}$

$c_4 = f_4 \cup f_5 = \{$감자, 김치, 돼지고기, 양파$\}$

$F_4 = \{f_1\}$

$f_1 = \{$감자, 김치, 돼지고기, 양파$\}$(지지도 $= 40\%$)

F_4 을 이용하여 Apriori 알고리즘 1단계의 ⑤와 ⑥을 수행한다. F_5 는 공집합이므로 거래가 빈번한 상품집합들의 모임들 F_1 ,F_2 ,F_3 ,F_4 의 합집합 F 을 구하고 알고리즘을 종료한다.

2.2 연관성 법칙 만들기

앞 절에서는 장바구니 자료를 이용하여 거래가 빈번한 상품집합을 찾는 방법에 대해 서술하였다. 한 가게의 운영자는 다음과 같은 방식으로 이를 활용할 수 있을 것이다. 이 운영자는 우선 거래가 빈번한 상품집합들을 통해 어느 상품이 많이 팔리는지를 확인할 수 있다. 그 결과, 거래가 빈번한 상품집합들의 공급량을 늘리는 등의 의사 결정에 활용할 수 있다. 이와 같이 응용 분야에서 최소 지지도 이상의 지지도를 갖는 거래가 빈번한 상품집합을 찾음으로써 충분한 정보를 얻을 수 있다. 이러한 경우에는 이 절에서 설명하고자 하는 연관성 법칙을 만들지 않아도 된다. 그러나 때로는 어느 상품들끼리 연관되어 거래가 발생하는 지와 같이 상품 간의 연관성 법칙까지 요구되는 경우도 많다. 앞서의 가게의 예로 돌아가 보자. 만약 어떤 거래가 빈번한 상품집합들끼리의 연관성을 발견한다면 가게의 경영자는 두 상품집합이 배치된 장소 사이에 다른 상품들을 진열하는 것과 같은 판매 전략의 수정을 통해 가게 전체의 판매량을 올릴 수 있을 것이다. 이 경우에는 최소 지지도 이상의 지지도를 갖는 모든 거래가 빈번한 k -상품집합 frequent k-itemset 들의 모임 F_k 를 이용하여 상품 간 연관성 법칙을 찾는 방법을 다음과 같이 설명하고자 한다. 거래가 빈번한 k -상품집합들의 모임 F_k 의 임의의 원소를 f 라 하고, 거래가 빈번한 k -상품집합 f 의 공집합이 아닌 임의의 부분집합을 s 라 하자. 그러면 이 부분집합 s 를 이용하여 다음과 같은 유용한 연관성 법칙을 만들 수 있다.

$$\{f - s\} \rightarrow \{s\}$$

$$(\text{지지도}) = \frac{n(T_f)}{n(T)}, (\text{신뢰도}) = \frac{n(T_f)}{n(T_{(f-s)})}$$

여기서 $n(T)$ 는 총거래집합 set of transactions 의 원소의 수, 즉 모든 거래의 횟수이다. $n(T_f)$ 는 거래가 빈번한 k -상품집합 f 가 포함된 거래의 횟수이다. $n(T_{(f-s)})$ 는 거래가 빈번한 k -상품집합 frequent k-itemset $(f-s)$ 가 포함된 거래의 횟수이다. 이 연관성 법칙의 지지도는 $\dfrac{n(T_f)}{n(T)}$ 이다. 이 연관성 법칙의 신뢰도는 $\dfrac{n(T_f)}{n(T_{(f-s)})}$ 이다. 이 연관성 법칙의 지지도가 최소 지지도보다 크고 신뢰도는 최소 신뢰도보다 크다면, 이 연관성 법칙은 유용하다.

Apriori 알고리즘을 이용하여 모든 유용한 연관성 법칙을 찾는 과정에서 염두에 두어야 할 사항이 있다. 만일 거래가 빈번한 k -상품집합 frequent k-itemset 들의 모임 F_k 의 거래가 빈번한 k -상품집합 f 가 최소 지지도 minimum support 를 만족하면 하향 패쇄 downward closure 성질에 의해 f 의 모든 부분집합은 최소 지지도를 만족한다. 즉, 부분집합들은 거래가 빈번한 상품집합이다. Apriori 알고리즘의 1단계에서 모든 거래가 빈번한 상품집합에 대해 빈도($n(T_f)$ 와 $n(T_{(f-s)})$)를 계산하였으므로, 연관성 법칙을 만드는 경우에는 이 값들을 다시 계산할 필요가 없다. 즉, 앞의 연관성 법칙의 신뢰도를 구하기 위해 필요한 값들을 이미 알고 있다.

연관성 법칙을 효율적으로 생성하기 위하여 유의해야 할 사항은 연관성 법칙에서 f 의 부분집합 s 가 바뀌어도 연관성 법칙의 분자 부분 $n(T_f)$ 는 변하지 않는다는 점이다. 거래가 빈번한 k -상품집합 f 의 공집합이 아닌 임의의 부분집합을 s 라 하고, s 의 임의의 부분집합을 s^* 라 하자. 이들을 이용하여 연관성 법칙 $\{f-s\}\to\{s\}$ 와 $\{f-s^*\}\to\{s^*\}$ 를 생성할 수 있다. 하향 폐쇄 downward closure 성질에 의해 거래가 빈번한 k -상품집합 f 의 부분집합인 s , s^* , $(f-s)$, $(f-s^*)$ 는 거래가 빈번한 상품집합이다. s^* 가 s 의 부분집합이므로 $(f-s)$ 는 $(f-s^*)$ 의 부분집합이다. 따라서 하향 폐쇄 성질에 의해 $n(T_{(f-s)})$ 는 항상 $n(T_{(f-s^*)})$ 보다 크거나 같다. 즉, 연관성 법칙 $\{f-s^*\}\to\{s^*\}$ 의 신뢰도 $\left(\dfrac{n(T_f)}{n(T_{(f-s^*)})}\right)$ 가 연관성 법칙 $\{f-s\}\to\{s\}$ 의 신뢰도 $\left(\dfrac{n(T_f)}{n(T_{(f-s)})}\right)$ 보다 항상 크거나 같다. 그러므로 만일 연관성 법칙 $\{f-s\}\to\{s\}$ 이 최소 신뢰도를 만족한다면, s 의 부분집합인 s^* 를 이용한 모든 연관성 법칙 $\{f-s^*\}\to\{s^*\}$ 는 항상 최소 신뢰도를 만족한다. 이를 식으로 나타내면 아래와 같다.

$$\text{최소 신뢰도} \leq \{ f-s \} \rightarrow \{ s \} \text{ 의 신뢰도} \leq \{ f-s^* \} \rightarrow \{ s^* \} \text{ 의 신뢰도}$$

이러한 결과는 하향 폐쇄 성질과 유사하다. 어떤 상품집합의 지지도 support 가 최소 지지도보다 크면 그 집합의 모든 부분집합들의 지지도 support 가 최소 지지도보다 큰 것처럼, 상품집합 s 의 모든 부분집합 s^* 에 대하여 연관성 법칙 $\{f-s\} \rightarrow \{s\}$ 의 신뢰도가 최소 신뢰도보다 크거나 같다면 연관성 법칙 association rule $\{f-s^*\} \rightarrow \{s^*\}$ 의 신뢰도 역시 최소 신뢰도 보다 크거나 같다. 예를 들면, 주어진 상품집합 $\{1,2,3,4\}$ 을 이용한 연관성 법칙 $\{1,2\} \rightarrow \{3,4\}$ 의 신뢰도 가 최소 신뢰도 보다 크거나 같다면, 두 연관성 법칙 $\{1,2,3\} \rightarrow \{4\}$ 와 $\{1,2,4\} \rightarrow \{3\}$ 의 신뢰도는 모두 최소 신뢰도보다 크거나 같다.

Apriori 알고리즘의 2단계를 설명하기에 앞서 알고리즘에 사용된 기호들을 설명하고자 한다. 총상품집합 set of items I 에 속하는 임의의 원소를 i 라고 하자. 즉, 가게에서 판매하는 임의의 상품은 i 이다. 총거래집합 set of transactions T 에 속하는 임의의 원소를 t 라고 하자. 가게에서 발생한 임의의 거래는 t 이다. F_k 는 거래가 빈번한 k -상품집합 frequent k-itemset 들의 모임으로써 거래가 빈번한 k -상품집합 f 들을 원소로 갖는다. R_m 는 연관성 법칙의 결과가 m -상품집합인 유용한 연관성 법칙들의 모임이다. H_m 은 유용한 연관성 법칙들 R_m 의 m -상품집합 결과 m-itemset consequents 들의 모임이다. $(m \leq k)$ 즉, m -상품집합 결과는 유용한 연관성 법칙 $X \rightarrow Y$ 에서 결과 Y 에 해당하는 상품집합이다. 예를 들면, 임의의 유용한 연관성 법칙 r 과 임의의 m -상품집합 결과 h 는 다음과 같이 표기할 수 있다.

$$h = \{ h[1], h[2], \ldots, h[m-1], h[m] \}$$

$$r = \{ (f-s) \rightarrow h \}, \text{ 지지도} = sup, \text{ 신뢰도} = conf$$

여기서 유용한 연관성 법칙의 지지도는 sup, 신뢰도는 $conf$로 표기하였다.

Apriori 알고리즘의 2단계는 Apriori 알고리즘 1단계에서 생성한 모든 거래가 빈번히 거래되는 상품집합들 F를 이용하여 모든 유용한 연관성 법칙 R을 생성하는 알고리즘이다. 앞서 언급하였던 2가지 성질들과 기호를 이용하여 다음과 같이 Apriori 알고리즘의 2단계를 순서도로 나타낼 수 있다.

Apriori 알고리즘 2단계

① $genRules(F, minconf)$

② $(\forall f_k ; k \geq 2)$

③ $R_1 \leftarrow \left\{ r \mid \{(f_k - h) \rightarrow h\},\ n(h) = 1,\ \dfrac{n(T_{f_k})}{n(T_{f_k - h})} \geq minconf \right\}$

④ $H_1 \leftarrow \{h \mid r$의 $1-$상품집합 결과, $r \in R_1\}$

⑤ $ap-genRules(f_k, H_1)$

⑥ $R \leftarrow \cup_i R_i$, R 을 출력

그림 10-3 유용한 연관성 법칙을 생성하기 위한 Apriori 알고리즘

위의 Apriori 알고리즘의 2단계는 다음과 같이 설명한다.

① 알고리즘을 시작한다. 모든 거래가 빈번한 상품집합 frequent itemset 들 F 와 사용자가 정의한 최소 신뢰도 minimum confidence (minconf)를 입력한다.

② $k \geq 2$ 에 대해 모든 거래가 빈번한 k -상품집합 f_k 들 각각을 이용해 ③~⑥을 시행한다. 더 이상 사용할 f_k 가 없으면 알고리즘을 종료한다.

③ 거래가 빈번한 k -상품집합 f_k 를 이용해 신뢰도 $\left(\dfrac{n(T_{f_k})}{n(T_{f_k - h})}\right)$가 최소 신뢰도 (minconf)보다 크고, 연관성 법칙의 결과가 1 -상품집합인 유용한 연관성 법칙들의 모임 R_1 을 생성한다.

④ R_1 으로부터 1 -상품집합 결과들의 모임 H_1 을 생성한다.

⑤ 거래가 빈번한 k -상품집합 f_k 과 1 -상품집합 결과들의 모임 H_1 을 이용해 연관성 법칙 생성 알고리즘 association rule generating algorithm 을 시행한다.

⑥ 알고리즘을 통해 생성된 모든 유용한 연관성 법칙들 $\cup_i R_i$ 을 R 로 두고 출력한다.

Apriori 알고리즘의 2단계의 순서도에는 연관성 법칙 생성 알고리즘이 나타난다. 연관성 법칙 생성 알고리즘과 거래가 빈번한 k -상품집합 f_k 를 이용하여 유용한 연관성 법칙들을 생성한다. 이 알고리즘 역시 다음과 같이 나타낼 수 있다.

① $ap-genRules(f_k, H_m)$

② $(m; k > m+1, H_m \neq \varnothing; m{+}{+})$

③ $H_{m+1} \leftarrow CG(H_m)$

④

$$R_{m+1} \leftarrow \left\{ r \mid \{(f_k - h) \rightarrow h\},\ n(h) = m+1,\ \frac{n\left(T_{f_k}\right)}{n\left(T_{f_k - h}\right)} \geq minconf \right\}$$

⑤ $H_{m+1} \leftarrow \{h \mid r$의 $(m+1)-$상품집합 결과, $r \in R_{m+1}\}$

그림 10-4 유용한 연관성 법칙 생성 알고리즘

앞의 알고리즘을 설명하면 다음과 같다.

① 알고리즘을 시작한다. 거래가 빈번한 k -상품집합 f_k 와 m -상품집합 결과들의 모임 H_m 을 입력한다.

② $k > m+1$ 이고 $H_m \neq \varnothing$ 일 경우, ③~⑤를 반복적으로 시행한다. 매 반복 시행 후에는 m 에 1 을 더해준다.

③ m -상품집합 결과 m-itemset consequents 들의 모임 H_m 과 후보 m -상품집합 알고리즘 candidate m-itemset generating algorithm 을 이용하여 $(m+1)$-상품집합들의 모임 H_{m+1} 을 생성한다.

④ $(m+1)$-상품집합들의 모임 H_{m+1} 을 대상으로 유용한 연관성 법칙을 찾는다. 우선, H_{m+1} 의 원소인 $(m+1)$-상품집합 h 와 거래가 빈번한 k -상품집합 f_k 으로 연관성 법칙 $\{f_k - h\} \rightarrow \{h\}$ 를 만든다. 이 중에서 신뢰도 $\left(\frac{n\left(T_{f_k}\right)}{n\left(T_{f_k - h}\right)}\right)$가 최소 신뢰도 minimum confidence (minconf)보다 큰 연관성 법칙 $\{f - h\} \rightarrow \{h\}$ 들만 유용한 연관성 법칙 r 로 만들어 준다. 유용한 연관성 법칙 r 들의 모임 H_{m+1} 을 생성한다.

⑤ 유용한 연관성 법칙 r 들의 $(m+1)$-상품집합 결과 (m+1)-itemset consequents h 들을 원소로 하는 $(m+1)$-상품집합 결과들의 모임 H_{m+1} 을 생성한다.

유용한 연관성 법칙의 결과에 사용하는 m -상품집합 결과들의 모임 H_m 을 생성하기 위해 후보 m -상품집합 생성 알고리즘 candidate m-itemset generating algorithm 을 사용하는 이유는 다음과 같다. 앞에서 언급하였듯이 거래가 빈번한 k -상품집합 frequent k-itemset f 에 대해 임의의 부분집합 s 와 s 의 임의의 부분집합인 s^* 를 고려해 보자. s 와 s^* 는 공집합이 아니라고 하자. 연관성 법칙 $\{f-s\}\to\{s\}$ 의 신뢰도가 최소 신뢰도 보다 크거나 같다면 연관성 법칙 $\{f-s^*\}\to\{s^*\}$ 의 신뢰도 역시 최소 신뢰도 보다 크거나 같다. 따라서 다음의 명제가 성립한다.

$$p \Rightarrow q$$

p : 어떤 연관성 법칙 $\{f-s\}\to\{s\}$ 은 유용하다.

q : s 의 부분 집합 $s^*(\neq \varnothing)$을 이용해 만든 연관성 법칙 $\{f-s^*\}\to\{s^*\}$ 은 모두 유용하다.

연관성 법칙 $\{f-s\}\to\{s\}$ 가 유용하기 위한 필요조건은 "s 의 부분 집합 $s^*(\neq \varnothing)$ 에 대해 연관성 법칙 $\{f-s^*\}\to\{s^*\}$ 는 모두 유용하다" 이다. s_m 이 m -상품집합 m-itemset 이고 s_{m-1} 는 s_m 의 $(m-1)$ -상품 부분 집합 (m-1)-item subset 이라고 하자. 임의의 $(m-1)$ -상품 부분 집합 (m-1)-item subset s_{m-1} 로 만든 연관성 법칙 $\{f-s_{m-1}\}\to\{s_{m-1}\}$ 이 모두 유용하다면 s_{m-1} 의 임의의 $(m-1)$ -부분 집합을 이용한 연관성 법칙은 모두 유용하다. 따라서, 임의의 $(m-1)$ -상품 부분 집합 (m-1)-item subset 로 만든 연관성 법칙 $\{f-s_{m-1}\}\to\{s_{m-1}\}$ 이 모두 유용하다라는 말은 연관성 법칙 $\{f-s_m\}\to\{s_m\}$ 이 유용하기 위한 필요조건이다.

위와 같은 이유로 후보 m -상품집합 알고리즘 candidate m-itemset generating algorithm 은 $(m-1)$ -상품집합 s_{m-1} 들의 모임 H_m 으로부터 필요조건을 만족하는 m -상품집합 m-itemset s_m 을 체계적으로 생성할 수 있다.

예제 10-8

예제 10-7에서 생성된 거래가 빈번한 상품집합들 F 중 거래가 빈번한 4-상품집합 frequent 4-itemset 들의 모임 F_4 를 이용하여 유용한 연관성 법칙을 만들어 보자. 나머지 거래가 빈번한 상품집합 frequent itemset 들 F_1 ,F_2 ,F_3 에 대해서도 동일한 작업을 거쳐 유용한 연관성 법칙을 만들 수 있다. 여기서 사용자가 정의하는 최소 지지도는 40%이고 최소 신뢰도는 80%이다.

$F_4 = \{f_1\}$

$f_1 = \{감자, 김치, 돼지고기, 양파\}(지지도 = 40\%)$

F_4 에 대해 연관성 법칙 생성 알고리즘을 시행해보자. 우선 거래가 빈번한 상품집합 f_1 을 이용해 1-상품집합 1-itemset 을 연관성 법칙의 결과로 갖는 유용한 연관성 법칙들의 모임 R_1 을 생성한다. 이를 위해 연관성 법칙 생성 알고리즘의 ③을 수행한다. 결과는 아래와 같다.

$R_1 = \{r_1, r_2\}$

$r_1 = \{김치, 돼지고기, 양파\} \rightarrow \{감자\}$ (지지도 = 40%, 신뢰도 = 100%)

$r_2 = \{감자, 돼지고기, 양파\} \rightarrow \{김치\}$ (지지도 = 40%, 신뢰도 = 100%)

1-상품집합 결과들 1-itemset consequents 의 모임 H_1 을 생성하기 위해 연관성 법칙 생성 알고리즘의 ④를 수행한다. 결과는 아래와 같다.

$H_1 = \{h_1, h_2\}$

$h_1 = \{감자\}$, $h_2 = \{김치\}$

거래가 빈번한 상품집합 f_1 과 1-상품집합 결과들의 모임 H_1 을 이용해 연관성 법칙 생성 알고리즘의 ⑤를 수행한다. 즉, Apriori 알고리즘을 이용해 유용한 연관성 법칙을 생성한다.

$k = 4$ 는 $m+1=2$ 보다 크고 $H_1 \neq \varnothing$ 이므로 Apriori 알고리즘의 ③을 수행한다. 결과는 아래와 같다.

$H_2 = \{h_1\}$

$h_1 = \{감자, 김치\}$

2-상품집합 2-itemset 을 연관성 법칙의 결과로 갖는 유용한 연관성 법칙들의 모임 R_2 을 생성한다. 이를 위해 Apriori 알고리즘의 ④를 수행한다. 결과는 아래와 같다.

$R_2 = \{r_1\}$

$r_1 = \{돼지고기, 양파\} \rightarrow \{감자, 김치\}$ (지지도 = 40%, 신뢰도 = 100%)

2-상품집합 결과 2-itemset consequents 의 개수가 1개이므로 R_4 를 출력하고 알고리즘을 종료한다. 2-상품집합 결과들 2-itemset consequents 의 모임 H_2 를 생성하기 위해 Apriori 알고리즘의 ⑤를 수행한다. 결과는 아래와 같다.

$H_2 = \{h_1\}$

$$h_1 = \{감자, 김치\}$$

$k=4$ 는 $m+1=3$ 보다 크고 $H_2 \neq \varnothing$ 이므로 Apriori 알고리즘의 ③~⑤를 수행한다. $H_3 \neq \varnothing$ 이므로 Apriori 알고리즘을 빠져나가 연관성 법칙 생성 알고리즘의 ⑥을 시행한다. 결과는 아래와 같다.

$$R = R_1 \cup R_2$$

$$R_1 = \{r_1, r_2\}$$

$$r_1 = \{김치, 돼지고기, 양파\} \rightarrow \{감자\}\ (지지도 = 40\%, 신뢰도 = 100\%)$$

$$r_2 = \{감자, 돼지고기, 양파\} \rightarrow \{김치\}\ (지지도 = 40\%, 신뢰도 = 100\%)$$

$$R_2 = \{r_1\}$$

$$r_1 = \{돼지고기, 양파\} \rightarrow \{감자, 김치\}\ (지지도 = 40\%, 신뢰도 = 100\%)$$

F_4 에는 더 이상 사용할 거래가 빈번한 상품집합이 없으므로 연관성 법칙 생성 알고리즘을 종료한다.

3. 연관성 분석을 위한 자료 구조

지금까지 연관성 분석은 주로 장바구니 market basket 자료를 활용하였다. 이러한 자료는 그 자체가 연관성 분석을 적용할 수 있는 거래 형태의 자료 transaction data 이다. 연관성 분석을 장바구니 market basket 자료 이외에 다른 형태를 가진 자료도 적용할 수 있다. 이를 위해 거래 형태 transaction 로 자료의 구조를 변경해야 한다. 연관성 분석을 통해 텍스트 text 문서로부터 유용한 정보를 찾는 문제를 생각해보자. 예제 10-3에서 보여주었듯이 각각의 문서는 거래 t_j 로 각각의 단어는 상품 i_l 로 취급하여 거래 형태 transaction 의 자료로 구조를 바꾼다. 또한 연관성 분석 association analysis 를 위하여 표 table 형태의 자료도 구조를 변경할 수 있다. 표 table 형태의 자료에는 행을 따라 각각의 변수 attribute 들이 있고, 열을 따라 각 관측 대상이 있다. 각 관측 대상을 거래 t_j 로, (변수 attribute, 관측 값 value) 쌍을 상품 i_l 로 취급하여 거래 형태 transaction 의 자료를 만들 수 있다. 다음 예제를 통해 자료의 변환 과정을 살펴보도록 하자.

예제 10-9

자료가 아래 <표 10-2>와 같이 주어져 있다. 이 자료를 연관성 분석을 위한 거래 형태의 자료 transaction data 로 변환하자. 각각의 (변수 attribute, 관측 값 value) 쌍은 하나의 상품으로 간주된다. 만약 관측 값만을 상품으로 다루게 된다면, 다른 변수에 같은 관측 값이 나타날 경우에 구별할 수가 없으므로 변수와 관측치는 동시에 상품으로 간주되어야 한다. 예를 들어, 첫 번째 관측 대상은 변수2(: 소득 수준)에서는 '높음'이라는 값을 갖고, 변수3(: 학력 수준)에서도 '높음'이라는 값을 갖는다. 따라서 변수를 고려하지 않으면 이 두 상품을 구별할 수 없다.

표 10-2 표 형태의 자료의 예

관측 대상	변수1: 지역	변수2: 소득 수준	변수3: 학력 수준
1	A	높음	높음
2	B	낮음	낮음
3	A	높음	낮음
…	…	…	…

위의 자료를 다음과 같이 거래 형태의 구조를 갖는 자료로 변환할 수 있다.

$$I = \left\{ \begin{matrix} (\text{소득수준}, \text{높음}), (\text{소득수준}, \text{낮음}), (\text{지역}, A), \\ (\text{지역}, B), (\text{학력수준}, \text{높음}), (\text{학력수준}, \text{낮음}) \end{matrix} \right\}$$

$$T = \{t_1, t_2, t_3, \dots\}$$

$$t_1 = \{(\text{지역}, A), (\text{소득수준}, \text{높음}), (\text{학력수준}, \text{높음})\}$$

$$t_2 = \{(\text{지역}, B), (\text{소득수준}, \text{낮음}), (\text{학력수준}, \text{낮음})\}$$

$$t_3 = \{(\text{지역}, A), (\text{소득수준}, \text{높음}), (\text{학력수준}, \text{낮음})\}$$

…

표 형태의 자료 역시 연관성 분석을 통해 의미 있는 결과를 도출할 수 있다. 예를 들어 'A 지역에 사는 사람들은 소득 수준이 높다' 라는 점을 아래와 같은 연관성 법칙으로 나타낼 수 있다.

$$\{(\text{지역}, A)\} \rightarrow \{(\text{소득수준}, \text{높음})\}$$

만일 변수가 연속 형일 경우에는 관측 값 value 들을 범주화 categorization 하여 사용한다. 예를 들어 소득 수준 변수가 백분위 형태로 되어 있다고 가정하자. 이 변수의 범위는 1−100이므로 1−20, 21−40, 41−60, 61−80, 81−100과 같이 5개의 등 간격 equal-sized interval 으로 나눌 수 있다. 각 간격은 범주 category 로 간주함으로써 예제 10−9와 같은 연관성 분석이 가능하다.

4. 여러 개의 최소 지지도를 이용한 연관성 분석

연관성 분석 에서 최소 지지도는 실생활에서 쓰기에 알맞은 연관성 법칙들을 찾아내는 데 활용되는 중요한 요소이다. 최소 지지도를 높고 낮게 설정함으로써 실생활에서 자주 발견되는 연관성 법칙들만을 고려할 수 있기 때문이다. 또한, 최소 지지도를 이용하여 거래가 빈도가 아주 낮은 상품들을 배제할 수 있기 때문에 연관성 법칙을 만드는데 시간을 절약할 수 있다. 2절에서 설명하였던 Apriori 알고리즘은 유용한 연관성 법칙을 생성하기 위해 하나의 최소 지지도 minimum support 만을 사용한다. 이와 같이 하나의 최소 지지도를 사용하는 것은 분석 대상인 상품들이 같은 속성의 가졌기에 비슷한 거래 빈도를 가질 것이라는 의미가 내포되어 있다. 하지만, 실제로 이러한 상황에 마주치는 경우는 거의 없다. 실생활에서는 어떤 상품은 매우 자주 매매되지만 또 어떤 상품은 매우 드물게 매매되는 경우가 대부분이다. 즉, 상품마다 거래 빈도의 수에 차이가 존재한다. 만일 각 상품의 매매 빈도가 다양하다면 분석적 측면에서 아래와 같은 두 가지 문제점이 나타난다.

1. 만일 최소 지지도가 너무 높으면 드물게 매매되는 상품들은 연관성 법칙에 나타날 기회가 없다.
2. 드물게 매매되는 상품들을 연관성 법칙에 포함시키기 위해서는 최소 지지도를 낮추어야 한다. 그 결과, 연관성 법칙을 만드는데 고려해야 할 상품들의 조합의 수가 폭발적으로 많아진다. 그러므로 연관성 분석이 거의 불가능하다.

다음의 예제를 통해 최소 지지도를 매우 낮게 설정하였을 때 발생할 수 있는 문제점들을 알아보자.

예제 10-10

예제 10-2의 사용한 총상품집합 set of items I을 고려해 보자. 총상품집합 set of items I에 거래가 아주 드문 상품으로 {냉장고}와 {전자레인지}를 추가한다. 이들 상품들은 거래가 드물게 발생하지만 한 번 판매되면 가게의 운영자에게 많은 이익을 가져다 준다. 운영자는 이 점을 고려하여 두 상품이 포함된 연관성 법칙을 만들고자 한다. 이를 위해 최소 지지도를 0.005%와 같이 아주 낮게 설정하였다. 이러한 최소 지지도를 만족하는 거래가 빈번한 2-상품집합 frequent 2-itemset 을 아래와 같이 얻었다.

$$I = \left\{ \begin{array}{l} \text{감자, 고추, 김치, 돼지고기, 마늘, 생닭,} \\ \text{생선, 양파, 토마토, 냉장고, 전자레인지} \end{array} \right\}$$

$$f_1 = \{\text{냉장고, 전자레인지}\}(\text{지지도} = 0.008\%),$$

이 외에 아래와 같은 거래가 빈번한 상품집합들도 생성할 수 있다.

$$f_2 = \{\text{감자, 고추, 김치, 돼지고기, 생닭, 양파}\}(\text{지지도} = 0.07\%),$$

$f_3 = \{$감자, 고추, 양파, 전자레인지$\}$(지지도 $= 0.01\%$),

먼저 거래가 빈번한 상품집합 frequent itemset f_1을 살펴 보자. f_1의 지지도는 0.07%로 최소 지지도를 만족한다. f_1에 속해 있는 각각의 상품들은 생필품으로써 가게에서 자주 거래가 이루어지는 상품들이지만, 6-상품집합 6-itemset f_2의 지지도는 높지 않다. f_2를 이용해 아래와 같은 연관성 법칙을 생성할 수 있다.

$\{$감자, 고추$\} \rightarrow \{$김치, 돼지고기, 생닭, 양파$\}$

(지지도 = 0.07%, 신뢰도 = 0.1%)

위와 같이 신뢰도가 낮은 연관성 법칙이 생성된 이유는 $\{$감자, 고추$\}$의 지지도와 f_2의 지지도의 차이가 매우 크기 때문이다. 이 연관성 법칙 외에도 f_2로부터 만들 수 있는 대부분의 연관성 법칙들이 매우 낮은 신뢰도를 가질 것이다. 따라서 f_2는 큰 의미를 갖는 상품집합이 아니다. 더 곤란한 문제점은 이 상품집합을 이용한 연관성 법칙을 만들기 위해서는 많은 수의 조합을 고려하여야 한다는 점이다. 다음으로 거래가 빈번한 상품집합 f_3을 살펴보자. 일반적으로 많은 고객들이 f_3의 부분 집합이자 생필품들의 집합인 $\{$감자, 고추, 양파$\}$을 자주 구매한다. 하지만 오직 0.01%의 고객들만이 f_3의 4가지 상품을 함께 구입한다. f_3를 이용해 아래와 같은 연관성 법칙을 생성할 수 있다.

$\{$감자, 고추, 양파$\} \rightarrow \{$전자레인지$\}$

(지지도 = 0.01%, 신뢰도 = 0.25%)

위의 연관성 법칙 역시 $\{$감자, 고추, 양파$\}$의 지지도가 f_3의 지지도보다 훨씬 큰 값을 갖기 때문에 낮은 신뢰도를 가지고 있다. 따라서 f_3은 큰 의미를 갖지 못한다. (왜? 이를 이용해 만들어진 연관성 법칙은 예측 가능성이 낮기 때문이다.)

연관성 분석에서 위와 같은 두 가지 문제점이 발생한 이유는 발생 빈도가 매우 적은 상품들을 고려하고 싶기 때문이다. 위의 예에서도 알 수 있듯이 감자, 고추, 양파와 같은 생필품은 자주 거래되지만, 냉장고와 같은 공산품은 그에 비해 적은 빈도로 거래된다. 또한, 내구성이 높은 제품이나 가격이 비싼 제품들은 그렇지 않은 제품들보다 적게 거래되지만, 일단 거래가 이루어지면 많은 이윤을 남길 수 있다. 이처럼 각 상품들마다의 특징들로 인해 어떤 상품은 거래 빈도가 높고 어떤 상품은 거래 빈도가 낮다. 또한 거래가 이루어졌을 때 어떤 상품은 높은 이윤을 가져다 주고 어떤 상품은 그렇지 않다. 만약 높은 이윤을 가져다 주지만 거래 빈도가 낮은 상품이 있다면, 가게의 운영자는 이를 고려한 연관성 법칙을 찾길 원할 것이다. 따라서, 이러한 문제를 해결하기 위해 예제 10-10의 f_2과 f_3와 같이 의미가 없는 상품집합 itemset 을 제외해야 한다.

해결 방안 중 하나로 자료를 비슷한 거래 빈도를 갖는 상품들끼리 묶어주고, 이들 각각의 상품집합들을 따로 분석하는 방법이 있다. 그러나 이 방법은 서로 다른 상품집합에 속한 상품들끼리는 연관성을 나타낼 수 없기 때문에 좋은 방법이 될 수 없다.

더 나은 방법으로는 값이 다른 여러 개의 최소 지지도를 사용하는 것이다. 즉, 각 상품에 하나씩의 최소 지지도를 사용하는 방법이다. 이를 이용해 각각의 상품집합마다 서로 다른 최소 지지도를 갖도록 할 수 있다. 이 방법을 사용하면 f_1 처럼 거래 빈도가 아주 낮은 상품집합들을 고려할 수 있을 뿐만 아니라 예제 10-10의 f_2 와 같은 의미 없는 상품집합을 제외할 수 있다. 그러나 이 방법은 f_3 에 나타난 아주 빈번이 거래되는 상품과 아주 드물게 거래되는 상품이 함께 나타나는 현상은 해결할 수 없다. 이 문제는 연관성 법칙을 찾는 알고리즘에 조건을 첨부해서 해결할 수 있다.

여러 개의 최소 지지도를 사용함으로써 얻을 수 있는 장점이 하나 더 있다. 연관성 분석에서 사용자가 제외하길 원하는 상품들을 언제든지 제거할 수 있다는 점이다. 만약 어떤 상품에 관심이 없다면 이 상품의 최소 지지도를 100%보다 큰 값을 배정하면 된다. 예를 들면 최소 지지도를 101%로 설정한다면, 어떤 상품도 매매빈도가 101% 이상 될 수 없으므로 이 상품은 분석에서 제외된다.

5. R 프로그램 실습: 연관성 분석과 시각화

R을 이용하여 앞에서 언급되었던 연관성 분석 association analysis 을 수행하자. 자료는 *arulesViz* 라는 이름의 R 패키지 package 를 활용한다[8]. *arulesViz* 를 설치하면 연관성 분석에 필요한 *arules* 패키지 역시 같이 설치된다. 패키지 안의 자료 중 *Groceries* 라는 자료로부터 유용한 연관성 법칙 association rule 을 찾아보자. *Groceries* 자료는 transactions 형태의 자료이므로 자료 변환 과정은 필요하지 않다. 사용자가 정의한 최소 지지도 minimum support 는 0.1%이고 최소 신뢰도 minimum confidence 는 50%이다.

Groceries 자료는 transactions 형태의 자료이기 때문에 자료를 들여다 보기 위해서는 *inspect()* 함수를 사용해야 한다. *Groceries* 자료의 1번째 거래부터 6번째의 거래를 살펴보면 아래와 같다.

---

8) Hahsler and chelluboina (2011), arulesViz: arulesViz - Visualizing Association Rules, R package version 0.1-1.

```
> library("arulesViz")
> data("Groceries")
> inspect(head(Groceries))
  items
1 {citrus fruit, semi-finished bread, margarine, ready soups}
2 {tropical fruit, yogurt, coffee}
3 {whole milk}
4 {pip fruit, yogurt, cream cheese, meat spreads}
5 {other vegetables, whole milk, condensed milk,
  long life bakery product}
6 {whole milk, butter, yogurt, rice, abrasive cleaner}
```

자료가 다음과 같이 data frame 형태인 경우에는 *as()* 함수를 이용하면 다음과 같이 transactions 의 형태로 변경해줄 수 있다.

```
> data("AdultUCI")
> head(AdultUCI[,c(2,4,7)])
         workclass education        occupation
1        State-gov Bachelors      Adm-clerical
2 Self-emp-not-inc Bachelors   Exec-managerial
3          Private   HS-grad Handlers-cleaners
4          Private      11th Handlers-cleaners
5          Private Bachelors    Prof-specialty
6          Private Masters     Exec-managerial

> Adult<-as(AdultUCI[,c(2,4,7)],"transactions")
> inspect(head(Adult))
  items                                transactionID
1 {workclass=State-gov,
   education=Bachelors,
   occupation=Adm-clerical}                        1
2 {workclass=Self-emp-not-inc,
   education=Bachelors,
   occupation=Exec-managerial}                     2
```

```
3 {workclass=Private,
   education=HS-grad,
   occupation=Handlers-cleaners}          3
4 {workclass=Private,
   education=11th,
   occupation=Handlers-cleaners}          4
5 {workclass=Private,
   education=Bachelors,
   occupation=Prof-specialty}             5
6 {workclass=Private,
   education=Masters,
   occupation=Exec-managerial}            6
```

자료가 다음과 같이 list 형태인 경우에도 마찬가지로 as() 함수를 이용하면 transactions 형태로 변경할 수 있다.

```
> market <- list(
+ c("fruit","bread","margarine","soup"),
+ c("fruit","yogurt","coffee"),
+ c("milk","fruit")
+ )
> market
[[1]]
[1] "fruit"     "bread"     "margarine" "soup"

[[2]]
[1] "fruit"  "yogurt" "coffee"

[[3]]
[1] "milk"  "fruit"

> t<-as(market,"transactions")
> inspect(t)
  items
1 {bread,fruit,margarine,soup}
```

```
2 {coffee,fruit,yogurt}
3 {fruit,milk}
```

이제 다시 *Groceries* 라는 자료로부터 연관성 법칙을 찾아보자. *summary()* 함수를 이용하여 *Groceries* 자료를 요약하여 살펴볼 수 있다. *Groceries* 자료는 9835건의 거래와 169 가지의 상품들로 구성되어 있다. 가장 빈번하게 거래된 상품은 *whole milk* 이고, 최대 32 종류의 상품들부터 최소 1종류의 상품이 한 번에 거래되었고 평균 4.4 종류의 상품들이 한 번에 거래되었다. 상품들은 일련의 분류 체계를 가지고 있는데, 예를 들어, *frankfurter*는 *sausage* 에 속하는 품목이고, 더 크게는 *meet and sausage* 에 속하는 품목이다. R 코드의 결과는 아래와 같다.

```
> summary(Groceries)
transactions as itemMatrix in sparse format with
 9835 rows (elements/itemsets/transactions) and
 169 columns (items) and a density of 0.02609146

most frequent items:
 whole milk other vegetables   rolls/buns   soda   yogurt   (Other)
    2513          1903            1809      1715    1372     34055

element (itemset/transaction) length distribution:
sizes
   1    2    3    4    5    6    7    8    9   10   11
2159 1643 1299 1005  855  645  545  438  350  246  182
  12   13   14   15   16   17   18   19   20   21   22   23
 117   78   77   55   46   29   14   14    9   11    4    6
  24   26   27   28   29   32
   1    1    1    1    3    1

   Min.  1st Qu.  Median   Mean  3rd Qu.   Max.
  1.000   2.000   3.000   4.409   6.000  32.000

includes extended item information - examples:
       labels     level2            level1
```

```
1  frankfurter   sausage    meet and sausage
2  sausage       sausage    meet and sausage
3  liver loaf    sausage    meet and sausage
```

apriori() 함수를 이용하여 *Groceries* 자료로부터 유용한 연관성 법칙 association rule 들을 찾아낼 수 있다. *apriori* 함수의 인수 *parameter=list*를 통해 최소 지지도 minimum support 와 최소 신뢰도 minimum support 를 설정할 수 있다. 앞서 설정한 최소 지지도와 최소 신뢰도를 만족하는 유용한 연관성 법칙은 5668개이다.

```
> rules <- apriori(Groceries, parameter=list(support=0.001,
+ confidence =0.5))
Apriori

Parameter specification:
 confidence minval smax arem  aval originalSupport support
0.5        0.1    1    none FALSE      TRUE       0.001
minlen maxlen target   ext
1      10     rules  FALSE

Algorithmic control:
  filter tree heap  memopt load sort verbose
   0.1 TRUE TRUE   FALSE  TRUE   2   TRUE

Absolute minimum support count: 9

set item appearances ...[0 item(s)] done [0.00s].
set transactions ...[169 item(s), 9835 transaction(s)] done [0.00s].
sorting and recoding items ... [157 item(s)] done [0.00s].
creating transaction tree ... done [0.00s].
checking subsets of size 1 2 3 4 5 6 done [0.01s].
writing ... [5668 rule(s)] done [0.00s].
creating S4 object  ... done [0.00s].

> rules
set of 5668 rules
```

5668개의 연관성 법칙들을 하나씩 확인하기에는 그 숫자가 너무 많기 때문에 어떤 기준을 이용하여 중요한 연관성 법칙들만 우선적으로 탐색하는 것을 고려할 수 있다. 연관성 법칙의 강도를 나타내는 또 다른 측도로 향상도 lift 가 있다. 연관성 법칙 $X \rightarrow Y$ 의 향상도는 아래와 같이 정의한다.

$$(\text{향상도}) = \frac{(\text{상품집합 } X \cup Y \text{의 지지도})}{(\text{상품집합 } X \text{의 지지도} \times \text{상품집합 } Y \text{의 지지도})} = \frac{\dfrac{n(T_{X,Y})}{n(T)}}{\dfrac{n(T_X)}{n(T)} \times \dfrac{n(T_Y)}{n(T)}}$$

앞서 상품집합 X 의 지지도 support 를 총거래집합 set of transactions T 에서 상품집합 itemset X 가 발생할 확률의 추정치라고 정의하였다. 만약 총 거래집합에서 두 상품집합 X 와 Y 가 독립적으로 발생한다면, 상품집합 $X \cup Y$ 의 지지도의 기대 값은 두 상품집합 X 와 Y 의 지지도의 곱으로 나타낼 수 있다.

따라서, 연관성 법칙 $X \rightarrow Y$ 의 향상도 lift 는 두 상품집합 X 와 Y 가 독립적으로 발생할 때 상품집합 $X \cup Y$ 의 지지도의 기대 값을 기준으로 연관성 법칙 $X \rightarrow Y$ 의 지지도가 얼마나 다른지를 나타낸다. 향상도 lift 는 항상 1 이상의 값을 가지므로 향상도가 높다라면 두 상품집합 X 와 Y 의 연관성이 강하다는 것을 의미한다. 향상도를 이용하여 연관성이 강한 연관성 법칙 3개만을 다음과 같이 골라낼 수 있다. 향상도가 약 18.99로 연관성이 가장 강한 연관성 법칙은 $\{Instant\, food\, product, soda\} \rightarrow \{hamburger\, meat\}$ 이고 지지도는 약 0.00122 이고, 신뢰도 confidence 는 약 0.6316이다. 향상도가 큰 나머지 2개의 연관성 법칙은 아래의 결과에서 확인할 수 있다.

```
> inspect(head(sort(rules, by ="lift"),3))
                        lhs                                rhs
53   {Instant food products, soda}  =>  {hamburger meat}
37   {soda, popcorn}                   =>  {salty snack}
444  {flour, baking powder}            =>  {sugar}
support        confidence        lift
53  0.001220132    0.6315789    18.99565
37  0.001220132    0.6315789    16.69779
444 0.001016777    0.5555556    16.40807
```

위와 같이 연관성 법칙 association rule 을 하나씩 확인할 수도 있지만, 도표를 이용해 모든 유용한 useful 연관성 법칙들을 확인할 수도 있다. *plot()* 함수를 이용하여 모든 유용한 연관성 법칙들을 지지도 support 와 신뢰도 confidence 를 각각 수평 축과 수직 축으로 하는 직교 좌표 계에 점의 형태로 도시할 수 있다. 각 점들은 색상과 명도에 따라 구분되는데 이는 향상도 lift 의 값과 대응된다. 색이 붉고 색이 진할수록 향상도가 높은 연관성 법칙임을 확인할 수 있다. 그래프를 생성하는 코드는 다음과 같다.

```
> plot(rules)
```

연관성 법칙 association rule 들의 지지도 support, 신뢰도 confidence 와 향상도 lift 를 확인하려면 *quality()* 함수를 사용한다. *quality()* 는 연관성 법칙의 측도와 관련된 정보만을 제시한다. 결과는 아래와 같다.

```
> head(quality(rules))
      support    confidence      lift
1  0.001118454   0.7333333   2.870009
2  0.001220132   0.5217391   2.836542
3  0.001321810   0.5909091   2.312611
4  0.001321810   0.5652174   2.212062
5  0.001321810   0.5200000   2.035097
6  0.003660397   0.6428571   2.515917
```

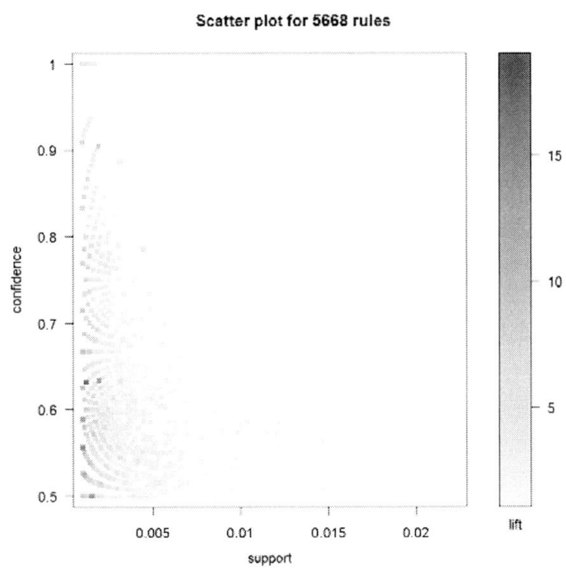

그림 10-5 신뢰도를 수직 축으로 가지는 유용한 연관성 법칙들의 산점도

연관성 법칙에 대한 산점도의 축을 지지도와 향상도 lift 로 바꿀 수 있다. 신뢰도는 점의 색상과 명도를 통해 표현할 수 있다. *plot()* 함수의 *measure=c()* 인자를 통해 산점도의 축으로 사용할 측도들을 설정할 수 있다. *shading* = " " 인자를 통해 또 다른 측도를 산점도의 색상과 명도를 통해 표현할 수 있다. 결과는 아래와 같다.

```
> plot(rules, measure=c("support", "lift"), shading="confidence")
```

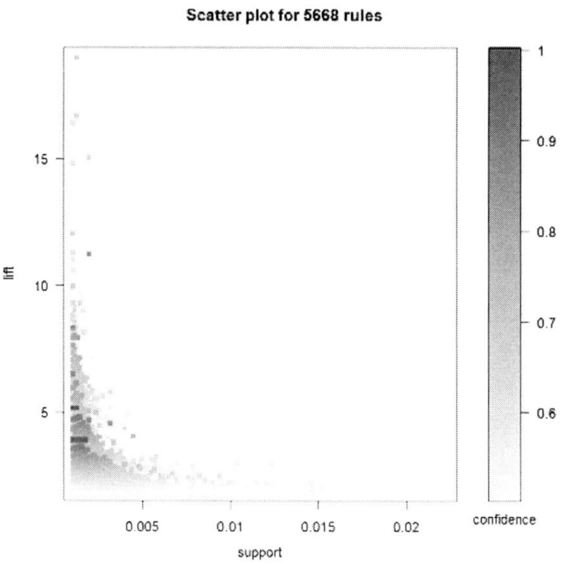

그림 10-6 향상도를 수직 축으로 가지는 유용한 연관성 법칙들의 산점도

Unwin, Hofmann, and Bernt (2001)은 지지도 support 와 신뢰도 confidence 를 축으로 하고 연관성 법칙을 구성하는 상품의 개수를 색상과 명도로 표현한 Two-key plot을 제시했다. *plot()* 함수에서 *shading* = "*order*" 를 쓰면 연관성 법칙을 구성하는 상품의 개수를 점의 색상과 명도를 통해 표현할 수 있다. *control = list(main=" Two -key plot")*을 쓰면 산점도의 제목을 *Two-key plot* 으로 바꿀 수 있다. 5668개의 유용한 연관성 법칙을 이용하여 *Two-key plot* 을 그려보면 지지도와 상품의 개수가 매우 강한 반비례 관계를 가지고 있음을 확인할 수 있다.[9] 아래는 관련 코드와 산점도를 나타낸다.

```
> plot(rules, shading="order", control=list(main = "Two-key plot"))
```

9) Seno and Karypis (2005)은 연관성 법칙들이 일반적으로 이러한 성질을 갖는다 라고 언급하였다.

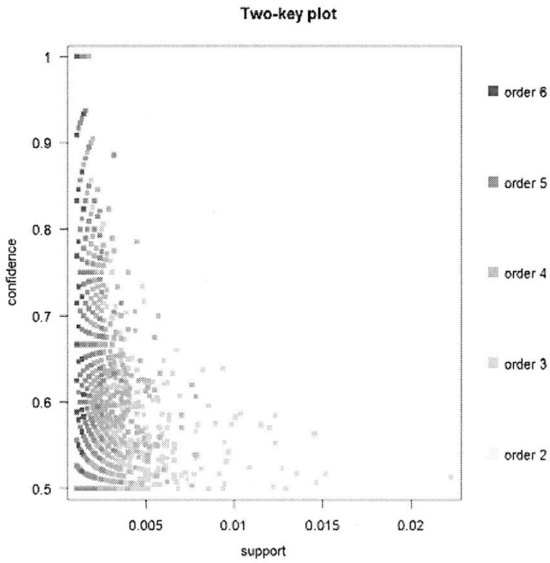

그림 10-7 유용한 연관성 법칙들의 Two-key plot

때로는 연관성 분석의 사용자들은 여러 측도들과 산점도를 통해 유용한 연관성 법칙들의 전체적인 형태를 파악하고 싶어할 뿐만 아니라 특정한 지지도와 신뢰도를 갖는 연관성 법칙 association rule 을 살펴보고 싶어할 수도 있다. *plot()* 함수의 *interactive=TRUE* 인자를 사용하면 사용자와 상호 작용이 가능한 산점도를 그릴 수 있다. 산점도에서 사용자가 사용하는 마우스 커서는 + 기호로 표시된다. 또한 산점도의 아래에는 *inspect, filter, zoom in, zoom out, end* 라는 이름의 버튼이 있다. 사용자는 마우스 커서와 버튼을 이용해 산점도의 특정 부분을 확대해서 보거나 특정 부분의 연관성 법칙과 지지도, 신뢰도 등의 측도 값을 확인할 수 있다. 산점도의 특정 영역을 선택하려면 마우스 커서를 이용해 두 점을 찍는다. 이 두 점을 대각선으로 갖는 붉은 색 직사각형이 산점도에 표기되는데, 직사각형 안의 점들이 사용자가 선택한 연관성 법칙 association rule 들이다. 그 후에 *inspect* 버튼을 클릭하면 *end* 버튼을 눌렀을 때 그 전까지 선택되었던 모든 연관성 법칙들과 관련 측도 값을 확인할 수 있다. *zoom in* 버튼을 누르면 해당 영역에 속해 있는 점들을 확대하여 볼 수 있다. 다시 원래의 산점도로 돌아가려면 *zoom out* 버튼을 누르면 된다. *filter* 버튼을 36선택하고 산점도 오른쪽의 색상 막대의 특정 부분을 누르면 그 부분에 대응되는 측도 값 이상의 값만 갖는 연관성 법칙들만 살펴 볼 수 있다. 다음의 코드는 2개의 연관성 법칙들을 선택해 보았다. 또한 0.8 이상의 신뢰도를 가지는 연관성 법칙들만 산점도에 도시해 보았다.

```
> sel <- plot(rules, measure=c("support", "lift"), shading="confidence",
+ interactive=TRUE)
Interactive mode.
Select a region with two clicks!
Number of rules selected: 2
                  lhs                          rhs
37     {soda, popcorn}            =>  {salty snack}
444    {flour, baking powder}  =>  {sugar}

support       confidence       lift          order
37    0.001220132    0.6315789   16.69779      3
144   0.001016777    0.5555556   16.40807      3
Select minimum confidence in colorkey.
Interactive mode.
Select a region with two clicks!
Leaving interactive mode (returning selection).
```

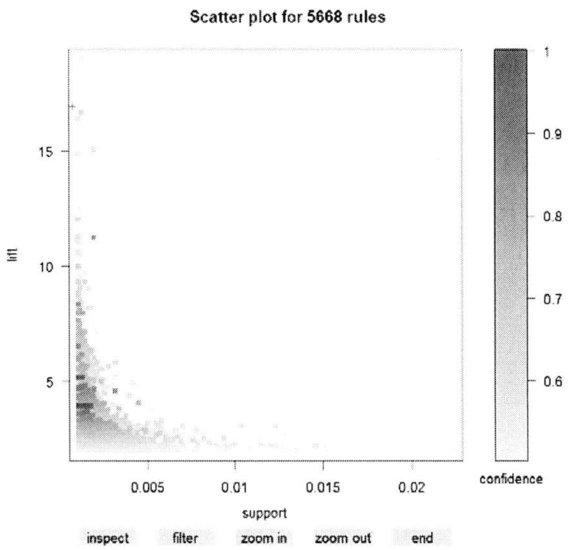

그림 10-8 Interactive = TRUE 인자를 활용한 연관성 법칙들의 산점도

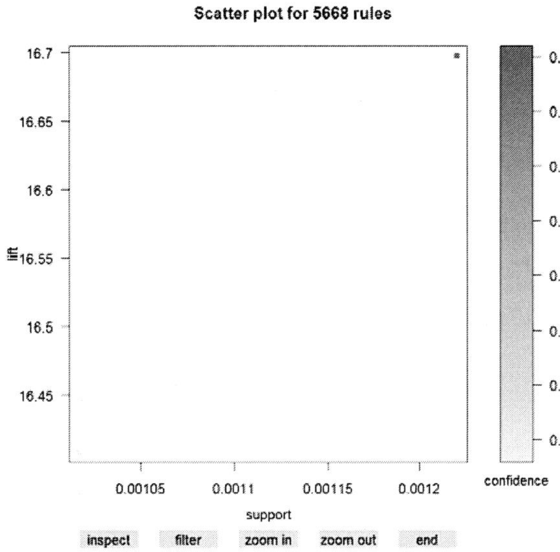

그림 10-9 Zoom in 버튼을 누른 상태의 산점도

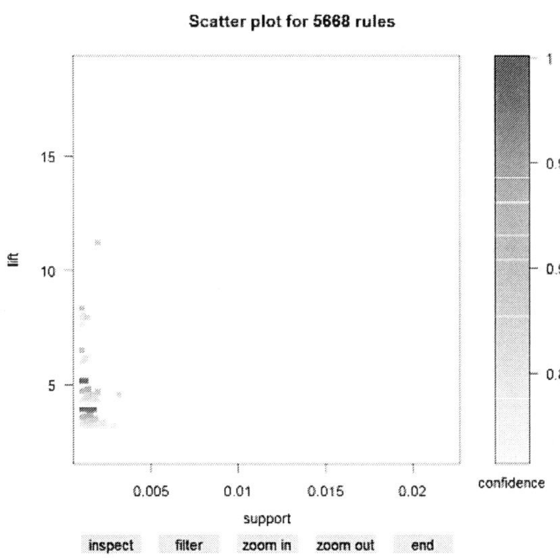

그림 10-10 신뢰도가 0.8 이상인 연관성 법칙들의 산점도

Ong, leong Ong, Ng, and Lim (2002)은 유용한 useful 연관성 법칙 association rule 들을 행렬 형태로 시각화하는 방안을 제시하였다. 이 방법은 연관성 법칙 $X \rightarrow Y$의 선행(X)과 후행(Y)을 각각 행과 열로 갖는 행렬을 그린다. 행렬의 요소들은 색을 가지고 있는데 이는 관심 측도의 값과 대응 된다. 이 방법은 엄청나게 많은 수의 연관성 법칙들을 도시하기에 적절한 방법은 아니므로 신뢰도가 0.8 이상인 연관성 법칙들만 걸러낸

후 행렬을 그려보도록 한다. 신뢰도가 0.8 이상인 연관성 법칙은 371개이다. *plot()* 함수에서 *method=" matrix"* 인자를 사용하면 연관성 법칙들을 행렬 형태로 도시할 수 있다. *measure=" lift"* 인자를 통해 색상에 대응되는 측도는 향상도 lift 로 설정하였다. 코드의 결과에는 연관성 법칙 $X \rightarrow Y$ 의 선행(X)과 후행(Y)에 사용된 상품집합들을 포함한다. 이를 통해 행렬의 요소에 대응되는 연관성 법칙을 확인할 수 있다. 예를 들어 [그림 10-11]의 1행 1열에 대응되는 연관성 법칙은 $\{liquor, red/blush win\} \rightarrow \{bottled\, beer\}$이다. 다음은 코드와 그 결과들이다.

```
> subrules <- rules[quality(rules)$confidence > 0.8]
> subrules
set of 371 rules
> plot(subrules, method="matrix", measure="lift")
Itemsets in Antecedent (LHS)
  [1] "{liquor, red/blush wine}"   "{curd, cereals}"
  [3] "{yogurt, cereals}"           "{butter, jam}"
[5] "{soups, bottled beer}"     "{napkins, house keeping products}"
...

Itemsets in Consequent (RHS)
[1]  "{bottled beer}"      "{whole milk}"       "{other vegetables}"
[4]  "{tropical fruit}"    "{yogurt}"           "{root vegetables}"
```

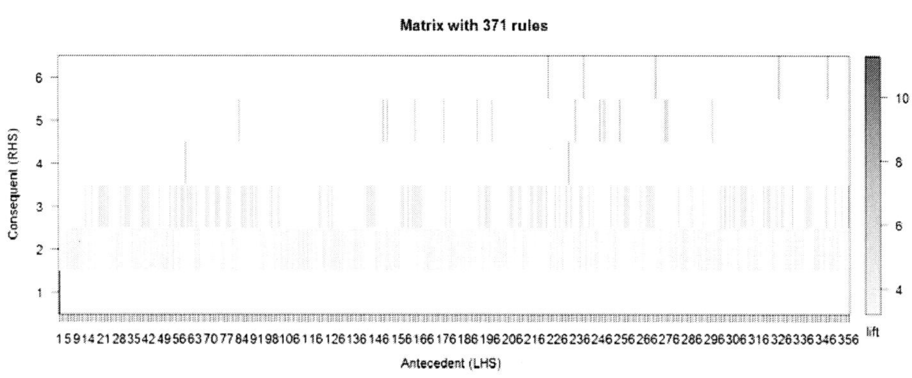

그림 10-11 행렬을 통한 연관성 법칙들의 시각화

plot() 함수에서 *control=list(reorder=TRUE)* 인자를 사용하면 측도 값이 비슷한 연관성 법칙들끼리 묶어서 행렬을 구성할 수 있다. 아래는 코드와 결과를 나타낸다.

```
> plot(subrules, method="matrix", measure="lift",
+ control=list(reorder=TRUE))
Itemsets in Antecedent (LHS)
[1] "{liquor, red/blush wine}"  "{citrus fruit, grapes, fruit/vegetable juice}"
[3] "{ham, pip fruit, other vegetables, yogurt}" "{tropical fruit, butter, white
bread}"
[5] "{tropical fruit, root vegetables, whole milk, margarine}" "{beef, tropical
fruit, butter}"

Itemsets in Consequent (RHS)
[1] "{other vegetables}" "{root vegetables}"  "{bottled beer}"
[4] "{tropical fruit}"      "{yogurt}"              "{whole milk}"
```

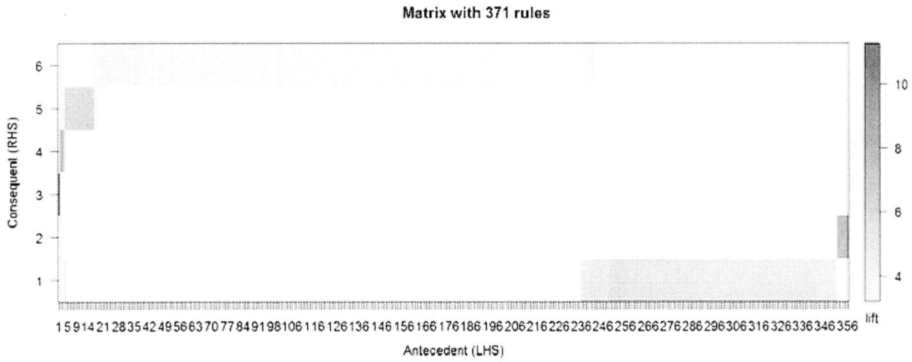

그림 10-12 행렬을 통한 연관성 법칙들의 시각화(reorder)

행렬을 그릴 때에도 산점도와 마찬가지로 *interactive=TRUE* 인자를 사용할 수 있다. 이 상태에서 행렬의 요소를 클릭하면 그 요소에 대응되는 연관성 법칙을 R 콘솔에서 확인할 수 있다. *measure=c("lift", "confidence")* 를 사용하면 두 가지 측도, 즉 향상도와 신뢰도를 행렬의 색을 통해 나타낼 수 있다. 또한, *method= "matrix3D"* 인자를 사용하면, 행렬과 수직인 축을 이용해 관심 측도의 값을 표현할 수 있다. 다음은 코드와 결과를 나타낸다.

```
> plot(subrules, method="matrix3D", measure="lift")
Itemsets in Antecedent (LHS)
[1] "{liquor, red/blush wine}"   "{curd, cereals}"
[3] "{yogurt, cereals}"          "{butter, jam}"
[5] "{soups, bottled beer}"      "{napkins, house keeping products}"
...

Itemsets in Consequent (RHS)
[1]  "{bottled beer}"      "{whole milk}"        "{other vegetables}"
[4]  "{tropical fruit}"     "{yogurt}"            "{root vegetables}"

> plot(subrules, method="matrix", measure=c("lift", "confidence"))
Itemsets in Antecedent (LHS)
[1] "{liquor, red/blush wine}"   "{curd, cereals}"
[3] "{yogurt, cereals}"          "{butter, jam}"
[5] "{soups, bottled beer}"      "{napkins, house keeping products}"
...

Itemsets in Consequent (RHS)
[1]  "{bottled beer}"      "{whole milk}"        "{other vegetables}"
[4]  "{tropical fruit}"     "{yogurt}"            "{root vegetables}"
```

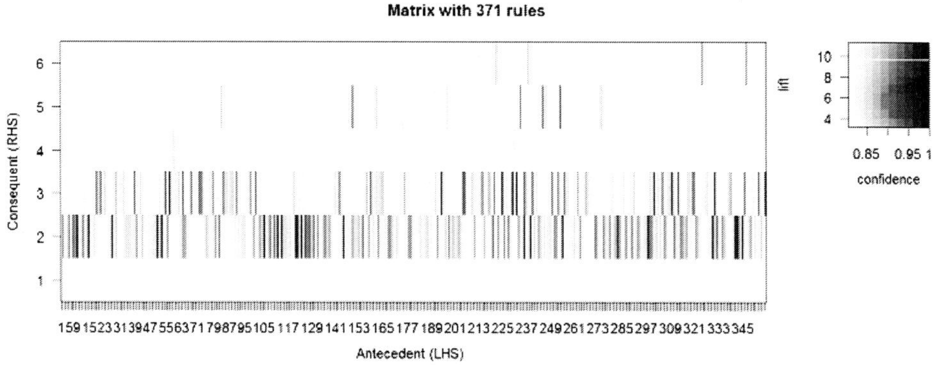

그림 10-13 향상도와 신뢰도를 보여주는 연관성 법칙들의 행렬

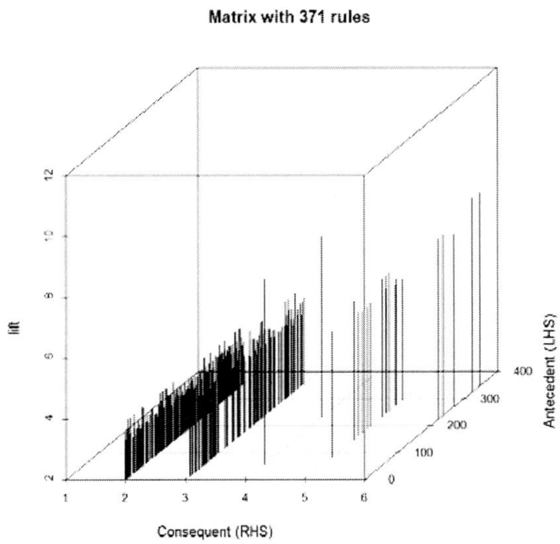

그림 10-14 3차원 행렬을 통한 연관성 법칙들의 시각화

Hahsler and Chelluboina (2011)은 연관성 법칙들을 이용한 행렬과 k -평균 군집법을 이용하여 관심 측도 값이 비슷한 연관성 법칙들끼리 묶어서 보여주는 방법을 제시하였다. 이 방법은 후행(Y)이 같은 법칙들 중에서 관심 측도의 값이 비슷한 법칙들끼리 선행(X)을 묶어서 보여준다. 후행(Y)에 대해서도 선행(X)을 묶는 것과 같은 작업을 수행한다. *plot()* 함수에서 초기값으로 사용되는 관심 측도는 향상도이다. *method="grouped"* 인자를 사용하면 군집화된 연관성 법칙들을 도시할 수 있다. 연관성 법칙의 집단은 구의 형태로 나타나고 구의 크기와 색상을 통해 관심 측도들의 값을 표현한다. 아래는 코드와 결과이다.

```
> plot(rules, method="grouped")
```

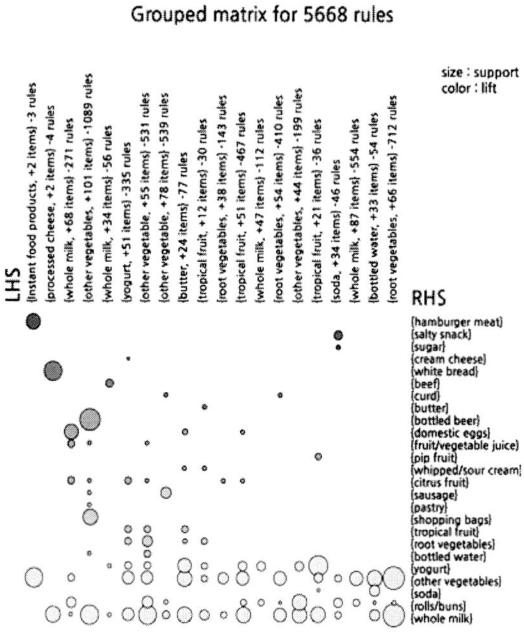

그림 10-15 군집화 기법을 사용한 연관성 법칙들의 시각화

control=list(k=50) 과 같이 인자를 사용하게 되면 50개의 군집을 도시할 수 있다. 초기 군집 수는 20개이다. *interactive=TRUE* 인자를 사용하면 특정 집단에 속한 연관성 법칙들을 살펴볼 수 있다. 아래는 코드와 결과이다.

```
> plot(rules, method="grouped", control=list(k=50))
```

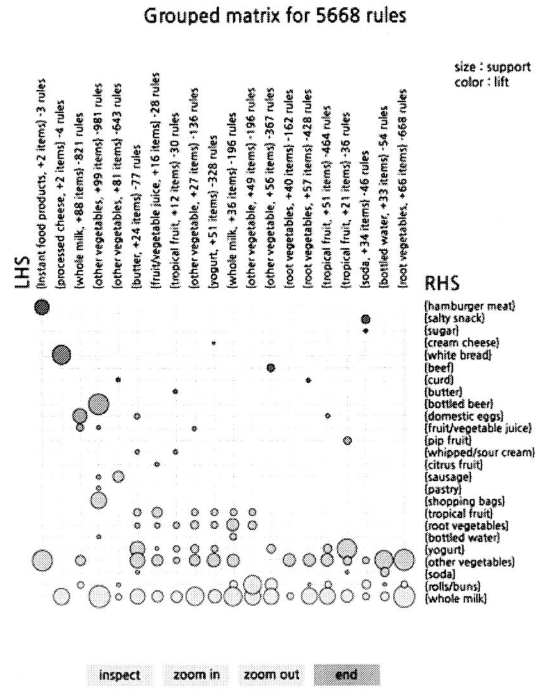

그림 10-16 군집화 기법을 사용한 연관성 법칙들의 시각화(interactive=TRUE)

적은 수의 연관성 법칙들을 시각화하는 방법이 있다. 향상도가 가장 높은 상위 10개의 연관성 법칙들을 이용해 네트워크 그래프 network graph 를 그릴 수 있다. 이 그래프에서는 연관성 법칙들의 선행 antecedent 과 후행 consequent 을 화살표로 이어서 표현한다. 예로 [그림 10-17]의 오른쪽 네트워크는 $\{flour\}$와 $\{baking\ powder\}$에서 화살표가 구 형태의 그림으로 뻗어나가 있고, 구로부터 뻗어 나온 화살표가 $\{sugar\}$를 가리키고 있다. 따라서 이 네트워크는 연관성 법칙 $\{baking\ powder, flour\} \rightarrow \{sugar\}$를 나타낸다. 아래는 코드와 결과를 나타낸다.

```
> subrules2 <- head(sort(rules, by="lift"), 10)
> plot(subrules2, method="graph")
```

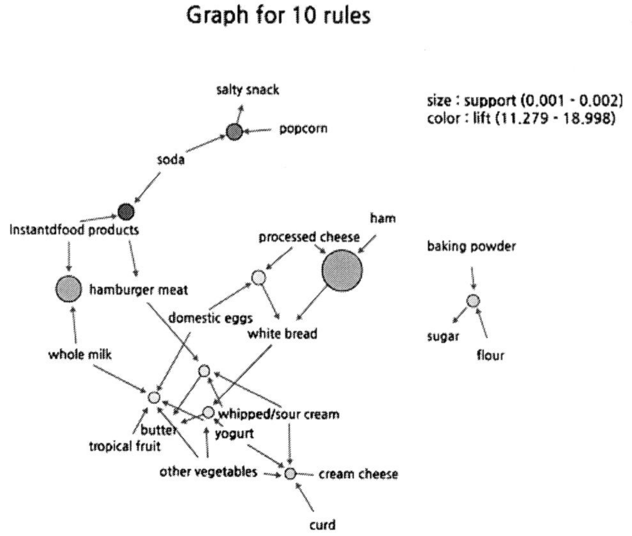

그림 10-17 10개의 연관성 법칙들에 대한 네트워크 그래프

적은 수의 연관성 법칙들을 시각화하는 다른 방법으로는 Parallel Coordinates Plot이 있다. 이 그림의 수직 축에는 연관성 법칙들의 후행 consequent 에 해당하는 상품집합들이 나열되어 있고, 수평 축에는 연관성 법칙들에 사용된 상품집합들이 나열되어 있고, 수직 축은 연관성 법칙을 구성하는 상품집합의 순서를 나타낸다. 화살표를 이용해 연관성 법칙들을 나타낼 수 있다. 예를 들어 아래의 그림에서 가장 위쪽에 위치한 화살표를 살펴보자. 화살표는 $\{soda\}$와 $\{popcorn\}$을 거쳐 $\{salty\ snack\}$에서 마친다. 따라서 이 화살표는 연관성 법칙 $\{soda, popcorn\} \rightarrow \{salty\ snack\}$을 나타낸다. 각각의 화살표는 서로 다른 굵기와 색을 가지고 있다. 화살표가 굵을수록 지지도가 높고 색이 진하고 강렬할수록 신뢰도가 높다. 향상도가 가장 높은 상위 10개의 연관성 법칙들을 이용해 이 그림을 그려보자. *plot()* 함수와 *method= "paracoord"* 인자를 사용하여 그릴 수 있다. 아래는 코드와 그 결과를 나타낸다.

```
> plot(subrules2, method="paracoord")
```

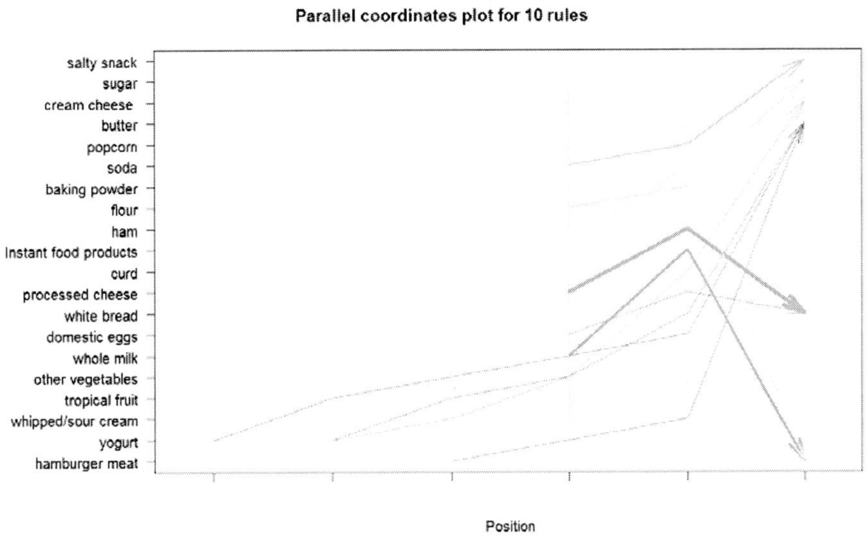

그림 10-18 연관성 법칙들의 Parallel Coordinates Plot

plot() 함수와 *control=list(reorder=TRUE)* 인자를 통해 상품 구성이 비슷한 연관성 법칙들끼리 화살표들이 묶여지도록 도시할 수 있다.

```
> plot(subrules2, method="paracoord", control=list(reorder=TRUE))
```

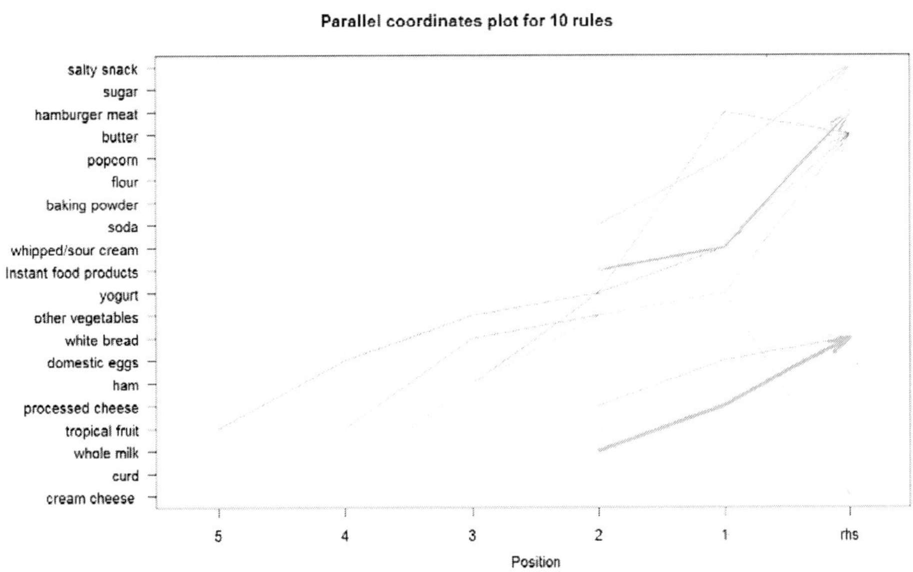

그림 10-19 연관성 법칙들의 Parallel Coordinates Plot(Reorder)

제 **11** 장

텍스트 마이닝

기업데이터의 80%이상이 워드프로세서, e-mail, 프레젠테이션, 스프레드시트, PDF 와 같은 복합문서와 인터넷 페이지 등의 비정형 텍스트 형태로 구성되어 있다(Grimes, 2008)[10]. 비정형 자료 unstructured data 란 일정한 규격이나 형태를 지닌 숫자 데이터 numeric data 와 달리 그림이나 영상, 문서처럼 형태와 구조가 구조화 되지 않은 자료를 말한다. 비정형 자료의 사례로는 책, 잡지, 음성 정보, 영상 정보와 같은 전통적인 자료뿐만 아니라 이메일, 트위터, 블로그 등과 같이 모바일 기기와 온라인에서 생성되는 자료가 있다. 또한 디지털 정보의 대부분은 비정형 자료이고, 비정형 자료의 대표적인 예는 문서 text 이다.

정형 자료 structured data 의 SQL(structured query language) 검색으로부터 시작한 정보 검색 information retrieval 은 비정형 자료를 위한 검색과 다양한 검색엔진을 이용한 웹 검색으로 발전하게 된다. 그런데 이로 인해 검색엔진들이 너무나 많은 정보를 검색할 수 있게 되었다. 이와 같은 정보검색 환경에서 유용한 정보를 효과적으로 찾기 위해서, 비정형 자료인 문서로부터 유용한 정보를 추출하고 가공하는 기술의 필요성이 대두되었다.

10) http://breakthroughanalysis.com/2008/08/01/unstructured-data-and-the-80-percent-rule/

대량의 정보를 효과적으로 다룰 수 있는 방법에 대한 연구는 이미 활발히 진행되고 있다. DB에 저장된 자료와 같이 정형화된 데이터로부터 정보를 추출, 가공하는 데이터 마이닝 data mining 기법은 이미 실용성을 갖추고 많은 분야에서 널리 활용되고 있다. 텍스트 마이닝 text mining 은 자연어 처리 natural language processing 기술과 문서처리 기술을 적용하여 다량의 문서로부터 구조화된 정보를 만들고, 이 구조화된 정보에 대하여 통계학, 데이터 마이닝 기법, 기계학습 machine learning 및 컴퓨터 언어학 computational linguistics 등을 이용하여 유용한 정보를 추출하고 가공하는 것을 목적으로 하는 기법이다. 분석 대상이 비구조적인 문서정보라는 점에서 데이터 마이닝과 차이가 있다. 텍스트 마이닝은 텍스트 분석 text analytics, 텍스트 데이터베이스로부터 지식 발견 knowledge discovery in textual database(KDT), 문서 마이닝 document mining 등으로 불리기도 한다. 문서요약 summarization, 특성추출 feature extraction, 문서 분류 document classification, 문서 군집 document clustering, 메타데이터 추출 metadata extraction, 정보 추출 information extraction 등이 텍스트 마이닝의 핵심 분야다.

이 장에서는 전처리 과정을 배우고, 전처리 과정이 끝난 비정형 자료를 정형화된 정보로 변환하는 과정을 공부한다. 이 정형화된 정보를 단어-문서 행렬 term-document matrix 이나 문서-단어 행렬이라고 한다. 이 행렬은 각 문서에 나타난 단어들의 빈도로 만들어진다. 이를 이용한 시각적인 분석을 위하여 워드 클라우드 word cloud 를 만든다. 또한 이 행렬들을 이용하여 단어들을 군집화 clustering하고 문서들을 분류 classification 한다. 이 행렬들의 차원 dimension 이 크고 빈도가 0인 값이 많이 있으므로 차원을 축소하여 분석할 필요가 있는데, 이를 위한 특이값 분해 singular value decomposition 를 하여 분석하는 방법을 공부한다.

1. 전처리

모아진 문서들을 분석하기 전에 정보를 효율적으로 추출하기 위하여 문서들에 있는 정보와 무관한 구두점이나 특수 문자들을 제거하고, 의미 있는 내용만 남기기 위해 사용된 접속사나 대명사 등을 제거해야 한다. 또한 한 단어에서 파생된 여러 가지의 형태의 단어들의 어근이나 어간을 찾는 작업이 필요한데 이러한 일들을 통칭하여 전처리 preprocessing 라고 한다.

1.1 변환

먼저 문서에 있는 구두점들을 제거하고, 대문자나 소문자들이 있는 경우에 일괄적으로 소문자로 통일 시키는 변환 transformation 이 필요하다. 또한 영어에는 문장 중에 많은 하이픈 hyphen 이 있는데 이것도 일관성 있게 변환하여야 한다. 하이픈은 두 가지 방법으로 제거할 수 있다.

1. 모든 하이픈을 공백으로 변환하거나,
2. 모든 하이픈을 단순히 제거한다.

이 방법들 중 어느 방법이 더 낫다고 말할 수 없다. 예를 들면 "pre-processing"을 "pre processing"으로 변환하면 "preprocessing"과 다른 단어로 인식될 것이다. 전처리 과정에서는 이러한 예외적인 경우가 많이 발생함으로 여러 가지 경우의 수를 잘 점검하면서 진행하여야 한다.

1.2 R 프로그램 실습: 변환

변환을 위한 R코드를 작성하기 전에 유의할 점은 R의 *tm* 패키지에서 문서를 다루는 기본 구조가 corpus라는 것이다. Corpus는 문서들의 집합 collection of text documents 이란 의미이다. R의 *tm* 패키지에서 corpus는 *Corpus()* 함수에 의해서 만들어진다. 먼저 간단한 문장들로 이루어진 corpus를 만들어 전처리 과정을 알아보는 코드를 만들어 보자. 네 개의 문장을 벡터 형태로 읽어 들여 이들을 *sentences1* 에 저장시키고, 이들을 corpus로 변환시킨다.

```
> library(tm)
> sentences1<-c("These are        4 sentences.",
+ "So they are text        data.",
+ "They are not structured but unstructured.",
+ "We will study pre-processing in text mining with them.")
> sentences1
[1] "These are        4 sentences."
[2] "So they are text        data."
[3] "They are not structured but unstructured."
```

```
[4] "We will study pre-processing in text mining with them."
> sentCorpus<-Corpus(VectorSource(sentences1))
```

여기서 유의할 점은 문자열로 만들어진 벡터 자료 *sentences1* 을 *sentCorpus* 라는 corpus로 저장하고 *sentCorpus* 를 치면 *sentCorpus* 의 메타정보만 주고 corpus의 내용을 볼 수 없다. Corpus의 내용을 확인하고 싶은 경우, *tm* 패키지 v0.5-10에서는 *inspect()* 함수를 이용하면 *sentCorpus* 의 내용을 볼 수 있었다. 하지만 v0.6-2에서는 *inspect()* 함수를 사용해도 다음 결과와 같이 각 문서의 글자 수만 확인할 수 있고 내용은 볼 수 없다.

```
> sentCorpus
<<VCorpus>>
Metadata:  corpus specific: 0, document level (indexed): 0
Content:  documents: 4
> inspect(sentCorpus)
<<VCorpus>>
Metadata:  corpus specific: 0, document level (indexed): 0
Content:  documents: 4

[[1]]
<<PlainTextDocument>>
Metadata:  7
Content:  chars: 26

[[2]]
<<PlainTextDocument>>
Metadata:  7
Content:  chars: 26

[[3]]
<<PlainTextDocument>>
Metadata:  7
Content:  chars: 41

[[4]]
```

```
<<PlainTextDocument>>
Metadata:  7
Content:  chars: 54
```

v0.6-2에서 corpus의 내용을 보기 위해서는 corpus를 *as.character()* 함수를 이용하여 문자형으로 바꿔주어야 한다. 여기서 *lapply()* 함수는 어떤 함수를 적용시킨 결과를 리스트 형태로 나타내준다. 따라서 다음 결과에서는 *sentCorpus* 에 *as.character()* 함수가 적용되어 각 문서가 리스트 형태로 출력된 것을 확인할 수 있다.[11)]

```
> lapply(sentCorpus,as.character)
$`1`
[1] "These are      4 sentences."

$`2`
[1] "So they are text       data."

$`3`
[1] "They are not structured but unstructured."

$`4`
[1] "We will study pre-processing in text mining with them."
```

또한 만들어진 corpus를 디렉터리에 저장할 수 있다. *writeCorpus()* 함수는 *sentCorpus* 에 있는 네 개의 문장을 작업 디렉터리에 네 개의 텍스트 파일로 각각 저장해준다. 현재 설정되어있는 작업 디렉터리는 *getwd()* 함수로 확인할 수 있고, 디렉터리를 변경하고 싶은 경우에는 *setwd()* 함수를 이용하면 된다.

즉, 다음 코드에서는 "C:/Users/Administrator/Desktop"에 텍스트 파일이 저장된다.

```
> getwd()
[1] "C:/Users/Administrator/Documents"
> setwd("C:/Users/Administrator/Desktop")
> getwd()
```

11) http://stackoverflow.com/questions/30177639/tm-package-inspect-returning-char-count-rather-than-content

```
[1] "C:/Users/Administrator/Desktop"
> writeCorpus(sentCorpus)
```

이제부터 여러 가지 전처리 변환 방법에 대하여 알아보자. *tm_map()* 함수는 corpus에 변환 함수를 적용시켜준다. 변환 함수를 살펴보면 다음과 같다.

1. *tolower*: 모든 문자를 소문자로 변경해준다.
2. *stripWhitespace*: 여러 개의 공백을 하나의 공백으로 변경해준다.
3. *removePunctuation*: 쉼표(,), 마침표(.) 등의 구두점을 제거해준다.
4. *removeNumbers*: 숫자를 제거해준다.

이외에도 다양한 변환 함수가 존재한다. 이에 대해 더 알고 싶은 경우 Package '*tm*'(https://cran.r-project.org/web/packages/tm/tm.pdf)을 참고 하길 바란다.

여기서 유의할 점은 v0.5-10에서는 *tolower()* 함수를 *tm_map()* 함수에 바로 적용해도 상관 없었다. 하지만 v0.6-2에서는 *tolower()* 함수를 *tm_map()* 함수에 바로 적용하게 되면 corpus가 문자형으로 바뀌게 된다. 따라서 다음 결과에서 *sentCorpus* 가 문자형으로 바뀌면서 *inspect()* 함수를 사용했을 때 문서의 내용이 나옴을 확인할 수 있다(*inspect()* 함수 설명 참고). *tm* 패키지는 corpus 형식을 기본으로 하기 때문에 문자형인 상태로 사용하게 되면 다른 함수 적용 시 오류가 발생할 수 있다.

```
> sentCorpus<-tm_map(sentCorpus,tolower)
> inspect(sentCorpus)
<<VCorpus>>
Metadata:  corpus specific: 0, document level (indexed): 0
Content:  documents: 4

[[1]]
[1] these are       4 sentences.

[[2]]
[1] so they are text       data.

[[3]]
[1] they are not structured but unstructured.
```

```
[[4]]
[1] we will study pre-processing in text mining with them.
```

이 문제를 방지하기 위해서는 *tolower()* 함수를 적용시킬 때 *content_transformer()* 함수와 같이 사용하면 된다.12)

```
> sentCorpus<-tm_map(sentCorpus,content_transformer(tolower))
> sentCorpus<-tm_map(sentCorpus,stripWhitespace)
> sentCorpus<-tm_map(sentCorpus,removePunctuation)
> sentCorpus<-tm_map(sentCorpus,removeNumbers)
> lapply(sentCorpus,as.character)
$`1`
[1] "these are  sentences"

$`2`
[1] "so they are text data"

$`3`
[1] "they are not structured but unstructured"

$`4`
[1] "we will study preprocessing in text mining with them"
```

또 하나 알아두면 편리한 기능이 *tm* 패키지에 있는데, 바로 *tm_filter()* 함수이다. 이 함수는 어떠한 단어나 문장이 포함된 문서를 찾고자 할 때 아주 유용하게 사용된다. 예를 들어 "text" 라는 단어를 포함하고 있는 문서들을 찾고자 할 경우에는 아래와 같은 코드를 사용한다. 다음의 결과를 통해 *sentCorpus* 에 있는 4개의 문서 중 2개의 문서가 "text" 라는 단어를 포함하고 있음을 알 수 있다.

```
> tm_filter(sentCorpus,FUN=function(x)any(grep("text",content(x))))
<<VCorpus>>
Metadata:  corpus specific: 0, document level (indexed): 0
Content:  documents: 2
```

12) http://stackoverflow.com/questions/25206049/stemcompletion-is-not-working

1.3 Python 프로그램 실습: 변환

R과 동일한 네 개의 문장을 리스트 형태로 읽어 들여 이들을 *sentences1* 에 저장시켰다.

```
In [1]: sentences1=["These are       4 sentences.",
...:               "So they are text       data.",
...:               "They are not structured but unstructured.",
...:               "We will study pre-processing in text mining with them."]

In [2]: print(sentences1)
['These are       4 sentences.', 'So they are text       data.', 'They are not
structured but unstructured.', 'We will study pre-processing in text mining with
them.']
```

이제 이 문장들을 전처리해보자. 문장에서 숫자를 제거하기 위해서 *removeNumbers()* 라는 다음과 같은 함수를 생성했다. 따라서 *sentences1* 에 이 함수를 적용한 결과, 1번째 문서에서 '*4*'가 사라짐을 확인할 수 있다.

```
In [3]: def removeNumbers(sent):
...:     rm_sent = [''.join([i for i in n if not i.isdigit()]) for n in sent]
...:     return rm_sent

In [4]: sentences1=removeNumbers(sentences1)

In [5]: print(sentences1)
['These are       sentences.', 'So they are text       data.', 'They are not structured
but unstructured.', 'We will study pre-processing in text mining with them.']
```

1.4 불용어 제거

불용어 stopword 는 문장의 내용은 포함하고 있지 않으나 매우 빈번히 출현하는 단어들을 말하며, 주로 문장을 문법적으로 완성하기 위하여 사용한다. 텍스트 마이닝에서 정보를 추출하기 전에 이러한 불용어를 제거하여야 하는데 이는 컴퓨터 자연어 처리 natural language processing 전에 하는 과정이다. 관사 article, 접두사, 접속사, 대명사 등이 불용어에 해당된다. 영어의 불용어의 일부는 다음과 같다.

```
a,able,about,across,after,all,almost,also,am,among,an,and,any,a
re,as,at,be,because,been,but,by,can,cannot,could,dear,did,do,do
es,either,else,ever,every,for,from,get,got,had,has,have,he,her,
hers,him,his,how,however,i,if,in,into,is,it,its,just,least,let,like,
likely,may,me,might,most,must,my,neither,no,nor,not,of,off,oft
en,on,only,or,other,our,own,rather,said,say,says,she,should,sinc
e,so,some,than,that,the,their,them,then,there,these,they,this,ti
s,to,too
```

1.5 R 프로그램 실습: 불용어 제거

이와 같은 불용어를 제거하는 R코드는 다음과 같다. 먼저 R 프로그램에서 가지고 있는 불용어를 알고 싶으면 아래 코드를 사용하면 된다. "*i*", "*me*", "*my*" 등의 단어를 불용어로 가지고 있음을 확인할 수 있다.

```
> stopwords('english')
  [1] "i"          "me"          "my"          "myself"      "we"
  [6] "our"        "ours"        "ourselves"   "you"         "your"
(생략)
```

다른 단어를 불용어 모음에 추가하고 싶은 경우에는 다음 코드를 사용하면 된다. 다음 코드는 불용어 모음에 "*will*"을 추가하였다.

```
> sentStopwords<-c(stopwords('english'),"will")
```

반대로 어느 특정 단어들을 불용어 모음에서 제외하고자 하는 경우는 다음과 같다. 즉 다음 코드는 "*text*"와 "*mining*"을 불용어 모음에서 제외하고자 한다.

```
> sentStopwords<-setdiff(sentStopwords,c("text","mining"))
```

이렇게 만들어진 불용어 모음을 이용하여 *sentCorpus* 의 불용어를 제거해보자. *removeWords()* 함수는 문서에서 특정 단어들을 제거해준다. 다음 코드에서는 문서에서 우리가 지정한 불용어 모음 *sentStopwords* 에 해당하는 단어들을 제거해준다. 따라서 "*these*", "*are*", "*so*" 등의 단어가 제거된 것을 확인할 수 있다.

```
> sentCorpus<-tm_map(sentCorpus,removeWords,sentStopwords)
> lapply(sentCorpus,as.character)
$`1`
[1] "    sentences"

$`2`
[1] "    text  data"

$`3`
[1] "    structured   unstructured"

$`4`
[1] "  study  preprocessing   text  mining    "
```

1.6 Python 프로그램 실습: 불용어 제거

Python 프로그램에서 가지고 있는 불용어를 알고 싶으면 *sklearn* 모듈에 있는 *ENGLISH_STOP_WORDS* 를 이용하면 된다. '*system*', '*it*', '*here*' 등의 단어를 불용어로 가지고 있음을 확인할 수 있다.

```
In [6]: from sklearn.feature_extraction.text import ENGLISH_STOP_WO RDS

In [7]: print(ENGLISH_STOP_WORDS)
frozenset({'system', 'it', 'here', 'besides', 'nowhere', 'whose', 'although', 'through',
'twenty', 'noone', 'detail', 'inc', 'none', 'already', 'ever', 'otherwise', 'his', 'anything',
'next', 'again', 'five', 'formerly', 'out',
(생략)
```

다른 단어를 불용어 모음에 추가하고 싶은 경우에는 *union()* 함수를 사용하면 된다. 반대로 어느 특정 단어들을 불용어 모음에서 제외하고자 하는 경우는 *difference()* 함수를 사용하면 된다. 즉 다음 코드는 불용어 모음에 '*will*'을 추가하고 '*text*'와 '*mining*'을 제외하고자 한다.

```
In [8]: sentStopwords=ENGLISH_STOP_WORDS.union({'will'})

In [9]: sentStopwords=sentStopwords.difference({'text','mining'})
```

1.7 어간 찾기

대부분의 언어에서 단어는 구문에서의 용도에 따라 다른 형태로 사용된다. 즉, 각 단어는 여러 가지의 구문형태 syntactical form 가 있다. 영어에서 예를 들면 명사는 단수형과 복수형이 있고, 동사는 진행형, 과거형, 현재형 등이 있다. 이 구문형태는 하나의 어근 root 이나 어간 stem 을 갖는다. 그러므로 텍스트 마이닝에서 이들 구문형태를 각각의 다른 단어로 다루게 되면 단어의 중요도가 분산이 되어 한 문서에서 그 단어의 중요도가 축소되게 된다. 이러한 문제들을 해결하기 위하여 문서들에 대한 기계학습 machine learning 전에 하는 과정이 어간 찾기이다.

어간 찾기 stemming 는 말 그대로 각 단어의 어간을 찾는 작업을 말한다. 어간은 단어의 접두사나 접미사를 제거하고 남은 상태를 말한다. 예를 들면, "computer", "computing", "computed" 등을 "comput"로 축소하는 것이 어간 찾기이다. 또 다른 예는 "walker", "waking", "walked", "walks" 등을 "walk" 로 변환하는 것이다.

많은 학자들이 어간 찾기의 장점과 단점에 대하여 연구를 해오고 있다. 어간 찾기는 어간을 사용하므로 단어의 출현 빈도를 증가시키고 단어들의 종류를 줄인다. 반면에 어떠한 경우에는 텍스트 마이닝의 정확도를 줄이는 경우가 있다. 예를 들면 "cop"라는 단어와 "cope"라는 단어가 있다고 하자. 두 단어를 단순하게 어간 찾기를 하면 "cop"가 된다. "cop"는 police와 동의어이기 때문에 경찰 police 이라는 단어에 관한 정보를 얻고자 할 경우에는 "cope"는 police와 무관함으로 두 단어를 다 police와 연계된 단어로 간주하면 오류가 발생한다. 현재까지도 어간 찾기의 장단점에 대하여 연구하고 있으나 뚜렷한 결론은 나타나지 않고 있다. 실전에서는 어간 찾기가 정보 추출에 유용한지를 잘 따져 보며 사용하여야 한다.

1.8 R 프로그램 실습: 어간 찾기

그렇다면 앞서 만든 corpus인 *sentCorpus* 를 이용하여 어간 찾기를 해보자. *stemDocument()* 함수는 단어의 어간을 찾아준다. 다음 결과를 보면 불완전하지만 어간이 찾아진 것을 확인할 수 있다.

```
> sentCorpusCopy<-sentCorpus
> sentCorpus<-tm_map(sentCorpus,stemDocument)
> lapply(sentCorpus,as.character)
$`1`
[1] "    sentenc"

$`2`
[1] "    text  data"

$`3`
[1] "    structur   unstructur"

$`4`
[1] "  studi  preprocess   text  mine  "
```

어간 찾기의 마무리 단계로 *stemCompletion()* 함수를 이용하는데, 이 함수는 *dictionary* 를 이용하여 앞서 만들어진 어간을 완전한 단어로 변경해준다. 이 함수의 옵션은 다음과 같다.

1. *prevalent*: 디폴트 default 값으로, *dictionary* 에서 가장 많이 나타난 단어로 바꿔준다.
2. *first*: 처음 나온 단어로 바꿔준다.
3. *longest*: 가장 긴 단어로 바꿔준다.
4. *none*: 어근과 어간을 그대로 사용한다.
5. *random*: 어근과 어간을 임의로 바꿔준다.
6. *shortest*: 가장 짧은 단어로 바꿔준다.

즉, 다음 코드에서는 *sentCorpusCopy* (어간 찾기 전 문서)에서 가장 많이 나타난 단어로 바꿔주고자 하였다. 하지만 다음과 같은 경고메시지가 뜨는 것을 볼 수 있다.

v0.5-10에서는 다음과 같은 코드로 *stemCompletion()* 함수가 문제없이 실행되었지만 v0.6-2에서는 *dictionary* 에서 빈 문자열을 단어로 인식하면서 다음과 같은 문제가 발생한다.

```
> sentCorpus<-tm_map(sentCorpus,stemCompletion,
+ dictionary=sentCorpusCopy)
경고메시지(들):
1: In grep(sprintf("^%s", w), dictionary, value = TRUE) :
인자 'pattern'는 반드시 길이가 1보다 커야 하고, 오로지 첫번째 요소만이 사용될 것입니다
(생략)
```

이 문제를 해결하기 위해서는 다소 복잡하지만 다음과 같은 코드를 통해 *stemCompletion2()* 함수를 생성하여 적용해야 한다(Zhao, 2015). 이때 함수 이름은 다른 것으로 지정해도 상관없다. 또한 *stemCompletion2()* 함수는 기존의 변환 함수가 아니므로 *sentCorpus* 의 구조를 바꾸지 않기 위해서는 *tolower()* 함수와 마찬가지로 *content_transformer()* 함수를 이용해야 한다. 단 이 함수를 적용한 후 4번째 문서의 단어 '*studi*'와 '*mine*'이 사라진 것으로 보아, 함수가 완전하지 않으므로 주의해야 한다.

```
> stemCompletion2<-function(x,dictionary){
+ x<-unlist(strsplit(as.character(x)," "))
+ x<-x[x!=""]
+ x<-stemCompletion(x,dictionary=dictionary)
+ x<-paste(x,sep="",collapse=" ")
+ PlainTextDocument(stripWhitespace(x))
+ }
> sentCorpus<-tm_map(sentCorpus,
+ content_transformer(stemCompletion2),
+ dictionary=sentCorpusCopy)
> lapply(sentCorpus,as.character)
$`1`
[1] "sentences"

$`2`
[1] "text data"
```

```
$`3`
[1] "structured unstructured"

$`4`
[1] "preprocessing text"
```

어간 찾기를 완료했지만 그 결과가 만족스럽지 않은 경우에는 *gsub()* 함수를 이용하면 된다. *gsub()* 함수는 문서가 가지고 있는 어떤 패턴을 찾아 지정한 값으로 대체해준다. 예를 들어 "*sentences*"를 "*sentence*"로 대체하고 싶을 때는 다음과 같은 코드를 작성해주면 된다.

```
> sentCorpus<-tm_map(sentCorpus,
+ content_transformer(gsub),
+ pattern="sentences",replacement="sentence")
> lapply(sentCorpus,as.character)
$`1`
[1] "sentence"

$`2`
[1] "text data"

$`3`
[1] "structured unstructured"

$`4`
[1] " preprocessing text "
```

1.9 Python 프로그램 실습: 어간 찾기

어간 찾기를 하기 위해 필요한 모듈 및 함수는 다음과 같다. *nltk* 모듈의 *SnowballStemmer()* 함수는 어간 찾기를 해주는 함수로, 이외에도 *nltk* 모듈의 *PorterStemmer()*, *LancasterStemmer()* 함수 등을 이용하여 어간 찾기를 할 수 있다. *nltk* 모듈의 *WordNetLemmatizer()* 함수는 단어를 원하는 품사로 변경해준다. 이 함수들에 대한 자세한 내용은 NLTK Language Toolkit(www. nltk.org/)를 참고하길 바란다. *sklearn* 모듈의 *CountVectorizer()* 함수는 단어를 추출하는 기준을 정해준다.

```
In [10]: from nltk.stem import SnowballStemmer
...: from sklearn.feature_extraction.text import CountVectorizer
```

문서에 속한 단어들의 어간을 찾아주기 위해 *SnowballStemmer()* 함수를 이용하여 *StemmedCountVectorizer()* 함수를 만들어주었다. 이 만들어진 함수는 *CountVectorizer()* 함수에 의해 어간 찾기뿐만 아니라 소문자로 변환, 구두점 제거의 변환이 동시에 이루어진다.

```
In [11]: english_stemmer=SnowballStemmer("english")

In [12]: class StemmedCountVectorizer(CountVectorizer):
...:     def build_analyzer(self):
...:         analyzer=super(StemmedCountVectorizer,self).build_
analyzer()
...:         return lambda doc: (english_stemmer.stem(w) for w in
analyzer(doc))
```

이 함수를 이용하여 단어의 추출 기준을 지정해주었다. 즉, 다음 코드는 어간 찾기와 함께 앞서 만들어준 불용어 모음인 *sentStopwords* 에 해당하는 단어를 제거해준다.

```
In [13]: vectorizer=StemmedCountVectorizer(stop_words=sentStop
words)
```

2. 단어-문서 행렬

읽어 들인 문서에 대해 여러 가지 전처리 변환과 불용어 stopword 모음을 이용하여 의미 없는 불용어를 제거한 후에 어간 찾기 stemming 작업을 마치면 이 비정형 자료를 정형화된 정보로 변환하는 단계가 필요하다. 이 단계에서는 각 문서에서 나타난 단어들의 빈도 frequency 들을 이용하여 행렬을 만들 수 있다. 이때 단어들을 행 row 의 자리에 두고, 문서들을 열 column 의 자리에 두어서 만든 빈도들의 행렬을 단어-문서 행렬 term-document matrix 라고 한다. 단어와 문서간의 자리를 바꾼 행렬, 즉 문서를 행의 자리에 두고 단어를 열의 자리에 두어 만든 빈도들의 행렬을 문서-단어 행렬 document-term matrix 이라고 한다.

단어-문서 행렬을 이용한 분석은 빈도를 이용한 상관분석 외에도 다양한 머신 러닝 기법들을 적용할 수 있다. 즉, 비정형 문서에서 얻어진 단어-문서 행렬은 각 단어가 각각의 문서에 나타난 빈도들로 만들어졌으므로 이제는 정형화된 자료이다. 이 정형화된 행렬에 대하여 할 수 있는 데이터 마이닝 기법은 먼저 연관성 있는 단어들끼리 군집화 clustering 를 할 수 있고, 문서들에 대하여 분류 classification 를 할 수 있다. 또한 문서와 단어를 각각 거래 transaction 와 상품 item 으로 간주하여 단어들 간의 연관성 분석 association analysis 를 할 수 있다.

또한 단어-문서 행렬이 빈도가 0인 값이 많으므로 행렬의 차원을 줄이는 차원 축소 dimension reduction 분석이 필요하다. 차원축소는 대표적으로 주성분 분석 principal component analysis(PCA) 방법이 있고, 범주형 자료를 이용한 contingency table 을 이용한 분석에서는 대응분석 correspondence analysis(CA) 이 적합한 방법이다. 이 두 가지 차원축소방법에서 공통적으로 사용되는 특이값 분해 singular value decomposition 도 텍스트 마이닝에 유용하게 사용된다.

다음 절에서는 이러한 데이터 마이닝 기법을 사용하기 전에 단어-문서 행렬에서 얻어지는 빈도 정보를 시각화하는 방법 중에서 가장 많이 사용되는 방법인 word cloud를 만드는 방법을 알아본다.

2.1 R 프로그램 실습: 단어-문서 행렬

단어-문서 행렬은 *TermDocumentMatrix()* 함수를 이용하여 만든다. 여기서 *minWordlength* 는 추출할 최소 단어 길이를 결정해준다. 이 옵션의 디폴트 값은 3으로, 세 글자 이상의 단어만으로 단어-문서 행렬을 만들어주게 되므로 주의해야 한다. 단어-문서 행렬을 만들었을 때 *sentTdm* 이라고 치면 다음 결과와 같이 많은 정보를 확인할 수 있다. 이 행렬은 6개의 단어(행)와 4개의 문서(열)로 되어있고, 행렬의 원소는 단어들의 빈도 term frequency(tf) 이다. 또한 이 문서들에서 가장 긴 단어는 13자이고, 전체 행렬의 71%(=17/24)는 빈도가 0이다. 생성된 단어-문서 행렬을 확인하고 싶을 때에는 *inspect()* 함수를 사용하면 된다.

```
> sentTdm<-TermDocumentMatrix(sentCorpus,
+ control=list(minWordLength=1))
> sentTdm
<<TermDocumentMatrix (terms: 6, documents: 4)>>
Non-/sparse entries: 7/17
Sparsity           : 71%
Maximal term length: 13
Weighting          : term frequency (tf)
> inspect(sentTdm)
<<TermDocumentMatrix (terms: 6, documents: 4)>>
Non-/sparse entries: 7/17
Sparsity           : 71%
Maximal term length: 13
Weighting          : term frequency (tf)
                Docs
Terms            1  2  3  4
  data           0  1  0  0
  preprocessing  0  0  0  1
  sentence       1  0  0  0
  structured     0  0  1  0
  text           0  1  0  1
  unstructured   0  0  1  0
```

이 행렬의 일부를 보고자 하면 다음과 같은 코드를 사용하면 된다. 다음 결과에서는 1~3번째 단어와 2~3번째 문서를 확인할 수 있다. 해당 예제의 단어-문서 행렬의 크기는 매우 작아서 한 번에 확인해도 상관없지만, 일반적인 단어-문서 행렬은 크기가 매우 크므로 위의 코드보다는 다음의 코드를 사용하여 부분적으로 확인하는 것을 권장한다.

```
> inspect(sentTdm[1:3,2:3])
<<TermDocumentMatrix (terms: 3, documents: 2)>>
Non-/sparse entries: 1/5
Sparsity           : 83%
Maximal term length: 13
Weighting          : term frequency (tf)
```

```
                Docs
Terms           2   3
  data          1   0
preprocessing   0   0
  sentence      0   0
```

특정 관심 단어들의 단어-문서 행렬도 확인 가능하다. 다음 코드에서는 "*data*"와 "*text*"를 포함한 단어-문서 행렬을 확인하였다.

```
> inspect(sentTdm[c("data","text"),])
<<TermDocumentMatrix (terms: 2, documents: 4)>>
Non-/sparse entries: 3/5
Sparsity           : 62%
Maximal term length: 4
Weighting          : term frequency (tf)
          Docs
Terms     1  2  3  4
  data    0  1  0  0
  text    0  1  0  1
```

Sparsity 가 어느 값 이상이면 제거해 버리는 방법도 있다. 즉 *sparsity* 가 어느 값보다 작은 단어-문서 행렬을 확인할 수 있다. 다음 코드는 *sparsity* 가 70%보다 작은 단어-문서 행렬을 확인하는 방법이다.

```
> rmTdm<-removeSparseTerms(sentTdm,0.7)
> inspect(rmTdm)
<<TermDocumentMatrix (terms: 1, documents: 4)>>
Non-/sparse entries: 2/2
Sparsity           : 50%
Maximal term length: 4
Weighting          : term frequency (tf)
          Docs
Terms     1  2  3  4
  text    0  1  0  1
```

다음으로 빈도가 어느 정도 이상인 단어들만을 고르려 할 경우에는 다음 코드를 사용한다. 이 경우에는 *findFreqTerms()* 함수을 이용한다. 예를 들면 빈도가 2이상인 단어를 고르자.

```
> findFreqTerms(sentTdm,lowfreq=2)
[1] "text"
```

단어별 빈도를 시각화하기 위해서는 막대 그래프가 유용하다. 단어-문서 행렬의 빈도를 이용하여 막대 그래프를 그려보자. *barplot()* 함수는 막대 그래프를 그려준다.

```
> freq<-rowSums(as.matrix(sentTdm))
> barplot(freq)
```

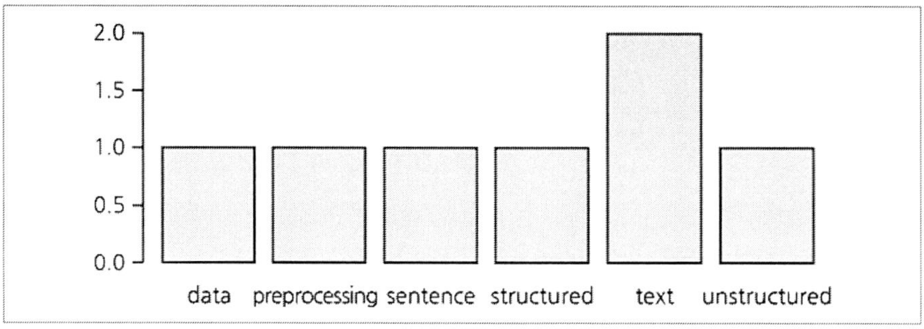

그림 11-1 단어별 빈도

단어들 간의 연관성도 측정할 수 있다. 만일 우리가 만든 단어-문서 행렬이 $(m \times n)$ 행렬일 경우, 단어는 $(1 \times n)$벡터를 이룬다. 그러므로 두 단어는 두 벡터를 이루므로 이 벡터들을 이용하여 두 단어 간의 상관계수 correlation coefficient 를 계산할 수 있고, 이를 두 단어 간의 연관성 측도로 사용한다. 단어-문서 행렬에서 단어 "*text*"와 상관계수가 0.5이상 되는 단어들을 찾고 이들의 상관계수를 알아보자.

```
> findAssocs(sentTdm,'text',0.5)
$text
        data  preprocessing
        0.58           0.58
```

2.2 Python 프로그램 실습: 단어-문서 행렬

fit_transform() 함수는 단어-문서 행렬을 만들어준다. 따라서 다음 코드는 *senten-ces1* 에 있는 문서들을 앞서 지정해준 단어 추출 기준인 *vectorizer* 를 기반으로 하여,

단어-문서 행렬을 만들어준다.

```
In [14]: X=vectorizer.fit_transform(sentences1)
```

먼저 *get_feature_names()* 함수를 이용하여 단어-문서 행렬을 이루고 있는 단어들을 살펴보면, '*data*', '*mine*', '*pre*' 등의 단어로 이루어져 있음을 확인할 수 있다. 이 결과를 보면 R과 Python의 변환 과정에서의 차이를 확인할 수 있다. R에서는 4번째 문서에 있던 단어인 '*pre-processing*'의 하이픈 hyphen 을 제거하여 '*preprocessing*'으로 변환하였고, Python에서는 하이픈을 공백으로 변환하여 '*pre*'와 '*processing*'을 각각의 단어로 인식하였다.

```
In [15]: sentTerm=vectorizer.get_feature_names()

In [16]: print(sentTerm)
['data', 'mine', 'pre', 'process', 'sentenc', 'structur', 'studi', 'text', 'unstructur']
```

생성한 단어-문서 행렬을 출력하면 다음과 같다. 그런데 이 행렬은 빈도만 표기되어 결과를 해석하기 어렵다.

```
In [17]: sentTdm=X.toarray().transpose()
In [18]: print(sentTdm)
[[0 1 0 0]
 [0 0 0 1]
 [0 0 0 1]
 [0 0 0 1]
 [1 0 0 0]
 [0 0 1 0]
 [0 0 0 1]
 [0 1 0 1]
 [0 0 1 0]]
```

이를 보기 쉽게 하기 위해서 *pandas* 모듈에 있는 *DataFrame()* 함수를 이용하여 관측치 명과 변수 명을 지정하여 출력하면 다음과 같은 단어-문서 행렬을 확인할 수 있다. 이 함수의 *index* 는 관측치 명을 지정해주고, *columns* 는 변수 명을 지정해준다. 이 결과를 보면 단어 '*data*'는 2번째 문서에서 1번 나타났고, '*mine*'은 4번째 문서에서 1번 나타났음을 알 수 있다.

```
In [19]: from pandas import DataFrame

In [20]: print(DataFrame(sentTdm,index=sentTerm,
...:                     columns=["doc1","doc2","doc3","doc4"]))
            doc1  doc2  doc3  doc4
data           0     1     0     0
mine           0     0     0     1
pre            0     0     0     1
process        0     0     0     1
sentenc        1     0     0     0
structur       0     0     1     0
studi          0     0     0     1
text           0     1     0     1
unstructur     0     0     1     0
```

이 행렬의 일부를 보고자 하면 다음과 같은 코드를 사용하면 된다. 다음 결과에서는 1~3번째 단어와 2~3번째 문서를 확인할 수 있다. 여기서 유의할 점은 Python은 숫자를 셀 때 1이 아닌 0부터 시작하고, 슬라이싱의 끝번호에 해당하는 값은 출력되지 않는다. 따라서 슬라이싱 값을 '*0:3*'으로 하면 이는 0, 1, 2를 뜻하므로, 1~3번째 값을 출력해준다.

```
In [21]: print(DataFrame(sentTdm[0:3,1:3],index=sentTerm[0:3],
...:                     columns=["doc1","doc2","doc3","doc4"][1:3]))
      doc2  doc3
data     1     0
mine     0     0
pre      0     0
```

막대 그래프를 이용해 단어별 빈도를 시각화 해보자. 막대 그래프를 그리기 위해 사용된 모듈과 함수는 다음과 같다.

```
In [22]: from matplotlib.pyplot import bar,show,xticks
```

먼저 *sum()* 함수를 이용하여 단어별 빈도를 구하였다.

```
In [23]: sentDtm=sentTdm.transpose()

In [24]: freq=sum(sentDtm)

In [25]: print(DataFrame(freq,index=sentTerm,columns=["freq"]).
transpose())
  data   mine   pre   process  sentenc  structur  studi   text  unstructur  freq
    1      1     1       1        1         1       1      1        2        1
```

bar() 함수를 이용하여 단어 빈도에 대한 막대 그래프를 그렸다. 이 함수에서 첫 번째, 두 번째 값은 각각 X, Y축 값이고, *align* 은 막대 그래프의 어느 쪽에 X값을 나타낼지 결정해준다. 따라서 다음 코드는 *align* 을 '*center*'로 하였으므로, X값이 막대 그래프 가운데에 위치한다. *xticks()* 함수는 X축의 *label* 에 대한 옵션을 설정해준다. 이 함수의 첫 번째 값은 *label* 의 위치를 결정해주고, 두 번째 값은 *label* 을 결정해준다. *rotation* 은 *label* 이 나타내질 각도를 결정해준다. 마지막으로 *show()* 함수를 써줘야 그래프가 나타난다. 여기서 유의할 점은 다음의 코드를 한 번에 같이 돌려야 [그림 11-2]와 같은 그래프를 만들 수 있다는 것이다.

```
In [26]: bar(range(len(sentTerm)),freq,align='center')
...: xticks(range(len(sentTerm)),sentTerm,rotation=45)
...: show()
```

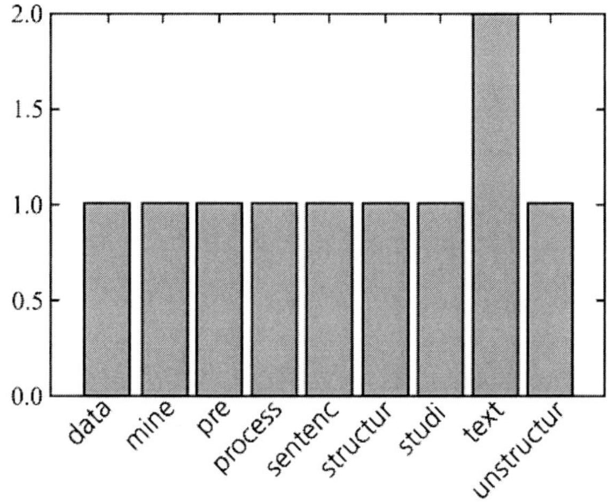

그림 11-2 단어별빈도(Python)

3. Word Cloud

단어-문서 행렬을 생성한 후에 중요 단어들을 이용하여 word cloud를 만들 수 있다. 단어-문서 행렬에서 중요변수는 빈도가 높은 단어들이다. Word cloud는 빈도가 높은 단어들을 그림의 중앙에 큰 글자로 배치하고 빈도가 작으면 그림의 변두리에 작은 글자로 배치하여 word cloud를 보면서 단어의 크기와 위치 및 색깔들로 중요 단어들을 식별해 궁극적으로 문서들의 내용을 유추할 수 있는 유용하고 재미있는 시각화 방법이다.

3.1 R 프로그램 실습: Word Cloud

Word cloud는 단어가 많은 경우에 효과적인 시각화 방법이므로 *crude* 자료를 이용한다. *crude* 는 20개의 문서로 이루어져 있으며 원유 crude oil 에 관한 자료이다.

```
> library(tm)
> data("crude")
> crude
<<VCorpus>>
Metadata:  corpus specific: 0, document level (indexed): 0
Content:  documents: 20
```

이 자료를 이용하여 앞서 배운 전처리 방법을 적용하여 단어-문서 행렬을 만들어 주었다. 이렇게 만들어진 단어-문서 행렬은 743개의 단어와 20개의 문서로 이루어져 있다.

```
> crudeCorpus<-tm_map(crude,content_transformer(tolower))
> crudeCorpus<-tm_map(crudeCorpus,stripWhitespace)
> crudeCorpus<-tm_map(crudeCorpus,removePunctuation)
> crudeCorpus<-tm_map(crudeCorpus,removeNumbers)
> crudeStopwords<-c(stopwords('english'),
+"reuter","will","also","said","one","last")
> crudeCorpus<-tm_map(crudeCorpus,removeWords,
+ crudeStopwords)
> crudeCorpusCopy<-crudeCorpus
> crudeCorpus<-tm_map(crudeCorpus,stemDocument)
> crudeCorpus<-tm_map(crudeCorpus,
```

```
+ content_transformer(stemCompletion2),
+ dictionary=crudeCorpusCopy)
> crudeTdm<-TermDocumentMatrix(crudeCorpus,
+ control=list(minWordLength=1))
> crudeTdm
<<TermDocumentMatrix (terms: 743, documents: 20)>>
Non-/sparse entries: 1437/13423
Sparsity           : 90%
Maximal term length: 16
Weighting          : term frequency (tf)
```

R에서는 *wordcloud* 패키지를 이용하여 word cloud를 만든다. 절차는 먼저 단어-문서 행렬을 일반 행렬로 변환한 후에 각 단어들의 빈도를 계산한다. 그 빈도에 따라 색깔이 결정된다. 아래 코드에서 *par(bg="black")* 은 word cloud의 배경색을 검정색으로 지정해주고, *random.order=F* 는 word cloud의 단어들을 임의로 배치하지 않고, 빈도가 높은 단어들을 가운데에 배치해준다. 또한 *min.freq* 는 word cloud에 나타낼 단어들의 최소 빈도를 지정해준다. 이때 word cloud가 돌릴 때마다 같은 결과가 나올 수 있도록 *set.seed()* 를 지정해 주었다. 이 word cloud의 결과는 [그림 11-3]와 같다.

```
> crudeMat<-as.matrix(crudeTdm)
> crudeFreq<-sort(rowSums(crudeMat),decreasing=T)
> library(wordcloud)
> par(bg="black")
> set.seed(1)
> wordcloud(words=names(crudeFreq),freq=crudeFreq,
+ random.order=F,colors=brewer.pal(12,"Set3"),min.freq=5)
```

다음 word cloud에서는 "*oil*", "*price*", "*opec*"(석유수출국기구)가 가운데에 가장 큰 글씨로 배치되어있고, 다음으로 "*mln*"(million의 준말), "*market*", "*barrel*" 등이 중앙 주변에 큰 글씨로 배치되어 있다. 이 word cloud를 통해 *crude* 가 기름 가격에 관한 문서임을 유추할 수 있다.

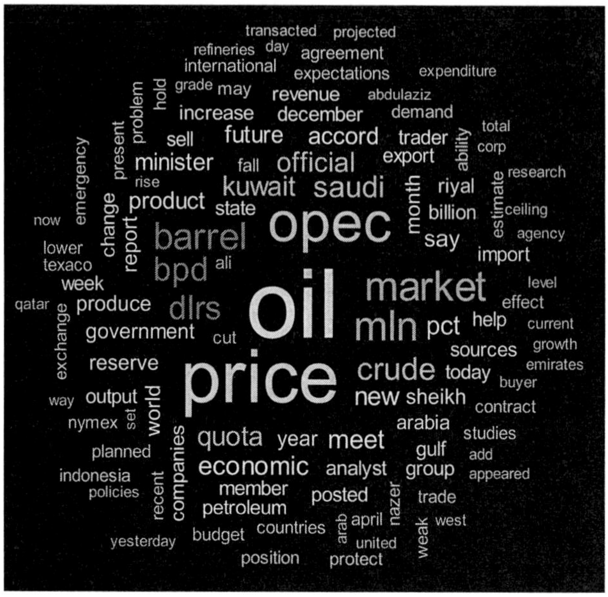

그림 11-3 Word cloud(R)

3.2 Python 프로그램 실습: Word Cloud

Python에서 R의 내장 자료인 *crude* 자료를 이용하기 위해서 앞서 소개한 R의 *writeCorpus()* 함수를 이용하여 자료를 내보낸 후, Python의 *open()* 함수를 이용하여 자료를 불러왔다. 4번째 줄의 *len()* 함수는 변수에 저장된 값이 몇 개인지 알려주는 함수로, *crude* 자료 20개가 제대로 불러와졌음을 확인할 수 있다.

```
In [1]: doc=[127,144,191,194,211,236,237,242,246,248,273,349,
...: 352,353,368,489,502,543,704,708]

In [2]: crude=[]

In [3]: for i in doc:
...:     f=open('C:/crude/%d.txt' %i,'r')
...:     data=f.read()
...:     data=data.replace('\n',' ')
...:     crude.append(data)

In [4]: print(len(crude))
20
```

이 자료를 이용하여 앞서 배운 전처리 방법을 적용하여 단어-문서 행렬을 만들어 주었다. 이렇게 만들어진 단어-문서 행렬은 736개의 단어와 20개의 문서로 이루어져 있다.

```
In [5]: crude=removeNumbers(crude)

In [6]: crudeStopwords=ENGLISH_STOP_WORDS.union({'reuter','will',
'also','said','one'})

In [7]: crudeVect=StemmedCountVectorizer(stop_words=
crudeStopwords)

In [8]:crudeX=crudeVect.fit_transform(crude)

In [9]: crudeTerm=crudeVect.get_feature_names()

In [10]: print(crudeX.shape)
(20, 736)

In [11]: crudeTdm=crudeX.toarray().transpose()
```

Word cloud를 만들기 위해 사용된 모듈과 함수는 다음과 같다. 여기서 함수 *get_tags()* 와 *draw_cloud()* 는 한국어 정보처리 모듈인 KoNLPy 홈페이지의 사용 예시 페이지(http://konlpy.org/ko/v0.4.4/examples/wordcloud/)를 참고하였다.

다음 코드의 16, 17번째 줄은 *random* 모듈의 *randint()* 함수를 이용하여 word cloud에 나타낼 단어의 색(RGB)을 랜덤으로 지정해준다. 18번째 줄의 *get_tags()* 함수는 word cloud에 나타낼 각 단어의 색, 크기(단어의 빈도) 및 단어의 수를 지정해준다. word cloud에 나타낼 단어의 수에 대한 *default* 값을 50개로 하였다. 19번째 줄의 *draw_cloud()* 함수는 word cloud를 그려주는 함수로, word cloud의 크기와 사용될 폰트 종류를 지정할 수 있다. word cloud의 크기와 사용될 폰트에 대한 *default* 값은 *(400, 300)*와 '*Nobile*'이다. 폰트 지정 시 R과 다른 점은 R에서는 컴퓨터에 설치된 폰트를 이용하고, 다음 코드에서는 *pytagcloud* 모듈에 내장된 폰트를 이용한다.

```
In [12]: from collections import Counter

In [13]: import random
```

```
In [14]: import webbrowser

In [15]: import pytagcloud

In [16]: r=lambda:random.randint(0,255)

In [17]: color=lambda:(r(),r(),r())

In [18]: def get_tags(dtm,term,ntags=50):
...:     rowsum=sum(dtm)
...:     freq=dict(zip(term,rowsum))
...:     count=Counter(freq)
...:     return [{'color':color(),'tag':n,'size':c }\
...:             for n,c in count.most_common(ntags)]

In [19]: def draw_cloud(tags,filename,fontname='Nobile',
size=(400,300)):
...:   pytagcloud.create_tag_image(tags,filename,fontname=fontname,
size=size)
...:     webbrowser.open(filename)
```

crude 자료에 *get_tags()* 함수를 적용한 *tags* 를 살펴보면, '*oil*'이라는 단어가 색은 *(219, 27, 34)*이고, 단어의 크기(단어의 빈도)는 *34*로 지정되었다. 이 *tags* 를 이용하여 '*wordcloud.png*'라는 word cloud 파일을 생성하면 [그림 11-4]과 같다.

```
In [20]: tags=get_tags(crudeX.toarray(),crudeTerm)

In [21]: print(tags[:5])
[{'tag': 'oil', 'color': (219, 27, 34), 'size': 86}, {'tag': 'price', 'color': (228, 113,
154), 'size': 63}, {'tag': 'opec', 'color': (219, 243, 94), 'size': 47}, {'tag': 'mln',
'color': (76, 206, 52), 'size': 31}, {'tag': 'market', 'color': (83, 195, 49), 'size':
30}]

In [22]: draw_cloud(tags,'wordcloud.png')
```

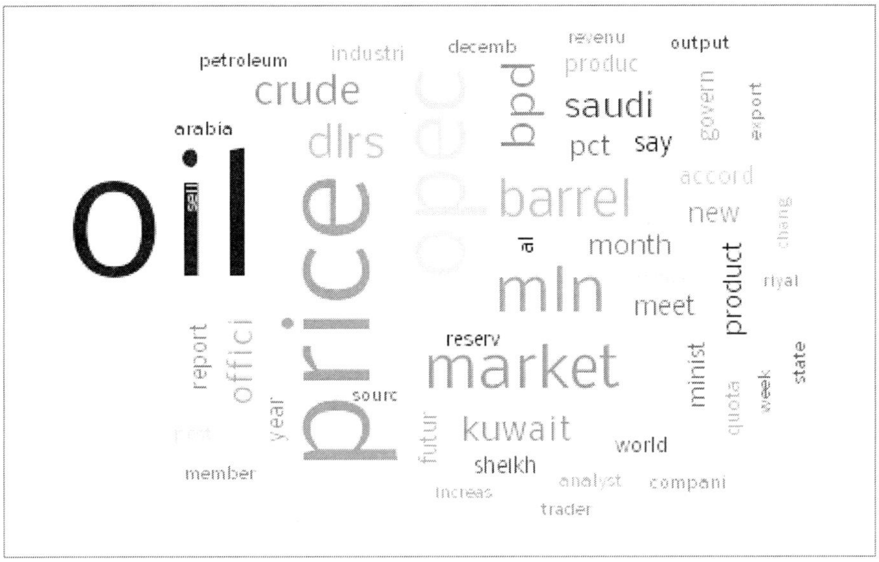

그림 11-4 Word cloud(Python)

4. 단어들의 군집화

단어-문서 행렬에는 단어나 문서를 나누는 분류변수 class variable 가 없으므로 단어나 문서를 분할 partition 하는 방법으로는 비지도 학습 unsupervised learning 의 군집분석 cluster analysis 이 합당하다. 군집화 방법은 계층적 군집방법 hierarchical clustering 과 분할 군집방법 partitioning clustering 으로 나뉜다. 이 절에서 단어들에 대한 군집은 계층적 군집방법을 이용하고 다음 절의 문서의 군집화에는 분할 군집방법을 사용해 보자.

4.1 R 프로그램 실습: 단어들의 군집화

먼저 단어들의 군집화를 하기 전에 단어 출현의 빈도가 0이 많은 단어들은 일단 제외하고 군집화를 시도한다. 이를 위해 *removeSparseTerms()* 함수를 이용하는데, 여기서 *sparse* 는 전체 문서 중 주어진 기준보다 작은 비율로 포함되어 있는 단어들을 제외해준다. 즉, 문서가 총 20개이므로 *crudeTdm2* 는 10개 이상의 문서에 포함되어 있는 단어들만 존재한다.

이 단어-문서 행렬을 $(m \times n)$ 행렬이라 하면 각 단어들은 $(1 \times n)$ 행렬을 갖게 됨으로 각 단어들은 n 차원 공간의 하나의 점이 된다. 그러므로 각 단어들간의 거리 distance 를 구할 수 있고, 이 거리를 구하기 위하여 *dist()* 함수를 이용한다. 또 거리를 구한 후에 가까이 있는 단어들끼리 군집화하는 방법은 ward, single linkage, complete linkage, average linkage, median, centroid 등의 방법이 있는데, 이 코드에서는 complete 방법을 사용해 보자.

```
> crudeTdm2<-removeSparseTerms(crudeTdm,sparse=0.51)
> inspect(crudeTdm2)
<<TermDocumentMatrix (terms: 5, documents: 20)>>
Non-/sparse entries: 71/29
Sparsity           : 29%
Maximal term length: 6
Weighting          : term frequency (tf)
                          Docs
Terms    127  144  191  194  211  236  237  242  246  248
  barrel   2    0    1    1    0    4    0    0    1    3
  dlrs     2    0    1    2    2    2    1    0    0    4
  oil      5   12    2    1    1    7    3    3    5    9
  opec     0   15    0    0    0    8    1    2    2    6
  price    5    6    2    2    0    8    1    2    2   10
                          Docs
Terms    273  349  352  353  368  489  502  543  704  708
  barrel   3    0    1    1    0    3    3    1    0    2
  dlrs     2    0    0    0    0    1    1    5    0    0
  oil      5    4    5    4    3    4    5    3    3    1
  opec     5    2    2    4    0    0    0    0    0    0
  price    5    1    5    2    0    3    3    3    3    0
> crudeMat2<-as.matrix(crudeTdm2)
> crudeDist<-dist(crudeMat2)
> crudeClust<-hclust(crudeDist,method="complete")
> plot(crudeClust)
> rect.hclust(crudeClust,k=2)
> cutree(crudeClust,k=2)
barrel  dlrs   oil   opec  price
     1     1     2      2      2
```

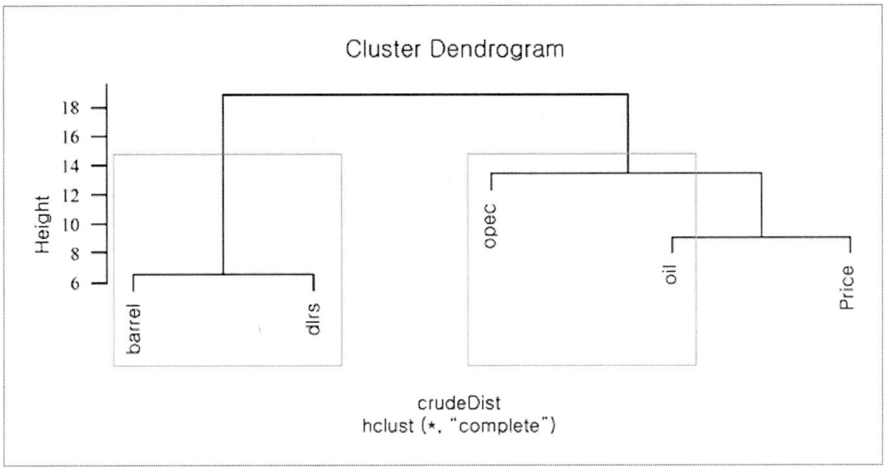

그림 11-5 단어들의 군집화(R)

위 [그림 11-5]의 군집화 결과를 보면 "*barrel*" (석유 단위), "*dlrs*"(dollar의 준말)가 한 군집으로 묶였고, "*opec*"(석유수출국기구), "*oil*", "*price*"가 한 군집으로 묶였다. 따라서 이 corpus에서는 배럴 barrel 당 가격 dollar 과 OPEC가 발표한 기름 가격 oil price 에 대한 내용이라고 유추할 수 있다.

4.2 Python 프로그램 실습: 단어들의 군집화

단어 출현의 빈도가 0이 많은 단어들은 제외하고 군집화를 하기 위해 *StemmedCountVectorizer()* 함수에서 *min_df=10* 으로 해주었다. 즉, 20개의 문서 중 10개 이상의 문서에 포함되어 있는 단어들만 추출된다. 이렇게 만들어진 단어-문서 행렬은 5개의 단어와 20개의 문서로 이루어져 있다. 추출된 5개의 단어는 '*barrel*', '*dlrs*', '*oil*', '*opec*', '*price*'이다.

```
In [23]: crudeVect2=StemmedCountVectorizer(
stop_words=crudeStopwords,min_df=10)

In [24]: crudeX2=crudeVect2.fit_transform(crude)

In [25]: crudeTerm2=crudeVect2.get_feature_names()

In [26]: print(crudeX2.shape)
(20, 5)
```

```
In [27]: crudeTdm2=crudeX2.toarray().transpose()

In [28]: print(DataFrame(crudeTdm2,index=crudeTerm2,columns=doc))
        127  144  191  194  211  236  237  242  246  248
barrel    2    0    1    1    0    4    0    0    1    3
dlrs      2    0    1    2    2    2    1    0    0    4
oil       5   12    2    1    1    7    3    3    5    9
opec      0   15    0    0    0    8    1    2    2    6
price     5    6    2    2    0    8    1    2    2   10
        273  349  352  353  368  489  502  543  704  708
barrel    3    0    1    1    0    3    3    1    0    2
dlrs      2    0    0    0    0    1    1    5    0    0
oil       5    4    5    4    3    4    5    3    3    1
opec      5    2    2    4    0    0    0    0    0    0
price     5    1    5    2    0    3    3    3    3    0
```

단어들끼리 군집화하기 위해 complete 방법을 사용했다. 군집 결과는 R 프로그램과 동일함을 확인할 수 있다.

```
In [29]: from scipy.spatial.distance import pdist

In [30]: from scipy.cluster.hierarchy import linkage, dendrogram

In [31]: distanceMatrix = pdist(crudeX2.toarray().transpose())

In [32]: dend = dendrogram(linkage(distanceMatrix, method='complete'),
                  labels=crudeTerm2)
```

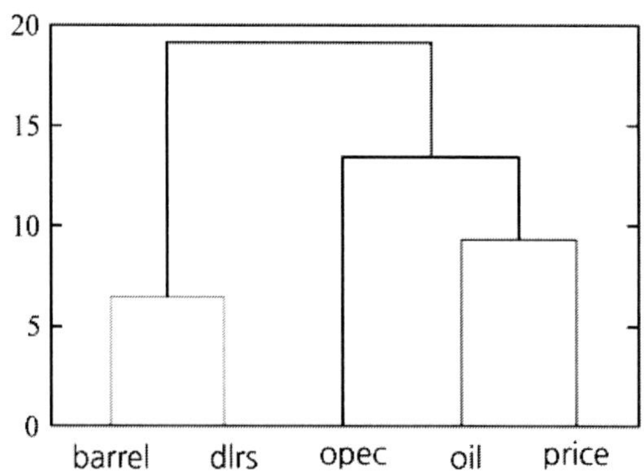

그림11-6 단어들의 군집화(Python)

5. 문서들의 군집화

단어들뿐만 아니라 문서들도 군집화를 할 수 있다. 앞 절에서 단어들은 계층적 군집방법을 이용하였으므로, 이 절에서 다룰 문서들의 군집에는 분할 군집방법 중에서 가장 많이 사용하는 k-means 방법과 k-medoids 방법을 사용한다.

5.1 R 프로그램 실습: 문서들의 군집화

먼저 k-means 군집방법을 해보자. 먼저 행과 열을 바꾸어 문서-단어행렬을 만들고 군집의 수를 결정한다. 계층적 군집방법과 달리 k-means 군집방법은 군집의 수 k를 먼저 결정하여야 한다. k-means 군집방법은 *kmeans()* 함수를 이용하면 된다. 이 예제에서는 군집의 수를 5로 하였다. 또한 이미 설명한 바와 같이 항상 동일한 군집 결과를 얻기 위해서는 *set.seed()* 함수를 통해 seed를 정해줘야 한다. 5-means 군집의 결과는 다음과 같다.

```
> crudeTdm3<-t(crudeTdm2)
> crudeMat3<-as.matrix(crudeTdm3)
> set.seed(1)
> crudeKmeans<-kmeans(crudeTdm3,5)
> crudeKmeans$cluster
 127  144  191  194  211  236  237  242  246  248
   4    1    5    5    5    3    2    2    2    3

 273  349  352  353  368  489  502  543  704  708
   4    2    4    2    2    4    4    5    2    5
```

5-means 군집화 결과를 시각화하기 위해, 제일 빈도가 높은 단어인 "*oil*"과 "*price*"의 빈도를 X, Y축으로 하여 군집 결과를 나타냈다. 이때 점의 색으로 군집을 구별했고, 각 군집의 중심을 * 모양으로 나타냈다. 여기서 *plot()* 함수에서 *col* 은 점의 색을 지정해주고, *xlim* 과 *ylim* 은 각각 X와 Y축의 범위를 설정해준다. *points()* 함수에서 *col* 은 점의 색을 지정해주고, *pch* 는 점의 모양을 지정해준다. 또한 각 점이 어떤 문서인지 나타내기 위해 *text()* 함수를 이용했다. *text()* 함수에서 cex 는 텍스트가 나타나는 크기를 지정해준다.

```
> plot(crudeMat3[,c("oil","price")],col=crudeKmeans$clust,
+ xlim=c(0,12.5),ylim=c(0,12.5))
> points(crudeKmeans$centers[,c("oil","price")],col=1:5,pch=8)
> text(crudeMat3[,"oil"]+0.5,crudeMat3[,"price"]+0.5,
+ rownames(crudeMat3),cex=0.8)
```

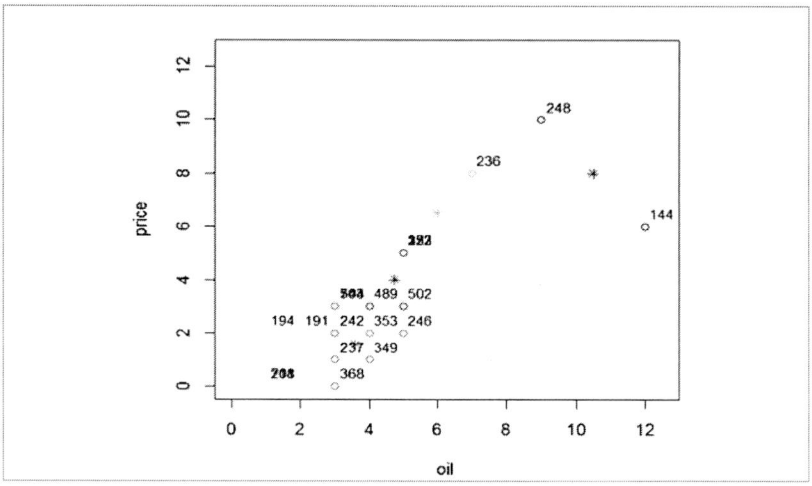

그림 11-7 문서들의 5-means 군집화

이번에는 k-medoids를 이용한 문서들의 군집방법을 알아보자. k-medoids 방법은 Partitioning Around Medoids(PAM) 알고리즘을 이용하여 군집화를 하는데 k-means보다는 노이즈 noise 나 이상치 outlier 에 영향을 덜 받는다. k-medoids 군집 방법은 *pam()* 함수를 이용한다. 이 방법은 군집 결과를 시각화 해준다. 여기서 유의할 점은 *pam()* 함수를 이용하여 군집 결과를 나타내기 위해서는 문서(관측치)의 수가 단어(변수)의 수보다 커야 한다는 것이다.

```
> library(fpc)
> crudeMedoid<-pamk(crudeTdm3,metric="manhattan")
> (k<-crudeMedoid$nc)
[1] 2
> library(cluster)
> crudePam<-pam(crudeMat3,k)
> plot(crudePam)
```

아래 군집화 결과에서 첫 번째 그림은 군집화 결과를 2차원에 시각화한 그림이고, 두 번째 그림은 실루엣 silhouette 이다. 이 실루엣에서 s_i 값이 1에 가까울수록 해당 문서들의 군집화가 잘 되었다는 뜻이고, 반면에 s_i 값이 0에 가까우면 해당 문서들이 두 군집의 사이에 있다는 뜻이다. 또한 의 s_i 값이 음수 값을 가지면 그 문서들은 잘못된 군집에 속한다는 뜻이다. 따라서 [그림 11-9]를 보면 군집 1은 잘 분할되었고 군집이 포함하고 있는 내용도 명확하다. 반면에 군집 2는 잘 분할되었으나, 군집이 제대로 적합 되지 않았다.

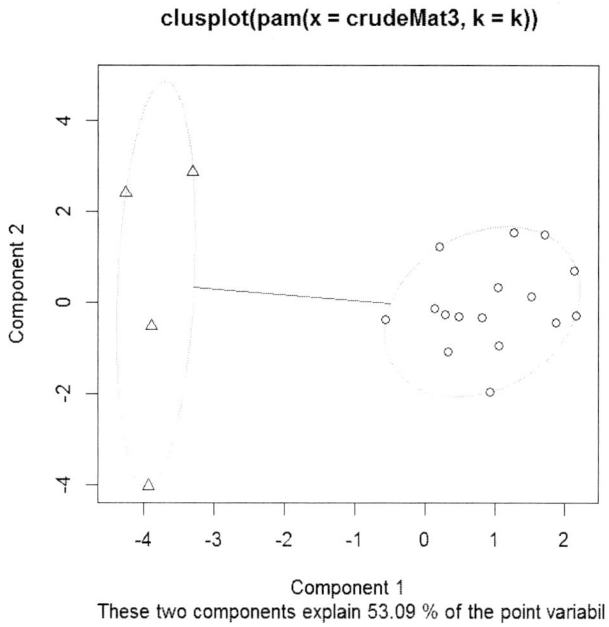

그림 11-8 문서들의 2-medoids 군집화(A)

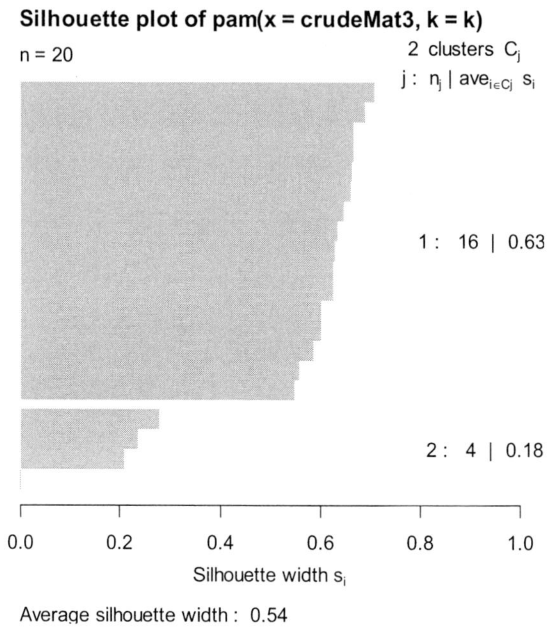

그림 11-9 문서들의 2-medoids 군집화(B)

5.2 Python 프로그램 실습: 문서들의 군집화

Python에서 k-means 군집을 하기 위해서는 *sklearn.cluster* 모듈에 있는 *KMeans()* 함수를 이용하면 된다. 이 함수에서 *n_clusters* 는 군집의 수를 결정해주고 *random_state* 는 seed를 결정해준다. 즉, 다음 코드에서는 5-means 군집을 실시하였고, 이 모형을 앞서 만들어준 단어-문서 행렬 *crudeX2* 에 적용하였다. 군집의 결과를 살펴보면 R과는 약간 다른 결과가 나온 것을 확인할 수 있는데, 이는 seed에 따라 군집의 결과가 조금씩 달라지기 때문이다. 따라서 다음 코드에서는 seed 번호를 1로 주었지만 다른 번호를 주면 약간 다른 결과가 나온다.

```
In [33]: from sklearn.cluster import KMeans

In [34]: km=KMeans(n_clusters=5,random_state=1)

In [35]: km.fit(crudeX2)
Out[35]:
```

```
KMeans(copy_x=True, init='k-means++', max_iter=300, n_clusters=5, n_init=10,
    n_jobs=1, precompute_distances='auto', random_state=1, tol=0.0001,
    verbose=0)

In [36]: print(DataFrame(km.labels_,columns=["cluster"],index=doc).
transpose())
         127  144  191  194  211  236  237  242  246  248
cluster    4    3    0    0    0    1    2    2    2    1

         273  349  352  353  368  489  502  543  704  708
cluster    1    4    2    2    0    4    4    4    2    0
```

6. 단어들의 연관성 분석

6.1 R 프로그램 실습: 단어들의 연관성 분석

앞서 배운 연관성 분석을 이용하여 단어 간의 연관성을 찾아낼 수 있다. 연관성 분석에서는 횟수를 고려하지 않으므로, 단어들에 대해 연관성 분석을 하기 위해서는 문서-단어 행렬을 0과 1 값만을 가진 행렬로 바꿔주어야 한다. 즉, 단어가 나온 경우에는 1, 나오지 않은 경우에는 0으로 바꿔준다.

```
> library("arules")
> crudeMat4<-crudeMat3
> for(i in 1:ncol(crudeMat4)){
+ crudeMat4[,i]<-replace(crudeMat4[,i],crudeMat4[,i]>1,1)
+ }
```

위에서 만든 0과 1로 이루어진 행렬을 *transactions* 의 형태로 바꿔주었다. 이렇게 만들어진 *crudeTrans* 는 20개의 거래 transaction 와 12개의 상품 item 으로 이루어져 있다. 즉, 여기서 거래와 상품은 각각 문서와 단어를 의미한다. *crudeTrans* 를 살펴보면 문서 127은 "*barrel*", "*crude*", "*dlrs*" 등의 단어로, 문서 144는 "*last*", "*market*", "*mln*" 등의 단어로 이루어져 있음을 확인할 수 있다.

```
> crudeTrans<-as(crudeMat4,"transactions")
> crudeTrans
transactions in sparse format with
 20 transactions (rows) and
 12 items (columns)
> inspect(head(crudeTrans,2))
  items                                                transactionID
1 {barrel,crude,dlrs,last,market,oil,price}         127
2 {last,market,mln,new,oil,opec,petroleum,price} 144
```

전체 문서 중 단어가 나오는 빈도수가 60% 이상이고, 해당 단어가 있을 때 다른 단어가 같이 있을 확률이 90% 이상인 규칙을 찾아보자. 지지도 support 가 60%, 신뢰도 confidence 를 90%로 설정한 경우 10개의 규칙이 도출된다. 이 규칙들을 살펴보면 "*oil*"은 모든 문서에 포함되어있고, "*price*"는 전체 문서의 60%에 포함되어있다. 또한 "*oil*", "*price*", "*last*", "*barrel*"이 연관성이 높은 것으로 보아, *crude* 가 기름 가격에 대한 문서임을 유추할 수 있다.

```
> crudeRules<-apriori(crudeTrans,
+ parameter=list(support=0.6,confidence=0.9))
Apriori

Parameter specification:
 confidence minval smax arem  aval originalSupport
        0.9    0.1    1 none FALSE            TRUE
 support minlen maxlen target   ext
     0.6      1     10  rules FALSE

Algorithmic control:
 filter tree heap memopt load sort verbose
    0.1 TRUE TRUE  FALSE TRUE    2    TRUE

Absolute minimum support count: 12

set item appearances ...[0 item(s)] done [0.00s].
set transactions ...[12 item(s), 20 transaction(s)] done [0.00s].
```

```
sorting and recoding items ... [4 item(s)] done [0.00s].
creating transaction tree ... done [0.00s].
checking subsets of size 1 2 3 done [0.00s].
writing ... [10 rule(s)] done [0.00s].
creating S4 object  ... done [0.00s].
> crudeRules
set of 10 rules
> inspect(crudeRules)
   lhs               rhs     support confidence lift
1  {}             => {oil}   1.00    1.0000000  1.000000
2  {last}         => {price} 0.60    1.0000000  1.176471
3  {last}         => {oil}   0.60    1.0000000  1.000000
4  {barrel}       => {price} 0.60    0.9230769  1.085973
5  {barrel}       => {oil}   0.65    1.0000000  1.000000
6  {price}        => {oil}   0.85    1.0000000  1.000000
7  {last,price}   => {oil}   0.60    1.0000000  1.000000
8  {last,oil}     => {price} 0.60    1.0000000  1.176471
9  {barrel,price} => {oil}   0.60    1.0000000  1.000000
10 {barrel,oil}   => {price} 0.60    0.9230769  1.085973
```

7. 한글처리

7.1 R 프로그램 실습: 한글처리

한글 텍스트 마이닝 패키지에는 *KoNLP* 가 있다. *KoNLP* 는 한국인 전희원이 만들었으며, 이 패키지 관련 정보는 https://github.com/haven-jeon/KoNLP 에서 확인할 수 있다. 이 사이트에는 형태소에 대한 자세한 설명과 예제가 있으므로 품사의 tag에 대한 설명은 생략한다. *KoNLP* 를 사용하기 위해서는 *rJava* 등의 패키지를 추가 설치해야 한다. *KoNLP* 의 *extractNoun()* 함수는 한글로 된 문장에서 명사를 추출해준다. 이 점이 앞서 배운 영어로 한 텍스트 마이닝과 한글 텍스트 마이닝의 가장 큰 차이점이라 할 수 있다. *tm* 패키지에서는 다양한 구문형태 syntactical form 를 어간 찾기 stemming 를 통해 연결해줬다면, *KoNLP* 패키지에서는 명사만을 추출해준다.

```
> library(rJava)
> library(KoNLP)
> extractNoun("연습을 해보고자 한다. 명사가 잘 추출되는지 확인해보자.")
[1] "연습" "명사" "추출" "확인"
> sapply("연습을 해보고자 한다. 명사가 잘 추출되는지 확인해보자.",
+ extractNoun)
     연습을 해보고자 한다. 명사가 잘 추출되는지 확인해보자.
[1,] "연습"
[2,] "명사"
[3,] "추출"
[4,] "확인"
```

다음은 한용운 시인의 '님의 침묵'에 나오는 문자들을 분석하여 word cloud를 만들어 보자. 먼저 단어들을 추출한 후 각 단어들의 빈도를 구하였다.

```
> library(rJava)
> library(KoNLP)
> silence<-file("님의_침묵.txt",blocking=F)
> silLines<-readLines(silence)
> silNouns<-sapply(silLines,extractNoun,USE.NAMES=F)
> close(silence)
> silFreq<-table(unlist(silNouns))
```

위에서 구한 단어들의 빈도를 이용하여 word cloud를 그려보았다. *windowsFonts()* 함수를 이용하면 word cloud의 폰트를 바꿔줄 수 있다. 다음 예제에서는 "*한양해서*" 폰트로 변경해주었다.

```
> library(wordcloud)
> set.seed(1)
> windowsFonts(hanyang=windowsFont("한양해서"))
> wordcloud(words=names(silFreq),freq=silFreq,family="hanyang",
+ random.order=F,colors=brewer.pal(8,"Dark2"),min.freq=0)
```

다음 word cloud를 통해 한용운 시인의 '님의 침묵'은 사랑과 이별에 대한 내용임을 알 수 있다.

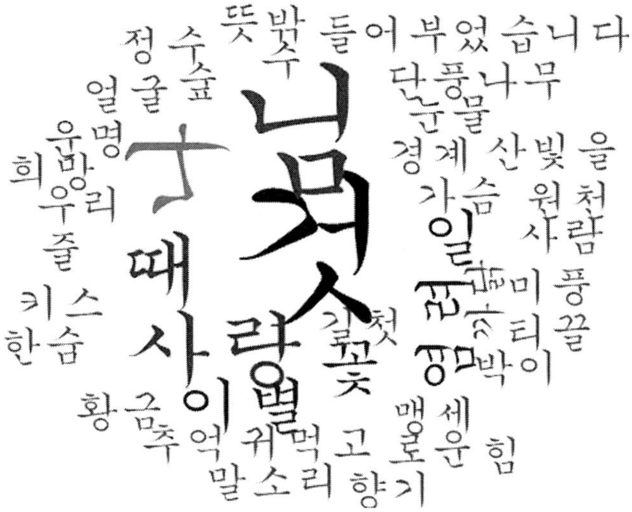

그림 11-10 '님의 침묵'에 대한 Word cloud(R)

◢ 7.2 Python 프로그램 실습: 한글처리

Python에서 한국어 정보처리를 하기 위해서는 *konlpy* 모듈을 이용하면 된다. *konlpy* 를 설치하기 위해서는 *KoNLPy* 홈페이지의 설치하기 페이지(http://konlpy.org/ko/v0.4.4/install/)를 참고하길 바란다. 다음 코드에서는 문장에서 명사만을 추출하기 위해 *Kkma()* 함수에 있는 *nouns()* 함수를 이용했다. *konlpy*의 형태소를 태깅해주는 함수로는 *Kkma* 외에도 *Komoran, Hannanum, Twitter, Mecab* 등이 있다.

```
In [1]: from konlpy.tag import Kkma

In [2]: from konlpy.utils import pprint

In [3]: kkma=Kkma()

In [4]: pprint(kkma.nouns(u'연습을 해보고자 한다. 명사가 잘 추출되는지 확인해보자.'))
['연습', '명사', '추출', '확인']
```

한용운 시인의 '님의 침묵'에 나오는 문자들을 분석하여 word cloud를 만들어보자.

```
In [5]: f=open('C:/님의_침묵.txt','r')

In [6]: silence=f.read()

In [7]: silence=silence.replace('\n',' ')
```

다음 코드는 앞 절에서 사용한 Python의 word cloud 코드와 거의 유사하지만 유의해야 할 점이 있다. 한글 문서를 이용하여 word cloud를 그리기 위해서는 한글 폰트를 지원하는 *pytagcloud* 모듈을 설치해야 한다. 그렇지 않으면 word cloud의 폰트가 깨져서 나오게 된다.

함수 *get_tags()* 와 *draw_cloud()* 도 앞 절과 약간 다르다. 15줄의 *get_tags()* 함수는 *Hannanum()* 형태소 분석기를 이용하여 명사를 추출했고, 추출된 명사를 *collections* 모듈의 *Counter()* 함수를 이용하여 각 명사의 빈도를 세주었다. 또한 '님의 침묵'의 단어 빈도 수는 전반적으로 작으므로, word cloud에 나타낼 단어의 크기는 빈도 수에 10을 곱한 값을 사용하였다. 16줄의 *draw_cloud()* 함수는 word cloud의 크기와 사용될 폰트에 대한 *default* 값을 (300, 200)과 '*Noto Sans CJK*'로 하였다. 여기서 폰트 '*Noto Sans CJK*'는 한글을 지원하는 폰트이다.

```
In [8]: from collections import Counter

In [9]: import random

In [10]: import webbrowser

In [11]: from konlpy.tag import Hannanum

In [12]: import pytagcloud # requires Korean font support

In [13]: r=lambda:random.randint(0,255)

In [14]: color=lambda:(r(),r(),r())

In [15]: def get_tags(text,ntags=50,multiplier=10):
...:        h=Hannanum()
...:        nouns=h.nouns(text)
...:        count=Counter(nouns)
```

```
...:        return [{'color':color(),'tag':n,'size':c*multiplier}\
...:                        for n,c in count.most_common(ntags)]

In [16]: def draw_cloud(tags,filename,fontname='Noto Sans CJK',
size=(300,200)):
...:   pytagcloud.create_tag_image(tags,filename,fontname=fontname,
size=size)
...:       webbrowser.open(filename)
```

이를 이용하여 word cloud를 그리면 [그림 11-11]과 같다.

```
In [17]: tags=get_tags(silence)

In [18]: print(tags[:5])
[{'tag': '것', 'color': (189, 44, 59), 'size': 70}, {'tag': '님', 'color': (134, 184, 70),
'size': 70}, {'tag': '나', 'color': (41, 208, 204), 'size': 40}, {'tag': '사랑', 'color':
(89, 251, 242), 'size': 40}, {'tag': '때', 'color': (244, 206, 2), 'size': 30}]

In [19]: draw_cloud(tags,'wordcloud.png')
```

그림 11-11 '님의 침묵'에 대한 Word cloud(Python)

제12장

사회 네트워크 분석

사회 네트워크 social network 는 어느 사회단체를 구성하고 이끌어가는 중요한 주체 entity 들이 누구이며, 그들 간의 관계 relationship 와 상호영향력 interaction 에 대하여 연구한다. 여기서 사회단체의 주체를 actor 라고 부르고, 상호 관계와 주고받는 영향력은 네트워크 network 와 그래프 graph 로 표현된다. 네트워크와 그래프는 정점 node 와 연결선 link 로 구성되며, 정점 node 는 단체의 주체인 actor를 나타내고 연결선 link 는 actor 들간의 상호 관계를 나타낸다. 이 네트워크를 통하려 그 사회단체의 구성, 어느 특정 actor의 지위와 역할, 그리고 영향력을 연구할 수 있다. 또한, 네트워크에서 각 actor 들이 만들고 있는 작은 규모의 사회단체를 발견할 수 있고, 또 이를 그래프로 표현할 수 있다. 한 actor가 만들고 있는 작은 사회단체를 커뮤니티 community 라고 한다.

이 사회 네트워크 분석은 Web에 대한 분석에도 유용한데, 그 이유는 Web이 가상공간에서 만들어지는 가상사회 virtual society 이기 때문이다. 이 가상사회 분석이 가상사회 네트워크 virtual social network 이다. 이 가상사회 분석에서 각 Web 페이지는 하나의 actor 이고, 각 hyperlink는 Web 페이지들간의 연결선이며 Web 페이지간의 상호 관계이다. 사회분석의 많은 연구

결과가 Web 분석에 확장되어 사용되어 왔고, 또한 Web의 탐색엔진 분야의 성공을 이끄는 중요한 도구가 되었다. 사회 네트워크 분석에서 그 사회에서 활동하고 있는 actor 의 중요도를 분석하는 두 가지의 방법이 있는데, 하나는 중심도 centrality 를 이용하는 방법과 다른 하나는 영향력을 이용하는 방법이 있다.

이 장에서는 사회 네트워크 분석에서 사용되는 중요한 개념인 중심도 centrality 와 영향력 prestige 를 소개하고, 이들을 네트워크와 그래프로 표시하는 방법을 공부한다.

1. 중심도 Centrality

어느 사회 단체에서 중요한 핵심적인 actor란 다른 actor와 구별되게 많은 다른 actor들과 연결되어 있는 actor를 말한다. 즉, 사회 네트워크 분야에서는 한 단체 안에서 아주 많은 사람들과 관계와 소통을 하는 사람을 그렇치 않은 사람보다 중요시 간주된다. 네트워크에서 연결선 link는 tie 라고도 부르며, 정점인 node는 vertex라고도 부른다. 네트워크의 구성을 그림으로 나타낸 것이 네트워크 그래프인데, actor를 나타내는 정점 node와 그들 간의 상호관계를 나타내는 연결선으로 구성되어 있다. 사회 네트워크에서 사용하는 그래프에는 크게 두 가지가 있다. 방향성이 있는 그래프와 방향성이 없는 그래프이다.

수학의 그래프 이론 Graph theory 에서는 주로 다루는 주제가 그래프이다. 그래프 이론에서 그래프를 개체 object를 나타내는 정점 node와 관계를 나타내는 edge의 집합이라고 정의한다(참고. Wikidepia). 여기서 edge는 위에서 사용한 연결선인 link와 tie와 같은 개념이다. 그래프는 두 가지가 있는데, 방향성이 있는 그래프 directed graph 와 방향성이 없는 그래프 undirected graph 이다. 쉽게 설명하면 연결선에 화살표가 있으면 방향성이 있는 그래프이고 화살표가 없으면 방향성이 없는 그래프이다.

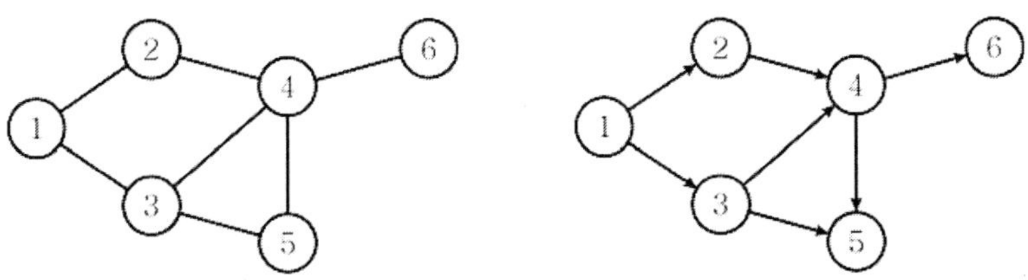

(A) 방향성이 없는 그래프 (화살표가 없음)

(B) 방향성이 있는 그래프 (화살표가 있음)

그림 12-1 네트워크 그래프의 종류

[그림 12-1]에서는 6명의 actor가 있고 이 들의 관계를 연결선으로 연결하였다. [그림 12-1]에서 보듯이 연결선에 화살표가 있고 없고에 따라서 directed 그래프와 undirected 그래프로 나뉜다. 특히 actor 4는 다른 actor에 비하여 상대적으로 많은 연결선으로 다른 actor 들과 관계를 맺고 있다. 이러한 actor 4가 이 사회단체에서 중요한 인물이다.

이와 같이 한 사회단체에서 중요한 역할을 하는 actor 를 찾은 것이 사회 네트워크 분석의 한 부분인데 이 중요도를 정의하는 방법은 여러 가지가 있다.

1.1 연결개수 중심도 Degree Centrality

각 actor가 다른 actor 들과 연결된 연결선의 수를 degree라 정의하고, 이 degree를 이용하여 한 actor의 중요도를 측정하는 것를 연결개수 중심도 degree centrality 라고 한다. 연결개수 중심도는 방향성이 있는 그래프와 방향성이 없는 그래프에 따라 달리 계산한다. 연결선을 actor를 향해서 들어 오는 연결선 in-link 와 actor에서 나가는 방향의 연결선 out-link 를 구별하여 분석한다. 들어 오는 연결선 in-link 의 개수 degree를 prestige 라 한다. 즉, prestigious한 actor는 in-link가 많은 actor를 말한다. 그러므로 prestige 분석에서는 방향이 있는 연결선과 in-link의 수를 분석하는 것이다. 방향이 있는 그래프에서만 분석이 가능하다.

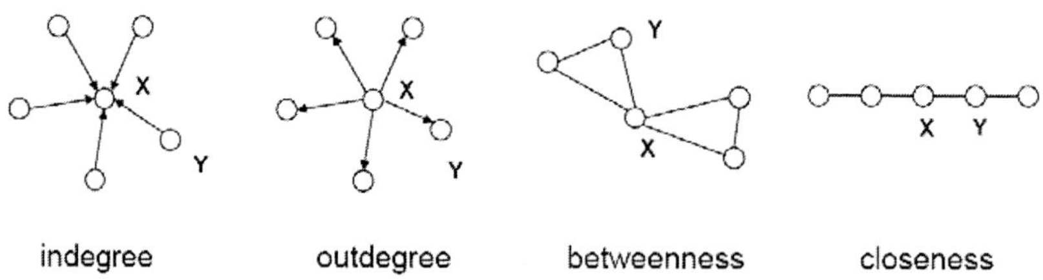

그림 12-2 연결선 및 중심성 유형

• Undirected 그래프: 방향성이 없는 그래프에서 actor k의 연결개수 중심도는 actor k의 연결선 개수 degree 를 전체 연결선의 개수로 나눈 상대 연결개수이다. 어느 사회단체의 전체 actor 수를 n이라고 하고, actor k의 연결선 개수를 $d(k)$라고 하면 actor k의 연결개수 중심도 $C_{\deg}(k)$는

$$C_{\deg}(k) = \frac{d(k)}{n-1}$$

이다. 연결개수 중심도 $C_{\deg}(k)$는 범위가 (0, 1)이고, 전체 actor의 수가 n인 경우에 연결선 개수 $d(k)$의 최대값은 $n-1$ 이다. 즉 $d(k)$는 actor k의 연결선의 수이다

- Directed 그래프: 방향성이 있는 그래프에서는 actor k의 연결선 개수 degree 를 세는 방법이 좀 다르다. 연결선 link 에 화살표 방향이 있기 때문에 actor k를 향하여 들어오는 연결선은 in-link 라고 하고, actor k로부터 나가는 연결선은 out-link라 한다. 방향성이 있는 그래프에서는 actor k의 연결선 개수 degree 는 out-link 만을 계산한다. actor k의 out-link 연결선 개수를 $d_o(k)$라고 하면 방향성이 있는 그래프에서 actor k의 연결개수 중심도 $C_{\deg}(k)$는

$$C_{\deg}(k) = \frac{d_{o(k)}}{n-1}$$

이다. 다음 절에서 프로그램으로 방향성이 없는 네크워크와 방향성이 있는 네트워크에서의 연결개수 중심도를 계산한다. 연결선 개수를 전체 연결선 개수 $n-1$로 나누어 정규화 normalization 하여 사용하기도 한다. 특히 정점의 수가 많은 경우에 사용한다. 아래는 정규화된 연결개수 중심도이다.

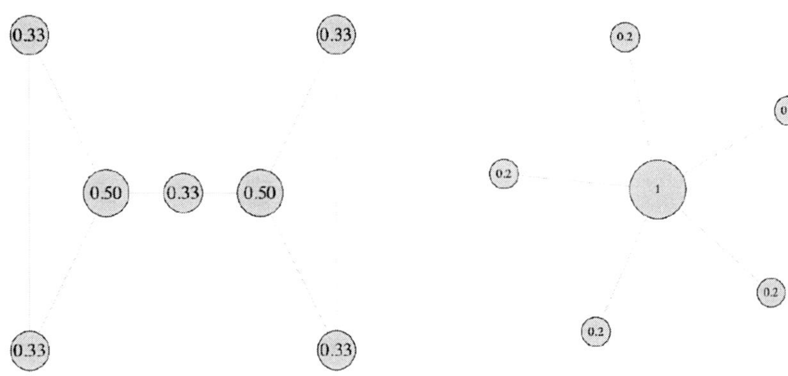

$$C_{\deg}(k) = \frac{d(k)}{n-1},\ n=7$$

$$\frac{2}{6} = 0.33, \frac{3}{6} = 0.5$$

$$n = 6$$

$$\frac{5}{5} = 1, \frac{1}{5} = 0.2$$

그림 12-3 정규화된 연결선 개수 중심도

1.2 근접 중심도 Closeness Centrality

근접 중심도는 어느 특정 actor가 다음 actor 들과의 거리 distance 가 가까우면 closeness 그 만큼 다른 actor 들과 소통과 상호활동 interaction이 쉽고 활발할 것이다라는 기본적인 관점을 가지고 있다. 여기서 사용하는 거리 $d(k,j)$는 다음과 같이 정의한다. 두 actor간의 거리 $d(k,j)$는 actor k와 actor j간의 거리로서 두 actor 간의 가장 짧은 경로에 있는 연결선의 수이다.

• Undirected 그래프: 한 사회단체의 총 actor 의 수를 n이라고 한다면 actor k의 근접 중심도 $C_{clo}(k)$는 다음과 같이 정의한다.

$$C_{clo}(k) = \frac{n-1}{\sum_{j=1}^{n} d(k,j)}$$

이 척도는 범위가 (0, 1)이고 분모의 최소값은 $n-1$ 이다.

• Directed 그래프: 근접 중심도의 공식은 같으나, 거리를 계산할 때 방향성을 고려한다. 다음 절에서 프로그램으로 undirected와 directed 네트워크에서의 근접 중심도를 계산한다.

근접 중심도는 서로 연결이 되어 있는 그래프에서만 의미가 있다.

예제 12-1

아래 네트워크에서 근접 중심도를 계산해 보자.

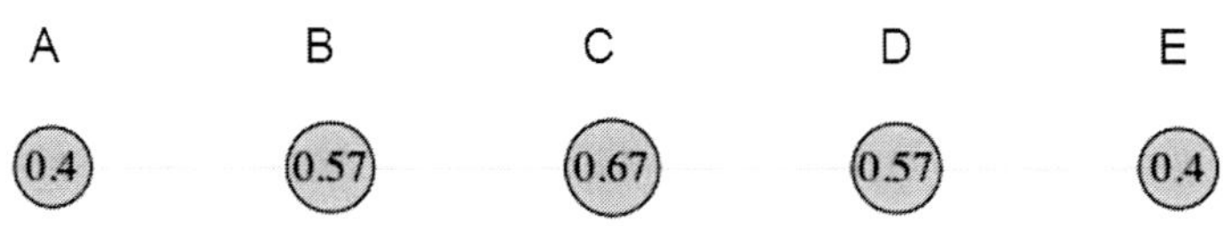

$$d(A,B)=1,\ d(A,C)=2,\ d(A,D)=3,\ d(A,E)=4$$

$$C_{do}(A) = \frac{n-1}{\sum_{j=1}^{n} d(k,j)} = \frac{5-1}{1+2+3+4} = \frac{4}{10} = 0.4$$

$$d(C,A)=2,\ d(C,B)=1,\ d(C,D)=1,\ d(C,E)=2$$

$$C_{do}(C)=\frac{n-1}{\sum_{j=1}^{n}d(k,j)}=\frac{5-1}{2+1+1+2}=\frac{4}{6}=0.66$$

1.3 매개 중심도 Betweenness Centrality

바로 옆에 있지 않은 non-adjacent 두 actor i와 j 사이에 경로 path 에 actor k 가 있다고 가정하자. 이러할 때, actor k는 두 actor i와 j의 상호활동을 관리 control 한다. 매개도 betweenness 라 함은 이러한 관리를 측정한다. 만일 actor k가 많은 actor 들의 상호활동을 관리하는 근접도가 높다함은 그만큼 이 사회단체에서 중요한 actor 이다.

- Undirected 그래프: 바로 옆에 있지 않은 non-adjacent 두 actor i와 j 사이에 최단 경로 shortest path 는 여러 개가 있을 수 있다. 그 중에서 actor k를 통과하는 경로가 있을 수 있고, 통과하지 않는 경로도 있을 수 있다. 바로 옆에 있지 않은 non-adjacent 두 actor i와 j 사이에 최단 경로의 개수를 $path(i,j)$라 하고, 이 최단 경로 중에서 actor k를 통과하는 경로의 개수를 $path_k(i,j)$라고 한다. 그러면 actor k의 매개 중심도는

$$C_{bet}(k)=\sum_{i<j}\frac{path_k(i,j)}{path(i,j)}$$

이다. 이 매개 중심도는 최소값이 0이고 최대값은 $\frac{1}{2}(n-1)(n-2)$이다. 최소값이 0인 경우는 actor k가 어느 최단 경로에 속하지 않을 경우이고, 최대값인 경우는 actor k를 제외한 모든 actor 쌍을 뽑는 경우이다. 즉 모든 actor 들의 최단 경로에 actor k가 있는 경우, actor k를 제외한 $(n-1)$ actor 중에서 임의로 두 사람의 actor를 뽑는 조합의 수 $\binom{n-1}{2}=\frac{(n-1)(n-2)}{2}$이다.

예제 12-2

아래와 같은 네트워크가 있다고 하자. 각 정점의 원 안에 있는 숫자는 그 정점의 매개 중심도이다. 구하는 방법은 아래 설명과 같다.

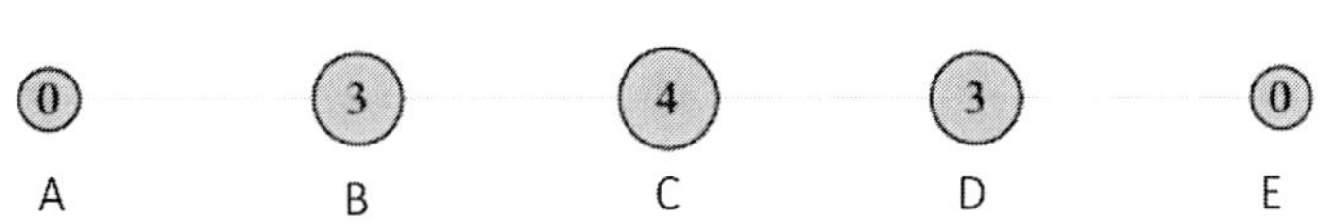

A는 어느 경로의 중간이 위치하지 않는다.

B는 세 개의 경로의 중간에 위치한다: (A, C), (A, D), (A, E).

C는 네 개의 경로의 중간에 위치한다. (A, D), (A, E), (B, D), (B, E).

D는 세 개의 경로의 중간에 위치한다: (A, E), (B, E), (C, E).

E는 어느 경로의 중간이 위치하지 않는다.

예제 12-3

아래와 같은 네트워크 그래프가 있다. 매개 중심도를 구하여 보자.

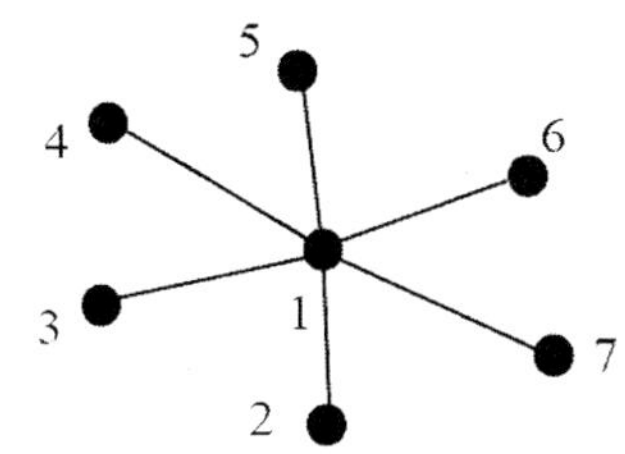

$$C_{bet}(1)=\sum_{i<j}\frac{path_1(i,j)}{path(i,j)}=\frac{path_1(2,3)}{path(2,3)}+\frac{path_1(2,4)}{path(2,4)}+\cdots+\frac{path_1(6,7)}{path(6,7)}$$

$$=1+1+\cdots+1=15$$

그리고 $C_{bet}(2)=C_{bet}(3)=\cdots=C_{bet}(7)=0$이다. 만일 위 연결개수 중심도나 근접중심도와 같이 척도의 범위를 (0, 1)로 같이 사용하기를 원하면 매개 중심도를 $\frac{1}{2}(n-1)(n-2)$로 나누어 표준 매개 중심도 $\widehat{C_{bet}}(k)$를 구하여 사용할 수 있다.

$$\widehat{C_{bet}}(k)=\sum_{i<j}\frac{path_k(i,j)}{path(i,j)}/\frac{(n-1)(n-2)}{2}$$

매개 중심도는 근접 중심도와 달리 그래프가 서로 연결되지 않아도 의미가 있다.

- Directed 그래프: 방향이 있는 그래프도 매개 중심도를 계산하기 위해서 같은 공식을 사용하나, 방향성이 있기 때문에 각 항목을 계산하는 방법이 달라야 한다. 즉 방향이 있는 그래프에서는 actor i에서 actor j로 가는 경로와 actor j에서 actor i로 가는 경로가 서로 다르기 때문에 방향성을 고려하여 계산하여야 한다. 또한 같은 이유로 표준화 매개 중심도를 계산할 경우에도 $\frac{1}{2}(n-1)(n-2)$대신에 $(n-1)(n-2)$로 나누어 주어야 한다.

1.4 고유벡터 중심도 Eigenvector Centrality

연결선의 개수로만 중심도를 측정하는 연결개수 중심도에 의하면 아는 사람이 많으면 사회단체에서 중요한 사람인가 하는 의문을 제기한다. 그 사람이 속해 있는 단체가 다른 단체와 동떨어진 isolated 되었거나 아는 사람이 중요한 위치에 있지 않으면 연결선이 많다고 해서 주요한 인물 되는 것이 아니다. 아래 [그림 12-4]를 참고해 보자.

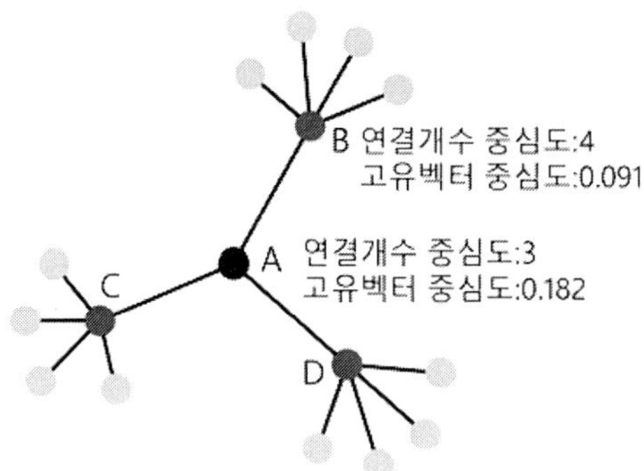

그림 12-4 연결개수 중심도와 고유벡터 중심도

정점 B, C와 D는 연결선 개수가 4개로 정점 A의 3개 보다 많아서 연결개수 중심도 degree centrality 에는 앞서지만 그 들이 속해 있는 네트워크는 다른 네크워크들에서 고립되어 isolated 있다. 그러므로 연결개수 중심도가 정확하게 네트워크 내에서의 중요도를 나타낸다고 볼 수 없다. 즉, 일반인을 많이 알기보다는 중요한 사람과 관계가 많아야 본인도 중요한 사람이 되는 것이다. 이러한 면을 반영해 줄 수 있는, 즉 연결개수 중심도 degree centrality를 보완해 주는 중심도가 필요한데 고유벡터 중심도 eigenvector centrality가 이런 부분을 보완해 준다.

우리의 문제로 다시 돌아가 보자. 우리의 목적은 네트워크 내의 각 정점 vertex 들의 중요도를 측정하고자 한다. 중요도는 비교하기 좋게 실수 real number 이면서 양수이어야 비교하기가 수월하다. 그러면 우리는 무엇을 가지고 있는가? 각 정점들의 관계를 나타내 주는 근접행렬 adjacent matrix를 가지고 있다. 근접행렬을 만드는 방법은 아래 예제에서 설명한다. 특히 undirected 그래프의 근접행렬은 정방행렬 square matrix 이며 대칭행렬 symmetric matrix 이다. 우리가 1장에서 공부하였듯이 정방대칭행렬은 항상 고유값 분해가 가능하며 고유값과 고유벡터가 실수이다. 또 하나의 강한 이론은 Perron-Frobenius 정리이다.

- Perron-Frobenius 정리

Directed 나 undirected 그래프의 근접행렬의 원소가 모두 양수이면, 이 행렬의 가장 큰 고유값은 양의 실수 positive real number 이며, 다른 어떤 고유값도 이 고유값보다 작다 strictly smaller. 또한 이에 대응하는 고유벡터의 모든 원소들은 양수이다.

그래서 고유벡터 중심도의 기본 개념은 근접행렬의 고유값 분해에서 가장 큰 고유값에 대응하는 고유벡터의 원소들 중에서 가장 큰 값에 해당하는 정점이 고유벡터 중심도가 가장 높다.

예제 12-4

아래와 같은 네트워크가 있다고 하자.

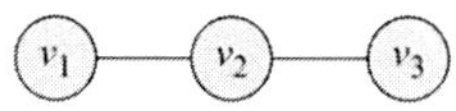

이 네트워크를 행렬로 표시하면 다음과 같다. 이러한 행렬을 근접행렬이라고 하는데 다음 절에 만드는 방법을 자세히 프로그램 하였다.

$$A=\begin{bmatrix}0&1&0\\1&0&1\\0&1&0\end{bmatrix}$$

다음은 1장에서 배웠던 바와 같이 근접행렬 A를 고유값 분해를 한다. 그러면 식 $Ax=\lambda x$ 이나

$$\det(A-\lambda I)=0$$

를 풀면 된다.

$$\begin{vmatrix}-\lambda&1&0\\1&-\lambda&1\\0&1&-\lambda\end{vmatrix}=0$$

이 식을 풀어서 쓰면,

$$(-\lambda)(\lambda^2-1)-1(-\lambda)=(-\lambda)(\lambda^2-2)=\lambda(2-\lambda^2)=0$$

이 때 구해지는 두 개의 고유값은 $\{+\sqrt{2},-\sqrt{2}\}$ 이다. 고유값 $+\sqrt{2}$ 이 더 크므로, 이에 해당하는 고유벡터는

$$\begin{bmatrix}-\sqrt{2}&1&0\\1&-\sqrt{2}&1\\0&1&-\sqrt{2}\end{bmatrix}\begin{bmatrix}v_1\\v_2\\v_3\end{bmatrix}=0$$

의 해로

$$x = \begin{bmatrix} 1/2 \\ 1/\sqrt{2} \\ 1/2 \end{bmatrix}$$

이다. 고유벡터 x의 원소들은 모두 양의 실수로, 위에서 설명하였듯이 세 정점의 고유벡터 중심도다. 이 고유벡터의 원소 중에서 가장 큰 값이 $1/\sqrt{2}$이고 이 값은 v_2에 대응되므로 두 번째 정점 v_2가 가장 중심도가 높다.

예제 12-5

아래와 같은 네트워크가 있다고 하자.

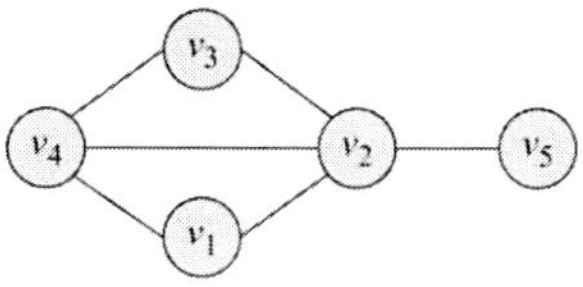

이 네트워크의 근접행렬은 다음과 같다.

$$A = \begin{bmatrix} 0 & 1 & 0 & 1 & 0 \\ 1 & 0 & 1 & 1 & 1 \\ 0 & 1 & 0 & 1 & 0 \\ 1 & 1 & 1 & 0 & 0 \\ 0 & 1 & 0 & 0 & 0 \end{bmatrix}$$

이 행렬 A의 고유값은 e=(−1.74, −1.27, 0.00,+0.33,+2.68)이다. 여기서 고유값에 음수가 나왔는데, 그 이유는 근접행렬의 원소에 0이 있기 때문이다. 가장 큰 고유값이 2.68이고, 이에 대응하는 고유벡터는

$$x = \begin{bmatrix} 0.4119 \\ 0.5825 \\ 0.4119 \\ 0.5237 \\ 0.2169 \end{bmatrix}$$

이다. 원소들의 크기를 비교해보면, 0.5825가 가장 크다. 그러므로 정점 v_2가 가장 고유벡터 중심도가 높다.

1.5 Page-rank 중심도 Page-rank Centrality

고유벡터 중심도는 degree 중심도의 단점을 보완해 준다. 그러나 고유벡터 중심도도 약점이 있다. 네트워크가 out-link만 있는 경우에 근접행렬의 고유벡터의 요소에 0이 있을 수 있다. 즉, 네트워크가 순환하지 않고 acyclic, 밖으로 나가는 out-link 만 있는 경우에는 네트워크에 연결선이 있음에도 불구하고 고유벡터 중심도가 0이 되는 경우가 있다. 이

러한 경우를 보정한 중심도가 Katz 중심도이다. 고유벡터 구하는 식에 보정값을 넣어서 중심도를 계산한다. 그렇게 하면 연결선이 있음에도 중심도가 0이 되는 경우를 막아 준다. 그러나 이 Katz 중심도도 약점이 있는데, directed 네트워크에서 어느 정점이 큰 중심도를 갖는다면, 이 정점에서 나가는 연결선, 즉 out-link는 이 정점이 가지고 있는 큰 중심도를 다른 정점에 고스란히 전달한다. 이는 바람직한 현상이 아니다. 즉. 중요한 사람이 만나는 사람이 모두 중요하지는 않기 때문이다. 이 문제는 전달되는 중심도를 out-link의 수로 나누어 주는 방법을 해결하였다. 이 방법은 구글에서 웹 페이지를 찾는데 사용한 알고리즘으로 유명한데, Page-rank의 Page는 웹 페이지의 페이지가 아니라 구글의 창업자 중의 하나인 Larry Page의 이름를 따랐다고 한다.

Page-rank 중심도에서 사용되는 정점의 중심도는 다음과 같이 구해진다.

$$C_{page} = \beta(I - \alpha A^T D^{-1})^{-1} \cdot 1$$

이고, 여기서 $\{\alpha,\beta\}$는 상수이며 보정값이다. 여기서 A는 근접행렬이고

$$D = \begin{bmatrix} d_1^{out} & 0 & \cdots & 0 \\ 0 & d_2^{out} & \cdots & 0 \\ \vdots & \vdots & \ddots & 0 \\ 0 & 0 & \ldots & d_n^{out} \end{bmatrix}$$

이고, d_i^{out}은 정점 i에서 나가는 연결선 out-link의 개수이다. 이 식에서 구해지는 중심도를 Page-rank 중심도라고 한다. 보정값은 일반적으로 $\alpha <$ (가장큰고유값)$^{-1}$이고 β는 1보다 작은 수로 정한다. 이 복잡한 수식을 직접 프로그램하는 일은 없을 듯하다. R의 *igraph* 패키지의 *page.rank()* 함수에서 계산한다. 아래 4절에 R프로그램이 있다.

예제 12-6

아래와 같은 네트워크가 있다고 하자.

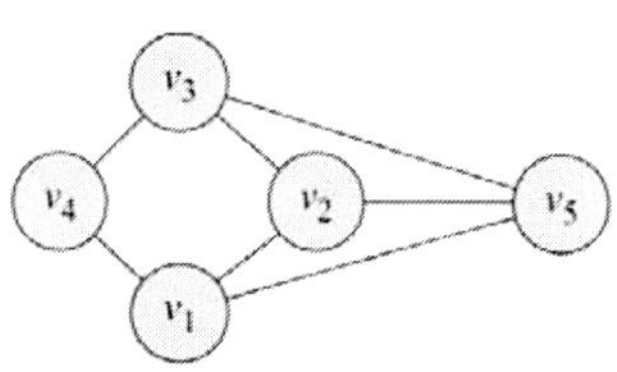

이 네트워크의 근접행렬은 다음과 같다.

$$A=\begin{bmatrix} 0 & 1 & 0 & 1 & 1 \\ 1 & 0 & 1 & 0 & 1 \\ 0 & 1 & 0 & 1 & 1 \\ 1 & 0 & 1 & 0 & 0 \\ 1 & 1 & 1 & 0 & 0 \end{bmatrix}$$

여기서 α = 0.95 < 1로 β = 0.1로 가정하자. 이 때 Page-rank 중심도는 아래와 같다.

$$C_{page}=\beta(I-\alpha A^{T}D^{-1})^{-1} \bullet 1=\begin{bmatrix} 2.14 \\ 2.13 \\ 2.14 \\ 1.45 \\ 2.13 \end{bmatrix}$$

그러므로 정점 v_1과 v_3의 Page-rank 중심도가 가장 높다.

2. 네트워크 그래프와 igraph

이 절에서는 사회 네트워크를 R 패키지인 *igraph* 를 이용하여 방향성이 있는 directed network 와 방향성이 없는 undirected network 를 만드는 방법을 소개하고, 텍스트 마이닝에서 사용하는 단어문서행렬 term-document matrix를 이용하여 세 가지 중심도 - 연결개수 중심도, 근접 중심도, 그리고 매개 중심도 - 를 구하는 프로그램을 소개한다. 또한 복잡한 네트워크를 보기 좋게 그리는 방법도 소개한다.

먼저 *igraph* 패키지를 R에 불러들인다.

```
> install.packages("igraph")
> library("igraph")
```

2.1 네트워크 만들기

먼저 네트워크와 그래프의 용어부터 알아보도록 하자.

- 정점 node/vertex 와 연결선 edge/link

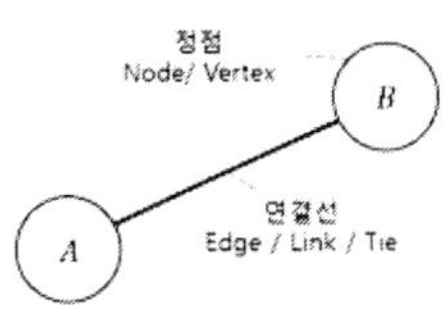

그림 12-5 정점과 연결선

- 네트워크의 행렬 표현 matrix representation

$$P = \begin{pmatrix} 0 & 1 & 0 & 1 \\ 0 & 0 & 1 & 0 \\ 1 & 0 & 0 & 0 \\ 0 & 1 & 0 & 0 \end{pmatrix}$$

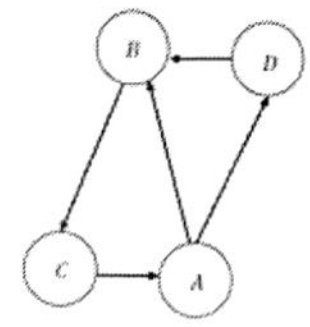

그림 12-6 근접행렬과 네트워크

- 연결선으로 네트워크 표현 edge list representation

연결선들은 열이 두 개인 행렬로 나타낼 수 있다.

$$E = \begin{bmatrix} A & B \\ A & D \\ B & C \\ C & A \\ D & B \end{bmatrix}$$

```
> E <- rbind(c("A","B"), c("A","D"), c("B","C"), c("C","A"),c("D","B"))
> E
     [,1] [,2]
[1,] "A"  "B"
[2,] "A"  "D"
[3,] "B"  "C"
[4,] "C"  "A"
[5,] "D"  "B"
```

이번에는 네트워크를 만들어 보자.

첫 번째는 정점 node 가 3개 {1, 2, 3}이고 연결선 link 또는 edge가 3개 인 방향성이 없는 undirected network를 만든다.

```
> g1 <- graph( edges=c(1,2, 2,3, 3, 1), n=3, directed=F )
> plot(g1)
```

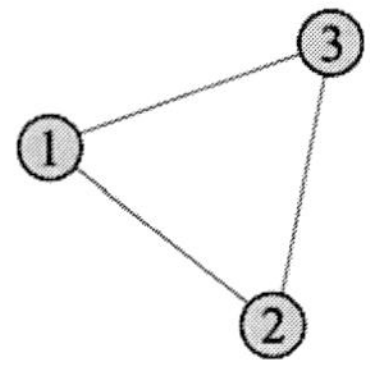

그림 12-7 방향성이 없는 네트워크 g1

위 *graph()* 함수 안에서 연결선은 1에서부터 시작해서 3까지 1--2 2--3 1--3 순서대로 연결하라는 뜻이고, *n=3*은 정점 즉 actor가 3이라는 뜻이다. 또 *directed = F*는 방향성이 없는 undirected 네트워크를 그리라는 뜻이다. *Graph()* 함수의 결과를 g1에 저장하였는데 어떤 성질의 자료인지 알아 보자. *V(g1)*과 *E(g1)* 은 정점 vertex 와 연결선 edge를 나타낸다.

```
> class(g1)
[1] "igraph"
> g1
IGRAPH U--- 3 3 --
+ edges:
[1] 1--2 2--3 1--3
> V(g1);E(g1)
+ 3/3 vertices:
[1] 1 2 3
+ 3/3 edges:
[1] 1--2 2--3 1--3
```

Igraph 형태의 자료이고, 정점의 수와 연결선 edge 의 순서가 나와 있다. 다음은 정점의 수를 5로 증가하고, edge의 수는 그대로 3개로 하면서 방향성이 있는 directed 네트워크를 만들어 보자.

```
> g2 <- graph( edges=c(1,2, 2,3, 3, 1), n=5, directed=T )
> plot(g2)
```

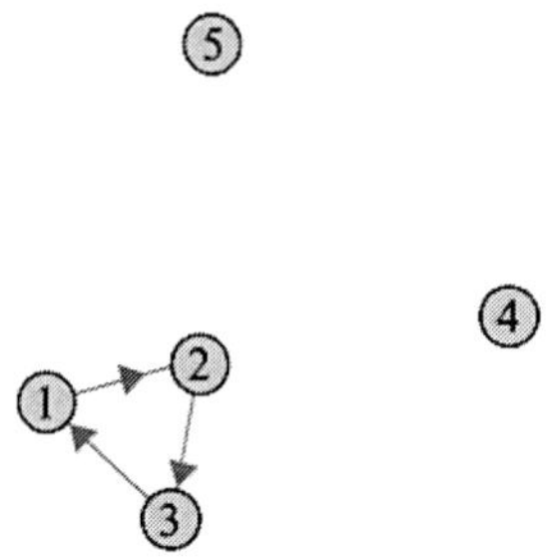

그림 12-8 방향성이 있는 네트워크 g2

```
> V(g2);E(g2)
+ 5/5 vertices:
[1] 1 2 3 4 5
+ 3/3 edges:
[1] 1->2 2->3 3->1
```

그림에서 보는 바와 같이 정점은 5개이나 연결선은 3개이다.

다음 예를 보면 *graph()* 함수에서 연결선이 어떤 순서와 방법으로 이어지는 알 수 있다. 즉 *graph()* 함수 안에 *c("A", "B", "C", "C", "B", "D")* 인 문서 벡터를 입력하면 연결선은 A->B C->C B->D 순으로 만들어 진다. 간단히 *plot()*을 사용하여도 되나 네트워크의 보기 좋게 하는 많은 선택사항이 있다.

```
> g3 <- graph( c("A", "B", "C", "C", "B", "D"))
>plot(g3,edge.arrow.size=.5,vertex.color="gold",vertex.size=15,vertex.frame.color
="gray",vertex.label.color="black",vertex.label.cex=0.8,vertex.label.dist=2,edge.cu
rved=0.2)
> g3
IGRAPH DN-- 4 3 --
+ attr: name (v/c)
+ edges (vertex names):
[1] A->B C->C B->D
> V(g3);E(g3)
+ 4/4 vertices, named:
[1] A B C D
```

```
+ 3/3 edges (vertex names):
[1] A->B C->C B->D
```

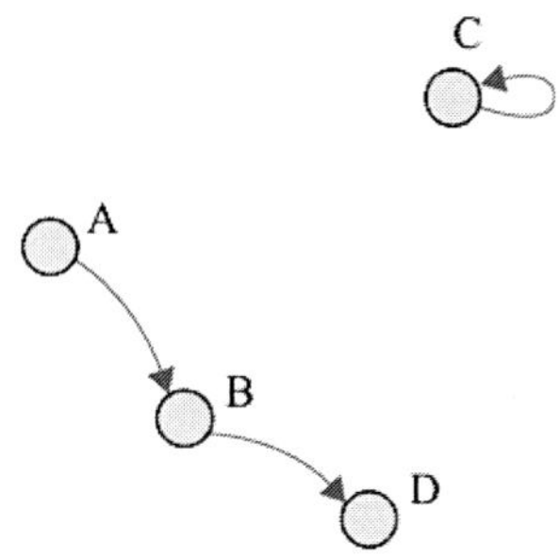

그림 12-9 방향성이 있는 네트워크 g3

함수 *graph()* 의 선택사항 중에서 *directed =T* 로 방향성이 있는 directed 네트워크 그래프를 만들고, *directed = F* 로 방향성이 없는 undirected 네트워크 그래프를 만들었다. 이번에는 방향성이 있는 네트워크와 방향성이 없는 네트워크를 만드는 또 다른 방법을 소개한다. 우선 두 가지의 undirected 네트워크 *g4* 와 *g5* 를 만드는 방법은 아래와 같다.

```
> g4 <- graph.formula( Alice-Bob-Jim-Cecil-Alice, Dan-Cecil-Eugene, Cecil-Gordon)
> plot(g4)
```

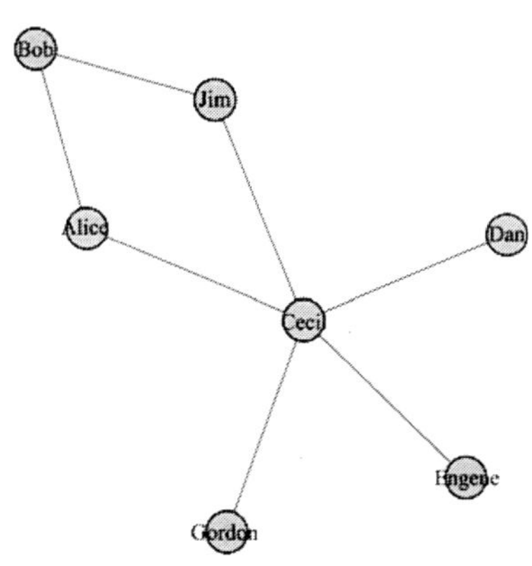

그림 12-10 방향성이 없는 네트워크 g4

```
> g5 <- graph.formula( Alice-Bob:Cecil:Daniel, Cecil:Daniel-Eugene:Gordon )
> plot(g5)
```

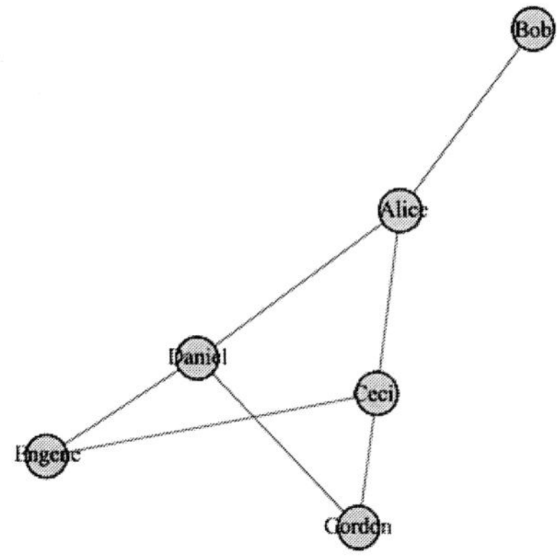

그림 12-11 방향성이 없는 네트워크 g5

다음은 방향성이 있는 directed 네트워크를 만들어 보자.

```
> g6 <- graph.formula( Alice +-+ Bob --+ Cecil +-- Daniel, Eugene --+ Gordon
: Helen, Daniel +-+ Bob : Gordon : Helen)
> plot(g6)
```

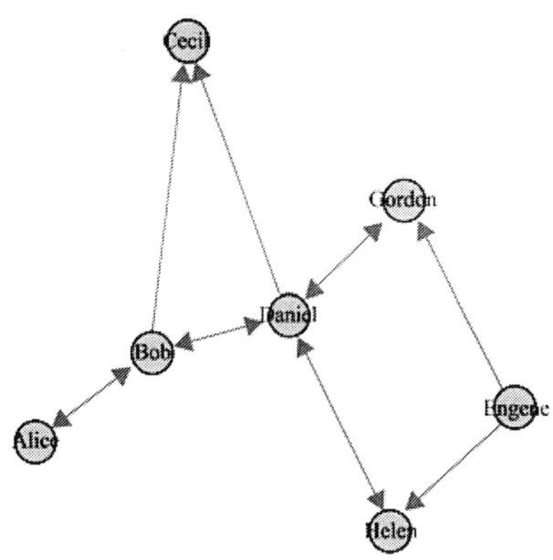

그림 12-12 방향성이 있는 네트워크 g6

연결선 link 가 없는 정점이 있는 네트워크를 만들 수 있다.

```
> g7 <- graph.formula( Alice, Bob --+ Cecil +-- Daniel, Eugene --+ Gordon :
Helen, Daniel +-+ Bob : Gordon : Helen)
> plot(g7)
```

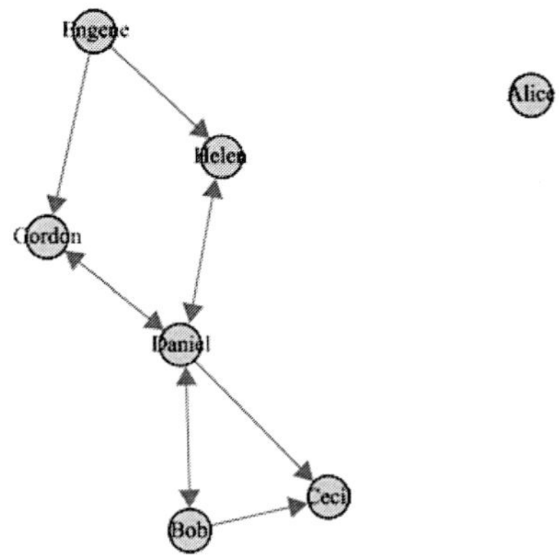

그림 12-13 방향성이 있는 네트워크 g7

또 아주 긴 연결선을 만들 수 있다.

```
> g8 <- graph.formula( Kim +---------+ Jim )
> plot(g8)
```

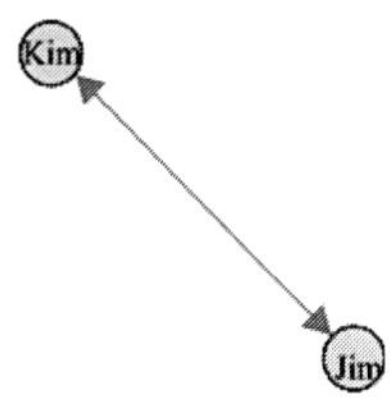

그림 12-14 방향성이 있는 네트워크 g8

3. 근접행렬 Adjacent Matrix

그래프 이론에서 adjacent matrix는 근접행렬 또는 인접행렬이라고 한다. 근접행렬은 정방행렬 square matrix이며 네트워크의 정점들 사이에 연결선 link/edge 가 있는가 없는가를 나타내는 행렬이다. 간단한 네트워크 그래프에서는 근접행렬의 모든 원소가 0-1로 되어 있고, 또 대각행렬의 원소는 모두 0이다. 이 간단한 그래프 중에서 방향성이 없는 그래프 undirected graph 의 근접행렬은 대칭행렬 symmetric matrix 이다.

간단한 네트워크 그래프 simple graph 에 대응되는 그래프가 다중 그래프 multigraph 이다. 이 다중그래프에는 연결선이 반복되는 회수 loops 를 표시하고 있으며, 한 정점에서 같은 정정으로의 연결선도 인정을 하며 반복도 표시를 한다. 그러므로 다중 그래프의 근접행렬은 0-1 뿐만이 아니라 어느 정수 integer 도 가능하며 행렬의 대각선의 원소도 0이 아닐 수 있다.

예로 위에서 만든 네트워크 그래프 중에서 [그림 12-10]에 그려진 *g4*의 adjacent matrix를 구해보자.

```
> g4
IGRAPH UN-- 7 7 --
+ attr: name (v/c)
+ edges (vertex names):
[1] Alice--Bob     Alice--Cecil   Bob   --Jim     Jim   --Cecil   Cecil--Dan
Cecil--Eugene  Cecil--Gordon
```

네트워크 *g4*에 대한 igraph 프로그램의 결과는 *UN*은 undirected graph이며 각 정점들의 이름이 붙여졌다는 뜻이고, 정점이 7개이고 연결선이 7개 있다는 뜻이다. 그 아래에 연결선 edge 에 대한 구체적인 설명이 있다. 이 연결선을 adjacent matrix로 표현하면 다음과 같다.

```
> a4 <- as_adjacency_matrix(g4, sparse = FALSE)
> a4
        Alice  Bob  Jim  Cecil  Dan  Eugene  Gordon
Alice     0     1    0     1     0     0       0
Bob       1     0    1     0     0     0       0
Jim       0     1    0     1     0     0       0
Cecil     1     0    1     0     1     1       1

Dan       0     0    0     1     0     0       0
Eugene    0     0    0     1     0     0       0
Gordon    0     0    0     1     0     0       0
```

그래프 *g4* 를 7개의 연결선들로 표시할 수도 있다.

```
> e4 <- as_edgelist(g4)
> e4

       [,1]      [,2]
[1,]  "Alice"   "Bob"
[2,]  "Alice"   "Cecil"
[3,]  "Bob"     "Jim"
[4,]  "Jim"     "Cecil"
```

```
[6,]   "Cecil"   "Eugene"
[7,]   "Cecil"   "Gordon"
```

근접 행렬 *a4* 이나 연결선 정보 *e4* 를 이용하여 네트워크 그래프를 복구할 수 있다. 여기서 복구한 그래프 *g* 와 기존 그래프 *g4* 를 비교하면 동일함을 알 수 있다.

```
> g <- graph_from_adjacency_matrix(a4)
> g <- graph_from_edgelist(e4, directed=FALSE)
```

이번에는 앞 절의 [그림 12-12]에 그려진 *g6* 에 대한 정보와 이를 토대로 *g6* 의 근접 행렬을 구하여 보자.

```
> g6
IGRAPH DN-- 7 12 --
+ attr: name (v/c)
+ edges (vertex names):
 [1] Alice ->Bob      Bob    ->Alice   Bob    ->Cecil   Bob    ->Daniel
Daniel->Bob     Daniel->Cecil  Daniel->Gordon Daniel->Helen
 [9] Eugene->Gordon Eugene->Helen  Gordon->Daniel Helen -Daniel
```

그래프 *g6* 에 대한 정보는 먼저 directed 그래프이면서 정점들에 이름이 있고, 총 정정의 수는 7개이며 방향성이 있는 연결선의 수는 12개이다. 그 다음에 각각의 연결선을 구체적 설명하였다. 이를 근접행렬로 표시한다.

```
> a6 <- as_adjacency_matrix(g6, sparse = FALSE)
> a6

        Alice  Bob  Cecil  Daniel  Eugene  Gordon  Helen
  Alice     0    1      0       0       0       0      0
   Bob      1    0      1       1       0       0      0
  Cecil     0    0      0       0       0       0      0
 Daniel     0    1      1       0       0       1      1
 Eugene     0    0      0       0       0       1      1
 Gordon     0    0      0       1       0       0      0
 Helen      0    0      0       1       0       0      0
```

그래프 *g6* 를 12개의 방향이 있는 연결선들로 표시하면 아래와 같다.

```
> e6 <- as_edgelist(g6)
> e6
       [,1]      [,2]
 [1,]  "Alice"   "Bob"
 [2,]  "Bob"     "Alice"
 [3,]  "Bob"     "Cecil"
 [4,]  "Bob"     "Daniel"

 [5,]  "Daniel"  "Bob"
 [6,]  "Daniel"  "Cecil"
 [7,]  "Daniel"  "Gordon"
 [8,]  "Daniel"  "Helen"
 [9,]  "Eugene"  "Gordon"
[10,]  "Eugene"  "Helen"
[11,]  "Gordon"  "Daniel"
[12,]  "Helen"   "Daniel"
```

마찬가지고 근접 행렬 *a6* 이나 연결선 정보 *e6* 를 이용하여 네트워크 그래프를 복구할 수 있다. 여기서 복구한 그래프 *g* 와 기존 그래프 *g4* 를 비교하면 동일함을 알 수 있다.

```
> g <- graph_from_adjacency_matrix(a6)
> g <- graph_from_edgelist(e6, directed=TRUE)
```

4. igraph를 이용한 중심도 계산

위에서 소개한 다섯 가지 중심도 - 연결개수 중심도, 근접 중심도, 매개 중심도, 고유벡터 중심도, Page-rank 중심도 - 를 R 프로그램을 이용하여 구한다. 이 중 연결개수 중심도, 근접 중심도, 매개 중심도는 undirected와 directed 네트워크에 따라서 구하는 방법에 차이가 있다. 먼저 2.1절에서 구한 undirected 네트워크인 *g4* 를 이용하여 다섯 가지 중심도를 구하여 보자.

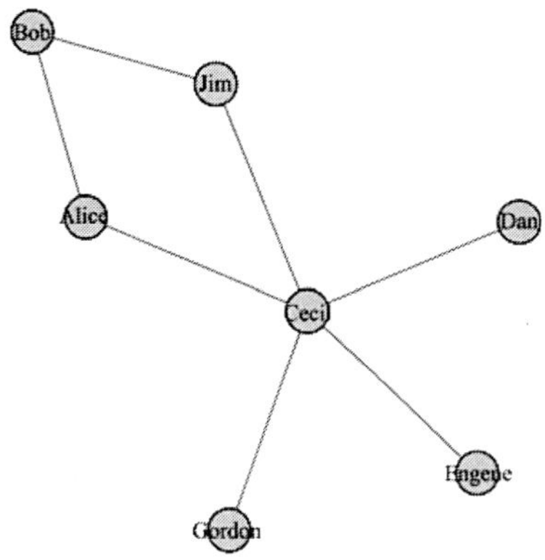

그림 12-15 방향성이 없는 네트워크 g4

- 연결개수 중심도 degree centrality

```
> degree(g4)
 Alice    Bob    Jim   Cecil    Dan   Eugene  Gordon
   2       2      2      5       1       1       1
```

- 근접 중심도 closeness centrality

```
> closeness(g4)
     Alice        Bob        Jim      Cecil        Dan     Eugene     Gordon
0.10000000 0.07692308 0.10000000 0.14285714 0.08333333 0.08333333 0.08333333
```

- 매개 중심도 betweenness centrality

```
> betweenness(g4)
 Alice    Bob    Jim   Cecil    Dan   Eugene  Gordon
  2.0     0.5    2.0   12.5     0.0    0.0     0.0
```

- 고유벡터 중심도 eigenvector centrality

```
> eigen_centrality(g4)
$vector
    Alice       Bob       Jim     Cecil       Dan    Eugene    Gordon
0.6123724 0.5000000 0.6123724 1.0000000 0.4082483 0.4082483 0.4082483
```

- Page-rank 중심도 Page-rank centrality

```
> page_rank(g4)
$vector
    Alice       Bob       Jim     Cecil       Dan    Eugene    Gordon
0.1390861 0.1396518 0.1390861 0.3429737 0.0797341 0.0797341 0.0797341
```

다음은 2.1절에서 구한 방향성이 있는 네트워크인 *g6* 를 이용하여 다섯 가지 중심도를 계산하여 보자. 방향성이 있기 때문에 하나의 정점 vertex 에서 나가는 연결선 out-link 와 들어오는 연결선 in-link 를 구별하여 계산하거나 두 개의 연결선을 합쳐서 계산하는 방법이 있다. 네트워크 g6를 보면서 화살표의 방향을 확인하면서 각 중심도를 계산하여 보자.

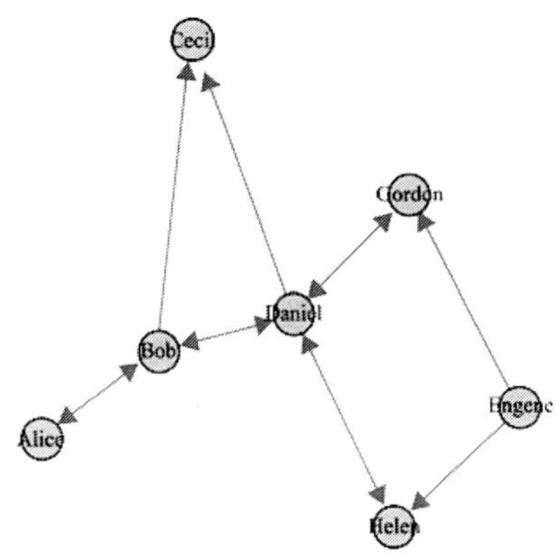

그림 12-16 방향성이 있는 네트워크 g6

- 연결개수 중심도 degree centrality

```
> # in-link
> degree(g6, mode="in")
  Alice    Bob   Cecil  Daniel  Eugene  Gordon  Helen
      1      2       2       3       0       2      2

> # out-link
> degree(g6, mode="out")
  Alice    Bob   Cecil  Daniel  Eugene  Gordon  Helen
      1      3       0       4       2       1      1

> # in-link + out-link -> all
```

```
> degree(g6, mode="all")
  Alice    Bob    Cecil   Daniel  Eugene  Gordon   Helen
    2       5       2       7       2       3        3
```

• 근접 중심도 closeness centrality

```
> # in-link
> closeness(g6, mode="in")
     Alice        Bob      Cecil     Daniel     Eugene     Gordon      Helen
0.05000000 0.06250000 0.09090909 0.07142857 0.02380952 0.06250000 0.06250000

> # out-link

> closeness(g6, mode="out")
     Alice        Bob      Cecil     Daniel     Eugene     Gordon      Helen
0.05555556 0.07142857 0.02380952 0.07692308 0.07142857 0.05882353 0.05882353

> # in-link + out-link -> all
> closeness(g6, mode="all")
     Alice        Bob      Cecil     Daniel     Eugene     Gordon      Helen
0.06666667 0.10000000 0.09090909 0.12500000 0.07142857 0.09090909 0.09090909
```

• 매개 중심도 betweenness centrality

```
> # directed network
> betweenness(g6, directed=T)
  Alice    Bob   Cecil  Daniel  Eugene  Gordon   Helen
    0       8      0      15      0       2        2

> # undirected network
> betweenness(g6, directed=F)
  Alice    Bob   Cecil  Daniel  Eugene  Gordon   Helen
   0.0     5.0    0.0    9.8     0.2     2.0      2.0
```

• 고유벡터 중심도 eigenvector centrality

```
> eigen_centrality(g6)
$vector
    Alice       Bob     Cecil    Daniel    Eugene    Gordon     Helen
0.3690188 0.7640638 0.4259937 1.0000000 0.2640552 0.5467337 0.5467337
```

• Page-rank 중심도 Page-rank centrality

```
> page_rank(g6)
$vector
     Alice        Bob      Cecil     Daniel     Eugene     Gordon      Helen
0.09119415 0.18029173 0.15385936 0.29489510 0.04011149 0.11982409 0.11982409
```

Page-rank 중심도만 하나의 예제 프로그램으로 다루어 보자.

```
> library(igraph)
> library(dplyr)
> library(printr)
> set.seed(1)
> rand.g <- random.graph.game(n = 10, p.or.m = 1/4, directed = TRUE)
> plot(rand.g)
```

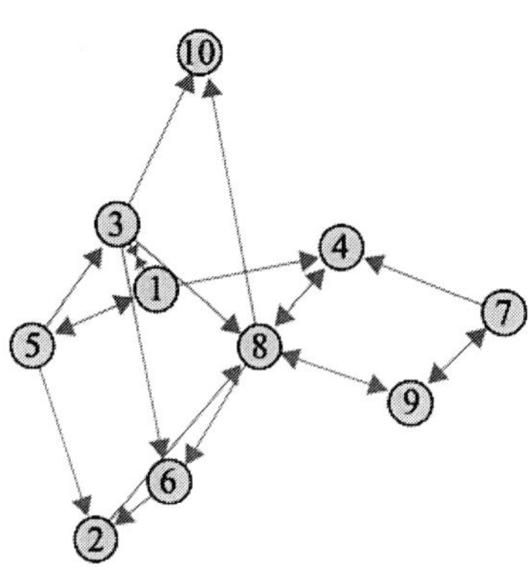

그림 12-17 방향성이 있는 네트워크 rand.g

```
> page.rank <- page.rank(rand.g)$vector
> page.df <- data.frame(Object = 1:10, PageRank = page.rank)
> arrange(page.df, desc(PageRank))
   Object   PageRank
1       8 0.27898963
2       4 0.12389288
3       9 0.11197155
4       2 0.11041121
5       6 0.09152854
6      10 0.09152854
7       7 0.07036784
8       3 0.04453327
9       1 0.04207527
10      5 0.03470125
```

위 [그림 12-17]의 네트워크에서 보는 바와 같이 정점 8의 중요도가 가장 높고, 이와 일치하게 정점 8의 Page-rank 중심도가 가장 크다. Page-rank 중심도의 이론적 해석은 위 1.5절에 설명되어 있다.

5. 네트워크의 시각화

네트워크를 시각화 visualization 하는 방법은 여러 가지가 있고, 매우 화려하다. 시각화는 layout의 선택사항을 변경하면 되는데 몇 가지 방법을 소개한다.

```
> g9 <- graph.tree(20, 4)
> g9

IGRAPH D--- 20 19 -- Tree
+ attr: name (g/c), children (g/n), mode (g/c)
+ edges:
 [1] 1-> 2 1-> 3 1-> 4 1-> 5 2-> 6 2-> 7 2-> 8 2-> 9 3->10 3->11 3->12 3->13
[13] 4->14 4->15 4->16 4->17 5->18 5->19 5->20

> plot(g9)
```

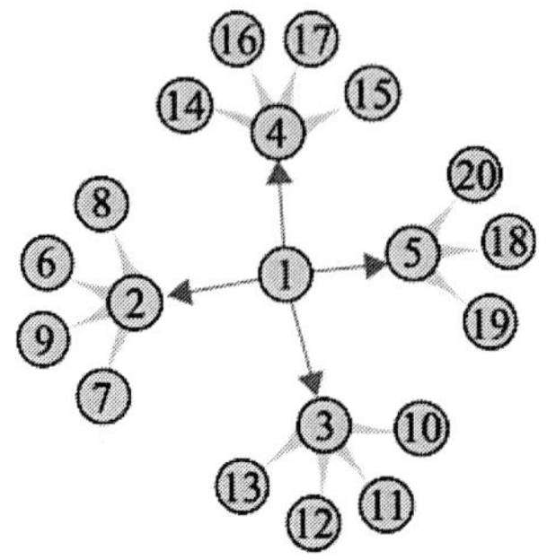

그림 12-18 방향성이 있는 네트워크 g9

```
> plot(g9, layout=layout.circle)
```

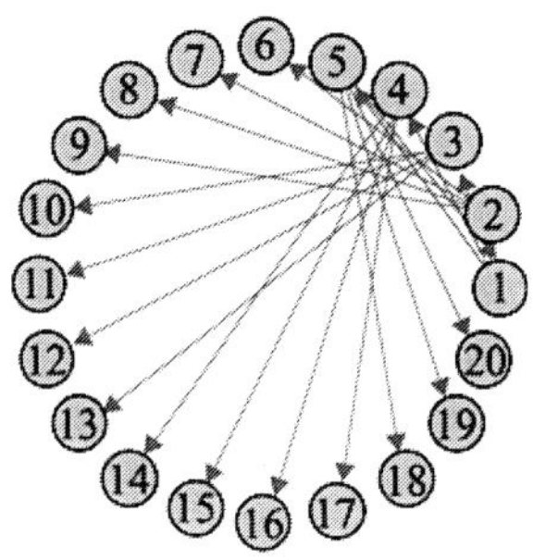

그림 12-19 옵션을 적용한 네트워크 g9

아래 프로그램은 독자들이 시행하여 보도록 한다.

```
> plot(g9, layout=layout.fruchterman.reingold)
> plot(g9, layout=layout.graphopt)
> plot(g9, layout=layout.kamada.kawai)
```

네트워크를 interactive하게 그려서 사용할 수 있는 방법도 있다.

```
> tkplot(g9, layout=layout.kamada.kawai)
```

이 *tkplot()* 함수를 시행시키면 아래와 같은 네트워크 창이 뜨는데, 이 창의 풀다운 메뉴를 통하여 다양한 모양의 네트워크를 만들 수 있다.

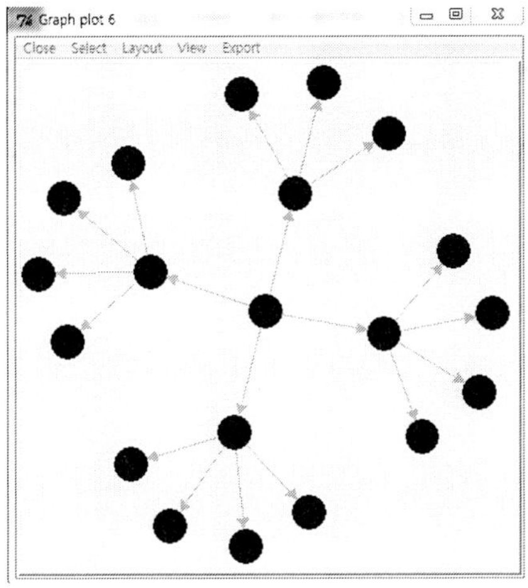

그림 12-20 *tkplot()* 함수를 통한 네트워크 g9

위 그림의 layout 버튼을 눌러서 위에서 소개한 layout 들을 선택하여 네트워크의 다양한 시각화를 할 수 있다. 위에서 사용했던 *plot()* 함수의 선택사항들을 아래와 같아 *tkplot()* 에도 사용할 수 있다. 또 직접 그래프의 정점을 마우스로 선택하면 그 정점이 활성화되는데, 드래그하면 아래와 같은 그래프의 모양을 바꿀 수 있다.

```
>tkplot(g9, layout=layout.kamada.kawai ,edge.arrow.size=.5, vertex.color="gold", vertex.size=15 ,vertex.frame.color="gray", vertex.label.color="black", vertex.label.cex=0.8, vertex.label.dist=2,edge.curved=0.2)
```

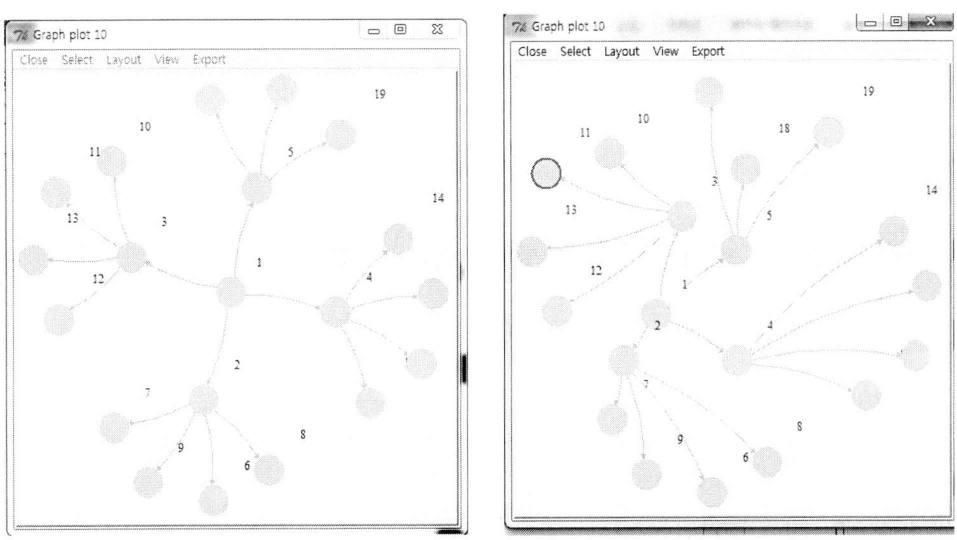

그림 12-21 *tkplot()* 함수의 옵션을 적용한 네트워크 g9

6. 단어-문서의 네트워크 Word-Document Network

인간이 이루는 사회집단에서의 사회 네트워크와 같이 어느 문서들에 포함된 주요 단어들간의 네트워크나 또는 문서들간의 네트워크를 고려하여 사회 네트워크에서 사용하는 중심도를 이용한 네트워크 분석을 할 수 있다. 단어들의 네트워크는 각 단어가 네트워크의 정점 vertex가 된다. 문서들간의 네트워크는 각 문서가 네트워크의 정점이 되며, 트위트나 페이북의 각 계정들을 정점 vertex 로 하는 네트워크도 흥미로운 네트워크 분석의 대상이다.

이 절에서는 로이터 통신에서 원유 crude oil 에 관련한 기사들을 단어뭉치 corpus 로 *tm* 패키지에 저장하여 놓은 자료를 사용하여 단어간 네트워크 분석과 문서간 네트워크 분석, 그리고 단어와 문서를 같은 네트워크에 포함한 two-mode 네트워크 분석을 한다.

- 단어간 네트워크

이 절에서 사용할 문서자료는 앞 장에서 텍스트 마이닝 text mining 의 전처리 pre-processing 과정을 거쳐서 단어-문서행렬을 만들었고, word cloud를 만들기 위하여 행렬형태로 저장되어 있다. 이 단계까지는 텍스트 마이닝 단원의 프로그램을 참조하고 그 이후부터 설명을 한다.

```
> install.packages("tm")
> library("tm")

> install.packages("igraph")
> library("igraph")
> crudeTdm
<<TermDocumentMatrix (terms: 743, documents: 20)>>
Non-/sparse entries: 1437/13423
Sparsity           : 90%
Maximal term length: 16
Weighting          : term frequency (tf)

> crudeMat<-as.matrix(crudeTdm)
> # 여기까지는 앞장 텍스트 마이닝 단원에 있는 프로그램을 참조.
> # crudeTdmd은 word cloud를 만들기 위해 만들어진 자료임.
```

```
> # crudeMat 자료가 크므로 word cloud에서 가장 빈도가 높은
> # 자료만 선택하여 네트워크 그래프를 만든다.
> crudeFreq<-sort(rowSums(crudeMat),decreasing=T, method = "sh", index.return
= TRUE )
> idx  = crudeFreq$ix[1:20]
> crudeMat <- crudeMat[idx,]
> crudetdm = TermDocumentMatrix(crude)
> crudeMat
          Docs
           127 144 191 174 211 236 237 242 246 248
  oil        5  12   2   1   1   7   3   3   5   9
  price      5   6   2   2   0   8   1   2   2  10
  opec       0  15   0   0   0   8   1   2   2   6
  mln        0   4   0   0   2   4   1   0   0   3
  market     2   5   0   0   0   3   0   2   0  10
  barrel     2   0   1   1   0   4   0   0   1   3
  bpd        0   4   0   0   0   7   0   0   0   2
  dlrs       2   0   1   2   2   2   1   0   0   4
  crude      2   0   2   3   0   2   0   0   0   0
  saudi      0   0   0   0   0   0   0   1   0   5

          Docs
           273 349 352 353 368 489 502 543 704 708
  oil        5   4   5   4   3   4   5   3   3   1
  price      5   1   5   2   0   3   3   3   3   0
  opec       5   2   2   4   0   0   0   0   0   0
  mln        9   0   0   0   0   3   3   0   0   2
  market     1   2   2   0   0   0   0   0   3   0
  barrel     3   0   1   1   0   3   3   1   0   2
  bpd        8   0   0   2   0   0   0   0   0   0
  dlrs       2   0   0   0   0   1   1   5   0   0
  crude      5   2   0   2   0   0   0   2   0   1
  saudi      7   1   4   0   0   0   0   0   0   0


          Docs
           127 144 191 174 211 236 237 242 246 248
  kuwait     0   0   0   0   0  10   0   1   0   3
  official   0   0   0   0   0   5   1   1   0   1
  quota      0   2   0   0   0   5   0   3   1   3
  economic   0   0   0   0   0  11   0   0   0   0
  meet       0   6   0   0   0   3   0   1   0   1
```

```
new       0   1   0   0   0   1   3   1   0   0
pct       0   0   0   0   2   0   2   2   2   1
product   1   6   0   0   0   1   0   0   0   0
say       0   0   0   0   0   1   8   0   1   1
accord    0   0   0   0   0   0   0   0   0   5

          Docs
          273 349 352 353 368 489 502 543 704 708
kuwait    0   1   0   2   0   0   0   0   0   0
official  4   3   1   0   0   0   0   0   1   0
quota     1   0   0   2   0   0   0   0   0   0
economic  0   0   0   0   0   1   2   0   0   0
meet      0   1   0   2   0   0   0   0   0   0
new       1   0   0   0   2   1   1   0   3   0
pct       0   0   1   0   0   1   1   0   0   2
product   4   0   0   0   0   0   0   0   0   1
say       0   0   0   1   0   0   1   0   0   0
accord    1   0   2   0   0   0   0   0   4   0
```

여기까지의 R 프로그램은 두 개의 R 패키지인 *tm* 과 *igraph* 를 설치하는 작업과 *tm* 에 있는 R 데이터 중의 하나인 단어뭉치 *crude* 를 이용한 *crudeTdm* 이라는 단어-문서 행렬을 이용하여 네크워크 분석을 시작하였다. *crudeTdm* 을 행렬형태 *as.matrix* 로 변환하였고, 다음 단계는 단어-단어 근접행렬 term-term adjacent matrix 를 만든다. 단어-단어 근접행렬을 만들기 위해서는 먼저 단어-문서간의 Boolean 행렬을 먼저 만들어야 한다. 즉, 어느 문서에 특정 단어가 나타나면 진실 true 로 1이라 하고, 그렇치 않으면 0으로 된 행렬을 말한다. 이 행렬을 이용하여 단어-단어 근접행렬을 만드는데, 이 근접행렬은 정방행렬 square matrix 이긴 하나 위 3절에서 소개한 simple graph를 위한 근접행렬이 아니라, 다중그래프 multigraph 를 위한 근접행렬이 된다. 그러므로 행렬의 원소가 0-1 이외에 다른 정수가 가능하며 두 정점 사이에 여러 번의 연결선 loop 도 표시된다. 또한 행렬의 대각선도 0이 아니다.

```
> # Boolean matrix
> crudeMat[crudeMat >= 1] <- 1

> # term-term adjacent matrix
> termAdjMatrix <- crudeMat %*% t(crudeMat)
> dim(termAdjMatrix)
[1] 20 20
```

```
> # 단어-단어 근접행렬
> termAdjMatrix[1:10, 1:10]
          Terms
Terms     oil price opec mln market barrel bpd dlrs crude saudi
  oil      20    17   10   9      9     13   5   11     9     5
  price    17    17   10   7      9     12   5   10     8     5
  opec     10    10   10   5      7      6   5    4     4     5
  mln       9     7    5   9      4      6   4    7     3     2
  market    9     9    7   4      9      5   4    4     4     5
  barrel   13    12    6   6      5     13   4    9     8     3
  bpd       5     5    5   4      4      4   5    3     3     2
  dlrs     11    10    4   7      4      9   3   11     6     2
  crude     9     8    4   3      4      8   3    6     9     2
  saudi     5     5    5   2      5      3   2    2     2     5
```

위 결과에서 보는 바와 같이 근접행렬의 원소와 대각원소들이 0이 아닐 뿐만 아니라, 1 이상의 수를 가지고 있는 경우들를 볼 수 있다. 이 숫자들은 다음에 네트워크의 다중 그래프 multigraph 를 그릴 때 가중치로 사용된다. 근접행렬의 공식에 나오는 *%*%*는 행렬의 내적 inner product 를 계산하는 연산자이고, *t()*는 행렬의 전치 transpose 행렬을 구하는 연산자이다. 다음 수순은 여기서 구한 근접행렬을 이용하여 네크워크 그래프를 그리는 순서이다.

```
> # network graph using termAdjMatrix
> gCrude <- graph.adjacency(termAdjMatrix,weighted=T, mode="undirected")
> # remove loops
> gCrude <- simplify(gCrude)
> V(gCrude)$label <- V(gCrude)$name
> V(gCrude)$degree <- degree(gCrude)
> layout1 <- layout.fruchterman.reingold(gCrude)
> plot(gCrude, layout= layout1)
```

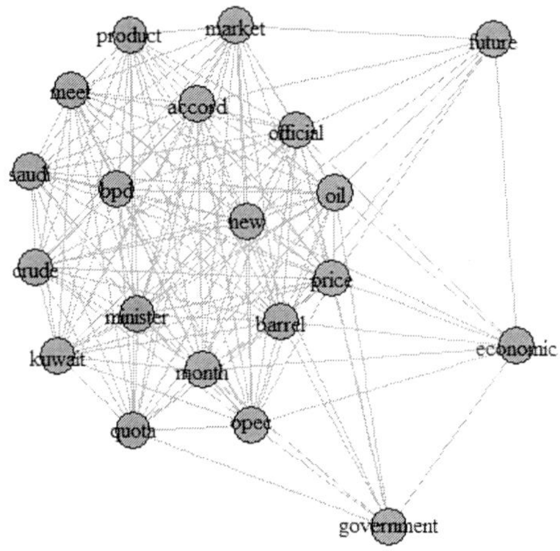

그림 12-22 단어간 네트워크 gClude

아래와 같이 그래프에서 상대적으로 연결개수 중심도가 높은 정점들을 잘 보이도록 그래프를 조정할 수 있다.

```
> V(gCrude)$label.cex <- 1.5 * V(gCrude)$degree / max(V(gCrude)$degree) + .3
> V(gCrude)$label.color <- rgb(0, 0, .2, .8)
> plot(gCrude, layout= layout1)
```

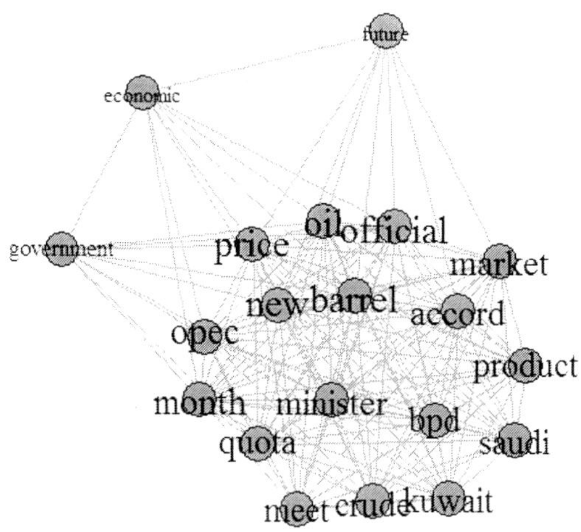

그림 12-23 연결개수 중심도가 강조된 네트워크 gClude

부록 1. R 프로그램

부록에서는 책에서 제공되는 R 프로그램 실습을 위해 R 프로그램의 설치방법과 어떻게 실행하고 사용하는지에 대해 다뤄 코드에 대한 부분은 프로그램을 사용하기 위한 기초적인 함수와 패키지에 대해서만 다룰 것이다. 먼저 R 프로그램을 소개하고 이어 설치방법을 설명한다. 또한 기초적인 함수와 패키지의 사용은 간단한 예시를 통해 설명하도록 하자.

1. R 프로그램 소개

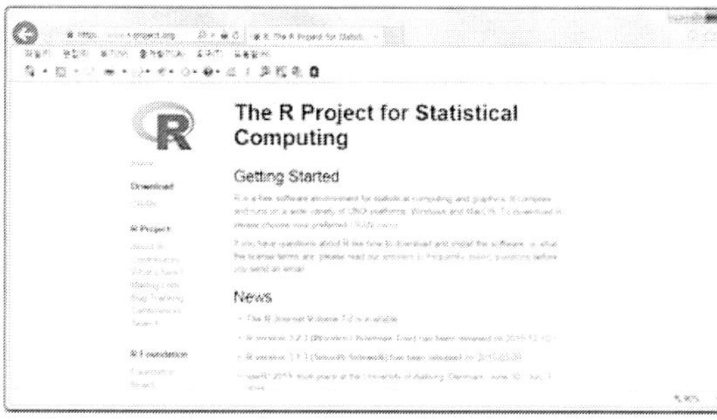

그림 1 R-project 사이트 초기화면

R 프로그램은 R-project(www.r-project.org)에서 제공되는 소프트웨어로 간단한 계산부터 통계적 분석까지 수행가능하며, 다른 통계 패키지들보다 잘 발달되어 있는 그래픽스를 제공한다. R 프로그램은 뉴질랜드 오클랜드 Auckland 대학의 Ross Ihaka와 Robert Gentleman에 의해 만들어 졌다. 현재 R 프로그램은 자료 분석에 널리 사용되고 있으며 패키지 개발이 용이하여 2016년을 기준으로 9600개 이상의 패키지가 있으며, 필요할 때 누군가 미리 구현해 놓은 패키지를 얼마든지 찾아 사용할 수 있다.

2. R 프로그램 설치하기

R 프로그램은 R-project(www.r-project.org) 사이트에서 무료로 다운로드 받아 설치가 가능하며, 이번 장에서는 윈도우7에서 설치하는 방법을 설명할 것이다. 최근에 배포된 R 프로그램은 R-3.3.2 버전 (2016년 10월 31일에 배포)으로 설치를 진행한다.

– 윈도우7에서 설치하기

R-project (www.r-project.org) 사이트 초기화면에서 [그림 2]와 같이 왼쪽에 'Download' 아래에 'CRAN'을 클릭한다. 그러면 국가 순으로 정렬된 페이지로 넘어갈

것이다.

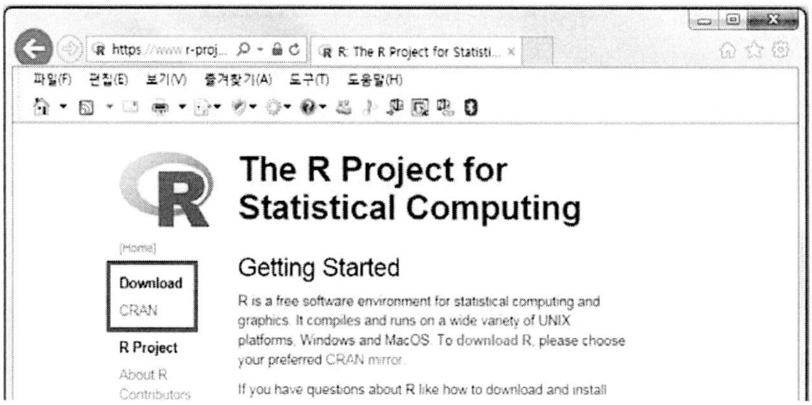

그림 2 R-project 사이트에서 CRAN

국가 순으로 정렬된 페이지에서 해당하는 나라(예를 들어 한국일 경우 [그림 3]처럼 Korea의 http://cran.nexr.com/을 선택한다.)의 사이트를 선택한다.

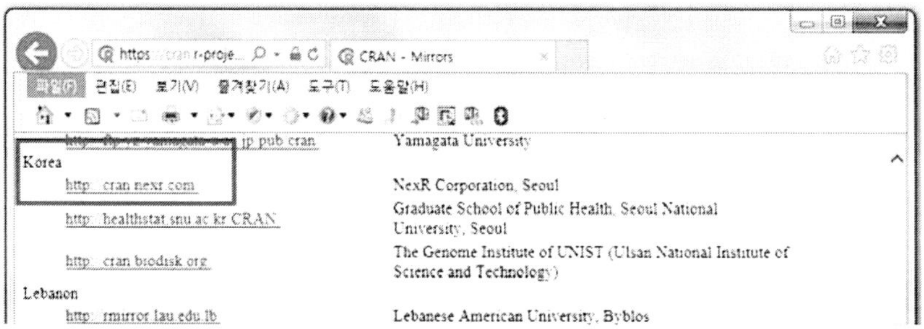

그림 3 CRAN 미러 사이트 목록

다음은 R 프로그램 설치 페이지가 보일 것이다. 여기서 'Download R for Windows'를 선택한 다음 'base'를 클릭한다. 그 다음 가장 최신 버전의 R 프로그램을 다운로드 하기 위해 아래 [그림 4]에서 보는 것과 같이 'Download R 3.3.2 for Windows'를 클릭하여 R 설치 프로그램을 다운로드 한다.

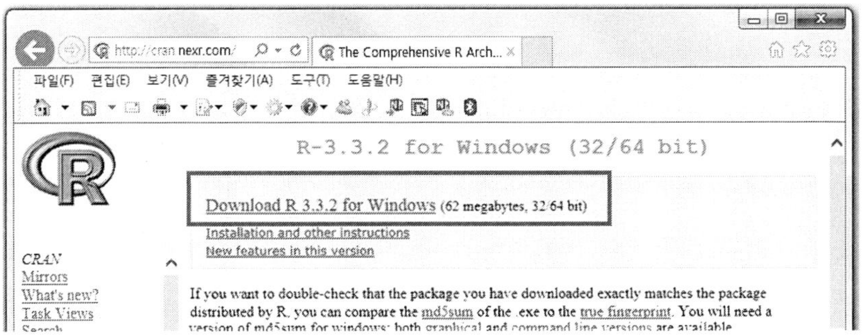

그림 4 윈도우7에 최신 버전의 R 프로그램 다운로드 하기

받은 R 설치 프로그램을 실행시키면 가장 먼저 언어 선택창이 뜬다. 그 뒤 해당하는 언어를 선택한 뒤 R 설치 환영 화면에서 [다음(N) >]을 누른다. 다음은 라이선스 동의 화면으로 [다음(N) >]을 눌러 동의한 후 설치할 폴더를 지정한 후 [다음(N) >]을 누른다. 다음은 구성 요소 설치 창으로 32-bit/64-bit 사용자에 따라 선택을 한 후 [다음(N) >]을 누른다. 뒤에 추가적인 작업은 필요한 옵션에 체크를 한 후 [다음(N) >]을 계속 눌러준다. R 프로그램의 설치가 정상적으로 완료되면 [그림 5]와 같이 설치 완료 화면으로 바뀌며, [완료(F)] 버튼을 눌러 설치를 완료한다.

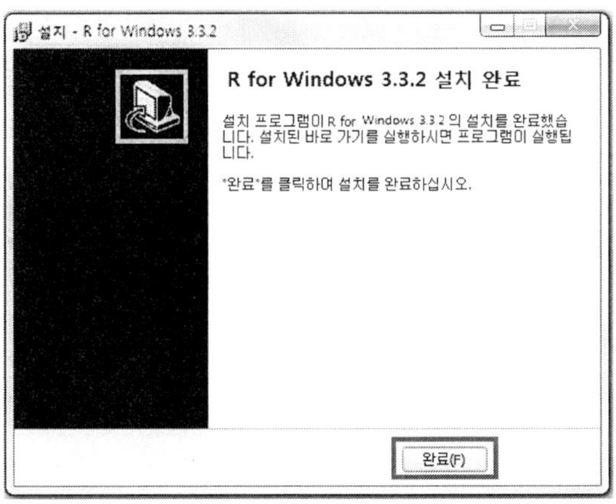

그림 5 윈도우7에 R 프로그램 설치 완료 화면

3. R 프로그램 시작하기

R 프로그램을 실행 시 아래 [그림 6] 과 같은 창이 뜨며 R 콘솔 console 창을 확인 할 수 있다. 이 R 콘솔 console 창에는 현재 설치된 R 버전과 명령 프롬프트 command prompt 인 '>'를 확인 할 수 있으며 여기서 명령 프롬프트 command prompt 는 명령을 실행할 준비가 되었음을 알려주는 신호로 여기에 명령을 입력하면 된다.

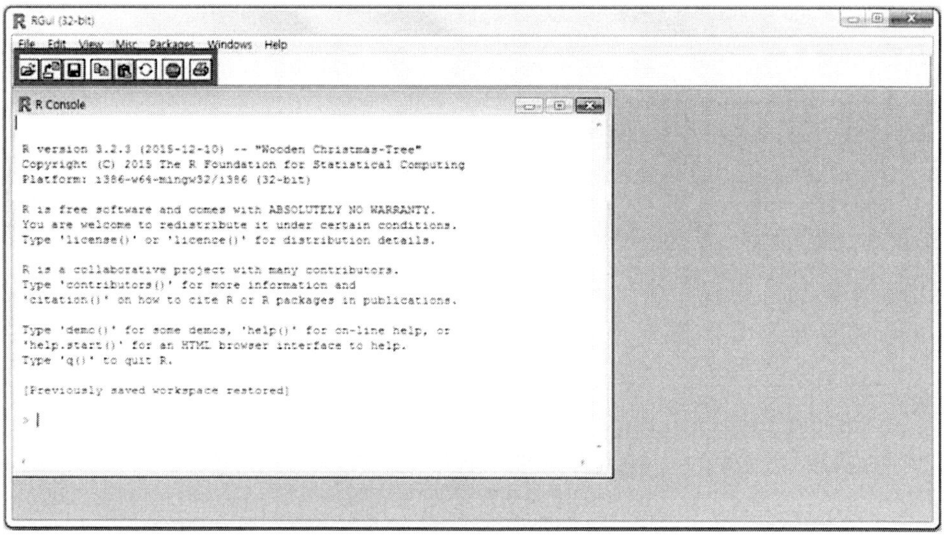

그림 6 실행된 R 프로그램 초기 화면

콘솔 console 창에 명령을 입력하기 앞서 R 프로그램에서 자주 사용하는 명령어를 아이콘으로 만들어 놓은 도구모음 toolbar 을 살펴보자. R 프로그램에서 도구모음에 있는 아이콘은 8개로 각 기능을 <표 1>과 같이 정리한다.

R 프로그램에서 도구모음을 통한 기능들 외에도 메뉴를 통해 새 스크립트 script 를 사용하거나 패키지 package 를 다운받는 등의 기능이 사용 가능하다. 이렇게 R 프로그램 기능에 대해 간단하게 설명하였다면 다음은 이 책에서 제공하는 R 프로그램 실습을 위하여 필요한 코드 code 및 패키지 package 에 대해서 알아보도록 하자.

표 1 R 프로그램의 도구모음

아이콘	기능
	스크립트 열기
	작업공간 불러오기
	작업공간 저장하기
	복사하기
	붙여넣기
	복사하고 붙여넣기
	작업 멈추기
	인쇄하기

패키지 package 는 사용자들이 구축해 놓은 방대한 라이브러리라고 할 수 있다. 패키지 package 설치는 메뉴 창을 통해 설치하거나 *Install.packages* 함수를 이용하여 설치한다. 먼저 메뉴 창은 [Packages]–[Package Installer]를 통해 패키지 package 를 설치할 수 있고 *Install.packages*를 이용하여 패키지 package 를 설치할 수 있다. 설치를 하게 되면 미러를 선택하는 창이 뜨는데 korea나 원하는 미러를 선택한다. 하지만 패키지 package 를 설치하였다고 해도 R 프로그램에서 자동으로 불러올 수 없다. 그러므로 다운받은 패키지 package 를 이용하기 위해 라이브러리 library 함수를 이용하여 패키지 package 를 불러온 다음 이용한다. 예를 들어 *tree* 라는 패키지 package 를 사용하여 보자.

```
> install.packages("tree")
> library(tree)
```

위처럼 *Install.packages* 함수와 *library* 함수를 통해 이 책의 R 프로그램 실습에서 필요한 패키지 package 를 사용할 수 있다. 다음은 데이터를 요약해 주는 함수를 알아보자. 가지고 있는 자료의 기본적인 통계량을 알고 싶을 때 *summary* 함수를 이용한다. *summary* 함수는 벡터 vector, 요인 factor, 데이터 프레임 data frame 에 따라 평균 mean, 중앙값 median, 사분위수 quartile, 최댓값 maximum value, 최솟값 minimum value 또는 수준별도수 등을 보여준다. 다음 *vector*와 *factor* 라는 자료에 *summary* 함수를 이용해보자.

```
> summary(vector)
Min. 1st Qu.  Median     Mean  3rd Qu.    Max.
   35.00   68.00   77.00    76.11   86.75   99.00
```

```
> summary(factor)
A class B class C class
     32      41      26
```

위의 *summary* 함수가 수치적인 요약통계량을 보여준다면 *plot* 함수를 통해 산점도 scatter plot 를 그려 시각적으로 나타낼 수 있다. 이 책에서는 *plot* 함수를 어떻게 사용하여 그래프를 그리고 *plot* 함수의 옵션 option 을 알아보고자 한다. 기본적으로 *plot* 함수를 옵션 option 없이 이용하면 전혀 꾸며지지 않은 평범한 그래프가 나온다. 예를 들어 *score*이라는 자료를 *plot* 함수로 불러오면 아래 [그림 7]과 같이 나온다.

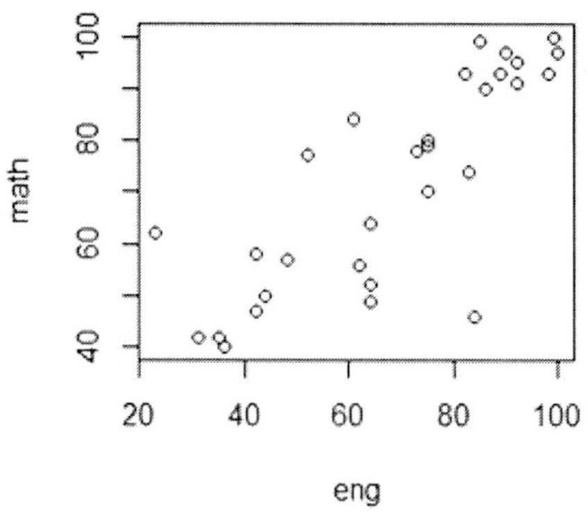

그림 7 plot 함수를 이용한 산점도

이에 *plot* 함수의 옵션 option 을 추가하여 그래프를 꾸밀 수 있으며 *plot* 함수의 옵션 option 은 아래 <표 2>와 같다.

표 2 R 프로그램의 plot 함수의 옵션

Plot 옵션	역할
X	x축의 인자를 선택한다.
Y	y축의 인자를 선택한다.
xlab	x축의 레이블을 추가한다.
ylab	y축의 레이블을 추가한다.
main	그래프의 제목을 추가한다.
pch	점의 종류를 결정한다.
col	점의 색깔을 결정한다.
lwd	점의 두께를 결정한다.
cex	점의 크기를 결정한다.

plot 함수의 옵션을 하나씩 조정하여 [그림 8]과 같이 산점도 scatter plot 를 그릴 수 있다.

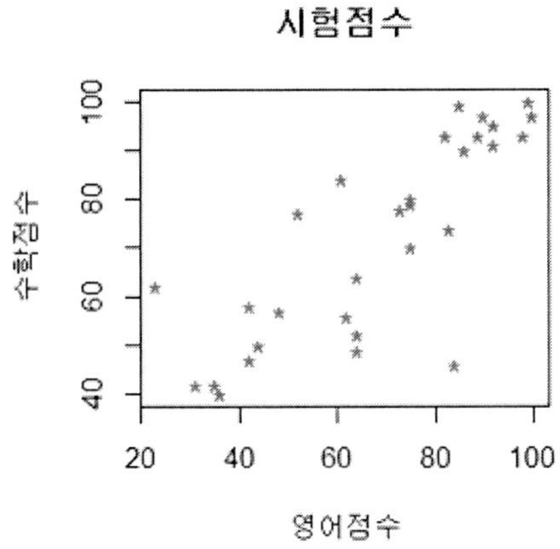

그림 8 plot함수의 옵션을 이용한 산점도

이외에 다른 R 명령어에 관해서는 책이나 검색 엔진을 사용한다. 사용할 함수 이름을 알고 있다면 도움말 코드를 이용하여 그 함수에 도움말 페이지를 읽을 수 있다. 도움말 코드는 help 와 ? 이며, 아래와 같이 도움말 코드를 사용하여 *data.frame* 함수의 도움말 페이지를 살펴보도록 하자.

```
> help(data.frame)
> ?data.frame
```

이 외에도 함수 인자 argument 에 대해 알아보기 위하여 *args* 함수를 이용하고, 그 예제를 찾아보고 싶으면 *example* 함수를 이용한다.

부록 2. 파이썬(Python) 설치 및 기초

1. 파이썬 언어 (Python Language)

평소에 우리는 자바나 C, 루비, 펄 등 다양한 언어에 대해 접해 보았을 것이다. 이들은 프로그래밍 언어라고 하는 것인데 프로그래밍 언어는 프로그램을 작성시 사용되는 컴퓨터 언어를 말한다. 프로그래밍 언어는 다양한데 개발자의 개발용도와 편리성에 따라 선택해서 사용한다. 현재는 자바가 가장 강력한 프로그래밍 언어로 뽑히고 있지만 최근에 파이썬 언어에 관한 관심이 높아지고 있다.

프로그래밍 언어는 절차 지향 언어와 객체 지향 언어로 구분할 수 있다. 파이썬은 객체 지향 언어의 일종으로 프로그램을 독립된 단위인 객체들의 집합으로 생각하는 언어이다. 각각의 객체들은 서로 정보를 주고 받을 수 있고 데이터를 처리할 수 있다. 반면 절차 지향 언어는 단계적 처리인 절차를 중심으로 프로그램을 설계하는 방식으로 함수만을 분리해 독립적으로 사용할 수 없다. 점점 정보가 방대해지면서 프로그램이 복잡해지고 규모가 커지게 되었는데 이런 점에서 프로그램의 수정이나 재사용성이 어려운 절차 지향 언어보다는 객체 지향 언어가 선호 되어 지는 추세이다.

Python언어는 객체 지향 범용 프로그래밍 언어이며 다른 언어와 결합하여 사용하는 것이 쉬워 C, C++ 등과 같은 다른 언어와 통합해 사용할 수 있다. Python 언어는 지금도 발전하고 있으며 다양한 분야의 무료패키지들이 빠르고 지속적으로 개발되고 있다.

표 1 Programming language 순위 비교

Mar 2016	Mar 2015	Change	Programming Language	Ratings	Change
1	2	∧	Java	20.528%	+4.95%
2	1	∨	C	14.600%	-2.04%
3	4	∧	C++	6.721%	+0.89%
4	5	∧	C#	4.271%	0.65%
5	8	∧	Python	4.257%	+1.64%
6	6		PHP	2.768%	-1.23%
7	9	∧	Visual Basic .NET	2.561%	+0.24%
8	7	∨	JavaScript	2.333%	-1.30%
9	12	∧	Perl	2.251%	+0.92%
10	18	∧∧	Ruby	2.238%	+1.21%
11	13	∧	Delphi/Object Pascal	2.006%	+0.86%
12	26	∧∧	Assembly language	1.847%	+1.20%
13	10	∨	Visual Basic	1.674%	-0.26%
14	23	∧∧	Swift	1.587%	+0.77%
15	3	∨∨	Objective-C	1.461%	-5.23%
16	20	∧∧	R	1.285%	+0.33%
17	36	∧∧	Groovy	1.193%	+0.78%
18	19	∧	MATLAB	1.193%	+0.19%
19	17	∨	PL/SQL	1.193%	+0.16%
20	21	∧∧	D	1.135%	+0.64%

2. Python 설치 및 환경(IDE)설정

Python 설치에 앞서 여러 방법들을 설명하려고 한다. Python은 크게 2.7버전과 3.5 버전으로 나뉘는데 3.5버전이 나중에 개발된 상위 버전이다. 두 버전은 하위 호환성이 없기 때문에 2.7버전에서 개발된 소프트웨어들을 상위 버전인 3.5버전에서 사용할 수 없는 경우가 있다. 또한 분석에 필요한 패키지(라이브러리)들을 Python 설치 후 각각 따로 설치해야하기 때문에 번거로운 점이 있다. 이런 단점을 고려해 배포판을 설치하는 법을 보여주고자 한다. 파이썬 배포판이란 데이터 분석을 위해 필요한 다양한 패키지들을 한번에 묶어서 설치하는 방법이다. 기존의 따로 설치하는 방법보다 시간도 적게 들고 번거롭지 않아 처음 파이썬을 이용하는 사람들에게 추천하고 싶다. 파이썬의 배포판에는 여러종류가 있는데 대표적으로Anaconda, Canopy, Python(x,y), Winpython 등이 있다.

2.1 파이썬 배포판(Anaconda) 설치

아나콘다는 Continuum Analytics 사에서 개발한 파이썬 배포판으로 크게 4종류가 있다. 그중 무료판으로 설치를 하려고 한다.

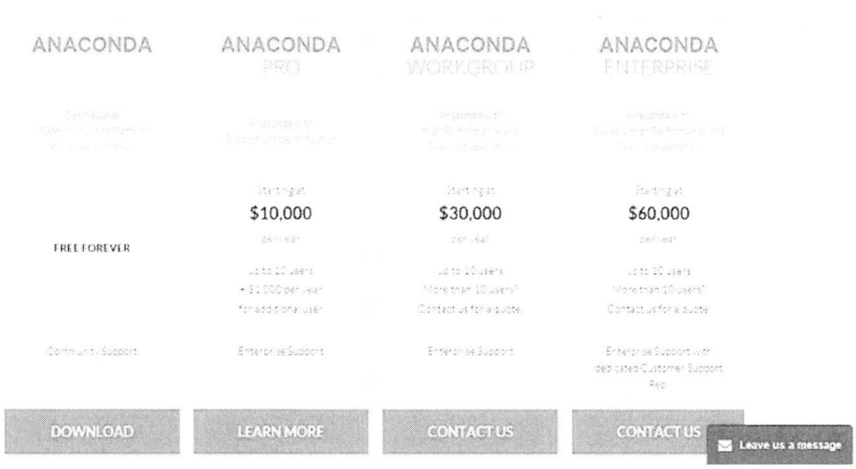

그림 1 Anaconda의 종류

설치에 앞서 아나콘다에도 파이썬의 2버전인 2.7버전과 3.5버전이 있는데 3.5버전을 기준으로 설명하고자 한다.

우선 아나콘다를 설치하기 위해서는 https://www.continuum.io/downloads 사이트에 접속해야 한다. 접속을 하면 아래와 같은 화면이 나타날 것이다. 아나콘다를 설치할 때 주의할 점은 아나콘다를 다운받기 이전에 파이썬이 이미 설치가 되어 있는 경우 파이썬 프로그램을 제거 하고 설치해야 한다. 파이썬을 설치하지 않은 경우는 바로 설치가 가능하다. 파이썬 프로그램을 제거하는 방법은 제어판을 이용하면 편리하게 제거할 수 있는데 제어판에서 프로그램 제거를 들어간 후 파이썬 3.5.1을 선택한다. 그리고 삭제를 누르면 간편하게 제거할 수 있다.

다시 사이트로 돌아와 우선적으로 자신의 컴퓨터나 노트북에 맞추어 OS환경을 선택한다. OS 환경에는 리눅스, 윈도우, 맥이 있는데 윈도우 버전을 가정하고 설명을 진행한다. 만약 자신의 OS가 윈도우가 아니라 다른 OS라면 다른 방식으로 진행해야 한다.

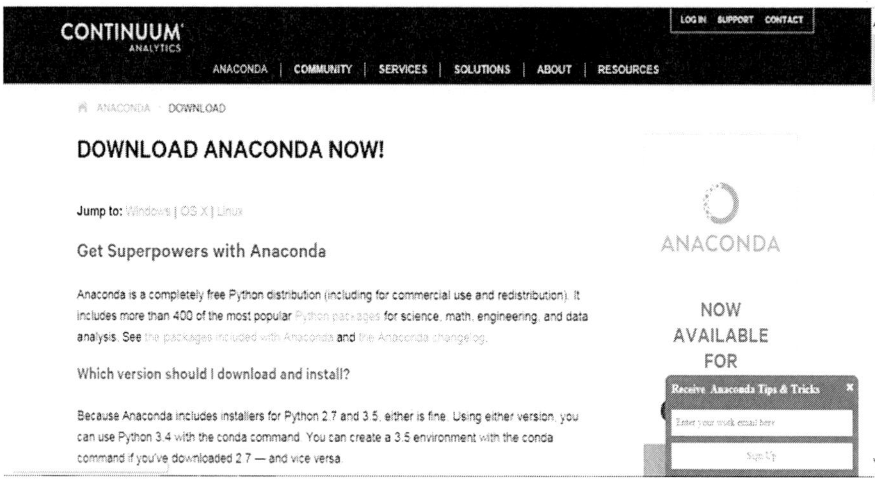

그림 2 아나콘다 웹사이트 첫화면

윈도우 사양에서도 2.7버전과 3.5버전 둘 중 하나를 선택해서 설치가 가능하다. 또한 자신의 컴퓨터에 맞는 Bit 수를 선택해주어야 설치가 원활하게 진행된다.

그림 3 윈도우 상에서 설치 파일 선택

파이썬의 두 버전인 2.7과 3.5를 선택하는데 있어서는 어느것이 더 좋다고는 설명하기 어렵지만 상위 버전인 3.5를 기준으로 설치하였다. 아나콘다를 설치하였을 때 함께 설치되는 패키지수는 3.5를 설치했을 때 보다 2.7을 설치했을 때가 더 다양하다.

설치 파일의 선택을 마치면 아래와 같은 화면 창이 뜨게 된다.

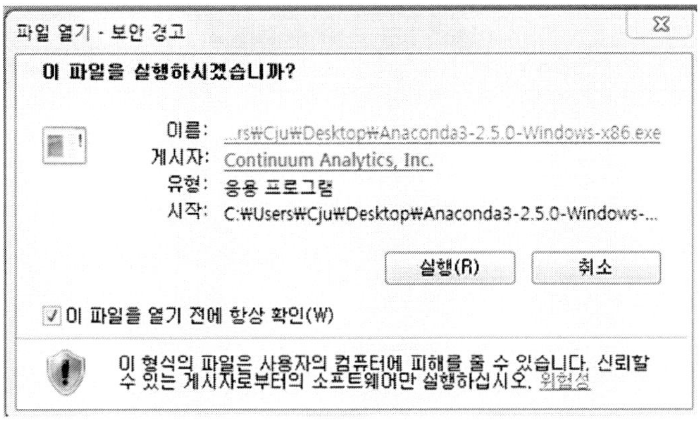

그림 4 설치창

그렇다면 실행 버튼을 누르게 되면 다음 설치 화면으로 이동하게 된다.

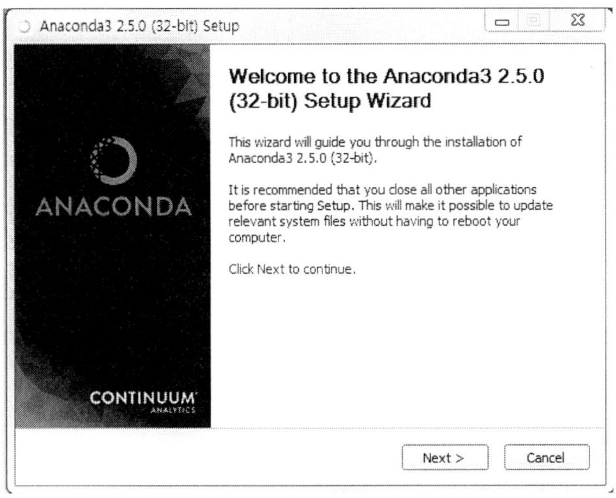

그림 5 아나콘다 set up창

계속 설치하려면 next버튼을 누른다. 그럼 아래와 같이 license에 동의하라는 화면이 나오게 된다. 이 창에서 I agree를 누르고 다음 설치창으로 넘어간다.

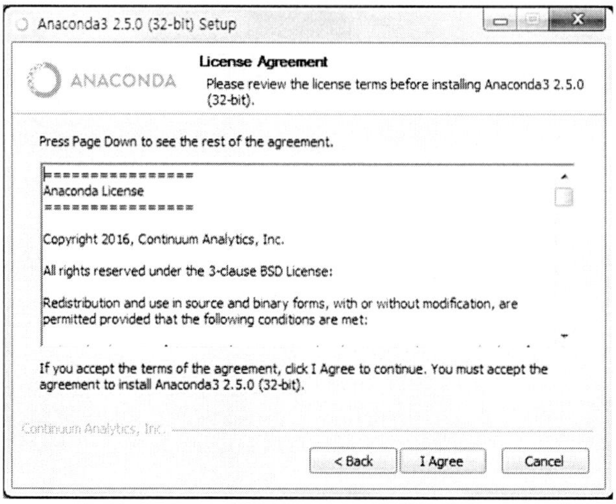

그림 6 license agreement 창

그럼 이제 설치 유형을 묻는 창이 나타나는데 내 컴퓨터만을 위해 설치할 것인지 모든 사용자를 위해 설치할 것인지를 묻는 창이다. 둘 중 어느 것을 선택해도 관계는 없지만 보통은 Just me를 추천한다. Just me를 선택하고 next 버튼을 누르면 다음 화면으로 넘어간다.

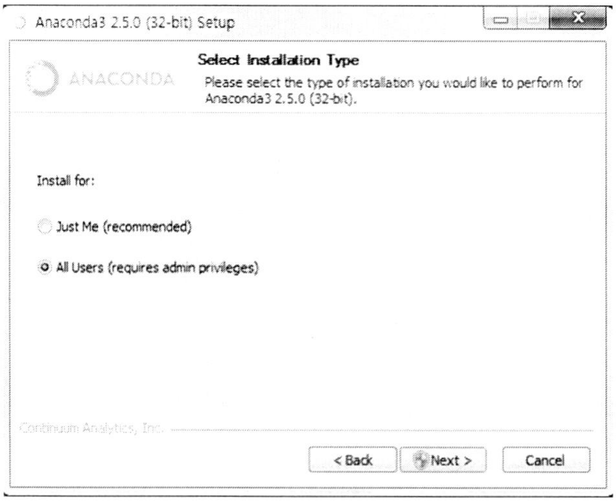

그림 7 설치유형 선택창

다음 화면은 설치 경로를 지정하는 창이 나타난다. 기본 경로는 C드라이브로 되어있는데 설치경로를 변경하지 않아도 되고 변경해도 된다. 이것은 본인의 취향에 맡긴다. 만약 설치 경로를 변경하고 싶다면 오른쪽에 browse 버튼을 누른 후 next 버튼을 누른다.

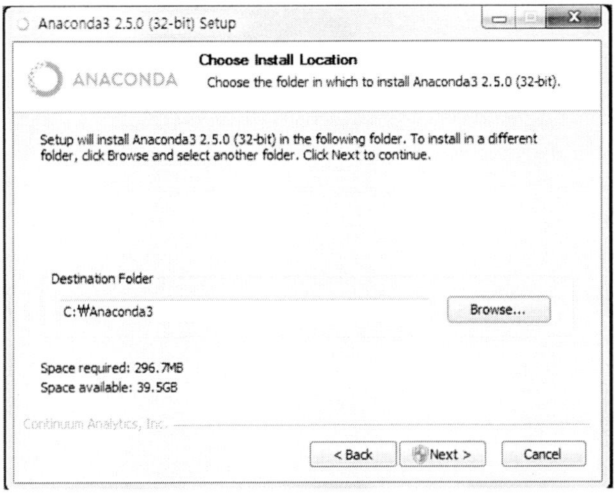

그림 8 설치경로 지정창

Browse를 누른 경우 아래와 같은 화면창이 나타날 것이다. 이 창에서 내가 원하는 드라이브 위치에 파이썬 프로그램을 저장할 수 있다.

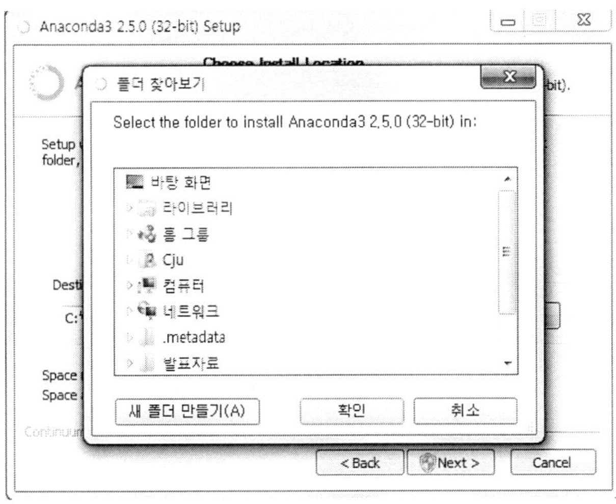

그림 9 Browse를 눌러 설치경로 지정

설치 경로를 지정한 후 다음 창으로 넘어가게 되면 고급 옵션 선택창이 나타날 것이다. 총 2개의 옵션이 있는데 상위 옵션은 아나콘다 환경을 바로 사용할 수 있게 경로를 지정해주는 것이다. 이를 선택하지 않으면 Anaconda Command Prompt를 반드시 이용해야만 아나콘다 환경을 이용할 수 있다. 하위 옵션은 파이썬 3.5의 여러 환경들을 함께 이용할 수 있게 해주는 옵션이다. 둘 다 선택을 하고 install 버튼을 눌러 본격적으로 설치를 시작한다.

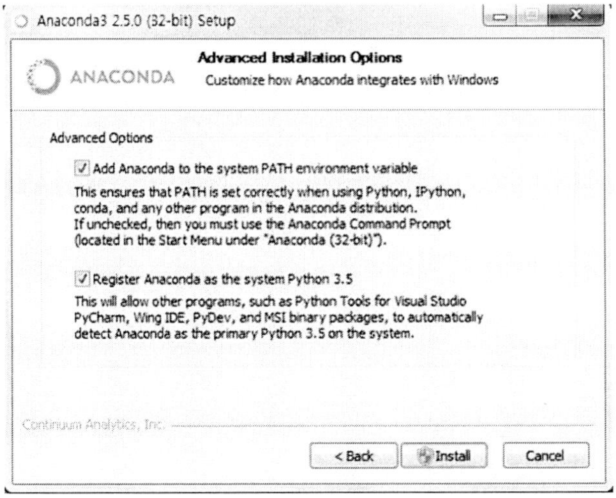

그림 10 Advanced Installation Options

설치가 올바르게 진행중이면 아래와 같은 창이 나타날 것이다. 아래의 창에서 좀더 자세하게 설치 과정을 보고싶다면 show details를 클릭하면 세부 사항을 볼 수 있다.

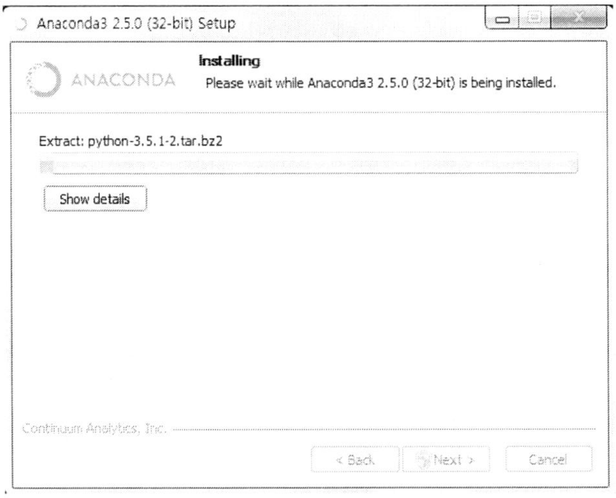

그림 11 installing창

아래와 같이 show details를 누를 경우 세부 설치 파일들을 볼 수 있다.

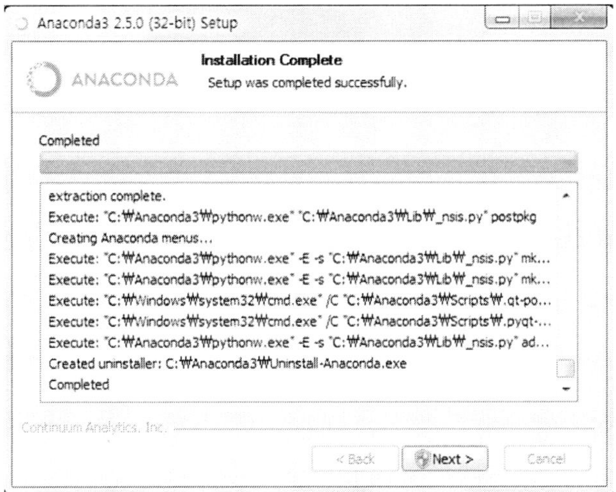

그림 12 show details 클릭시 창

설치가 완료되면 아래의 화면과 같이 상단에 installation complete라는 화면이 뜨게 된다. 그렇다면 설치가 완료된 것이다. 마지막으로 finish버튼을 클릭하면 설치가 완료가 된다.

그림 13 설치완료 창

3. 통계분석을 위해 필요한 필수 파이썬 모듈 (Python Module)

통계 분석을 하기 위해서는 다양한 함수나 모듈들이 필요하다. 통계분석을 위해 많이 사용되어지는 프로그램 중 하나의 예로 R 이라는 프로그램이 있는데 R은 기본 패키지들이 포함되어 설치되어진다. 반면 파이썬은 여러 환경과 모듈들이 개발되어져 있는데 이를 각각 설치하여 개발 환경을 갖추어 주어야 한다. 이런 여러 모듈들 중 통계 분석에 필요한 몇몇 모듈들을 소개하고자 한다.

3.1 Numpy

Numpy는 과학계산용을 기반으로 하는 모듈로 Numerical Python의 줄임말이다. 공식 홈페이지는 http://www.numpy.org/ 로 여기서 설치가 가능하다. Numpy는 파이썬에서 컴퓨팅과 데이터 분석 등에 이용되는 유용한 모듈로 구조화된 데이터나 표로 된 형식의 자료분석에 많이 사용된다. 또한 빠른 배열의 처리 기능을 제공하며 데이터의 저장에 있어 효율적이다. Numpy는 강력한 다차원 배열 객체의 처리 기능도 포함한다. Numpy 모듈을 이용해 선형대수를 계산할 수 있으며 이 외에도 다양한 배열 간의 수학 계산을 수행할 수 있다. 요약하면 Numpy는 통계, 선형대수, 행렬의 계산, 금융 운용 등을 포함한 과학계산과 수학 작업을 수행하는 모듈이다.

3.2 Scipy

Scipy는 수학과 과학, 공학에서 사용될 수 있는 기능들을 모아놓은 모듈로 과학계산용과 수치 해석 도구에 특화된 모듈이다. 이 모듈는 http://www.scipy.org/ 에서 설치가 가능하다. 이는 Numpy와 함께 사용하기 좋은데 Numpy와 Scipy, Matplotlib를 조합해 함께 사용하면 Matlab과 대체할 수 있을 정도로 훌륭한 기능을 제공한다. Matlab은 상용 소프트웨어인 반면 Python은 무료 소프트웨어이기 때문에 Matlab에 비해 접근하기 쉬우며 파이썬은 Matlab에 비해 다른 다양한 모듈들도 함께 사용할 수 있기 때문에 분석에 있어서도 훨씬 유리하다.

3.3 Matplotlib

Matplotlib는 Matlab이라는 프로그램과 비슷한 명령어로 구성되어 있으며 그래프를 그리거나 데이터 시각화를 할 때 사용되는 모듈이다. Matplotlib를 설치하려면 파이썬 버전에 맞춰 http://matplotlib.org/downloads.html 사이트에서 다운 받을 수 있다.

3.4 Pandas

Pandas는 데이터분석 및 데이터처리 등을 쉽게 하기 위해 만들어진 모듈이다. 다양한 데이터의 조작 방식을 갖추고 있으며 보다 안정적이고 빠르게 대용량 데이터들을 쉽게 처리할 수 있다. 또한 높은 수준의 분석 역시 가능하다. Pandas 모듈는 데이터 분석에 특화되어 있는 모듈이다. Pandas 모듈은 R과 유사한 데이터 프레임의 형태를 갖는다. 예를 들면 R의 data.frame의 기능을 포함한다. Pandas 모듈을 이용하면 다차원 행렬도 만들 수 있고 행렬 계산을 매우 쉽게 할 수 있다. 또한 R보다 빠르게 처리할 수 있다.

부록 3. KoNLPy 설치 방법(윈도우)

해당 부록은 KoNLPy 홈페이지의 '설치하기' 페이지를 참고하여 작성되었다(konlpy.org/ko/v0.4.4/install/). 윈도우가 아닌 다른 운영체제의 경우에는 해당 홈페이지를 참고하길 바란다. 운영체제가 윈도우인 경우, KoNLPy 모듈을 설치하는 순서는 다음과 같다.

1. 자바(Java) 1.7 이상이 설치되어 있는지 확인한다. 만일 설치되어 있지 않다면 Oracle 홈페이지에서 JDK를 다운로드 받고 설치한다(http://www.oracle.com/technetwork/java/javase/downloads/index.html).

2. JAVA_HOME을 설정한다.

① [제어판]-[시스템]을 선택한다.

② 시스템창의 좌측 상단에 있는 [고급 시스템 설정]을 선택한다.

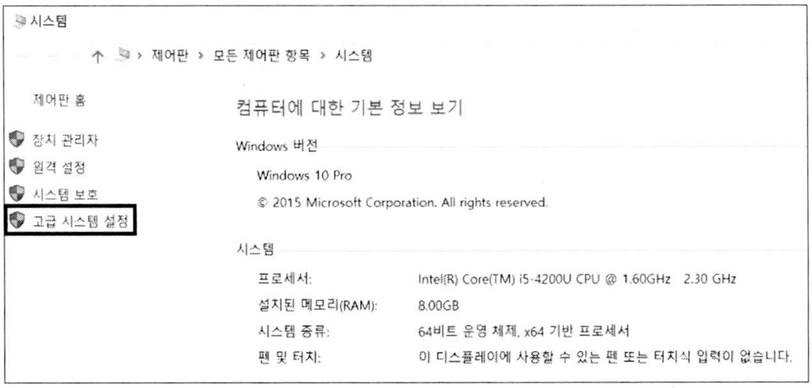

③ 시스템 속성 창에서 [환경 변수]을 선택한다.

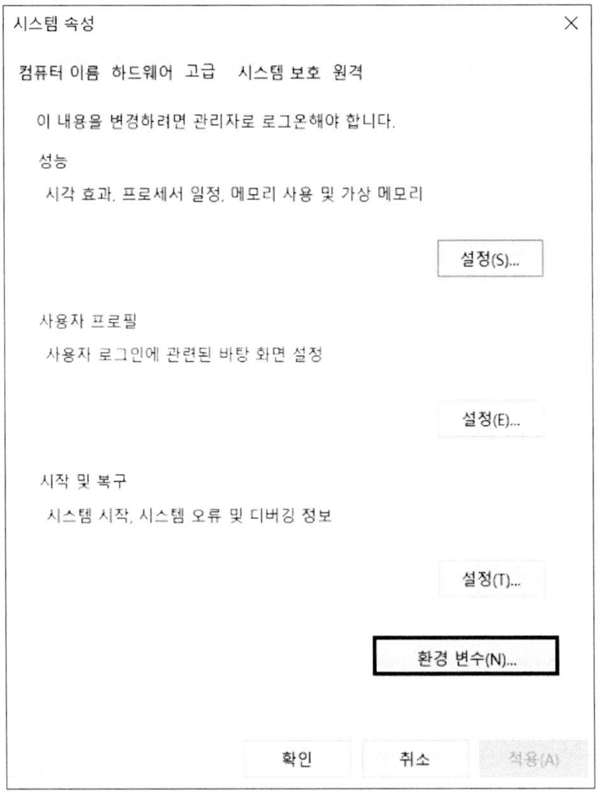

④ 환경 변수 창의 '사용자 변수'에서 [새로 만들기]를 선택한다.

⑤ 새 사용자 변수 창에서 '변수 이름(N)'은 'JAVA_HOME'으로 하고, '변수 값(V)'은 자바가 설치된 경로를 적은 후 [확인]을 누르면 된다.

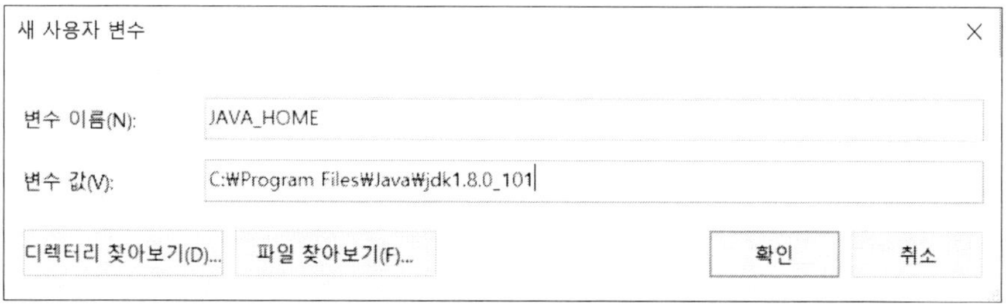

⑥ 이번에는 환경 변수 창의 '시스템 변수'에서 'Path' 변수를 선택하고 [편집]을 누른다.

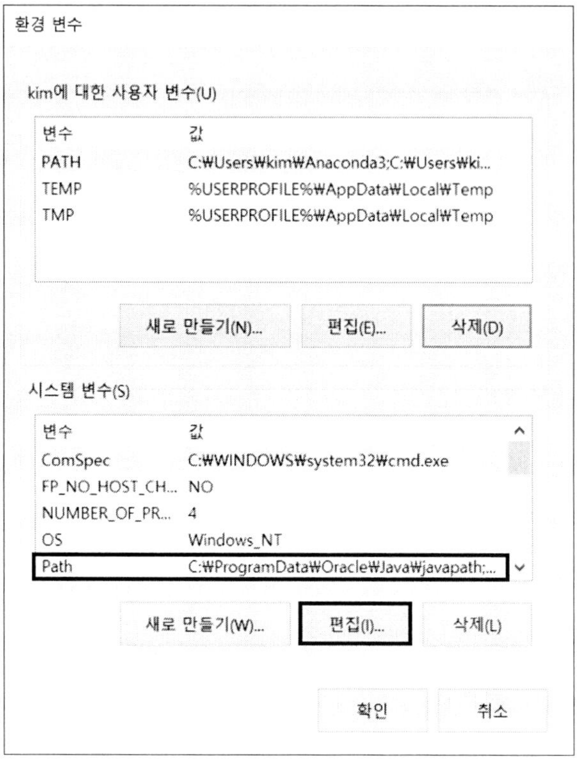

⑦ 환경 변수 편집 창에서 [새로 만들기]를 누르고 'java.exe' 파일이 설치되어있는 경로를 입력한다.

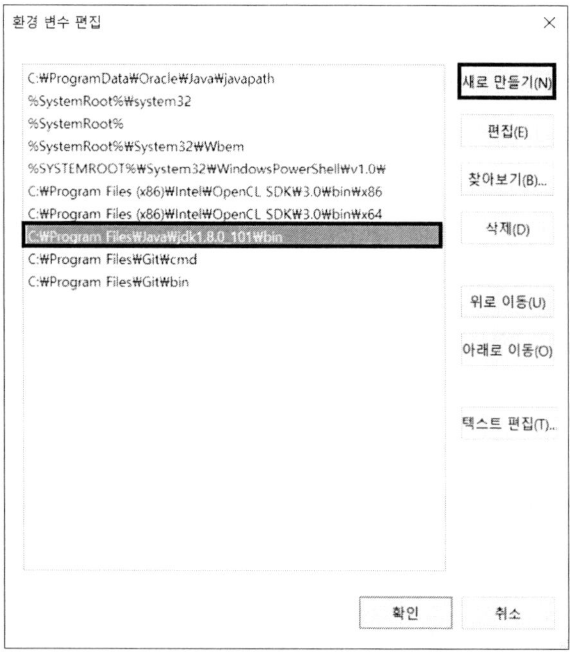

⑧ 자바가 제대로 설치되어 있는지 확인하기 위해서는 명령 프롬프트(cmd) 창에서 다음 그림과 같이 'java -version', 'javac -version'이라는 명령어를 친다. 이때 명령어를 제대로 인식하고 출력 메시지를 확인할 수 있으면 자바가 제대로 설치된 것이다.

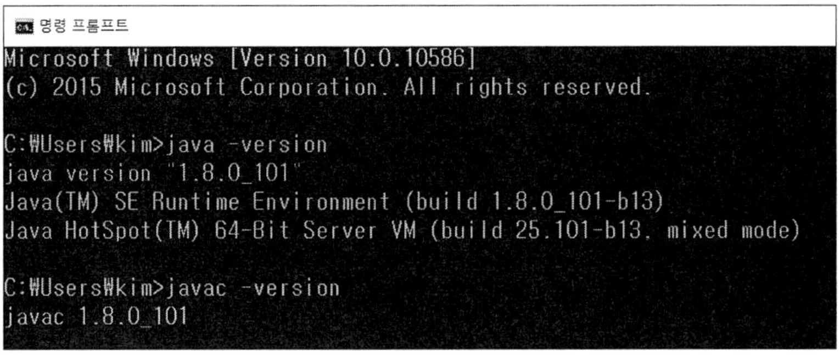

3. 본인 시스템에 설치된 파이썬이 운영체제의 비트 수와 일치하는지 확인한다. 예를 들어, 64비트 윈도우를 사용하고 있다면 64비트 파이썬이 설치되어 있어야 한다.

① 윈도우의 비트 수를 확인하기 위해서는 [제어판]-[시스템]에서 '시스템 종류'를 확인하면 된다.

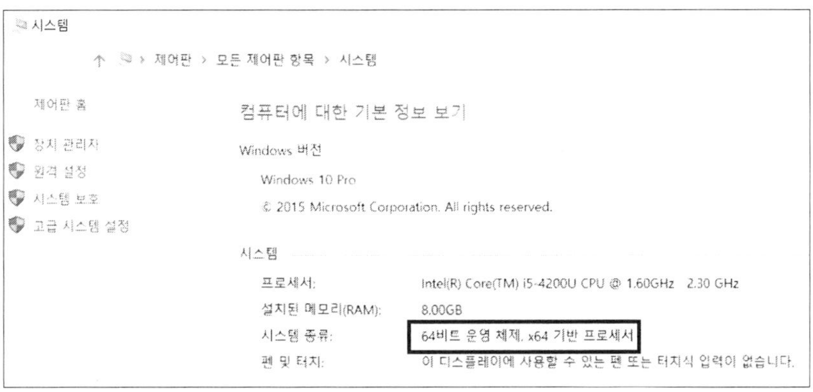

② 파이썬의 비트 수를 확인하기 위해서는 명령 프롬프트 창에서 'python --version'이라는 명령어를 수행하면 된다.

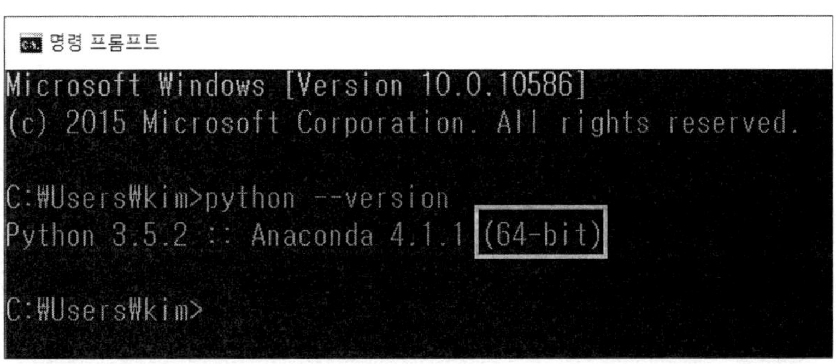

4. 운영체제의 비트 수와 파이썬 버전에 맞게 JPype1(>=0.5.7) 모듈을 다운로드 받고 설치한다(http://www.lfd.uci.edu/~gohlke/pythonlibs/#jpype). 다운받은 .whl 파일을 설치하기 위해서는 pip를 업그레이드해야 할 수 있다. 이는 명령 프롬프트에서 'pip install --upgrade pip', 'pip install JPype 1-0.5.7-cp27-none-win_amd64.whl' 라는 명령어를 수행하면 된다.

5. 마지막으로 명령 프롬프트에서 'pip install konlpy'를 수행하여 KoNLPy 모듈을 설치하면 된다.

찾아보기

ㅎ

A

B

C

D

3장

R

— function —

— package —

Python

— function —

— module —

4장

R

— function —

— package —

Python

— function —

— module —

5장

R

— function —

— package —

Python

— function —

— module —

6장

R

— function —

— package —

Python

— function —

— module —

8장

R

— function —

— package —

Python

— function —

— module —

9장

R

— function —

— package —

Python

— function —

— module —

— module —

12장

R

— function —

— package —

이 관 제

– 주요약력

미국 뉴저지 주립대학(Rutgers) 통계학 박사
미국 뉴저지 주립대학(Rutgers) 객원교수
존스 앤 존스(Johnson & Johnson) 통계 컨설턴트
동아제약 통계고문
서울지방 중소 기업청 전문위원
한국 산업인력공단 출제위원
국회 사무처 입법고시 출제위원

현 동국대학교 통계학과 교수
동국대학교 빅데이터 연구 센터장

– 주요 저서 및 공저

「생활과 통계」(자유아카데미, 2000)
「우도의 이해」(교우사, 2001)
「일반통계학」(교우사, 2006)
「진단의약품의 임상평가」(고려의학, 2007)
「의학통계전산 한꺼번에 맛보기」(이퍼블릭, 2009)
「일반통계학 및 실습」(교우사, 2017)
「확률 및 통계학 입문」(교우사, 2017)

e-mail_kwanlee@dongguk.edu

빅데이터 / R / PYTHON
STATISTICAL MACHINE LEARNING

2017년 1월 20일 초판 발행
2023년 11월 15일 초판 2쇄 발행

저 자 이관제
발행자 오판근
발행처 (주) 교 우

주 소 서울특별시 동대문구 약령시로 8 교우빌딩 2층
전 화 925-2861~2, 편집부 / 925-2825, 홈쇼핑 / 969-5762
팩 스 925-2860

E-mail kyowoo@kyowoo.co.kr
홈페이지 http://www.kyowoo.co.kr
북스토어(쇼핑몰) http://www.kyowoo.co.kr

등 록 1994. 3. 24 제1994-000013호

ISBN 979-11-251-0187-1(93310)
값 37,000원